计 算 机 系 列 教 材

网络安全技术教程

主　编　尹淑玲

副主编　蔡杰涛　魏　鉴　严　申　王传健

图书在版编目(CIP)数据

网络安全技术教程/尹淑玲主编．—武汉:武汉大学出版社,2014.5
计算机系列教材
ISBN 978-7-307-13113-2

Ⅰ.网… Ⅱ.尹… Ⅲ.计算机网络—安全技术—高等学校—教材
Ⅳ.TP393.08

中国版本图书馆CIP数据核字(2014)第072165号

责任编辑:辛　凯　　　责任校对:汪欣怡　　　版式设计:马　佳

出版发行:**武汉大学出版社**　(430072　武昌　珞珈山)
(电子邮件:wdp4@whu.edu.cn 网址:www.wdp.com.cn)
印刷:湖北省京山德兴印务有限公司
开本:787×1092　1/16　印张:22.25　字数:562千字
版次:2014年5月第1版　　2014年5月第1次印刷
ISBN 978-7-307-13113-2　　定价:45.00元

前 言

在现今这样一个全球电子互联，电脑病毒和电子黑客充斥，电子窃听和电子欺诈肆虐的时代，安全已经不再是网络中一项可有可无的技术了，安全问题也无法再像过去一样可以一劳永逸地得以解决。网络安全技术与解决方案必须从根本上集成进网络的设备中，融入到网络的结构里。

网络安全技术教程的目标是理解网络安全理论以及所使用的工具和配置方法。本书内容丰富，包含了主流的安全产品、技术和解决方案。首先概括地介绍了网络安全和基本的网络威胁，然后依次介绍了网络设备安全、访问控制列表、局域网交换机安全、AAA 安全技术、防火墙技术、加密技术、VPN 技术、入侵检测和防御系统、网络操作系统安全、无线局域网安全和园区网络安全设计。针对每一部分网络安全理论，都结合主流安全产品，详细介绍了相应的配置方法，使读者通过对本书的学习，能够重点掌握和熟练运用相关的网络安全技术解决实际问题。

本书以 Cisco 公司的安全产品和技术为平台，在内容的选取、组织与编排上强调先进性、技术性和实用性，突出理论知识和实践操作的结合。在每章的最后，都配有习题供教师和学生课后复习使用，通过这些习题，读者可以进一步加深与巩固所学的知识。

本书可以作为本科类院校和高职高专类院校的相关专业的网络安全课程教材和参考书，也可以作为网络安全工程师、网络管理员以及广大网络爱好者的参考用书，还可以作为网络安全培训教材。

本书的前 9 章由武昌理工学院尹淑玲编写，第 10 章由王传健和严申编写，第 11 章由魏鉴编写，第 12 章由蔡杰涛编写，全书由尹淑玲统阅定稿。在本书的编写过程中，王化文教授给予了大力支持和鼓励，在此表示衷心的感谢。

由于网络安全涉及的技术领域较广，且作者水平有限，书中的不妥和错误在所难免，诚请各位专家、读者批评指正。编者也希望与读者多交流，联系方式为 yinslgirl@ 163. com。

编 者

2014 年 3 月

目　　录

第1章　网络安全概述

随着网络技术及其应用的深入和普及，网络面临着越来越多的安全风险。潜在攻击者的数目随着网络规模的扩大而增长，而且这些攻击者可用工具的复杂度也在不断增加。网络安全是计算机网络中一个不可缺少的部分，它抵御内部和外部各种形式的威胁，以确保网络安全的过程。本章主要综述了网络安全的目标和策略，并提到了网络安全模型和评价标准。此外，还介绍了网络安全弱点和威胁，并详细阐述了几种可能威胁网络的攻击类型以及保护网络的安全组件和技术。

学习完本章，要达到如下目标：

◇ 理解网络安全的基本概念；

◇ 理解网络的弱点和安全威胁；

◇ 理解网络攻击的类型；

◇ 理解网络安全组件和技术。

1.1　网络安全简介

网络安全是一个系统。它不是防火墙，不是入侵检测，不是虚拟专用网，也不是认证、授权和统计(AAA)。网络安全也不是任何公司的安全产品和技术，尽管这些产品和技术在其中扮演了重要角色。那么对于网络安全来说什么是系统呢？

网络安全系统可以从广义上定义为：通过相互协作的方式为信息资产提供安全保障的全体网络设备、技术以及最佳做法的集合。

上述定义中的关键词是协作。实施基本路由器访问控制列表、状态化防火墙访问控制列表和基于主机的防火墙访问控制列表能实现许多基本的访问控制，但这些称不上是一个系统。对于一个真正的网络安全系统，必须是将可以协同运作的技术应用于一种特定的威胁模式。信息安全产业中的某些人将其称为“纵深防御”。例如，为了缓解 HTTP 蠕虫对公共 Web 服务器造成的威胁，我们可以采用如下系统元素，这些内容会在后面的章节中具体介绍。

◇ 对防火墙进行配置，使它可以防止一台遭到入侵的 Web 服务器继续感染不同网络中的其他系统。

◇ 网络入侵检测系统可以检测和阻止对 Web 服务器的感染企图。

◇ 主机入侵检测系统能够执行与网络入侵检测系统一样的功能，但它们比后者更接近主机，这也就意味着它们能够读取更多与特定攻击有关的内容数据。

◇ 更新特征数据库可以使防病毒软件具备检测特定蠕虫和其他恶意代码的功能。

◇ 及时打补丁、定期漏洞扫描、为操作系统设置密码锁定，以及实施 Web 服务器最佳做法等这些操作行为能够在防止系统威胁中起到重要作用。

上面所有系统元素的协同工作可以起到缓解威胁的作用。尽管其中的任何一项技术都无法100%有效地防止基于HTTP的蠕虫攻击，但针对特定威胁部署的协同技术越多，压制威胁的可能性也就越大。

1.1.1 网络安全目标

网络安全的目标是保护信息的机密性、完整性和可用性，这三个概念组成了CIA(Confidentiality Integrity Availability)三元组，它是最简单，适用范围也最广的安全模型。这三大核心原则既可以作为一切安全系统的指导方针，也可以作为衡量安全实施情况的准绳。

1. 机密性

机密性用于阻止未经授权就曝光敏感数据的行为。它可以确保网络达到了必要的机密级别，并且网络中的信息对非法用户是保密的。这些信息不仅指国家机密，而且也包括企业和社会团体的商业和工作机密，以及个人的机密信息，例如，在进行网上银行交易时，用户的银行账号信息。在CIA三元组中人们首先想到的一定就是确保网络的机密性，因此机密性也是最常遭受网络攻击的环节。密码学就是用来保护传输中的敏感数据，通过加密来确保在两台计算机间传输数据的机密性。

2. 完整性

完整性可以阻止未经授权就修改数据、系统和信息的行为，因此可以确保信息和系统的准确性。也就是说，如果数据是完整的，就等于这个数据没有被修改过，也就等于它和原始信息是一致的。有一种常见的攻击方式称为中间人(man-in-middle)攻击。在执行这类攻击时，攻击者就会在信息传递的过程中对其进行拦截和修改。

3. 可用性

可用性可以确保用户始终能够访问网络资源和信息，也就是说需要浏览这些信息时，这些信息总是能够访问的。确保授权用户可以随时访问信息非常重要。有一类攻击方式就是要设法让合法的用户无法正常访问数据，以达到中断服务的目的，拒绝服务(DoS)就是这类攻击方式之一。

尽管CIA三元组对安全目标的定义有其依据，但是以下两个概念也有必要加入安全领域。

◇ 可靠性：是指网络信息系统能够在规定条件下，在规定时间内，实现规定功能的特性。可靠性是网络安全最基本的要求之一，是所有网络信息系统建设和运行的目标。目前，对于网络可靠性的研究偏重于硬件方面，主要采用硬件冗余、提高可靠性和精确度等方法提高网络可靠性。实际上，软件的可靠性、人员的可靠性和环境的可靠性在保证系统可靠性方面也是非常重要的。

◇ 不可抵赖性：是指通信双方在通信过程中，对自己所发送或接收的消息不可抵赖，即发送者不能否认他发送过信息的事实和发送信息的内容，接收者也不能否认其接收到信息的事实和接收信息的内容。

1.1.2 网络安全策略

网络安全策略定义了一个框架，它基于风险评估分析以保护连接在网络上的资产，是一份全面的端到端文档。网络安全策略对访问连接在网络上的不同资产定义了访问限制和访问规则，是用户和管理员在建立、使用和审计网络时的信息来源，被用于辅助网络设计、传递

安全原则和促进网络部署。

就用户使用网络资源的易用性而言，有以下两种类型的安全策略。

◇ 许可性的策略：所有没有明确禁止的都是允许的。

◇ 限制性的策略：所有没有明确允许的都是禁止的。

通常，从安全的角度来说，有一个限制性的策略然后基于实际使用再对合法的使用展开通常是一个较好的想法。因为无论多么费力地试图堵住所有漏洞，许可性的策略还是会有漏洞存在的。

为了透彻理解什么是网络安全策略，需要对网络安全策略最重要的元素进行分析。RFC 2196 列出以下内容作为一个安全策略的要素。

◇ 计算机技术购买准则：指明了需要的或者涉及的安全特性。这些应该是对现有的购买策略和准则的补充。

◇ 保密策略：定义了如监控电子邮件、记录键盘输入和访问用户文件等与保密相关的合理的期望值。

◇ 访问策略：用于定义访问权利和特权，指定用户、工作团体和管理者可接受的使用准则，以便从失败或者泄密中保护资产。它应该提供指导原则，用以指导外部连接、数据通信、向网络中连接设备和向系统中添加新的软件。

◇ 职责策略：用于定义用户、工作团体和管理者的职责。它应该规定统计能力并且提供事故处理准则。

◇ 认证策略：通过一个有效的密码策略，为远程认证和认证设备使用设置准则，从而建立信任机制。

◇ 可用性声明：用于设置用户对资源可用性的期望值。它应该有地址冗余和恢复问题，也指明操作时间和维护停机时间。它还应该包括报告系统和网络故障的联系信息。

◇ 信息技术系统和网络维护策略：描述如何允许内部和外部维护人员处理和访问网络中用到的技术。

◇ 侵犯报告策略：用以指明哪种类型的侵犯(如保密和安全，内部的和外部的)是必须汇报的，以及报告生成后向谁汇报。

◇ 支持信息：它向用户、团队和管理者提供每种类型的策略侵犯的联系信息；如何处理关于一个安全事故的外部询问，或者什么应被考虑成保密或是专有的指导方针；以及安全程序的交叉引用和相关信息，如公司策略和政府的法律和法规。

定义了安全策略之后，下一步就是以网络安全设计的形式来实现这个策略。我们将要在本书中讨论不同的安全规则和设计问题。通常，网络安全设计中包含下列要素。

◇ 设备安全特性，如管理密码和不同网络组件中的 SSH；

◇ 防火墙；

◇ 远程访问 VPN 集中器；

◇ 入侵检测；

◇ 安全 AAA 服务器和其他网络上相关的 AAA 服务器；

◇ 不同网络设备上的访问控制和访问限制机制，如 ACL 和 CAR。

一旦实现了安全策略，继续对它分析、测试和改进是非常关键的。可以通过安全系统的正规化统计来实现这一点，也可以通过使用基于标准操作的度量方法日复一日地检测它来实现。

1.1.3 网络安全模型(PPDR)

PPDR(也被称为P2DR)是美国ISS公司提出的网络安全模型，它为网络安全解决方案提供思路和方法，它的组成包括策略(Policy)、防护(Protection)、检测(Detection)和响应(Response)，如图1-1所示。用户单位首先制定安全策略，指明安全防范的范围和目的，然后围绕策略采取合适的安全措施对目标实施安全防护，使用检测系统检查安全措施的有效性和网络系统活动的合法性，对违反安全策略的行为予以响应。

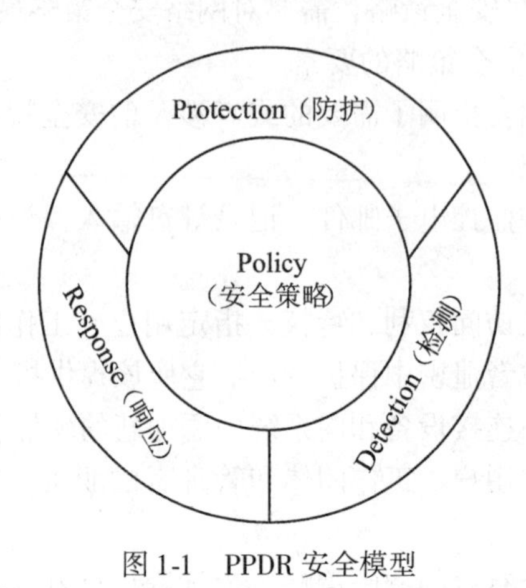

图1-1 PPDR安全模型

◇ 策略：安全策略是实现安全防护必须遵守的原则。安全策略是PPDR模型的核心，所有的防护、检测和响应都是依据安全策略实施的，企业安全策略为安全管理提供了管理方向和支持手段。

◇ 防护：是根据系统可能出现的安全问题而采取的预防措施，这些措施通过传统的静态安全技术实现。采用的防护技术通常包括数据加密、身份认证、访问控制、授权和虚拟专用网(VPN)技术、防火墙、安全扫描和数据备份等。

◇ 检测：当攻击者穿透防护系统时，检测功能就发挥作用，与防护系统形成互补。检测是动态响应和加强防护的依据，也是强制落实安全策略的有力工具，通过不断的检测和监控网络及系统，来发现新的威胁和弱点，通过循环反馈来及时作出有效的响应。

◇ 响应：系统一旦检测到入侵，响应系统就开始工作，进行事件处理。响应包括紧急响应和恢复处理，恢复处理又包括系统恢复和信息恢复。

在PPDR模型中，安全策略是核心，防护、检测和响应是手段，它们组成了一个完整的、动态的安全循环体。PPDR认为安全具有动态性和整体性。动态性要求用户的防护技术和检测技术要适应策略的改变，不断更新进步；整体性要求安全策略的设计要着眼于整体系统的安全，而不能只抓系统局部安全。

1.1.4 网络安全评价标准

针对日益严峻的网络安全形势，许多国家和标准化组织纷纷出台了相关的安全标准，我国也制定了相应的安全标准，这些标准既有很多相同的部分，也有各自的特点。网络安全评

价标准中应用最为广泛的是1985年美国国防部制定的可信任计算机标准评价准则(Trusted Computer Standards Evaluation Criteria，TCSEC)。

1. 我国评价标准

我国于1999年10月经过国家质量技术监督局批准正式发布了《计算机信息系统安全保护等级划分准则》，其编号为GB17859-1999，该准则为安全产品的研制提供了技术支持，也为安全系统的建设和管理提供了技术指导。此准则将计算机安全保护划分为以下五个级别，从第一级到第五级，安全等级逐级增高，低级别安全要求是高级别安全要求的子集。

第一级为用户自主保护级(GB1安全级)：它的安全保护机制使用户具备自主安全保护的能力，保护用户的信息免受非法的读写破坏。

第二级为系统审计保护级(GB2安全级)：除了具备第一级所有的安全保护功能外，要求创建和维护访问的审计跟踪记录，使所有用户对自己行为的合法性负责。

第三级为安全标记保护级(GB3安全级)：除了继承前一个级别的安全功能外，还要求以访问对象标记的安全级别限制访问者的访问权限，实现对访问对象的强制保护。

第四级为结构化保护级(GB4安全级)：在继承前面安全级别安全功能的基础上，将安全保护机制划分为关键部分和非关键部分，对关键部分直接控制访问者对访问对象的存取，从而加强系统的抗渗透能力。

第五级为访问验证保护级(GB5安全级)：这一个级别特别增设了访问验证功能，负责仲裁访问者对访问对象的所有访问活动。

我国是国际标准化组织的成员国，信息安全标准化工作在各方面的努力下正在积极展开。从20世纪80年代中期开始，自主制定和采用了一批相应的信息安全标准。但是，标准的制定需要较为广泛的应用经验和较深入的研究背景，我国的信息安全标准化工作与国际已有的工作相比，还存在着这两个方面的差距，因此覆盖的范围还不够大，宏观和微观的指导作用也有待进一步提高。

2. 美国国防部评价标准

计算机网络系统的安全评价，通常采用美国国防部计算机安全中心制定的可信任计算机标准评价准则(TCSEC)，即网络安全橙皮书。自从1985年橙皮书成为美国国防部的标准以来，就没有改变过，多年来一直是评估多用户主机和小型操作系统的主要方法。其他子系统(如数据库和网络)也一直用橙皮书来解释评估。TCSEC定义了系统安全的五个要素：系统的安全策略、系统的审计机制、系统安全的可操作性、系统安全的生命期保证以及针对以上系统安全要素而建立和维护的相关文件。

TCSEC中根据计算机系统所采用的安全策略、系统所具备的安全功能将系统的安全级别从低到高分成四个级别：D类、C类、B类和A类，每类又分几个级别，如表1-1所示。

表1-1　　安全级别

类别	级别	名称	主要特征
D	D	最低安全保护	没有安全保护
C	C1	自主安全保护	提供无条件的访问控制策略
	C2	有控制的访问保护	具有访问控制环境能力

续表

类别	级别	名称	主要特征
B	B1	标记的安全保护	强制存取控制，安全标记
	B2	结构化保护	面向安全的体系结构，较好的抗渗透能力
	B3	安全域	存取控制、高抗渗透能力
A	A	验证设计	形式化的设计规范和验证技术

D 级(最小保护)是最低的安全级别，没有任何实际的安全措施，系统软件和硬件都容易被攻击。拥有这个级别的操作系统就像一个门户大开的房子，任何人都可以自由进出，是完全不可信任的。属于这个级别的操作系统有 DOS 和 Windows 98 等。

C1 级(自主安全保护)是 C 类的一个安全子级，它描述了一个典型的用在 UNIX 系统上的安全级别。这种级别的系统对硬件有某种程度的保护，如用户拥有注册账户和密码，系统通过账号和密码来识别用户是否合法，并决定用户对程序和信息拥有什么样的访问权，但硬件受到损害的可能性仍然存在。早期的 UNIX、NetWare V3.0 以下的操作系统均属于这个级别。

C2 级(有控制的访问保护)是 C 类中安全性较高的一级，除了包括 C1 级的安全策略与控制外，还增加了系统审计、访问保护和跟踪记录等特性。UNIX/Xenix 系统、NetWare V3.0 及以上系统和 Windows NT/2000 系统等均属于这个级别。

B1 级(标记的安全保护)是 B 类中安全性最低的一级，它是第一种需要大量访问控制支持的级别。B1 级除了满足 C 类要求外，还要求提供数据标记。系统必须对主要数据结构加载敏感度标签，还必须给出有关安全策略模型、数据标签和大量主体客体之间的出入控制的非形式陈述。系统必须具备精确标志输出信息的能力。

B2 级(结构安全保护)是 B 类中安全性居中的一级，它除了满足 B1 要求外，还要求计算机系统中所有设备都加标记，并给各设备分配单个或多个安全级别。

B3 级(安全域保护)是 B 类中安全性最高的一级，它使用安装硬件的方式来加强域的安全。例如，安装内存管理硬件来保护安全域免遭无授权访问或其他安全域对象的更改。该级别也要求用户通过一条可信任途径连接到系统上。

A 级(验证设计)是当前橙皮书的最高级别，它包含了一个严格的设计、控制和验证过程。该级别包含较低级别的所有安全特性。

1.2 网络安全弱点和威胁

网络的开放性和共享性在方便人们的同时，也使得网络系统容易受到攻击。目前，没有弱点和威胁的网络几乎是不存在的。在网络安全中，弱点可被归结为网络中存在的“软件漏洞”，而正是这些漏洞使得攻击能够成功。威胁是指对网络系统的网络服务、网络信息的机密性和可用性产生不利影响的各种因素，是一种可能会造成攻击的潜在危险。

1.2.1 弱点

在网络中弱点存在于网络和构成网络的每台设备中，每种网络和设备都有其固有的弱

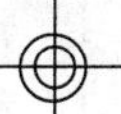

点，包括路由器、交换机、服务器，甚至于安全设备本身。通常网络存在以下一个或所有的弱点。

◇ 技术弱点；

◇ 配置弱点；

◇ 安全策略弱点。

1. 技术弱点

计算机和网络技术都会有内在的安全弱点，包括TCP/IP协议、操作系统和网络设备的弱点，如表1-2所示。

表1-2 **技术弱点**

弱点	描述
TCP/IP协议弱点	HTTP、FTP和ICMP内在的不安全因素
	与TCP设计的内在不安全结构相关的弱点，如SYN泛洪
操作系统弱点	UNIX、Linux、Macintosh、Windows操作系统都有可被利用的安全漏洞
网络设备弱点	各种网络设备（如路由器、交换机和防火墙）都有必须被识别和保护的安全弱点。这些弱点包括以下内容： ◇ 密码保护； ◇ 缺乏认证功能； ◇ 路由协议； ◇ 防火墙漏洞。

2. 配置弱点

表1-3列出了一些普遍的配置弱点。设备配置中的弱点是一些最难应付的安全问题，因为这些弱点是配置中的人为错误，以及错误地理解该如何配置设备的结果。网络管理员或网络工程师都需要学习正确地配置计算机和纠正网络设备中的配置缺陷。

表1-3 **配置弱点**

弱点	描述
不安全的用户账号	用户的账号信息应通过网络安全传输，防止用户名和密码被攻击者窃取
系统账号密码容易被猜出	这个问题通常是由于选择了不好的、容易被猜出的用户密码
Internet服务配置不当	一个常见的问题是打开了Web浏览器中的JavaScript，这在访问不信任站点时容易导致恶意的JavaScript攻击。IIS、Apache、FTP和终端服务也有此问题
产品的默认设置不安全	很多产品有能导致安全漏洞的默认设置
网络设备配置不当	网络设备本身配置不当能引起严重的安全问题。如配置错误的访问控制列表、路由协议或SNMP团体字符串能造成更大的安全漏洞。加密和远程访问控制的错误配置或缺乏同样会引起严重问题

3. 安全策略弱点

安全策略弱点会产生无法预料的安全威胁，如果用户没有遵从安全策略网络，则可能会冒很大的安全风险。表1-4列出了一些普遍的安全策略弱点和解决办法。

表1-4　安全策略弱点

弱　点	描　述
缺少书面的安全策略	非书面的安全策略无法被一致地使用和执行
内部矛盾	内部矛盾将阻碍一致的安全策略的实施
缺乏连贯性	不好的选择、易受攻击、默认口令将使非授权访问成为可能
没有应用逻辑访问控制	不恰当的监控和统计会允许攻击和持续的非授权访问，浪费企业资源，还可能引起法律问题
软件和硬件的安装和修改不遵守策略	对网络拓扑结构的非授权修改和未经同意的应用程序安装都会产生安全漏洞
没有灾难恢复计划	一旦有人攻击企业网络，如果缺乏灾难恢复计划，就会导致混乱和恐慌

1.2.2　威胁

网络安全是抵御各种形式的威胁，以确保网络的安全的过程。为了深入理解什么是网络安全，必须理解网络安全旨在保护的网络上所面临的威胁。网络的安全威胁来自于网络中存在的不安全因素。目前主要有以下四种对网络安全的威胁，如图1-2所示：

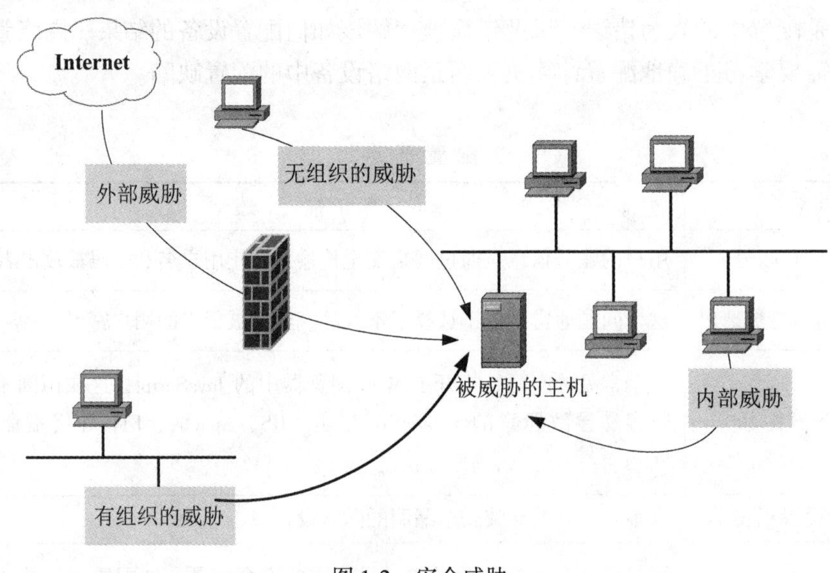

图1-2　安全威胁

◇ 外部威胁：来自于企业外部的个人或组织。他们没有访问计算机系统和网络的权限。

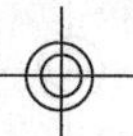

他们用自己的方法通过互联网或拨号服务器进入网络。

◇ 内部威胁：是由有权访问网络的人发起的，这些人可能有服务器上的账号或可以物理地接入网络。

◇ 无组织的威胁：由很多经验丰富的个人利用容易获得的黑客工具(如 shell scripts 和 password crackers)来实现。

◇ 有组织的威胁：来自那些具有明确目的和很高技术手段的黑客。这些人了解系统弱点并能开发代码和脚本。他们了解、开发、使用尖端的黑客技术进入商业网络。这些组织常常涉及报告给执法机构的欺骗和盗窃案件。

1.3 网络攻击

由于大量弱点和威胁的存在，网络被暴露在各种攻击之下。网络攻击是一种故意逃避安全服务(特别是从方法和技术上)并且破坏系统安全策略的智能行为。攻击者通常利用不同的工具、脚本和程序对网络和网络设备发起攻击。在网络中主要有以下四种攻击方法。

◇ 侦查攻击；

◇ 访问攻击；

◇ 拒绝服务攻击；

◇ 蠕虫、病毒和密码。

1.3.1 侦查攻击

侦查是对系统、服务或弱点的非授权发现与映射，也被认为是信息收集。在侦查攻击中，攻击者试图获得相关网络的信息，包括网络拓扑、网络中的设备、在设备上运行的软件以及应用到设备的配置。通常，这些信息随后被用来进行实际的访问攻击或拒绝服务攻击。

侦查攻击也有不同的类型，包括以下两种：

◇ 扫描攻击；

◇ 窃听攻击。

1. 扫描攻击

侦查攻击的最常见类型是扫描攻击。当攻击者探测网络中的主机时网络扫描攻击会发生。攻击者通常用 ping 扫描目标网络以确定哪些 IP 地址是活跃的。之后，再使用端口扫描器确定在某个活跃的 IP 上哪些网络服务或端口是活跃的。利用这些信息，入侵者可知道目标主机的操作系统类型和版本，并由此来判断是否存在可以用来攻击的弱点。

利用 nslookup 或 whois 这样的实用程序，攻击者能够很容易发现分配给实体的 IP 地址空间。NMap 也是攻击者爱用的工具，可以用来确定哪些服务运行在哪些连接端，并且推断计算机运行哪个操作系统。

阻止网络和端口扫描的最常见的方法是使用过滤设备。过滤可以简单地使用路由器的访问控制列表或者使用高级的防火墙。同时，要在所有的设备上关闭所有不必要的服务。例如，对于一台 Web 服务器，应该关闭诸如 Telnet、SMTP、Finger 和 FTP 服务。

2. 窃听攻击

侦查攻击的另一种类型是窃听攻击。窃听是当数据包在源和目的设备之间传输时检查数据包的过程。攻击者通常使用协议分析器执行窃听。图 1-3 显示了窃听工作是如何进行的。

在这个例子中，攻击者检测用户和服务器之间的流量。该攻击者注意到用户正在同服务器建立一个 Telnet 连接，并使用用户名和密码进行认证。因为 Telnet 以明文形式传递这个信息，攻击者便可窃取到这个认证信息，随后，攻击者使用这些信息伪装合法用户的身份 Telnet 到服务器。

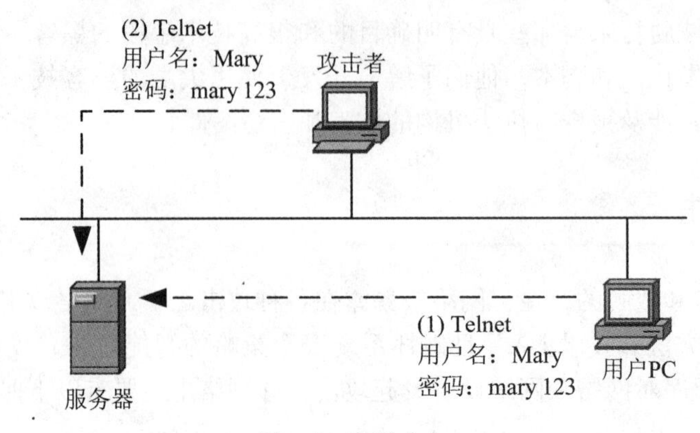

图 1-3 窃听攻击

用于窃听的协议分析器，有时是指数据包嗅探器，可能是一种运行在 PC 上的软件应用程序，或者是一种高级的基于硬件的协议分析器，如 Network Associates 公司的 Sniffer 产品。软件应用程序使用混杂模式的网络适配卡捕获所有经过局域网的网络数据包，在混杂模式下，网络适配卡把所有接收到的数据包发送给一个应用程序处理。如果网络数据包没有加密，那么任何能从网络上获得并处理这些数据包的应用程序都能理解它们。

为了进行这种攻击，攻击者通常必须在物理上连接到介于源端和目的端之间的某段网络，以看到实际的数据包。攻击者使用的另一种更常用的方法是先攻入网络中的一台 PC，然后下载一个数据包嗅探程序到这台机器。当进行窃听时，攻击者通常寻找账号名和密码。当然，攻击者也用窃听方式来检查其他信息，如一些重要的数据库或金融事务信息。

要阻止窃听攻击，可使用强认证和加密技术。强认证是一种不容易被绕过的用户认证方法。单次密码机制(One-Time Password，OTP)使用双因素认证，是一种强认证形式。加密对于缓解数据包嗅探器攻击也很有效。如果流量经过加密，那么数据包嗅探器将无用武之地，因为捕获的数据是不可读的。

1.3.2 访问攻击

访问攻击是指未得到授权的入侵者在没有账号或密码的情况下获得对设备访问的能力。他们通过运行黑客程序、脚本或利用正在被攻击的应用程序来进入或访问系统。

访问攻击主要有以下五种类型：

◇ 密码攻击；
◇ 信任利用；
◇ 端口重定向；
◇ 中间人攻击；
◇ 缓冲区溢出。

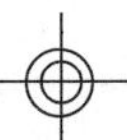

1. 密码攻击

密码攻击是指攻击者试图猜测系统密码。密码攻击可使用暴力攻击、木马程序、IP 欺骗和数据包嗅探等方式实现。目前多数密码攻击采用暴力攻击，这包括基于一个内建的字典重复尝试来找出一个用户账户或密码。

暴力攻击通常使用一个在网络中运行并试图登录进一个共享资源(如一台服务器)的程序进行。攻击者进入此资源后，就获得了与被盗取的用户账户相同的访问权限。如果这个账户的权限足够高，那么攻击者可以创建一个后门用于以后的访问，这样攻击者就不用再考虑这个账号的状态及变化了。例如，攻击者可以运行 L0phtCrack(或 LC5)应用程序进行暴力攻击以获取一个 Windows 服务器的密码。当获得密码后，攻击者可以安装一个按键记录器(keylogger)，将所有按键发送一份复制资料到希望的目的地，或者安装一个木马将目标的所有收发数据包的复制资料发送到特定的目的地，从而能够监视从该服务器出入的所有流量。

2. 信任利用

信任利用是指攻击者利用网络中的信任关系而进行的攻击。一个经典的例子就是连接到企业的边界网络，这些网络通常包含 DNS、SMTP 与 HTTP 服务器。由于所有这些服务器都在同一个网段，所以一个系统安全受到威胁会导致其他系统安全受到威胁，原因是这些服务器信赖同一个网络中的其他系统。

3. 端口重定向

端口重定向利用被控制的主机作为跳板来对其他目标进行攻击，是信任利用攻击的一种类型。入侵工具被安装到被控制的主机上以进行会话重定向。如图 1-4 所示的网络，该网络中防火墙的三个接口分别连接了内网、外网和公网服务网段，可以公共访问的网段通常被称为非军事区(DMZ)。公共服务网段上的主机可以到达外部和内部网络。攻击者如果控制了公共服务网段上的主机，就可以在其上安装入侵工具，从而将数据流从外部重定向到内部主机。通过端口重定向攻击，攻击者可以在没有违反防火墙规则的情况下从外部网络连接到内网主机。这种访问攻击的一个例子是 Netcat。

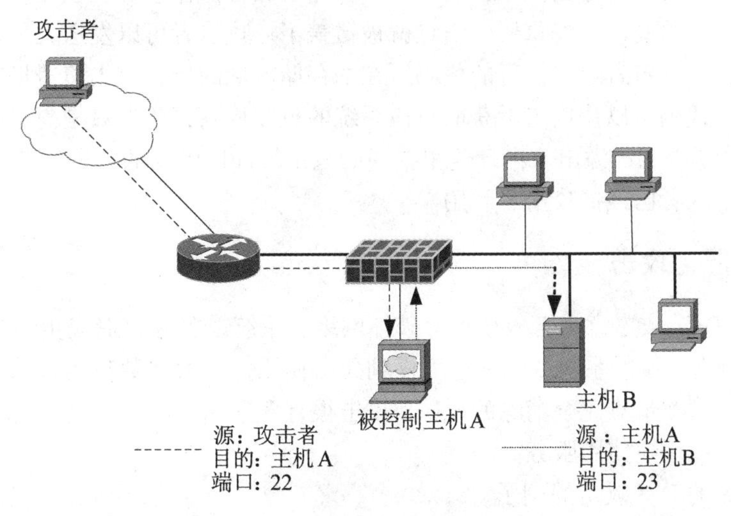

图 1-4　端口重定向攻击

端口重定向攻击可以通过使用正确的、适应特定网络的信任模型来防御。

4. 中间人攻击

中间人攻击就是通过拦截正常的网络通信数据，并进行数据篡改和嗅探，而通信的双方却毫不知情。攻击者位于两个合法实体间通信的中间位置，并有权访问网络中传输的数据包，以读取或修改双方传递的数据。这种攻击经常使用网络数据包嗅探器及路由、传输协议实现。

在网络安全方面，中间人攻击的使用是很广泛的，曾经猖獗一时的 SMB 会话劫持、DNS 欺骗、ARP 欺骗等技术都是典型的中间人攻击手段。

5. 缓冲区溢出

缓冲区溢出攻击可以归类于 DoS 攻击，也可以归类于访问攻击。其原因是缓冲区溢出可以导致网络设备中的操作系统崩溃从而导致拒绝服务；也可以被更加高明的攻击者用来获取操作系统权限，而不仅仅只是导致拒绝服务攻击。

缓冲区溢出攻击占了远程网络攻击的绝大多数，这种攻击可以使得一个匿名的 Internet 用户有机会获得一台主机的部分或全部的控制权。为了防止一些缓冲区溢出攻击，了解缓冲区溢出攻击原理是必要的。

缓冲区通常定义为一片连续的存储区域，用来放置特殊类型的数据。在计算机中使用缓冲区是为了在数据被处理并从一个地方移到另一个地方时对数据进行存储。一般来说，程序会指定数据放置的缓冲区的大小。但是，如果缓冲区接收到了超过它处理范围大小的数据，那么缓冲区溢出就发生了。

当例程向固定大小的缓冲区中放置数据，而该缓冲区对于这些数据不够大的话，就会发生操作系统中的缓冲区溢出。在基于 C/C++语言的操作系统中，这是经常发生的，因为 C/C++的标准函数库包含很多不进行边界检查的数据操作。

缓冲区溢出攻击的执行依靠向操作系统发送数据，而这些数据太多以至于处理它们的相关缓冲区无法容纳。一些数据写进了分配给缓冲区的空间，而剩下的数据则覆盖了缓冲区存储区域的邻近区域。操作系统的缓冲区是和其他关键存储区域一起协同分配的，包括包含指向下一个存储区域指针的存储区域，这下一个存储区域是操作系统在程序使用完缓冲区之后将要到达的区域。因此，一些重要的信息就被覆盖了。攻击者可以发送大量的数据，这些数据被构造用来指向攻击者想要执行的代码所在的存储区域的指针，去覆盖指向下一个存储区域的指针。攻击代码可以让攻击者获取对该系统的更多权限，或者只是简单的让系统完全崩溃。图 1-5 说明了缓冲区溢出攻击。这里描述的只是缓冲区溢出的一种简单形式，还有更多高级的攻击可能或者已经被攻击者利用。

1.3.3 拒绝服务攻击

拒绝服务(DoS)攻击意味着入侵者会破坏网络、系统或服务，造成拒绝为某些特定的用户服务。DoS 攻击会摧毁系统或让其速度慢到无法使用。在大多数攻击形式中，DoS 攻击被认为是最具杀伤力、最难完全消除的。DoS 攻击很有多形式，但根本上它们都是通过消耗系统资源来阻止授权用户使用服务。

以下是常见的 DoS 攻击的例子。

1. 死亡之 ping(ping of death)

根据 RFC 791 可以知道，最大的 IP 分组长度可以达到 65535 个字节，其中 IP 头部的长度在不指定 IP 可选项的情况下一般为 20 个字节。但是，传输于线路中的分组的实际大小是

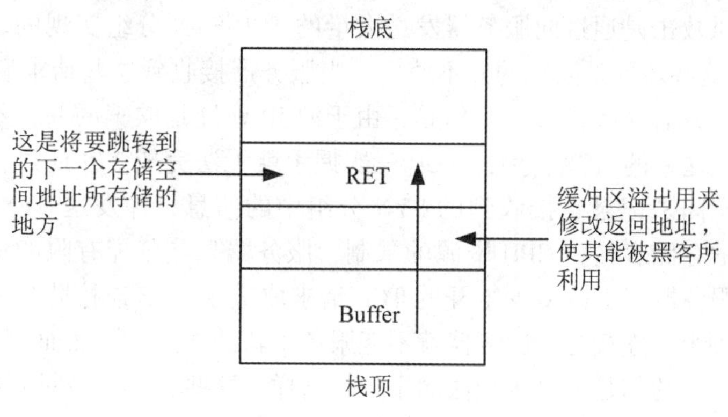

图 1-5 缓冲区溢出攻击

由 IP MTU 决定的，对以太网段而言它是 1500 个字节。超过 1500 字节的分组都会被分成小的 IP 分组，使其不超过 IP MTU 的大小。

大多数操作系统都没有处理超出 65535 字节大小的 IP 分组的能力。即使一台主机被设置为在接收到大于 65535 字节的分组时就将它丢弃，它还是会在处理这种情况之前对分组进行重新组装。这正是问题所在。攻击者可以向易受攻击的主机发送 IP 分组，这些 IP 分组的最后一个片段包含一个偏移量，该偏移量满足这样的条件：(IP 偏移 * 8)+(IP 数据长度)>65535。这意味着当分组被重组时，它的总长度会超出合法的限制，导致操作系统缓冲区的溢出(因为缓冲区的大小定义为仅能容纳 RFC 791 中规定的最大长度的分组)。这样就导致了很多操作系统的挂起或者崩溃。

2. TCP SYN 泛洪攻击

TCP SYN 泛洪攻击，如图 1-6 所示，是一个非常好的简单 DoS 攻击的例子。它的执行是通过向服务器发送 TCP SYN 来实现。TCP SYN 泛洪攻击也被称为半开的(half-open) SYN 攻击。

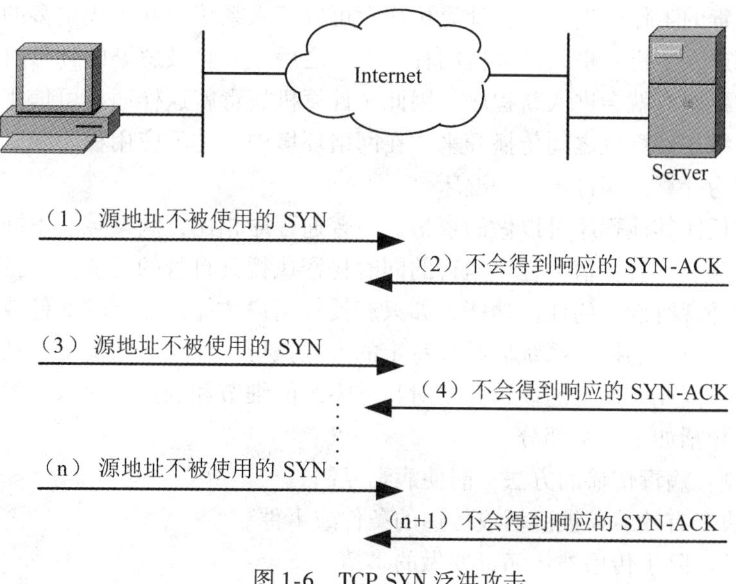

图 1-6 TCP SYN 泛洪攻击

TCP SYN 泛洪攻击是通过向服务器发送大量的 TCP SYN 分组实现的。这些分组都有一个源 IP 地址，但这些地址是欺骗的并不使用。当服务器接收到这些请求后，会用 SYN-ACK 进行响应，然后服务器等待着 ACK。但是，由于源 IP 地址是欺骗的并且不被使用，服务器就收不到源地址发送来的 ACK，因此 TCP 三次握手就无法完成。在此过程中，服务器必须分配资源和缓冲空间来记录它接收到的 SYN 分组中的信息，并发送 SYN-ACK 分组作为响应。基于服务器的存储容量和 CPU 资源的限制，服务器只能分配有限的资源给这些半开的 TCP 请求。一台服务器能维持多少半开的 TCP 请求取决于 TCP 连接队列的大小。当队列中充满了大量的这种半开连接时，服务器就不能服务于新的连接了。然而，这些连接请求有的是来自于攻击者，有的却是来自于合法的用户。这样，这些合法用户对服务器提供的服务访问就被拒绝了。

一般而言，TCP 实现在半开的连接之后都设有一个计时器，在最后的 ACK 没有收到的情况下会放弃该连接。尽管服务器可以使用这种计时器，但是大量的 SYN 分组使得定时器没有任何意义。而采用缩短计时器的时间的方法来避免 SYN 泛洪也是不被推荐的，因为这样可能使连接速度很慢的合法用户丢掉连接。同时，这样做也只能使 SYN 泛洪攻击的实施难度有了轻微的增加。

1.3.4 病毒、木马和蠕虫

终端用户计算机最容易遭受蠕虫、病毒和木马的攻击。蠕虫执行恶意代码并将自己的副本安装进被感染计算机的内存，被感染的计算机再去感染其他主机。病毒是恶意软件，它附着到其他程序，在一台计算机上执行某些不期望的特定功能。木马是一款经过伪装的应用程序，当一个木马被下载并打开时，它从内部攻击终端用户计算机。

1. 病毒

计算机病毒是能够通过修改而达到感染其他程序的一段软件；这种修改操作包括在原始程序中注入能够复制病毒程序的程序，而这种病毒程序又能够感染其他程序。计算机病毒首次出现于 20 世纪 80 年代早期。

与生物学病毒的工作机理相似，计算机病毒可以植入系统中并生成更多的病毒副本。典型的计算机病毒进入主机并植入计算机的程序中。之后，一旦被感染的计算机与未感染的软件进行交互，病毒副本就会进入新程序。因此，计算机病毒就这样通过可信用户之间的存储介质或计算机网络在计算机之间传播开来。在网络环境中，访问应用程序和其他计算机上的系统服务程序成为计算机病毒传播的温床。

病毒可以做任何其他程序可以做的事情。与普通程序相比，病毒唯一不同的是，它将自己附着到其他程序上，且在宿主程序运行的同时秘密执行其自身的功能。一旦病毒执行，它可以实现病毒设计者所设计的任何功能，如只有授权用户才能做的删除文件或程序。大多数病毒是针对某一个特定的操作系统以某种特定的方式执行，在某些情况下，还可能针对某个特定的硬件平台。因此，病毒的设计需要对特定系统的细节和弱点有深入了解。

计算机病毒包括如下三个部分：

◇ 感染机制：病毒传播的方法，能使病毒复制。

◇ 触发：决定有效载荷被激活或传递的条件或事件。

◇ 有效载荷：除了传播外，病毒要做的事情。

理想的解决病毒攻击的方法是预防，即不允许病毒进入系统，或去除病毒修改任何包含

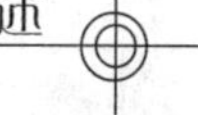

可执行代码或宏的能力。然而，这个目标通常不可实现。我们可以采取以下操作在一定程度上降低病毒成功攻击的次数。

◇ 检测：一旦病毒感染系统，系统就应该确定这一事实并对病毒进行定位。

◇ 识别：检测到病毒后，应该能够识别被感染的程序中的病毒类型。

◇ 清除：病毒被识别后，对病毒所感染的程序所有可能发生的变化进行检查，清除病毒并使程序还原到感染前的状态，并清除所有被感染系统中的病毒从而使其无法继续传播。

如果成功检测到病毒，但是无法识别或清除该病毒，那么一种替代的解决办法是丢弃被感染程序并重载一份未被感染的备份版本。

病毒制造技术和反病毒技术携手前进。早期的病毒是相对简单的代码碎片，对这样的病毒，可以用相应简单的反病毒软件包识别并清除。随着病毒的演化，病毒和相应的反病毒软件都变得愈发复杂和高级。

2. 木马

木马看起来像是某个应用程序，而实际上是一个攻击工具。它包含隐秘代码段，一旦被调用，将会执行一些不想要或有害的功能。

木马可以间接完成一些未授权用户无法直接完成的功能。例如，为获得共享系统中某用户文件的访问权限，攻击者可以设置一个木马程序，当这个程序执行时，它会改变被调用的用户文件权限，使该文件对所有用户都可读。之后，攻击者可以通过将该木马放置在公共目录下、或者声称该程序拥有一些有益功能的手段，引诱其他用户执行该木马程序。

木马的另一个动机是破坏数据。木马程序表面上在执行一种有用的功能，例如，一个计算机程序，但同时，它可能正悄悄地删除用户的文件。

不同的木马可被归入以下三种模式之一。

◇ 在继续执行原软件功能之外还执行一个独立的恶意动作。

◇ 继续执行原软件的功能，但将功能改动以便能够执行恶意动作或者掩饰其恶意动作。

◇ 执行恶意功能并完全取代原有程序的功能。

缓解病毒和木马攻击的主要手段是防病毒软件。防病毒软件可以检测大部分病毒和木马程序，并阻止它们在网络中扩散，如图 1-7 所示。跟踪这类攻击的最新进展也可有效地防御这类攻击。当新的病毒或木马公布出来，企业需要保持最新的防病毒软件版本。

3. 蠕虫

蠕虫是一种特别危险的恶意代码，它们独立地利用网络中的漏洞复制自己。病毒需要有宿主程序才能运行，而蠕虫可以自主运行。它们不需要用户参与，能够以极快的速度传播网络。蠕虫通常会使网络速度下降。

蠕虫导致了 Internet 上一些最具破坏性的攻击。大多数蠕虫攻击存在如下三个主要组成部分：

◇ 启用漏洞：蠕虫在易受攻击的系统上利用漏洞机制安装自身。

◇ 传播机制：进入设备后，蠕虫复制自身并定位新目标。

◇ 有效载荷：任何能导致某些行为的恶意代码。大多数情况下用于在被感染的主机上创建一个后门。

蠕虫是自包含程序，它攻击一个系统以利用已知的漏洞。一旦利用成功，蠕虫将自身从攻击主机复制到新的被利用的系统，开始新的循环。

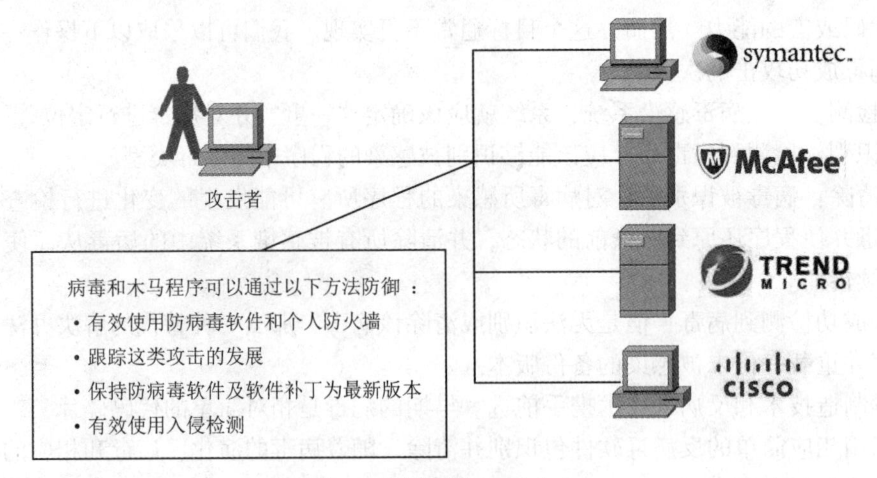

攻击者
病毒和木马程序可以通过以下方法防御：
• 有效使用防病毒软件和个人防火墙
• 跟踪这类攻击的发展
• 保持防病毒软件及软件补丁为最新版本
• 有效使用入侵检测
symantec.
McAfee
TREND MICRO
CISCO

图 1-7　防病毒和木马攻击

当蠕虫侵入到机器里面，可以用杀毒软件进行检测。另外，由于蠕虫的传播是一个相当可观的网络行为，因此通过网络行为的检测可以构建起对蠕虫的基本对策。系统管理员和网络工程师间的协调工作对蠕虫事件的反应是很关键的。以下是对防御蠕虫攻击的推荐步骤。

◇ 遏制：指将蠕虫感染的传播限制在网络中已经被影响的区域。这要求将网络分隔成区和段，以使蠕虫扩散减慢或停止，阻止当前被感染的主机感染其他系统。遏制要求在网络内控制点的路由器和防火墙上使用访问控制列表。
◇ 防御：需要对所有未被蠕虫感染的系统打上针对漏洞的合适的补丁。防御能使蠕虫失去任何可攻击的目标。网络扫描器可以帮助识别潜在的易受攻击的主机。
◇ 隔离：在包含的区域内识别被感染的主机，并断开连接、阻塞或移走这些主机。
◇ 清除：主动感染的系统被清除蠕虫。这可以包括终结蠕虫进程、移除蠕虫造成的被修改文件或系统配置，并对蠕虫用来利用系统的漏洞打补丁。

1.3.5　分布式拒绝服务攻击

DoS 攻击试图阻止某种服务的合法用户使用该服务，这种攻击是从某个单一的主机或者网点发起的。而分布式拒绝服务攻击(Distributed Denial of Service，DDoS)所带来的是一种更为严重的网络威胁。DDoS 攻击与 DoS 攻击的目的类似，区别在于 DDoS 的攻击者并不直接向目标发起攻击。使用 DDoS 攻击时，攻击者利用系统中的安全漏洞和弱点攻陷大量系统，并向这些系统中植入木马，这样攻击者就可以远程控制这些被攻陷的系统。

在被攻陷主机感染了木马并可以为攻击者所利用时，攻击者就将这些主机作为发射台，向目标主机发送大量的无用流量，从而形成 DDoS 攻击。这种类型的攻击称为“分布式”，因为攻击者使用多台主机对单个或多个主机系统进行 DoS 攻击。

DDoS 攻击的受害者包括终端目标系统，以及所有在分布式攻击中被攻击者恶意利用和控制的系统。

DDoS 类型的攻击比 DoS 攻击更难追查，并且对防御机制是更大的挑战。

图 1-8 为 DDoS 攻击的基本形式，攻击者攻击多台主机并植入木马，从而可以远程控制这些主机。攻击者可以将被攻陷的主机作为发射台，对目标主机进行 DDoS 攻击，从而阻止合法用户正常地同目标主机建立连接。

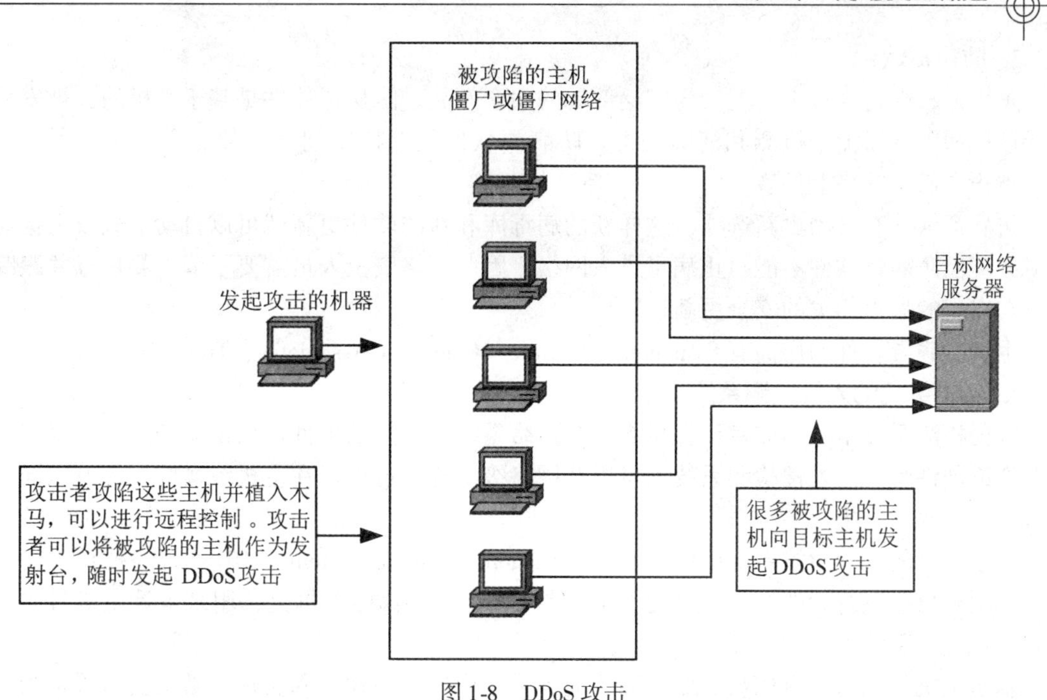

图 1-8 DDoS 攻击

1.4 安全组件和技术

保护网络和网络端点(如主机和服务器)非常关键并且同样重要，有多种组件和技术被设计用来为网络和网络端点提供安全保障。

1.4.1 基于主机和服务器的安全组件和技术

主机和服务器被加入到网络中，它们需要受到保护。尤其是服务器，由于很多资源可能都在某一台服务器上，服务器的可访问性和可用性就显得更加重要。除了及时更新安全补丁外，还需要使用以下安全组件和技术来保护这些主机。

1. 设备强化

当一个新的操作系统被安装到一台计算机上后，安全设置都被设为默认值。在大多数情况下，这种级别的安全是不够的。通过以下步骤可以强化设备安全：

◇ 更改默认用户名和密码；

◇ 限制只有经过授权的个人能访问系统资源；

◇ 关闭所有不需要的服务和应用。

2. 个人防火墙

通过拨号、数字用户线(Digital Subscriber Line，DSL)或调制解调器连接到 Internet 的个人电脑，与公共网络一样易于遭到攻击。个人防火墙驻留在用户的个人计算机上可以阻止这些攻击。个人防火墙不需要特定的网络设备，只要在用户所使用的计算机上安装软件即可。个人防火墙把用户的计算机和公共网络分隔开，它检查到达防火墙两端的所有数据包，无论是进入还是发出，从而决定该拦截这个包还是将其放行，是保护个人计算机接入互联网的安全有效措施。个人防火墙软件制造商有 McAfee、Norton、Symantec、Zone Labs 等。

3. 防病毒软件

防病毒软件是今天市场上最为广泛部署的安全产品。防病毒软件是基于主机的，被安装在计算机和服务器上来检测和清除病毒。防病毒软件能够检测到大多数病毒和多种木马程序，防止它们在网络上扩散。

防病毒软件有自动更新选项，这样新的病毒库和新的软件更新就可以自动下载或根据需要下载。但防病毒软件不能阻止病毒进入网络，因此网络安全人员需要了解主要病毒并跟踪与正在出现的病毒相关的安全更新。

生产防病毒软件的厂商有 Symantec、McAfee、Computer Associates、Trend Micro 等。

4. 基于主机的入侵检测系统

入侵检测系统是一套监控计算机系统或网络系统中发生的事件，根据规则进行安全审计的软件或硬件系统。入侵检测系统既可以在网络级实施，也可以在主机级实施，还可以同时在这两个层次上实施。

基于主机的入侵检测系统(Host-based Intrusion Detection System，HIDS)是一种在单台计算机上检测出恶意行为的技术，因此 HIDS 被部署在一台目标主机上，用来审计主机日志文件和主机文件系统及资源。

基于主机的入侵检测依赖于制造商，通常采用内嵌或被动技术实现。被动技术被称为基于主机的入侵检测系统，它主要是在攻击已经发生且已经造成破坏后发送日志。内嵌技术被称为基于主机的入侵防御系统(Host-based Intrusion Prevention System，HIPS)，它能够使攻击行为停止以防止其对网络造成破坏，也能够防止蠕虫和病毒的传播。HIPS 的优点是它可监控操作系统进程和保护关键的系统资源。

目前，基于主机的入侵防御系统要求在每台主机上都安装代理软件以监控主机上的活动以及对主机的攻击。代理软件进行入侵检测分析和防御，并向一台中央管理服务器或策略服务器发送日志和警报。图 1-9 是一个典型的 HIPS 部署。代理软件被安装在公共可访问的服务器以及邮件服务器和应用程序服务器上。

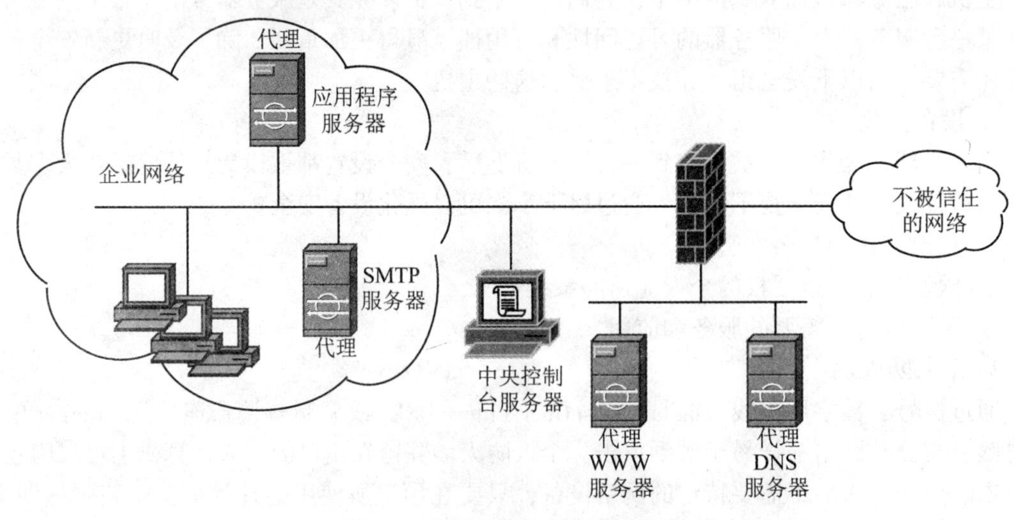

图 1-9　基于主机的入侵检测系统

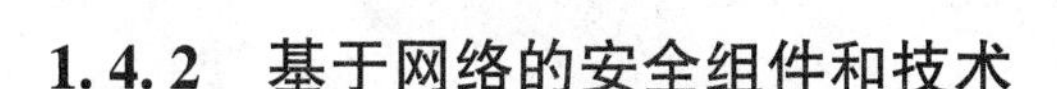

1.4.2 基于网络的安全组件和技术

1. 专用防火墙

如图1-10所示，防火墙是在两个或多个网络之间执行访问控制策略的一个或一组系统。专用的硬件防火墙可用于保护网络。Cisco解决方案包括一个集成的IOS防火墙(软件实现，安装在路由器上)和一个专门的ASA(Adaptive Security Appliance，自适应安全设备)。其他提供专用防火墙的厂商包括Juniper、Nokia、Symantec等。

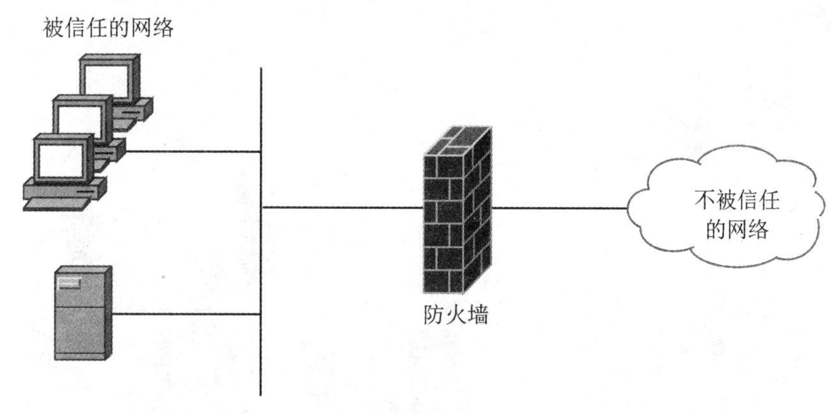

图1-10 专用防火墙

专用的防火墙也是专门的计算机，但是它们仅仅运行单一的防火墙应用程序或操作系统。而基于服务器的防火墙运行在网络操作系统上，它通常是一种全功能的解决方案，将防火墙、访问控制和虚拟专用网特性全部集成在一个包里。由于通用操作系统的安全弱点，基于服务器的防火墙同专用防火墙相比安全性较弱。

2. 信任与身份

身份是对网络用户、主机、应用程序、服务以及资源的正确识别。支持身份识别的技术包括认证协议(如RADIUS和TACACS+等)、数字证书、智能卡和目录服务等。

认证、授权和访问控制被集成到身份识别的概念中。尽管这些概念各不相同，但它们都适合网络上的每个用户，不管是人还是设备。每个人和设备都是一个独特的实体，在网络中有各自的能力，并根据不同身份获得对资源的访问许可。虽然在纯粹的意义上身份仅仅适合认证，但在许多情况下，它同时使得讨论授权和访问控制变得有意义。

3. 虚拟专用网

虚拟专用网(Virtual Private Network，VPN)是对在公共通信基础设施上构建的“虚拟专用网”连接技术的总称。VPN可以被认为是一种从公共网络中隔离出来的专门为个别用户提供服务的网络。这里所说的公共网络包括Internet、电话网、帧中继网、ATM网等，为了把Internet上开展的VPN服务和帧中继及ATM上的VPN加以区别，前者被称为IP VPN。

IP VPN并不是简单的隧道加密，它涵盖一套完整的技术以及支持的产品，包括防火墙、加密、认证、入侵检测、服务质量和网络管理等。以下是VPN的两种基本使用方式。

◇ 远程接入VPN(remote-access VPN)；

◇ 站点到站点的外部和内部VPN(site-to-site extranet and intranet VPN)。

4. 基于网络的入侵检测系统

基于网络的入侵检测系统(Network-based Intrusion Detection System, NIDS)将整个网络作为监控对象。它监控网络上的流量以检测异常、不当和有害的数据。NIDS 部署了遍及网络的检测设备(传感器),它捕捉和分析通过网络的流量。传感器实时地检测恶意的和未经授权的活动,并且能在需要时采取行动。

图 1-11 是一个典型的入侵检测技术在网络中的部署。在保护关键网段的网络入口点部署传感器,这些网段既有企业内部资源也有外部资源。通常将传感器设置为入侵检测分析,传感器向位于企业防火墙内部的一台中央控制服务器报告。

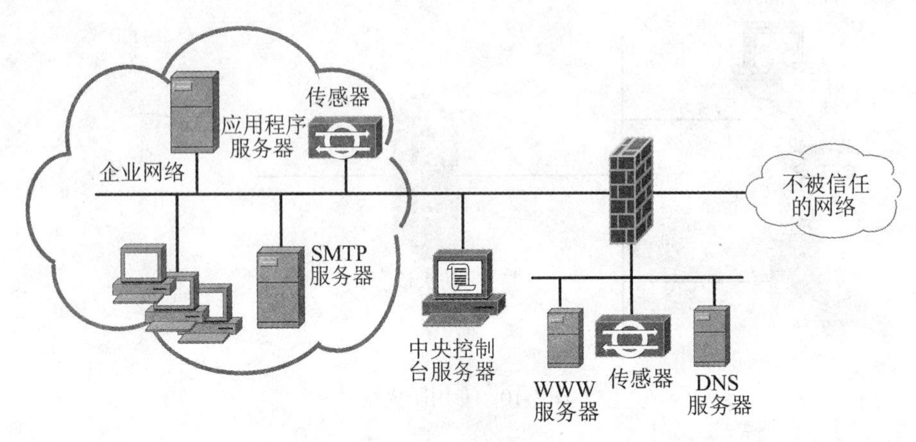

图 1-11　基于网络的入侵检测系统

1.5　本章小结

本章首先介绍了网络安全的目标、策略、模型和评价标准。网络爆炸性地增长导致了安全风险的增加。这些风险源于入侵和网络资源的不正确使用。认识各种弱点和威胁对于网络安全是很关键的。为使网络免受攻击,必须了解常用的攻击方法,这包括侦查攻击、访问攻击和拒绝服务攻击。

本章最后介绍了用于保护网络和网络终端的安全组件和技术,其中基于主机和服务器的安全组件和技术包括设备强化、个人防火墙、防病毒软件和基于主机的入侵检测系统;基于网络的安全组件和技术包括专用防火墙、信任和身份、VPN 和基于网络的入侵检测系统。

1.6　习题

1. 选择题

(1)以下哪项不是主要的网络安全目标?

A. 机密性

B. 验证

C. 可用性

D. 完整性

(2)协议分析器能被用来做什么?

A. 判定数据包的内容

B. 分析交换机的内部

C. 判定 OSI 模型的层

D. 重新安全顺序号

(3)以下哪项将不被看成是攻击?

A. 信任利用

B. 中间人

C. 会话重放

D. 访问控制

(4)以下哪项不可能引起拒绝服务攻击?

A. SYN 泛洪

B. 功率损耗

C. 缓冲区溢出

D. 访问违背

(5)下列哪项不被看成是认证方法?

A. 生物测定学

B. 令牌

C. 密码

D. 访问控制列表

(6)网络管理员安装了一台新的网络服务器，并进行了所有的打补丁和升级。管理员还可以采用以下哪个步骤来强化操作系统?

A. 在服务器上进行 UDP 和 TCP 端口扫描

B. 安装冗余服务以备发生故障

C. 更改默认用户名和密码并关闭不需要的服务和应用程序

D. 对网络连接配置带状态的报文检查

(7)网络安全的目标 CIA 指的是以下哪一项?

A. 机密性、完整性和可用性

B. 机密性、完整性和可靠性

C. 机密性、完整性和不可抵赖性

D. 机密性、可靠性和不可抵赖性

(8)在短时间内向网络中的某台服务器发送大量无效的连接请求，导致合法用户暂时无法访问服务器的攻击属于以下哪种类型的攻击?

A. 侦查攻击

B. 访问攻击

C. 病毒

D. 拒绝服务攻击

(9)有意避开系统访问控制机制，对网络设备及资源进行非正常使用的行为属于以下哪项?

A. 破坏数据完整性

B. 非授权访问

C. 信息泄露

D. 拒绝服务攻击

(10)许多黑客攻击都是利用软件实现中的缓冲区溢出的漏洞，对于这一威胁，最可靠的解决方案是什么?

A. 安装防病毒软件

B. 给系统安装最新的补丁

C. 安装防火墙

D. 安装入侵检测系统

2. 问答题

(1)简述网络安全的目标。

(2)许可性的安全策略和限制性安全策略的不同之处是什么?

(3)网络安全的威胁主要有哪几种?

(4)简述拒绝服务攻击和分布式拒绝服务攻击的特点。

(5)简述常用的网络安全组件和技术。

第2章　网络设备安全

网络设备包括路由器、交换机、防火墙和网络入侵检测系统等。保障网络中的设备安全是网络安全中至关重要的一环。本章从网络设备安全策略入手，讲述保护网络设备的原则，并重点介绍了保护路由器和安全设备不受攻击的方法。

学习完本章，要达到如下目标：

◇ 理解设备访问的方法；
◇ 能够配置安全的管理访问；
◇ 理解特权级别的概念；
◇ 理解网络设备支持的网络服务；
◇ 能够根据需要关闭不需要的服务；
◇ 理解网络设备的自动安全特性；
◇ 能够配置保护安全设备的管理访问。

2.1　网络设备安全策略

网络设备如路由器、交换机、防火墙、网络入侵防御系统、集中器等都是网络的组成部分，保护这些设备是网络安全策略的重要环节。安全策略由一系列的规则、惯例与流程组成，它们共同界定了如何对敏感信息进行管理、保护和分发。在众多的安全策略中，有一种专为保护网络设备安全而建立的规则，即网络设备安全策略。

对一个组织机构而言，网络设备安全策略是必不可少的。网络设备安全策略需要定义一些规则，这些规则应该根据管理角色及网络服务来定义，并明确地界定可以对其进行访问的设备、地址及访问方式。网络设备安全策略所制定的规则可以保护对网络设备的访问，也就是进行访问控制。对于网络中的所有设备，网络设备安全策略也规定了他们最低限度的安全配置。

网络设备安全主要包括物理安全和逻辑安全两个方面。物理安全是指将设备放置在一个远离攻击者的场所，使攻击者无法接触到设备实物。逻辑安全是指保护设备安全以避免遭受非物理的攻击，非物理的攻击是指攻击者使用数据元素而不是物理的力量去发动的一个攻击，如 DoS 攻击。

图 2-1 从概念上对网络设备安全进行了分层。图中的每一层都依赖于其内部各层，若物理安全(最内层)不能得到保障，其余各层都会受到影响，从而引发多米诺骨牌效应。因此，物理安全比逻辑安全更加重要，因为无论在上层采取了何种安全防御措施，一旦物理层被入侵，整个网络即告沦陷。

为了保障网络设备的物理安全，需要用一个安全的物理场所来存放网络设备，并且要保证该场所仅对获得授权的工作人员开放。本章我们将重点讨论网络设备的逻辑安全。

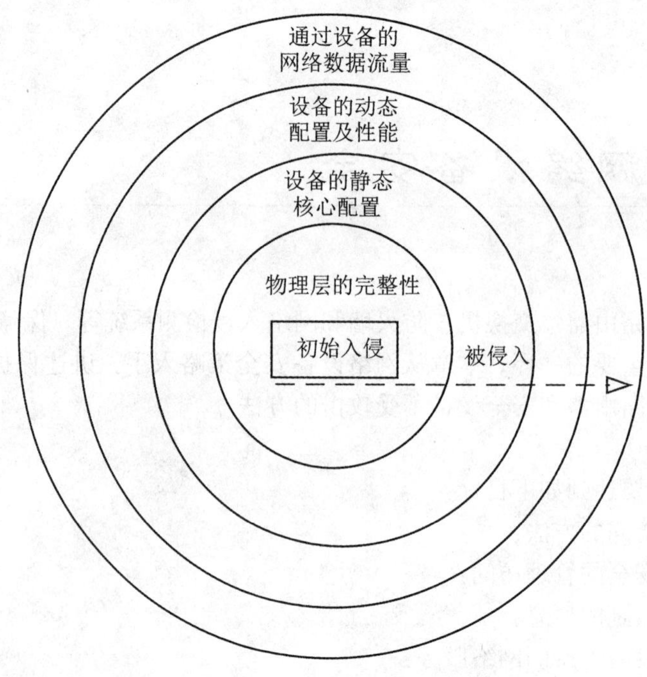

图 2-1　设备安全分层

2.2　路由器安全

所有路由器或交换机在默认情况下都是开放的，因此安全配置对于保护路由器和交换机是必要的。本节讨论如何提高路由器的安全，让任何使路由器瘫痪、获得未授权访问或其他削弱路由器功能的企图无法得逞。本章重点讨论路由器上可用的本地方案，第 5 章讨论如何使用一台安全的 AAA 服务器来集中化认证。

2.2.1　认证类型

当试图获得路由器的管理访问时，有很多种方法可以实现，包括以下这些：

◇ 控制台端口(console 端口)；
◇ 辅助端口(AUX 端口)；
◇ Telnet(VTY 端口)；
◇ 超文本传输协议(HTTP)和使用安全套接层的 HTTP(HTTPS)；
◇ 安全 Shell(SSH)；
◇ 简单网络管理协议(SNMP)。

每种方法都会带来某种级别的安全风险，可以通过使用访问认证来使这些方法比较安全。访问认证可以使用以下认证方法。

◇ 没有密码；
◇ 静态密码；
◇ 时效密码；
◇ 一次性密码；
◇ 令牌卡服务。

以上每种认证方法都有其优缺点，下面详细介绍这些方法。

1. 没有密码的认证

在设备上不配置密码是最糟糕的认证方法，不管是在路由器上还是在 PC 上。如果一些网络设备没有密码，那么它们将阻止到这些设备的远程访问。Cisco 路由器上使用 Telnet 就是这样。如果在一台路由器上没有配置虚拟类型终端线路和特权级密码，就不能 Telnet 到它。

但是，为了增强设备安全，在设备上需要为各种访问类型配置一些认证方法。或者，尽量关闭不使用的访问方法。有某种类型的认证方法胜过没有任何认证。

2. 静态密码认证

静态密码认证是最常用的认证方法，可以使用或者不使用用户账户。然而，静态密码认证存在着如下问题：

◇ 如果账户密码泄露了，设备也就可能受到损坏；

◇ 如何选择静态密码可能会存在安全风险。很多用户经常使用用户名、生日和常见的单词作为密码。一个好的密码应该是字母、数字和特殊字符的混合；

◇ 静态密码最安全的形式是一个随机字符串，但这带来了另一个安全问题：因为这些密码太难记了，所以用户会写下它们，从而会使其他人看到；

◇ 有些访问方式要求多个人使用相同的账号执行相同的任务，如 UNIX 中的 root 账号或 Microsoft Windows 中的 Administrator。当管理员使用相同的账号时，这使得管理更困难；

◇ 如果不加密密码信息（如使用 Telnet 连接），那么静态密码易于受到窃听攻击。通常，静态密码用在小型环境中，但是，它不是一个安全的认证方法。

3. 时效密码认证

为了解决静态密码所存在的问题，有些管理员使用时效密码。使用时效密码，密码在一段预定义的时间范围内有效。当这段时间过期时，该密码不再有效。

绝大多数管理员认为通过使用时效密码，排除了静态密码配置的所有缺点。事实上，时效密码并不比静态密码安全很多。和静态密码相比，时效密码的唯一优点在于，如果一个账号泄露了，那么该账号的用户将被迫改变密码，而攻击者则被挡在该账号之外。

注意，Cisco 路由器支持静态密码，但它们不支持时效密码。

4. 一次性密码认证

一次性密码认证（One-Time Password，OTP）用于解决静态和时效密码的局限性和安全问题。不像静态和时效密码，OTP 只能使用一次：一个密码用过之后，就不再有效。

OTP 通过一个密码生成程序来生成一列密码，该程序使用 S/Key 算法，该算法使用 MD5 散列功能，来生成这个列表。这个过程通常使用一个密码计算器来完成，在这里用户将一个密钥或者短语输入这个程序。该程序然后生成一个包含一列有效 OTP 的文件。对于那些使用 S/Key 算法的资源，这些密码可用于认证目的。一个密码被使用后，就变成无效的了。

与静态和时效密码相比，OTP 认证有如下优点。

◇ 用户使用的应用无须改变，很容易实施 OTP；

◇ 因为建立这些随机密码的特性，这种密码通常对于密码破解程序是安全的，然而，如果攻击者能猜出用来生成一列密码的密钥，就有机会确定生成的 OTP；

◇ OTP 可以消除窃听攻击。即使一个攻击者得到了密码，想使用它也已经太迟了，因为用户经过认证后，密码已经无效；

◇ 如果一个攻击者幸运地猜出了一个随机产生的 OTP，那么他仅被准许访问这个账号一次；下次的访问要求攻击者还要有这样的运气猜出一个随机产生的 OTP。

OTP 存在的一个主要缺点是：它生成一个包含随机 OTP 密码的文件。因为该文件可能包含多个密码，用户倾向于将它打印出来。这样导致 OTP 文件是不安全的。注意，Cisco 路由器从来不支持 OTP。

5. 令牌卡服务

令牌卡和令牌服务是目前所讨论的所有认证方法中最安全的认证方法。当使用一个令牌卡解决方案时，用户使用一个称为令牌卡的硬件设备。这种卡和信用卡或者 PCMCIA 卡一样大小。但它有集成电路，且通常有一个 LED 显示。这种卡和令牌卡服务器同步时间。

令牌卡服务使用以下方法中的一种处理认证。

◇ 基于时间的认证；

◇ 基于挑战的认证。

使用第一种方法时，用户输入一个密码和 PIN 码到令牌卡，然后这个输入与时间一起被用来做单向散列运算。注意这里的时间不是一个准确的时间，而是基于一个时间周期的。所以，令牌卡和令牌服务器的时间不能相差很大。这些信息和账号名一起被发送到用户正在试图登录的服务，如图 2-2 的步骤 1 所示。在步骤 2 中，服务将这些信息转发到令牌卡服务器。令牌卡服务器然后在本地数据库中寻找该用户的账号名，以及用户密码和 PIN 码；它再用相同的单向散列算法来运算这些信息及时间。令牌卡服务器认证这些请求并传回结果，如步骤 3 所示。在步骤 4 中，服务回传认证是否成功的信息给用户。

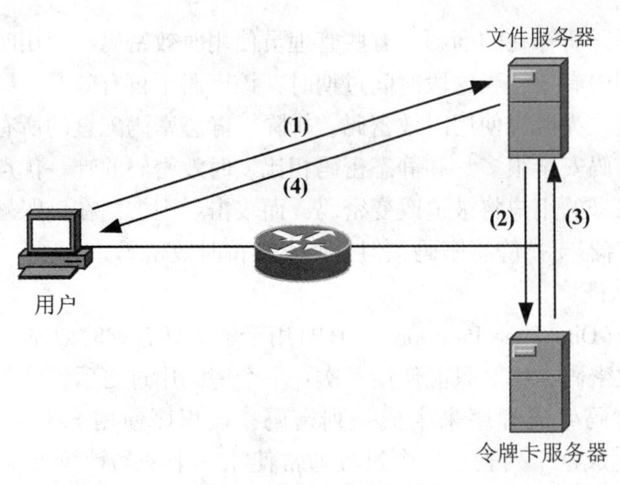

图 2-2　令牌卡认证过程

令牌卡服务使用第二种处理认证的方法时，不使用时间，而是使用挑战，在令牌卡和令牌卡认证服务器之间进行同步。这种令牌卡方案中使用的挑战类似于 PPP 协议的 CHAP 使用的挑战。

和前面描述的 OTP 过程相比，令牌卡方案的主要优势在于令牌卡方案不生成一个包含有效随机密码的文件，而是产生一个用户需要认证的密码。

然而，令牌卡方案也存在诸如成本、附加软件和令牌卡和令牌服务器之间的同步之类的缺点。

2.2.2 用户账户和密码管理

1. 用户账户

用户身份验证可以通过用户名和密码的组合参数来实现。用户账户可以在很多情况下使用，如可以用于 console 接口、VTY 线路、VPN 用户及远程拨号用户。

用户名需要在全局模式下配置，配置后的用户名会保存在设备的本地数据库中。可以为设备的每个用户设置一个单独的用户名，这样当用户更改配置文件的时候，管理员就可以根据用户名来跟踪查看是哪个用户修改了配置文件，除此之外，单独的用户名也可以让管理员对不同用户分别进行计费和审计。登录账户可以用 username 命令来生成，管理员可以对每个用户名指派不同的特权级别和密码。

2. 密码

验证用户身份主要依靠用户名和密码的结合。所谓密码就是用来验证用户身份的受保护的字符串。Cisco IOS 支持如下三种密码保护方案：

◇ 明文密码：在设备配置文件中，明文密码以明文形式存在，可以进行浏览。由于密码没有加密，因此这是最不安全的一种密码类型。

◇ 7 类密码：使用 Cisco 私有加密算法对密码进行加密。由于加密算法比较脆弱，有很多密码破解工具可以对 7 类加密密码进行破解。可以使用命令 enable password、username password 来应用 7 类密码。

◇ 5 类密码：使用 MD5 散列算法(单向散列)对密码进行加密，由于加密过程不可逆，因此该类型的密码安全性较高。破解 5 类密码的唯一途径是暴力破解或字典攻击。在任何情况下，设备用户都应尽量采用 5 类密码而不是 7 类密码。5 类密码通过命令 enable secret 来实现，它与 enable password 相比多了一层保障。而且命令 enable secret 的优先级高于 enable password。另外，username secret 命令同样使用的是 5 类密码。

在设备安全中，创建强壮的密码是最为重要的任务之一。如果密码过于简单，很容易被字典攻击或暴力破解的方式攻破。强壮的密码至少要有 8 ~ 10 个字符，并且是一个包含有字母(大小写组合)、数字和特殊符号(如！@#￥%……&*)的字符组合。由于由字符和符号组成的密码不便于记忆，因此，安全管理员一般更喜欢用密码短语的方法创建密码。

密码短语法是目前最常见的创建密码的方法之一，它能够创建出既强壮又方便记忆的密码。密码短语既可以是一个句子，也可以是一个单词，但它必须容易记忆。如果是句子的话，把每个单词的首字母组合起来就可以获得一个强壮的密码。除此之外，还可以用大小写字母、数字和替代技术让密码变得复杂。所谓替代技术，就是用一个和某个字母很像的符号或数字来代替该字母，如 i=!，i=1，s=5，o=0 等。还有一个不错的方法就是用键盘上数字键的大写字符来代替数字，如 1=!，2=@，3=#，4=$，5=% 等。用户也可以使用自己独特的方法来创建基于密码短语技术的密码，并以此形成加密文本。

示例 2-1 显示了如何创建用户名和对应密码，在该示例中，创建了三个用户 user1、user2 和 user3，分别使用明文密码、7 类密码和 5 类密码。命令 security passwords min-length 用来指定最小密码长度，命令 service password-encryption 可以对配置文件中的密码进行加密，以防止非法访问设备的用户查看配置文件中的密码。

示例 2-1　　配置用户名和密码

```
Router(config)#security passwords min-length 8
Router(config)#service password-encryption
Router(config)#username user1 password 0 Thisuser!
Router(config)#username user2 password Thisuser@
Router(config)#username user3 secret Thisuser#
```

2.2.3 特权级别

Cisco IOS 有 16 个特权级别：0～15。默认情况下，IOS 有以下三种预定义的用户级别：

◇ 特权级别 0：包含 disable、enable、exit、help 和 logout 命令。

◇ 特权级别 1：是用户模式，这是 Telnet 的正常级别，包含所有由 Router>提示的用户级别命令。

◇ 特权级别 15：是特权模式(也称 enable 模式)，包含所有由 Router#提示的特权级别命令。

所有 Cisco IOS 命令都预先分配给了 0、1 和 15 级，2～14 级可以由用户来自定义。

在全局模式下更改或设置某一条命令的特权级别的命令如下：

Router(config)#**privilege** {*mode*} **level** {*level*} {*command*}

在该命令中，mode 指路由器上的不同模式，如用户模式或特权模式等。

示例 2-2 显示了如何创建特权级别为 6 级的用户账户“user”，并把很多 15 级的 IOS 命令划分到 6 级以供该账户使用。

示例 2-2　　配置特权级别

```
Router(config)#username user privilege 6 password user!@#
Router(config)#privilege exec level 6 show run
Router(config)#privilege exec level 6 write memory
Router(config)#privilege exec level 6 configure terminal
Router(config)#privilege configure level 6 interface
Router(config)#privilege configure level 6 router
```

另外，用命令 show privilege 可以显示当前的特权级别，命令 enable password level 则可以为某个特定的特权级别设置密码。

2.2.4 控制对路由器的访问

现在我们对密码认证方法、用户账户和特权级别有了一个基本的理解，本节讨论如何保护对路由器的安全访问。

用户到路由器存在以下两种访问级别：

◇ 用户级 EXEC：用于基本的排错过程；

◇ 特权级 EXEC：用于详细的排错和配置。

这两种访问级别都支持认证。然而，在用户级 EXEC 访问中，又分为本地和远程访问。本地访问是通过控制台或辅助端口来实现的，在这里使用 Cisco IOS 命令行界面(Command-Line Interface，CLI)与 Cisco IOS 和设备交互。远程访问通过 Telnet、SSH、HTTP 和 HTTPS 等方式来实现。

1. console 接口

console 接口是管理和配置设备时的默认访问方式。这种连接类型通过 TTY 线路 0，以物理的方式连接在设备的 console 接口上。在默认情况下，console 接口没有配置密码。操作结束后，不应该保留 console 接口的登录状态而应该退出登录。因此，建议为 console 线路上的 EXEC 会话配置超时时间，这样的话如果用户忘记退出或长时间让会话处于空闲状态，设备就会自动注销空闲的会话。

示例 2-3 所示为如何为 console 线路配置密码，如何将自动强制退出的会话空闲时间设置为 5 分钟 30 秒。命令 transport input none 可以阻止用户通过反向 Telnet 来访问 TTY 线路。

示例 2-3　　**配置 console 接口的密码和空闲时间**

```
Router(config)#line console 0
Router(config-line)#password user! @#  //配置 console 线路密码为 user! @#
Router(config-line)#login //允许使用密码登录
Router(config-line)#exec-time 5 30  //配置空闲超时时间为 5 分钟 30 秒
Router(config-line)#transport input none
Router(config-line)#end
Router#
```

2. AUX 接口

有些设备带有一个辅助(AUX)接口，用户通过调制解调器拨号可以从这个接口连接到网络设备并对其实施管理。在大多数情况下，AUX 接口应该在 line aux 0 模式下通过命令 no exec 来禁用。

唯有当没有任何备用方案和远程接入方式可供选择时，才可以考虑用调制解调器连接辅助接口来访问网络设备。因为网络攻击者通过简单的战争拨号技术就可以找到一个未受保护的调制解调器。因此，在 AUX 接口上设置认证来实现访问控制是非常有必要的。认证可以在本地实现，也可以通过 TACACS+服务器或 RADIUS 服务器来实现。

3. VTY 接口(Telnet)

Cisco 使用 VTY 线路来处理输入和输出的 Telnet 连接。VTY 实质上是逻辑线路，Cisco IOS 从一个配置和操作的角度将它们作为一个物理线路来对待。Cisco IOS 支持通过多条逻辑 VTY 线路连接设备，以此实现对设备的远程交互式访问。在默认情况下，可以用命令 line vty 0 4 来使用其中的五条 VTY 线路。与 console 接口相似，VTY 线路上也没有预先配置密码。因而用强壮的密码和访问控制机制来保护这些线路是十分必要的。

使用 VTY 线路的常见方法有两种：通过 Telnet 协议来访问 VTY 线路和通过 SSH 协议来访问 VTY 线路。

示例 2-4 显示了使用 Telnet 协议访问 VTY 线路的方法。该示例中，ACL 的作用是识别可以通过 VTY 端口连接设备的主机。这些 IP 地址最好位于内部网络或可信任的网络中。命令 transport input telnet 的作用是让管理员接口只对 Telnet 协议打开。

示例 2-4　　　　**使用 Telnet 协议和 ACL 配置 VTY 访问**

```
Router(config)#access-list 1 permit host 192.168.1.100
Router(config)#access-list 1 permit host 192.168.1.101
Router(config)#line vty 0 4
Router(config-line)#access-class 1 in
//应用 ACL，仅允许 ACL 精确匹配的主机或网络访问设备
Router(config-line)#password user!@#  //配置 Telnet 访问密码为 user!@#
Router(config-line)#login    //允许用户通过 Telnet 远程访问设备
Router(config-line)#exec-timeout 5 0  //设置回话超时时间为 5 分钟
Router(config-line)#transport input telnet //配置该路由器只能用 Telnet 协议访问
Router(config-line)#end
```

注意：尽管在默认情况下 VTY 线路上没有配置密码，但是只有使用 login 命令来允许远程访问之后，用户才能通过 VTY 线路访问网络设备。使用 ACL 进一步强化了对访问的控制，以此实现只有指定的用户才能访问设备。

4. SSH

Telnet 协议会话中的一切信息皆以明文的方式发送，因此这是个不安全的协议。SSH (Secure Shell，安全壳)协议使用强大的加密算法对会话进行认证和加密，是一种更可靠、更安全的管理设备的方法。SSH 协议使用 TCP 22 端口，目前有两个版本：SSHv1 和 SSHv2。SSHv1 只是明文 Telnet 协议的增强版，并且 SSHv1 协议存在一些基本的缺陷。而 SSHv2 则是 SSH 的修缮和强化版本。

SSH 功能要求两个组件：服务器和客户端。SSH 服务器提供到 IOS CLI 的安全连接，该连接是加密的，类似于一个加密的 Telnet 连接。SSH 客户端运行 SSH 协议连接到 SSH 服务器，它必须支持数据加密标准(Data Encryption Standard，DES)或 3DES 以及密码认证。路由器既支持服务器连接，也支持客户端连接。

配置一台路由器为 SSH 服务器需要以下六个步骤：

步骤 1：为路由器指定一个名称(必需的)

为路由器指定一个名称的命令如下：

Router(config)#**hostname** *router_ name*

步骤 2：为路由器指定一个域名(必需的)

为路由器指定一个域名的命令如下：

Router(config)#**ip domain-name** *DNS_ domain_ name*

步骤 3：生成加密密钥(必需的)

生成加密密钥的命令如下：

Router(config)#**crypto key generate rsa**

在执行这个命令之前，必须为路由器指定一个名称和域名；否则，将会得到一个出错消息。Cisco 建议使用一个至少 1024 位的密钥。在执行这个命令时，它不会出现在正在运行和已保存的配置文件中。如果需要生成一个新的密钥对，要首先使用 crypto key zeroize rsa 删除

已经生成的密钥对。

步骤4：为SSH设置VTY访问

Router(config)#**username** *name* **secret** *password*

Router(config)#**line vty 0 4**

Router(config-line)#**transport input ssh**

Router(config-line)#**transport output ssh**

Router(config-line)#**login local**

为了进行SSH访问，必须通过设置一个本地认证数据库或者一台认证服务器，以便使用一个用户名和密码。使用username和login local命令设置本地认证。

步骤5：调整SSH服务器(可选的)

Router(config)#**ip ssh** {[**time-out** *seconds*] | [**authentication-retries** *integer*]}

为了发起一个SSH连接，以秒为单位指定一个超时值。如果连接在这个时间内不能建立，那么连接失败。为了防止无效的认证尝试，也能限制连接认证尝试的次数(默认是三次)。这个命令还有其他的参数，但这两个是最常用的。

步骤6：验证SSH服务器操作(可选的)

使用如下命令可以验证SSH服务器操作：

Router#show ssh

Router#show ip ssh

示例2-5显示了如何在一台路由器上配置SSH服务器，在该示例中命令transport input ssh规定了这台路由器只能用SSH协议访问，而使用Telnet协议发起的一切会话均会被拒绝。

示例2-5　　　　**配置SSH服务器**

```
Router(config)#security authentication failure rate 3 log
//配置用户尝试登录的最大次数为3次
Router(config)#hostname Router1   //为路由器指定一个名称
Router1(config)#ip domain-name cie.wut.com   //配置域名
Router1(config)#crypto key generate rsa
Router1(config)#username user password user!@#
Router1(config)#access-list 1 permit 192.168.1.0 0.0.0.255
Router1(config)#access-list 1 deny any log
Router1(config)#line vty 0 4
Router1(config-line)#access-class 1 in
Router1(config-line)#login local
Router1(config-line)#exec-timeout 5 0
Router1(config-line)#transport input ssh
Router1(config-line)#end
Router1#
```

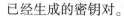

在示例2-5中，命令security authentication failure rate用来配置允许用户尝试登录的最大

次数。这条命令使设备在用户登录失败的次数超过配置的阈值时生成系统日志消息，通过这种方式来增强访问网络设备的安全性。这条命令可以确保用户无法无限制地尝试设备登录，例如，在攻击者发起暴力攻击时，可以起到防御效果。

要验证 SSH 服务器及其配置是否正常工作，可使用 show ip ssh 命令，如示例 2-6 所示。

示例 2-6　**验证 SSH 配置**

```
Router#show ip ssh
SSH Enabled - version 1. 99
Authentication timeout：120 secs；Authentication retries：3
```

要查看 SSH 客户端连接，可使用 show ssh 命令，如示例 2-7 所示。

示例 2-7　**查看 SSH 客户端连接**

```
Router1#show ssh
Connection   Version   Encryption    Hmac        State             Username
130          1. 99     aes128-cbc    hmac-sha1   Session started   user
```

除了作为一台服务器之外，Cisco IOS 支持 SSH 客户端。从路由器上发起到 SSH 服务端连接的命令如下：

Router#**ssh** [**-l** *username*] [**-c** {**aes128-cbc** | **aes192-cbc** | **aes256-cbc** }][**-o numberofpasswordprompts** #] [**-p** port_ #] {*IP_ address* | *hostname*} [*command*]

这个 SSH 命令有很多参数。当访问一个远程资源时，可能要求给出一个用户名进行认证。使用-l 选项用来指定用户名，还可以使用-c 选项来指定加密算法。为了改变密码提示符的号码，使用-o numberofpasswordprompts 选项。SSH 默认地使用 TCP 端口 22，但可以使用-p 选项改变它。必须输入的一个参数是目的 SSH 服务器的地址或名称。紧跟着这个参数的是可能想执行的可选命令。示例 2-8 显示了如何从一台路由器建立到 SSH 服务器连接。

示例 2-8　**从 SSH 客户端连接到服务器**

```
Router#ssh -l user 192. 168. 1. 100
Password：
Router1>
```

5. HTTP

Cisco IOS 支持管理员通过 HTTP 来管理设备，即 IOS 中集成的 Web 服务器支持管理员通过 Web 浏览器来对设备进行网络管理，但如果不需要用 HTTP 协议来管理路由器的话，那么禁用该特性是明智的。

默认地，路由器上的 HTTP 服务器功能是关闭的，如果需要基于 Web 浏览器来管理路由器，那么可以在全局配置模式下使用命令 ip http server 来启用 HTTP 服务器功能。同

时，为了进一步提高网络的安全性，当用户连接HTTP服务器的时候，可以使用ACL、自定义HTTP端口号、定义HTTP认证等设置来保障对HTTP服务器的安全访问，如示例2-9所示。

示例2-9　　以安全的方式建立HTTP对路由器的访问

```
Router(config)#access-list 1 permit host 10.1.1.1
Router1(config)#username user password user!@#
Router(config)#ip http server    //开启路由器的HTTP服务器功能
Router(config)#ip http port 9999  //为HTTP自定义一个非标准端口
Router(config)#ip http authentication local //定义HTTP认证使用本地用户数据库
Router(config)#ip http access-class 1   //应用ACL以限制HTTP对路由器的访问
```

在默认情况下，标准的HTTP服务器使用TCP 80端口，然而，可以使用命令ip http port改变这个端口到一个不同的端口号。在示例2-9中，将默认的80端口改变到一个非标准端口：9999端口。通过改变端口号到一个非标准的端口，可使攻击者确定正在路由器运行一个Web服务器更困难。但是，这只能提供有限的保护，因为攻击者会扫描所有的TCP端口。在这个示例中，使用ACL限制只有设备10.1.1.1被允许到路由器的HTTP访问，并使用命令ip http authentication local来执行认证。

使用show ip http client all命令可以列出在路由器上的所有客户端连接。使用show ip http server all命令可以列出在路由器上所有HTTP服务器功能，包括过去的客户端连接。

如果不需要使用HTTP服务，那么可以在全局配置模式下使用命令no ip http server来禁用这项服务。

6. HTTPS

由于HTTP易于被窃听攻击，所以不推荐它作为一个远程访问管理工具。在Cisco IOS 12.2(15)T及后续版本中，加入了HTTPS(安全HTTP)服务器特性。

HTTPS是一种支持安全套接层(Secure Socket Layer，SSL)的HTTP。在一个HTTPS连接中有三个主要的组件：服务器和客户端设备、加密集和证书授权(通常称为信任点)。

使用服务器和客户端，HTTPS确保在任何数据通过线缆发送前，数据通过加密和数据包签名被保护。这阻止了所有的窃听攻击和会话劫持攻击。

一个加密集定义了如何保护连接。传输的信息至少需要一个加密算法来保护其机密性。每个发送的数据包都使用一个散列算法来签名。

证书授权(Certificate Authority，CA)用来发布和管理证书。CA提供一个第三方解决方案来防止抵赖攻击和在事务传输中确定对方的身份。HTTPS使用证书和一个CA来实现这个功能。Cisco路由器在这一点上支持两个选项：可以使用一个外部CA来认证证书，或者其自己用作CA。第一种方法是首选的，因为它更安全。然而，对于小型网络，设置和维护一个CA可能太昂贵，所以，为HTTPS连接将一台路由器用作CA是一种经济的解决方案。

HTTPS是一个基于C/S模型的应用。当客户端建立一个到服务器的HTTPS连接后，服务器(路由器)发送它自己的证书给客户端。服务器有两个被这个证书使用的密钥：公钥和私钥。公钥加密数据，且只有私钥可以解密。私钥保存在路由器本地，没有人可以看到它。

公钥包含在证书中。根据从服务器收到的证书，客户端生成一个加密密钥。客户端使用服务器公钥来加密该密钥并发送给服务器。只有服务器的私钥能解密。所以只有客户端和服务器知道客户端生成的密钥：即用来加密客户端和服务器之间数据的密钥。

默认地，路由器上的 HTTPS 服务器功能是关闭的，可以在全局配置模式下使用命令 ip http secure-server 来启用 HTTPS 服务器功能。标准的 HTTPS 使用 TCP 443 端口。这个端口号可以通过命令 ip http secure-port {port} 来由管理员自己定义，但自定义端口的数字必须大于1024。命令 show ip http server 可以用来查看 HTTP 服务器的一些具体的数据信息。示例 2-10 显示了不用 CA 如何在路由器上配置 HTTPS。

示例 2-10　　**配置 HTTPS 服务器**

```
Router(config)#access-list 1 permit host 10.1.1.1
Router1(config)#username user password user! @#
Router(config)#ip http secure-server    //开启路由器的 HTTPS 服务器功能
Router(config)#ip http port 8888    //为 HTTPS 自定义一个非标准端口
Router(config)#ip http authentication local //定义 HTTPS 认证使用本地用户数据库
Router(config)#ip http access-class 1    //应用 ACL 以限制 HTTPS 对路由器的访问
```

为了提高网络的安全性，强烈建议网络管理员使用 HTTPS 服务器功能。如果不需要使用 HTTPS 服务，那么可以在全局配置模式下使用命令 no ip http secure-server 来禁用这项服务。

2.2.5　禁用不需要的服务

路由器支持大量的网络服务，这些服务有的是应用层协议，使用户及主机进程能够连接到路由器。还有一些是自动进程和设置，用于支持传统遗留或特殊的配置。对于路由器的通用安全措施是只支持网络需要的流量和协议，一些不是网络需要的服务就应该被限制或禁用。

在很多情况下，IOS 软件支持完全关闭一项服务，或限制对一个特定网络或主机集合的访问。如果网络中只有一个特定部分需要某项服务而其他部分不需要，那么应使用限制特性来限制服务的范围。

与安全性相关的、可能需要禁用的服务和特性如下：

1. CDP

CDP(Cisco Discovery Protocol，Cisco 发现协议)是 Cisco 的私有协议，可用于发现大多数运行在 OSI 参考模型第二层以上的 Cisco 设备。CDP 可以显示与其直连的 Cisco 设备，因此，网管软件和黑客可以利用 CDP 协议对网络进行勘测，并且检索到相邻 Cisco 设备的一些重要信息。

在默认情况下，CDP 在全局启用，每一个支持 CDP 的接口都会收发 CDP 信息。但也有些接口默认禁用 CDP 协议，如异步接口。

CDP 可以全局禁用，也可以在选定的接口上禁用。在全局配置模式下使用命令 no cdp run 就可以在整个设备上禁用 CDP 协议。同样，也可以在某个特定的接口下禁用 CDP 协议。在接口模式下使用 no cdp enable 命令就可以禁用某个接口上的 CDP 功能。示例 2-11 显示了禁用 CDP 的配置。

示例 2-11　　**全局或接口下禁用 CDP**

```
Router#configure terminal
Router(config)#no cdp run       //全局禁用 CDP

Router(config)#interface fastEthernet 1/0
Router(config-if)#no cdp enable //接口禁用 CDP
Router(config-if)#exit
Router(config)#
```

命令 show cdp neighbors [details] 可以显示直连 Cisco 设备的信息，如示例 2-12 所示。

示例 2-12　　**命令 show cdp neighbors detail 输出信息**

```
Router#show cdp neighbors detail
-------------------------
Device ID: Inform
Entry address(es):
  IP address: 10.0.0.1
Platform: Cisco 3640,    Capabilities: Router Switch IGMP
Interface: FastEthernet0/0,    Port ID (outgoing port): FastEthernet0/0
Holdtime : 122 sec

Version :
Cisco IOS Software, 3600 Software (C3640-JK9O3S-M), Version 12.4(16), RELEASE SOFTWARE
(fc1)
Technical Support: http://www.cisco.com/techsupport
Copyright (c) 1986-2007 by Cisco Systems, Inc.
Compiled Wed 20-Jun-07 11:43 by prod_rel_team

advertisement version: 2
VTP Management Domain: ''
Duplex: full

-------------------------
Device ID: Sale
Entry address(es):
  IP address: 10.1.1.3
Platform: Cisco 3640,    Capabilities: Router Switch IGMP
```

```
Interface: FastEthernet1/0,    Port ID (outgoing port): FastEthernet0/0
Holdtime : 124 sec

Version :
Cisco IOS Software, 3600 Software (C3640-JK9O3S-M), Version 12.4(16), RELEASE SOFTWARE
(fc1)
Technical Support: http://www.cisco.com/techsupport
Copyright (c) 1986-2007 by Cisco Systems, Inc.
Compiled Wed 20-Jun-07 11:43 by prod_ rel_ team

advertisement version: 2
VTP Management Domain: "
Duplex: full
```

2. TCP/UDP 低端口服务(Small-Servers)

TCP/UDP 低端口服务用于从网络中的主机去访问一些小型服务。这些小型服务端口号很低，都是早期用于 UNIX 环境中的服务，目前已经过时。TCP 的小型服务有 echo、chargen、discard 及 daytime。UDP 的小型服务有 echo、chargen 和 discard。攻击者有时会利用这些服务。例如，如果在设备上打开了 chargen(TCP 和 UDP 的 19 端口)服务，那么攻击者就会发送泛洪流量到这个端口，建立一个 DoS 攻击。

示例 2-13 显示了连接到时间端口的一个例子。

示例 2-13　　**连接到时间端口(daytime，端口 13)**

```
Router#telnet 192.168.1.200 daytime
Trying 192.168.1.200, 13... Open
Friday, March 1, 2013 00:07:25-UTC
[Connection to 192.168.1.200 closed by foreign host]
```

在默认情况下，除了在 Cisco IOS 11.2 及更早的版本外，可以用全局配置模式命令 no service tcp-small-servers 及 no service udp-small-servers 来禁用这些服务。

3. Finger

Finger 协议可以让用户获得一个当前正在使用某网络设备的全部用户列表。也就是说，通过 Finger 协议，远程用户可以查看到和使用 show users [wide]命令一样的输出结果。这些结果包括系统正在运行的进程、线路号、连接名、空闲时间及终端地址。Finger 协议使用的是 TCP 79 端口。对于网络攻击者来说，在侦查网络信息的阶段，这个协议的重要性不言而喻，它可以通过检查网络服务来获取远程主机及网络的信息。和其他低端口服务一样，如果不用该协议，就应该把它禁用。

示例 2-14 显示了如何检验 finger 服务是否被打开。

示例 2-14 **检验是否打开了 finger**

```
Router#telnet 192. 168. 1. 100 finger
Trying 192. 168. 1. 100, 79... Open
Line        User        Host(s)           Idle              Location
0 con 0                 192. 168. 1. 100                    00: 00: 00
130 vty 0   yinsl       idle              00: 00: 21 192.   168. 1. 200

Interface   User        Mode              Idle              Peer Address
[Connection to 192. 168. 1. 100 closed by foreign host]
```

在默认情况下，Finger 协议在 IOS 12. 19(5)、12. 1(5)T 及后续版本中是禁用的(在之前的版本中则默认启用该协议)。如果启用了 Finger 协议，那么可以用全局配置模式下的命令 no ip finger 或 no service finger 来禁用它。

4. HTTP

前面讨论了如何保护到路由器的 HTTP 连接。然而，使用这个协议还是要谨慎，因为很多攻击者已经发现的方法，允许他们使用基于 Web 浏览器的攻击来获取未授权访问。可以使用 HTTPS，它能提供更好的安全，但路由器仍然还是被用作一个 Web 服务器，这带来了它固有的安全风险，因为通过 Web 浏览器管理路由器要求用户输入级别 15 的密码。

测试路由器上是否正在运行 HTTP/HTTPS 服务，最简单的方法是使用一个 Web 浏览器去尝试访问路由器。还可以在路由器的 CLI 下使用示例 2-15 所示的命令进行测试。

示例 2-15 **通过 Telnet 应用来访问路由器的 Web 服务器**

```
Router#telnet 192. 168. 1. 100 80
Trying 192. 168. 1. 100, 80... Open
Router#telnet 192. 168. 1. 100 443
Trying 192. 168. 1. 100, 443... Open
```

如果在连接尝试中看到"open"，则说明路由器上正在运行 HTTP/HTTPS 服务。要关闭这两项服务，以及验证已关闭它们，执行示例 2-16 中的命令。

示例 2-16 **关闭路由器的 Web 服务器**

```
Router(config)#no ip http server
Router(config)#no ip http secure-server
Router#telnet 192. 168. 1. 100 80
Trying 192. 168. 1. 100, 80 ...
% Connection refused by remote host
Router#telnet 192. 168. 1. 100 443
Trying 192. 168. 1. 100, 443...
% Connection refused by remote host
```

为了代替 HTTP 来远程管理路由器，可以按优先级顺序使用这些方法：VPN、SSH 或 HTTPS。

5. DHCP 与 BOOTP 服务

DHCP(Dynamic Host Configuration Protocol，动态主机配置协议)的服务器与客户端功能都集成在了 IOS 中。DHCP 协议基于 BOOTP 协议，它们共享 UDP 67 端口。如果禁用了 DHCP 服务器和 BOOTP 服务器，那么所有 UDP 67 端口的入站数据包都会被丢弃，同时设备会发送 ICMP 端口不可达(ICMP port-unreachable)消息作为应答。

在全局配置模式下使用命令 no service dhcp 和 no ip bootp server 可以分别禁用 DHCP 和 BOOTP 这两项服务。

6. 自动加载设备配置

IOS 支持设备直接从网络中的服务器上自动加载设备配置。虽然有很多方法可以实现该功能，但这个功能不易使用，因为配置文件在从服务器传输到设备的过程中是以明文的方式传递的，所以配置文件在传递过程中无法避免攻击者在未经过授权的情况下查看。禁用从服务器上自动加载配置文件功能的配置如示例 2-17 所示。

示例 2-17　　　　**禁用自动加载设备配置特性**

```
Router(config)#no service config
Router(config)#no boot network
```

7. IP 源路由

IOS 软件会检查每个数据包的 IP 头部的可选项，而且也支持 IP 头部的可选项，这些可选项包括严格源路由、松散源路由、记录路由和时间戳。如果发现某个数据包启用了这些可选项之一，那么 IOS 会根据 RFC 标准采取相应的动作。如果发现某个数据包有一个无效的可选项字段，那么 IOS 就会向数据包的源地址发送一个 ICMP 参数问题(ICMP Parameter Problem)消息，然后，再把这个数据包丢弃。

IP 协议允许源 IP 主机指定一条路由来穿越 IP 网络，这种方式被称为源路由。源路由通过 IP 头部的一个可选项来指定。源路由允许数据包的源通过消息来提供路由信息，当这个消息穿越网络的时候，这些信息就会影响它自己的选路。当指定了源路由之后，IOS 就会根据消息中这个指定的源路由来发送数据包。这个特性可以强制数据包遵循一个特定的路径穿越网络，而不按照路由表中的路由信息来选择传输路径。

IP 源路由可以被黑客利用，来获取非法的路径，让原本使用某条路径的数据包经过重路由使用另一条路径来对同样的目的进行访问。为了防止这种攻击及其他形式的欺骗攻击，所有的设备都应该关闭 IP 源路由特性。

在所有的 IOS 版本中，IP 源路由功能默认是开启的，可以在全局配置模式下使用 no ip source-route 来禁用 IP 头部的源路由可选项。

8. 代理 ARP

网络主机使用地址解析协议(Address Resolution Protocol，ARP)来将网络地址翻译成物理地址。在正常情况下，ARP 处理被限制在一个特定的 LAN 网段内。一台路由器可以作为一个 ARP 中介，在指定的接口上响应 ARP 查询，从而实现多个 LAN 网段之间的透明访问。

这项服务被称为代理 ARP。代理 ARP 应用于两个处于相同信任等级的 LAN 之间，并且只在为支持传统网络体系所必须时才使用。

在默认情况下，Cisco 路由器在所有 IP 接口上执行代理 ARP。在接口模式下使用命令 no ip proxy-arp 可以在不需要此服务的接口上禁用这项服务。

9. IP 定向广播

定向广播允许一个 LAN 网段内的主机向另一个 LAN 网段发起物理广播。这项技术被黑客用于一些古老的 DoS 攻击。在默认情况下，在 IOS 12.3(T)及后续版本中，IP 定向广播在所有接口下都是禁用的，在此前的 IOS 版本中，需要在接口模式下输入命令 no ip directed-broadcast 来使该接口拒绝定向广播。当一个接口下使用了 no ip directed-broadcast 这条命令后，所有定向广播数据包都会在这个接口被丢弃。

10. ICMP 不可达

如果 IOS 设备收到了一个以自己为目的的非广播数据包，并且发现了这个数据包使用了一个它无法识别的协议，那么这台设备就会向数据包的源地址发送一个 ICMP 不可达消息。除此之外，设备还可以用 ICMP 不可达消息向主机通告自己无法将数据包转发给目的地址，因为这个设备上没有到目的地址的路由。

针对 ICMP 不可达，有这样一种最常见的攻击方式：黑客向设备发送伪造的数据包，这些数据包的源 IP 地址各不相同而且都是随机的，同时，该设备的路由表中没有通往该数据包目的地址的路由。于是，设备在收到这些数据包之后，会向那些伪造的源 IP 地址发送 ICMP 不可达消息。在很多情况下，由于设备要向那些无效的 IP 地址发送大量的响应包，它的性能就会出现下降。为了阻止这种事情及很多同类攻击的发生，可以在接口模式下使用命令 no ip unreachables 禁用 ICMP 不可达消息。

11. NTP

时间服务的中心是系统时钟。每个系统一启动，系统时钟就会同步当前的日期和时间。系统时钟基于内部的 UTC 来同步时间，也就是格林尼治时间(GMT，Greenwich Mean Time)。本地时区和夏令时必须根据所在位置的时区来正确地进行配置。

NTP(Network Time Protocol，网络时间协议)用来同步设备时钟的时间。NTP 网络通常会从一个权威的时间源来获取时间，如时间服务器上的电台时钟和原子钟。

NTP 对系统日志和与网络排错有关的行为具有重要的作用，它使用 UDP 123 作为源和目的端口，可以通过使用 MD5 算法的认证机制来进行保护。

在需要使用 NTP 的网络中，为防御设备从一个恶意源获得非正确的时间信息，交换 NTP 信息的设备之间建立认证是很有必要的。示例 2-18 和示例 2-19 分别显示了如何将路由器配置为 NTP 服务器和 NTP 客户端，并启用认证以保证 NTP 信息交换的安全性。

示例 2-18　　**将路由器设为 NTP 服务器**

```
Router(config)#ntp master   //设置路由器为 NTP 服务器
Router(config)#ntp authenticate    //使用 NTP 认证机制
Router(config)#ntp authentication-key 10 md5 ntp!@# //配置认证密钥
Router(config)#ntp trusted-key 10   //定义可信的密钥
Router(config)#exit
```

示例 2-19　　　　将路由器设为 NTP 客户端

```
Router(config)#ntp server 10.1.1.100  //指定网络中的 NTP 服务器
Router(config)#ntp authenticate   //使用 NTP 认证机制
Router(config)#ntp authentication-key 10 md5 ntp!@# //配置认证密钥
Router(config)#ntp trusted-key 10  //定义可信的密钥
Router(config)#exit
```

如果网络中不存在可用的 NTP 服务，那么可以在接口模式下使用命令 ntp disable 禁用 NTP。

12. SNMP

SNMP(Simple Network Management Protocol，简单网络管理协议)是一个应用广泛的管理协议，它提供了一个用来监测网络、管理配置文件、收集数据和检测网络行为的工具。SNMP 是一个应用层的协议，可以帮助网络设备之间交换管理信息，使用 UDP 161 和 162 端口。

SNMP 可以以只读、读写模式使用。从安全的角度来讲，推荐在路由器上使用只读模式。虽然这种模式仍能把路由器的许多信息泄露出来，但它比读写模式更安全。SNMP 流行三种版本：SNMP v1、SNMP v2c 和 SNMP v3。SNMP v1 和 SNMP v2c 指定了 SNMP 解决方案包含如下三个主要组件：

◇ SNMP 管理器：SNMP 管理器运行网络管理应用程序，有时被称为网络管理服务器(Network Management Server，NMS)。

◇ SNMP 代理：SNMP 代理是运行于管理设备(如路由器、交换机等)的部分软件。

◇ 管理信息库(Management Information Base，MIB)：对象定义了管理设备资源和行为的相关信息。管理对象的结构由管理设备的 MIB 定义。

如图 2-3 所示，SNMP 管理器(即 NMS)可向管理设备(路由器)发送信息，也可接收来自管理设备的请求信息或未被请求的信息。管理设备运行 SNMP 代理且包含 MIB。

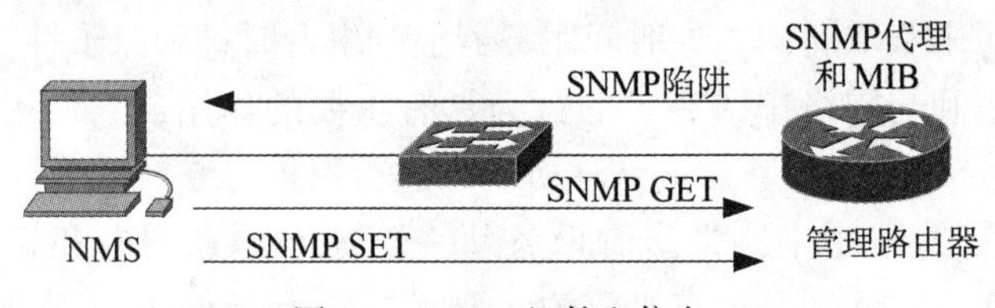

图 2-3　SNMP 组件和信息

可以在 NMS 和管理设备之间发送多个 SNMP 信息。SNMP 信息类型主要有以下三类：

◇ GET：SNMP GET 信息用于从管理设备检索信息。

◇ SET：SNMP SET 信息用于在管理设备中设置变量或在管理设备上触发行为。

◇ 陷阱：SNMP 陷阱信息是由管理设备发送至 NMS 的未被请求的信息。可向 NMS 通报管理设备上发生的重大事件。

和其他网络管理协议一样，SNMP 面临着各类网络攻击的威胁。例如，若攻击者在网络中安置了欺骗 NMS，则攻击者的 NMS 会通过轮询管理设备的 MIB 来收集网络资源相关信息，此外，攻击者还会发出一系列 SNMP SET 信息操控管理设备配置，进而发动网络攻击。

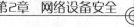

SNMP 提供了一些抵御攻击的安全特性，但 SNMP v1 和 SNMP v2c 的安全性被视为是薄弱的。SNMP v1 和 SNMP v2c 使用团体字符串(community strings)只读访问或读写访问管理设备。可以认为团体字符串与密码很相似，目前市场上许多支持 SNMP 的设备默认的只读团体字符串为"public"。SNMP v3 解决了 SNMP v1 和 SNMP v2c 的安全缺陷，提供了信息完整性、验证和加密三种安全要素。表 2-1 比较了 SNMP 三种版本的安全级别。

表 2-1　　**SNMP 不同版本的安全性**

版本	安全级别	验证策略	加密类型
SNMP v1	noAuthNoPriv(无验证不加密)	团体字符串	无
SNMP v2c	noAuthNoPriv(无验证不加密)	团体字符串	无
SNMP v3	noAuthNoPriv(无验证不加密)	用户名	无
	AuthNoPriv(验证不加密)	MD5 或 SHA	无
	AuthPriv(验证加密)	MD5 或 SHA	CBC-DES(DES-56)

在不使用 SNMP 的路由器上，在全局配置模式下使用命令 no snmp-server 可以禁用它。

13. 路由器名和 DNS 名字解析

IOS 支持使用域名系统(Domain Name System，DNS)查询主机名。DNS 提供域名与 IP 地址之间的映射。不幸的是，基本 DNS 协议没有认证或完整性保护机制。在默认情况下，对名字的查询被发送到广播地址 255.255.255.255。如果网络中存在一个或多个可用的名字服务器，并需要在 IOS 命令中使用名字，那么可以在全局配置模式下使用命令 ip name-server 显式地配置名字服务器地址。否则，使用全局配置命令 no ip domain-lookup 关闭 DNS 名字解析。使用全局配置命令 hostname 给路由器指定一个名字也是好的做法。

在图 2-4 所示的网络中，限制 DNS 服务有助于降低安全风险，可采用示例 2-20 所示配置方法对 DNS 服务进行限制。

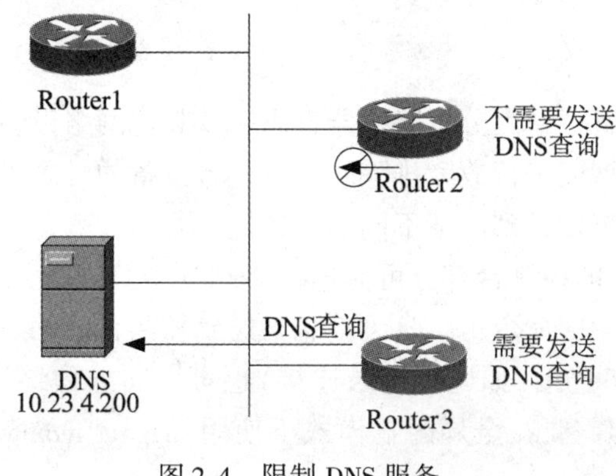

图 2-4　限制 DNS 服务

示例 2-20　　配置 DNS 限制服务

```
Router2(config)#no ip domain-lookup
Router3(config)#ip name-server 10.23.4.200
```

14. nagle 服务

如果发生一个网络攻击，那么 CPU 负载会加重，过度的流量也会严重削弱一台路由器的性能。对路由器本身的攻击同样能够导致类似的情况。Telnet 经常被用作一种管理路由器的基本机制。但是，当路由器的负载很重时，Telnet 可能非常慢，并且 Telnet 自身能进一步导致路由器 CPU 的负载更大。这可能耽搁任何想在路由器上通过 Telnet 阻止攻击所需要做的工作。在这种事件期间，一种被称为 nagle 的服务能够被启用以提高 Telnet 的性能。

nagle 是一个能够作为路由器上的服务启用的一种算法。它允许路由器以一种降低 CPU 负载并且通常能提高 Telnet 会话性能的方法为 Telnet 协调 TCP 连接。开启这个服务使用全局配置命令 service nagle。

2.2.6　使用自动安全特性

通过前面的讨论我们已经知道，Cisco 设备可以支持很多服务，因此要想识别每一个网络协议，并且对网络安全级别进行监控和维护是非常困难的。为了完成这个任务，Cisco IOS 引入了一个单一的 CLI 命令：auto secure，它可以提供如下功能：

◇ 禁用那些常被黑客用来执行网络攻击的服务。

◇ 在网络被攻击时，启用可以帮助防御网络的 IP 服务和特性。

这个自动安全特性简化并加固了路由器的安全配置。auto secure 对于那些缺乏安全操作知识的人来说是一个非常有用的特性，因为这个特性可以让他们无须彻底了解 IOS 安全特性就能够迅速保护自己的网络。

使用特权模式命令 auto secure 启用自动安全特性配置。当执行这个命令时，会出现一个交互式的用户向导，路由器以选项的方式来提示用户启用或禁用服务和其他安全特性。这是默认配置，也可以用 auto secure full 命令配置。

自动安全特性设置也可以是非交互式的，它会使用推荐的默认设置来自动执行 auto secure 命令。这种模式使用 auto secure no-interact 特权执行命令启用。

2.2.7　配置系统日志支持

网络管理员会出于各种原因分析路由器日志以及其他网络设备日志。通过日志信息管理员可以深入查看攻击类型或进行故障排除。查看多台设备的日志可发现事件关联信息。

路由器可将日志输出发送到以下不同的目的地：

◇ 控制台：路由器的控制台部分可向连接终端发送日志信息。在全局配置模式下使用命令 logging console 命令可将日志信息发送到控制台线路。

◇ VTY 线路：VTY 连接(如远程登录连接)也可以向远程终端(如远程登录客户端)发送日志信息，但需要在全局配置模式下使用 logging monitor 命令将日志信息发送到 VTY 线路。

◇ 缓冲区：当日志信息被发送到控制台或 VTY 线路时，这些信息不能用于详细分析，但可在路由器存储器中保存日志信息。该“缓冲”区域在路由器重启之前一直可以存储日志信息。

◇ SNMP服务器：当配置运行SNMP代理时，路由器以SNMP陷阱的形式向SNMP服务器发送日志信息。这种记录方法可延长日志信息的保存时间，但需要进行安装和配置。

◇ 系统日志服务器：存储日志信息最常见的选择是系统日志服务器，配置简单并且能存储大量日志。

系统日志记录解决方案包含两个主要部分：系统日志服务器和系统日志客户端，如图2-5所示。系统日志服务器接收并存储系统客户端发送的日志信息，许多系统均可作为系统日志服务器，如Cisco Works服务器、Kiwi Syslog Daemon等。各种网络设备均可充当系统日志客户端，向系统日志服务器发送记录信息。

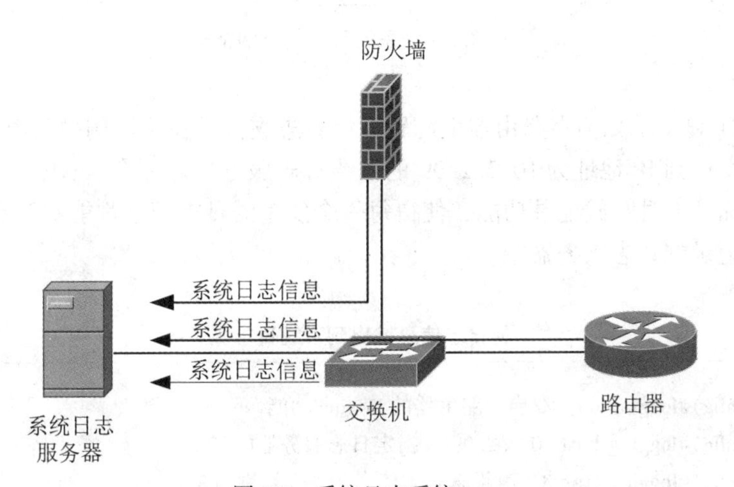

图2-5 系统日志系统

系统日志信息具有不同的安全级别，表2-2列出了系统日志信息的八个级别，每个级别都和一个严重等级相关联，级别0的严重等级最高，级别7的严重等级最低。系统日志安全级别越高，对日志的记录越详细。

表2-2 **系统日志安全级别**

级别	名称	描　述
0	紧急(emergencies)	最严重的错误情形，导致系统不可用
1	警报(alerts)	需要立即处理的问题
2	重要(critical)	没有警报严重，应当进行处理以防止服务中断
3	错误(errors)	通知系统内出现错误，不会导致系统不可用
4	警告(warnings)	通知没有成功完成特定操作
5	通报(notifications)	不是错误情况，提醒管理员系统内部出现状态改变
6	信息(informational)	系统常规允许的详细信息
7	调试(debugging)	非常详细的信息(如单个数据包信息)，常用于故障排除

图2-6显示了系统日志信息的格式。系统日志记录条目包括时间戳，这有助于管理员了解日志信息之间如何关联，此外，还包括安全级别信息和系统日志信息文本。

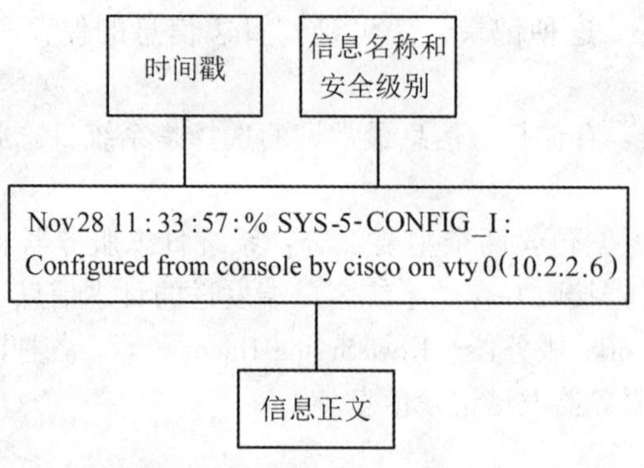

图2-6　系统日志信息的格式

示例2-21显示了如何在路由器上配置系统日志支持。在该示例中路由器将安全级别为3的日志信息发送到IP地址为10.2.2.99的系统日志服务器。命令 service timestamps log datetime 开启系统日志时间戳记录功能，使得每一个发生的日志记录都能够和当前系统时间联系起来，一并记录到日志服务器中。

示例2-21　　**将日志信息输出到系统日志服务器**

```
Router(config)#logging on   //启用路由器的 logging 功能
Router(config)#logging host 10.2.2.99 //指定日志服务器的 IP 地址
Router(config)#logging trap 3  //设置日志信息的安全级别为 3
Router(config)#logging source-interface fastEthernet 0/0   //设置发送日志的源地址
Router(config)#service timestamps log datetime   //启动日志时间戳记录功能
```

也可以使路由器将日志信息输出到控制台、VTY线路和缓冲区，如示例2-22所示。

示例2-22　　**将日志信息输出到控制台、VTY线路和缓冲区**

```
Router(config)#logging console 6   //将安全级别为 6 的日志信息发送到控制台线路
Router(config)#logging monitor 6 //将安全级别为 6 的日志信息发送到 VTY 线路
Router(config)#logging buffered 6 //将安全级别为 6 的日志信息发送到缓冲区
Router(config)#logging buffered 16000   //设置缓冲区大小为 16K
```

在路由器上配置完系统日志支持后，可以通过 show logging 命令查看配置以及日志记录情况，如示例2-23所示。

示例 2-23　　命令 **show logging** 输出结果

```
Router#show logging
Syslog logging: enabled (0 messages dropped, 2 messages rate-limited,
                0 flushes, 0 overruns, xml disabled, filtering disabled)
    Console logging: level informational, 44 messages logged, xml disabled,
                     filtering disabled
    Monitor logging: level informational, 0 messages logged, xml disabled,
                     filtering disabled
    Buffer logging:  level informational, 11 messages logged, xml disabled,
                     filtering disabled
    Logging Exception size (8192 bytes)
    Count and timestamp logging messages: disabled
    Persistent logging: disabled

    Trap logging: disabled

Log Buffer (16000 bytes):

Nov 28 13:47:04: %SYS-5-CONFIG_ I: Configured from console by console
Nov 28 13:48:46: %SYS-5-CONFIG_ I: Configured from console by cisco on vty0 (10.2.2.6)
```

2.2.8 配置管理

除了在路由器的非易失性随机存储器(Nonvolatile RAM，NVRAM)中保存路由器的配置以外，在一个适当的位置保存一台路由器配置副本是很关键的。当发生攻击导致配置被破坏或者配置被以某种不当方式修改时，备份配置能够允许网络非常快速地恢复到原来的样子。这可以通过以有规律的间隔或者无论什么时候配置改变了就向一个 TFTP 服务器或 FTP 服务器拷贝路由器的配置来完成。

示例 2-24 显示了如何将一台路由器的配置拷贝到 TFTP 服务器，同时，也显示了如何将 TFPF 服务器上的备份配置文件拷贝到路由器。

示例 2-24　　**路由器配置文件的备份和恢复**

```
//以下命令显示了如何将路由器上的配置文件拷贝到 TFTP 服务器
Router#copy running-config tftp
Address or name of remote host [ ]? 10.23.4.56
Destination filename [router-config]? Router1-config
!!
717 bytes copied in 1.512 secs (474 bytes/sec)

//以下命令显示了如何将 TFTP 服务器上的备份配置文件拷贝到路由器
```

```
Router#copy tftp running-config
Address or name of remote host [ ]? 10. 23. 4. 56
Source filename [ ]? Router1-config
Destination filename [running-config]?
Accessing tftp://10. 23. 4. 56/Router1-config...
Loading Router1-config from 10. 23. 4. 56 (via FastEthernet0/0): !
[OK - 717 bytes]

717 bytes copied in 0. 644 secs (1113 bytes/sec)
```

示例 2-25 显示了如何将一台路由器的配置拷贝到 FTP 服务器。相对于使用 TFTP，FTP 是更安全的传输信息的方法。

示例 2-25　　**利用 FTP 服务器备份路由器配置文件**

```
//以下命令显示了如何将路由器上的配置文件拷贝到 FTP 服务器，其中 ftpuser 和 password 为登录
FTP 服务器的用户名和密码，10. 23. 4. 56 为 FTP 服务器地址。
Router#copy running-config ftp://ftpuser:password@10. 23. 4. 56
Address or name of remote host [10. 23. 4. 56]?
Destination filename [router-config]?
Writing router-config !
743 bytes copied in 3. 220 secs (231 bytes/sec)

//以下命令显示了如何将 FTP 服务器上的备份配置文件拷贝到路由器
Router#copy ftp://ftpuser:password@10. 23. 4. 56 running-config
Source filename [ ]? router-config
Destination filename [running-config]?
Accessing ftp://ftpuser:123456@10. 23. 4. 56/router-config...
Loading router-config !
[OK - 743/4096 bytes]

743 bytes copied in 5. 620 secs (132 bytes/sec)
```

2. 3　安全设备的管理访问

本节讨论各类安全设备的系统管理安全特性，如 Cisco ASA 5500 系列自适应安全设备以及 IPS 4200 系列网络传感器。

2. 3. 1　ASA 5500 系列设备访问安全

ASA 作为一种特定的安全设备，从安全的角度来看是相当健壮的。这里从设备的访问

角度来讨论一些能够使ASA防火墙更安全的技术。

ASA 5500系列自适应安全设备允许以管理设备为目的的Telnet连接。为使Telnet连接可以安全访问安全设备，需要指定哪些主机的IP地址可以向安全设备发起Telnet管理连接。全局配置模式下的telnet命令可以定义允许哪些主机Telnet安全设备，以及这些主机位于安全设备的哪个接口上，如示例2-26所示。

示例2-26　　**在ASA安全设备上建立受限的Telnet访问**

```
ciscoasa(config)# passwd user! @#  //配置线路密码为user! @#
ciscoasa(config)# telnet 192.168.1.2 255.255.255.2 inside
//允许主机192.168.1.2从inside接口telnet ASA
ciscoasa(config)# telnet 202.165.100.225 255.255.255.2 outside
//允许主机202.165.100.225从outside接口telnet ASA
```

相对于Telnet协议，SSH协议更加安全，因此管理员可以通过SSH协议来对安全设备进行管理访问。安全设备支持由SSH v1和SSH v2提供的远程安全访问功能，支持用DES和3DES对管理访问进行加密。要配置SSH需要先生成RSA密钥对，然后再在全局配置模式下用命令ssh来指定允许对设备进行管理的IP地址或网络。另外，配置SSH还有一些其他步骤，如配置域名等。示例2-27显示了如何在一台ASA上建立受限的SSH访问。

示例2-27　　**在ASA安全设备上建立受限的SSH访问**

```
ciscoasa(config)# passwd user! @#  //配置线路密码为user! @#
ciscoasa(config)# hostname asa
asa(config)# domain-name cie.wut.com
asa(config)# crypto key generate rsa   //生成RSA密钥对
asa(config)# ssh 192.168.1.2 255.255.255.2 inside
//允许主机192.168.1.2从inside接口SSH ASA
```

目前，最安全可靠的设备管理访问控制方案是使用SSH协议并配合运用RADIUS协议的AAA认证机制。本书第5章会对AAA认证进行讨论。

2.3.2　IPS 4200系列传感器访问安全

IPS可以使用以下两种方式管理：

◇ Console口访问：IPS传感器操作系统提供了命令行界面的操作方式，这是一个功能完善的CLI界面，和IOS非常类似。尽管使用这个CLI界面可以完成绝大多数的操作和管理工作，但是还有一个更直观、更易操作的Web图形化界面可以用来管理IPS设备。

◇ 应用HTTP或HTTPS的基于Web的GUI界面：在通过console接口初始化传感器之后，管理员可以使用一个基于Web的图形化界面来对设备进行配置、管理和检测，而HTTPS协议在默认情况下是启用的。

在默认情况下，传感器有一个内置的 Web 服务器，该服务器通过 HTTPS 协议，即标准的 TCP 443 端口来使用 TLS(Transport Layer Security，安全传输层)协议和 SSL(Secure Sockets Layer，安全套接层)协议。SSL 协议会对客户端 Web 浏览器和传感器之间的通信流量进行加密。如果需要的话，则也可以禁用 TLS/SSL 协议，并用标准的 HTTP 协议取而代之，但不推荐这种方法，因为这样无法确保通信的安全性。Web 服务器的端口也可以根据需要进行修改。为确保只有授权的流量才能通过 HTTP 或 HTTPS 访问设备，传感器可以使用 ACL 来实现访问控制。关于 IPS 传感器的具体内容将在本书的第 9 章进行具体介绍。

2.4 本章小结

保障网络设备的自身安全，对于确保整个网络基础结构的安全是关键的。本章讨论了能用于确保网络设备安全的一些基本的物理上和逻辑上的方法，强调了管理访问安全及设备自身安全的重要性。

本章重点讨论了路由器安全，包括对路由器配置文件的管理、用户账户和密码的管理、特权级别、对路由器的安全访问以及禁用不需要的服务等。

Cisco IOS 软件提供大量的网络服务，其中一些服务是可以被关闭或禁用的，因为这些服务能够被攻击者作为后门以获得对路由器的访问。对本章所讨论的、可能需要禁用的服务如表 2-3 所示。

表 2-3 需要禁用的服务

特性	描述	默认情况	推荐做法
CDP	Cisco 设备之间的私有二层协议	启用	在绝大多数情况下，都不需要 CDP，请禁用此服务
TCP/UDP 低端口服务	标准 TCP/UDP 网络服务，如 echo、chargen 等	在 Cisco IOS 软件版本 11.3 及后续版本中禁用，在 Cisco IOS 软件版本 11.2 中启用	这是一个传统特性，请显式禁用此服务
Finger	UNIX 用户查询服务，允许远程列出用户	启用	未经授权的人员不需要知道这些信息，请禁用此服务
HTTP 服务器	有些设备提供基于 Web 的配置	因设备而异	如果不使用，请显式禁用此服务；如果使用，请限制访问范围
BOOTP 服务器	允许其他路由器从本路由器启动的服务	启用	这项服务极少需要，并可能开启安全漏洞，请禁用
配置自动加载	路由器将试图通过 TFTP 方式加载其配置	禁用	这项服务极少使用，如果不使用，请禁用

续表

特性	描述	默认情况	推荐做法
IP 源路由	IP 特性，允许报文指定它们自己的路由	启用	这项极少使用的特性有助于进行攻击，请禁用
代理 ARP	路由器作为二层地址解析的代理	启用	除非路由器作为 LAN 网桥，否则请禁用此服务
IP 定向广播	报文可以标志一个用于广播的目标 LAN	在 Cisco IOS 软件版本 11.3 及之前版本中启用	定向广播可用于进行攻击，请禁用此服务
IP 不可达通告	路由器将不正确的 IP 地址显式通告给发送者	启用	有助于网络映射。在连接到不被信任的网络的接口上禁用此服务
NTP 服务	路由器可以作为其他设备和主机的时间服务器	启用（如果配置了 NTP）	如果不使用，请显式禁用此服务；如果使用，请限制访问范围
简单网络管理协议	路由器可以支持 SNMP 远程查询和配置	启用	如果不使用，请显式禁用此服务；如果使用，请限制访问范围
域名服务	路由器可以进行 DNS 名字解析	启用(广播)	显示设置 DNS 服务器地址，或者禁用 DNS

本章最后简单描述了对安全设备的管理访问，包括对 ASA 5500 系列安全设备和 IPS 4200 系统传感器的管理访问。

2.5 习题

1. 选择题

(1) Cisco IOS 软件中有多少不同的特权级别？

A. 3

B. 25

C. 16

D. 15

(2) 当远程管理一台路由器时，SSH 比 Telnet 有什么优势？

A. 加密

B. 使用 TCP

C. 授权

D. 使用 6 条 VTY 连接

(3)在路由器上，以下哪项服务通常不被关闭？

A. Telnet

B. SNMP

C. Finger

D. HTTP

(4)以下哪种类型的密码安全等级最高？

A. 明文密码

B. 5 类密码

C. 7 类密码

D. 1 类密码

(5)配置 SSH 时建议最小模数值为多少位？

A. 256

B. 512

C. 1024

D. 2048

(6)以下哪种路由器服务最能帮助管理员关联日志文件中出现的事件？

A. CDP

B. TCP 小型服务

C. UDP 小型服务

D. NTP

(7)以下哪条命令用来在接口上关闭 CDP？

A. no cdp enable

B. no cdp run

C. no cdp int

D. cdp disable

(8)如果网络需要使用简单网络管理协议(SNMP)，则可推荐使用该协议的如下哪个版本？

A. 版本 2

B. 版本 2c

C. 版本 3

D. 版本 3c

(9)为了保护路由器的虚拟终端免受拒绝服务攻击，可用以下什么命令限制 VTY 访问？

A. line access-group

B. ip access-group

C. ip access-list

D. ip access-class

(10)下列哪类系统日志记录级别与警告有关？

A. 3

B. 4

C. 5

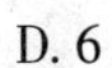

D. 6

2. 问答题

(1)将密码存储在路由器上推荐使用哪种加密算法?

(2)访问路由器的方法有哪些?

(3)NTP 协议的作用是什么?

(4)使用什么命令可以启用路由器自动安全特性?

(5)路由器可将系统日志发送到什么地方?

第3章 访问控制列表

现在，我们已经进入信息社会，对各种网络技术的应用也在持续增长。在这种情况下，假如没有适当的安全机制，那么每个网络都可以和其他网络相互访问，而无法对合法的访问行为和非法的访问行为进行区分。

控制网络访问的基本步骤之一就是在网络内控制数据流量，而实现这个目标的方法之一就是使用访问控制列表(Access Control Lists，ACL)。ACL不仅简单高效，而且在所有主流网络设备上都可以使用。本章主要讨论ACL的处理过程和分类，以及如何在路由器上应用和配置ACL来实现流量过滤。

学习完本章，要达到如下目标：

◇ 理解ACL的应用场合；
◇ 掌握ACL的处理过程；
◇ 掌握ACL的类型及配置方法；
◇ 能够使用ACL阻止未授权的访问；
◇ 能够使用ACL识别和阻止拒绝服务攻击；
◇ 理解ACL的其他特性。

3.1 ACL概述

访问控制列表实际上是路由器上的流量过滤器，它可以根据数据包的属性(如IP地址、协议等)来识别特定类型的数据包，在识别出数据包以后可以通过放行数据包或拒绝数据包的方式对流量进行控制。

ACL由一系列访问控制元素(Access Control Element，ACE)组成，每个元素是一条单一的过滤规则，用来匹配一种特定类型的数据包。访问控制列表是一组由编号或名字标志的ACE。ACE定义了它密切关注的协议、任何与协议相关的协议选项以及是否允许匹配的流量。

ACL通过放行和拒绝语句控制网络访问，以此实现安全策略，它是端到端安全解决方案的必要组成部分。一个ACL可能包含多个语句，每个语句必须包含以下两个部分：

◇ 检测条件：定义数据包匹配所必须具有的特征。
◇ 动作：定义对满足特定条件的数据包所要采取的动作。动作可以分为允许(permit)和拒绝(deny)两类。

然而，在实施企业网安全策略时，除了ACL之外，防火墙、加密与认证以及入侵检测与防御解决方案等产品和技术也同样必不可少。

3.1.1　ACL 的应用

ACL 可以应用于多种场合，其中最为常见的应用情形如下：

◇ 过滤邻居设备间传递的路由信息。

◇ 控制交换访问，以此阻止非法访问设备的行为，如对 Console 接口、Telnet 或 SSH 访问实施控制。

◇ 控制穿越网络设备的流量和网络访问。

◇ 通过限制对路由器上某些服务的访问来保护路由器，如 HTTP、SNMP 和 NTP 等。

◇ 为 DDR(Dial-On-Demand Routing，按需拨号路由)和 IPSec VPN 定义感兴趣流。

◇ 能够以多种方式在 IOS 中实现 QoS(服务质量)特性。

◇ 在其他安全技术中的扩展应用，如 TCP 拦截和 IOS 防火墙。

ACL 可以为所有访问和穿越网络的流量提供基本的安全保障。如果不配置 ACL，所有穿越路由器的数据包都可以进入网络的各个部分。

3.1.2　ACL 的配置

配置 ACL 有如下两个基本步骤：

◇ 创建一个 ACL；

◇ 将 ACL 应用到一个接口中。

1. 创建一个 ACL

创建 ACL 就是要给这个 ACL 设置一个唯一的列表名或编号，然后给它定义过滤规则即 ACE，通过这种方式指定要过滤的流量。每个 ACE 都是 ACL 的一部分，一个 ACL 可以有很多 ACE，一组 ACE 组成一个 ACL。

每个 ACL 必须使用唯一的列表名和编号来标志。一台设备上可以配置多个 ACL，因此，设备必须能够对这些 ACL 进行区分，而给这些 ACL 起不同的名字或用不同的编号来标志就可以实现这个目标。同时，通过 ACL 的名字或编号，设备也可以了解这个 ACL 的类型。

2. 应用 ACL

创建完一个 ACL 后需要将该 ACL 应用到一个接口上。当在接口上应用 ACL 时，还需要指明是在入站(流量进入接口)还是出站(流量流出接口)方向来过滤流量。ACL 可以应用到网络中的很多设备和接口上，但最终决定将 ACL 应用在哪里，还需要考虑很多因素。如图 3-1 所示的例子，现在 PC1 正向 PC2 发送流量，这些流量会从路由器 Router1 进入网络，现在我们需要阻塞这个流量。应该把 ACL 应用在哪里呢？这需要考虑如下情况：

◇ 如果使用的是标准 ACL，就应该把它应用在流量传输过程中离目的地最近的位置，即路由器 Router3 上。这是因为标准 ACL 只能根据源 IP 地址过滤流量，所以如果被过滤的数据包在 Router1 的入口处即被丢弃，那么这就意味着主机 PC1 去往其他网络中的主机 PC3 或 PC4 的流量也会被过滤掉。因此，在路由器 Router3 上应用标准 ACL 比在路由器 Router1 或 Router2 上更加合适。

◇ 如果使用的是扩展 ACL，就应该把它应用在离源最近的位置，即路由器 Router1 的入站方向上。这是因为扩展 ACL 可以根据源/目的 IP 地址及源/目的端口来过滤流量，所以它比标准 ACL 更加精确。鉴于此，把数据包在离入口越近的地方丢弃越合理。尽管在离目的地址很近的设备上应用 ACL 也可以起到相同的作用，但让数据包穿越网络会消耗路由器的资源。

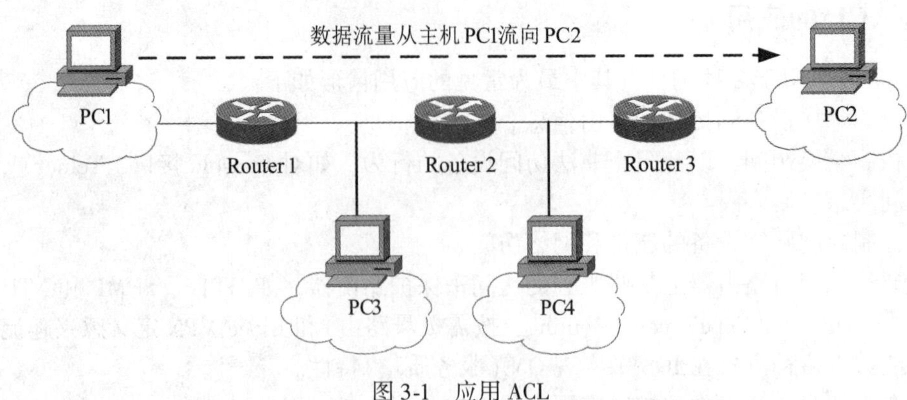

图 3-1 应用 ACL

对于有些协议来说，最多可以把两个 ACL 应用在一个接口上：一个入站 ACL、一个出站 ACL。对于另外一些协议，则只允许应用一个 ACL，而该 ACL 会同时检查出入方向的数据包。

3.1.3 通配符掩码

在 IP ACL 中，使用通配符掩码(wildcard)和 IP 地址来匹配地址范围，从而确定哪些 IP 地址被允许或应被拒绝。

通配符掩码不是子网掩码。和 IP 地址或子网掩码一样，一个通配符掩码由 32 位比特组成。表 3-1 对子网掩码和通配符掩码中的比特值进行了比较。对于通配符掩码，比特位中的 0 意味着 ACL 过滤规则中的 IP 地址的对应位必须和被检测数据包中 IP 地址的对应位进行匹配，比特位中的 1 意味着 ACL 过滤规则中的 IP 地址的对应位不必和被检测数据包中 IP 地址的对应位进行匹配。也就是说，ACL 中的通配符掩码和 IP 地址要配合使用。例如，如果表示网段 192.169.1.0，使用子网掩码来表示是：192.169.1.0 255.255.255.0。但是在 ACL 中，表示相同的网段则是使用通配符掩码：192.169.1.0 0.0.0.255。

表 3-1 子网掩码与通配符掩码

比特值	子网掩码	通配符掩码
0	主机部分	必须匹配
1	网络部分	忽略

在 ACL 过滤规则中，通配符掩码 0.0.0.0 告诉路由器，ACL 过滤规则中的 IP 地址的所有 32 位比特都必须和数据包中的 IP 地址匹配，路由器才能执行相应的动作。0.0.0.0 通配符掩码称为主机掩码。通配符掩码 255.255.255.255 表示对 IP 地址没有任何限制，ACL 过滤规则中的 IP 地址的所有 32 位比特都不必和数据包中的 IP 地址匹配。我们可以把 192.169.1.1 0.0.0.0 简写为 host 192.169.1.1，把 0.0.0.0 255.255.255.255 简写为 any。

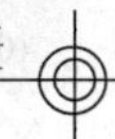

3.2 ACL 的处理过程

ACL 是在路由器上实现包过滤防火墙功能的核心。如图 3-2 所示，ACL 配置在路由器的接口上，并且具有方向性。每个接口的出站方向和入站方向均可配置独立的 ACL 进行包过滤。

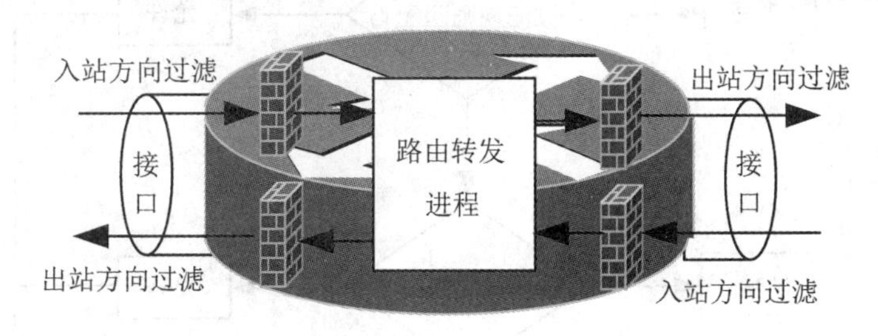

图 3-2 ACL 包过滤基本工作原理

当数据包被路由器接收时，就会受到入接口上入站方向的 ACL 过滤；反之，当数据包即将从一个接口发出时，就会受到出接口上出站方向的 ACL 过滤。当然，如果该接口的该方向上没有应用 ACL，那么数据包就直接通过，而不会被过滤。

一个 ACL 可以包含多条过滤规则，每条过滤规则都定义了一个匹配条件及相应动作。ACL 规则的匹配条件主要包括数据包的源 IP 地址、目的 IP 地址、协议、源端口号、目的端口号等；另外，还可以有 IP 优先级、分片数据包位、MAC 地址、VLAN 信息等。不同分类的 ACL 所包含的匹配条件也不同。ACL 过滤规则的动作有两个：允许(permit)或拒绝(deny)。

3.2.1 入站 ACL

当路由器收到一个数据包时，如果入接口的入站方向没有应用 ACL，则数据包直接被提交给路由转发进程去处理；如果入接口的入站方向应用了 ACL，则将数据包交给入站 ACL 进行过滤，其工作流程如图 3-3 所示。

图 3-3 所示的入站 ACL 过滤数据包的过程如下：

◇ 系统用 ACL 中第一条过滤规则的条件来匹配数据包中的信息。如果数据包信息符合此规则的条件，则执行规则所设定的动作。若动作为允许，则允许此数据包进入路由器，并将其提交给路由转发进程去处理；若动作为拒绝，则丢弃此数据包。
◇ 如果数据包信息不符合此过滤规则的条件，则继续尝试匹配下一条 ACL 过滤规则。
◇ 如果数据包信息不符合任何一条过滤规则的条件，则执行隐式拒绝动作，丢弃此数据包。

3.2.2 出站 ACL

当路由器准备从某个接口上发出一个数据包时，如果出接口的出站方向上没有应用 ACL，则数据包直接由该接口发出；如果出接口的出站方向上应用了 ACL，则将该数据包交给出站 ACL 进行过滤，其工作流程如图 3-4 所示。

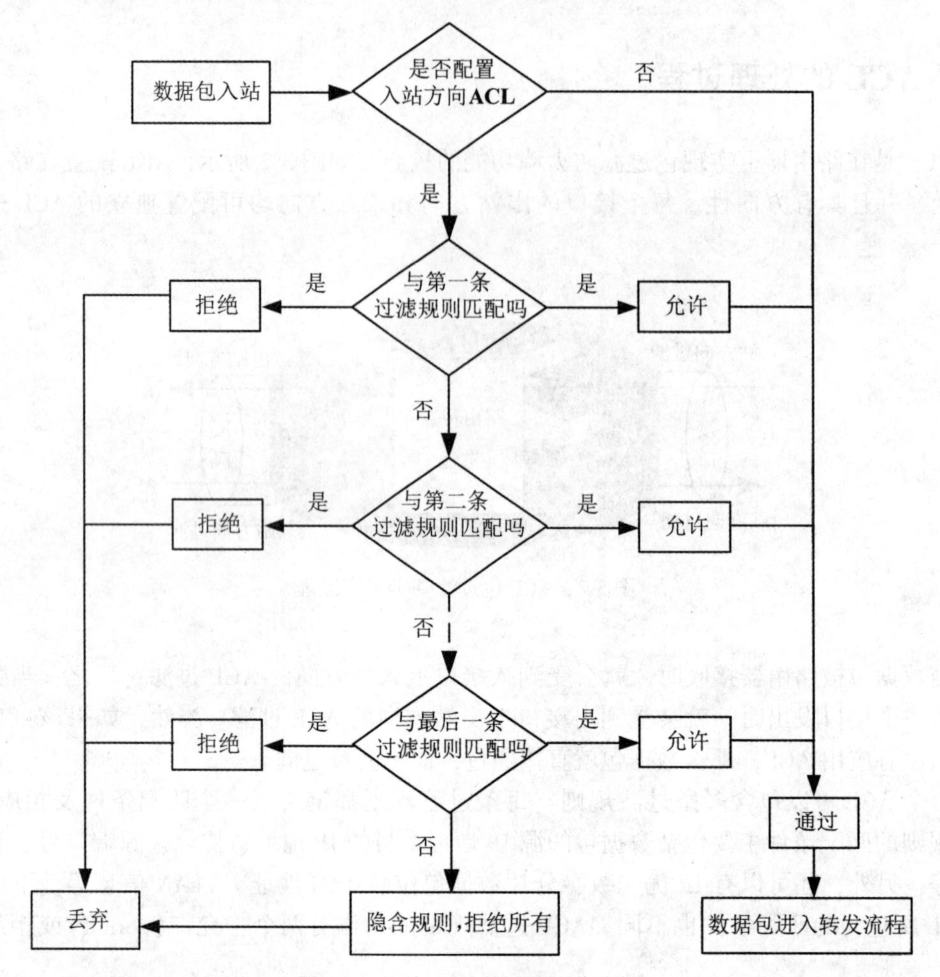

图 3-3　入站 ACL 包过滤工作流程

路由器采取自顶向下的方法处理 ACL。当我们把一个 ACL 应用在路由器接口上时，到达该接口的数据包首先和 ACL 中的第一条过滤规则中的条件进行匹配，如果匹配成功，则执行规则中包含的动作；如果匹配失败，则数据包将向下与下一条规则中的条件匹配，直到它符合某一条规则的条件为止。如果一个数据包与所有规则的条件都不能匹配，那么在访问控制列表的最后，有一条隐含的过滤规则，它将会强制性地把这个数据包丢弃。

3.2.3　实施 ACL 的准则

在实施 ACL 对数据包进行过滤时，应遵循以下准则：

◇ ACL 可以应用在一台设备的多个接口上。

◇ 同一接口在同一方向上只能对同一协议使用一个访问控制列表。

◇ 设备自顶向下对 ACL 进行处理，因此，在创建 ACL 时，ACE 的放置顺序一定要格外谨慎，最精确的条目一定要写在前面。

◇ 在配置 ACL 的时候，路由器会把最新输入的 ACE 放在最下面。在新版 IOS 中，有一个 ACL 顺序调整功能，使用户可以重新设置 ACE 条目的顺序。

◇ 有一个“隐式拒绝所有”规则保留给那些没有被匹配的流量，因此，一个 ACL 至少要

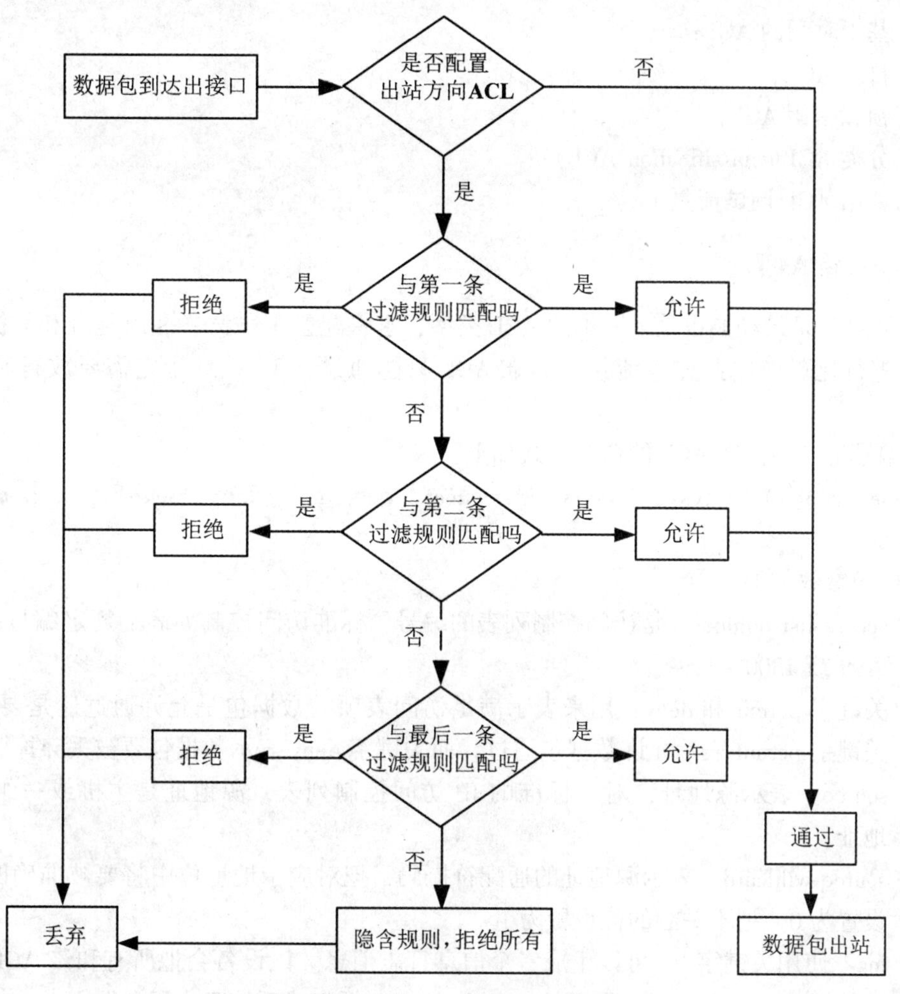

图 3-4　出站 ACL 包过滤工作流程

有一条 permit 语句，否则所有流量都会被拒绝。

◇ 要始终遵循先创建 ACL，再把它应用的接口的步骤。在要对 ACL 进行修改或编辑时，一定要先把这个 ACL 从接口中移除，然后进行修改，最后再重新把它应用到那个接口中去。

◇ 应用到路由器接口的出站 ACL 只检查通过路由器的流量，即应用到路由器接口的出站 ACL 不会过滤路由器本身产生的流量。

3.3　ACL 的类型及配置

Cisco IOS 可以配置很多类型的 ACL，其中，最常用的 ACL 类型如下：

◇ 标准 ACL；

◇ 扩展 ACL；

◇ Established ACL；

◇ 命名的 ACL;
◇ 基于时间的 ACL;
◇ 自反 ACL;
◇ 锁和密钥 ACL;
◇ 分类 ACL(Classification ACL);
◇ 使用 ACL 调试流量。

3.3.1 标准 ACL

标准 ACL 是最经典也是最基本的 ACL 类型，它将配置在列表中的 IP 地址和数据包的源 IP 地址进行比较，以此监控流量。标准 ACL 只能通过源 IP 地址指定需要放行和阻塞的流量。

用编号定义的标准 ACL 的命令格式如下：

Router(config)#**access-list** *access-list-number* {**permit** | **deny**} *source* [*source-wildcard*] [**log**]

其中的参数如下：

◇ access-list-number：是访问控制列表的编号，标准访问控制列表的规定编号范围是 1 ~99 或 1300 ~1999。
◇ 关键字 permit 和 deny：用来表示满足访问表项的数据包是允许通过还是要过滤掉。关键字 permit 表示允许数据包通过，而关键字 deny 表示数据包要被丢弃掉。
◇ source：表示源地址，对于标准的 IP 访问控制列表，源地址是主机或一组主机 IP 地址。
◇ source-wildcard：表示源地址的通配符掩码，把对应于地址位中将要被准确匹配的位设置为 0，把不关心的位设置为 1。
◇ log：使用关键字 log 可以生成一个信息日志消息。该设备会把所有和该 ACL 相匹配的数据包以日志的形式发送给 console 接口、缓存或系统日志服务器。

示例 3-1 中显示了一个用编号定义的标准 ACL，它放行了两个特定网络中的主机流量。如果数据包的源地址不匹配列表中的地址，那么这些数据包都会被丢弃，因为列表最后包含了隐式拒绝。

示例 3-1 **用编号的标准 ACL**

```
Router(config)#access-list 1 permit 192.168.30.0   0.0.0.255
Router(config)#access-list 1 deny 172.16.30.0   0.0.0.255
```

注意：对于所有用编号定义的访问控制列表，无论是标准的还是扩展的，都不能单独地删除访问控制列表中的一条特定的语句，如果想使用 no 参数来删除一条特定的语句，则将会删除整个访问控制列表。

在定义了 ACL 以后，要把它应用到接口的入站方向或出站方向上。在接口上应用访问控制列表的命令格式如下。

Router(config-if)#**ip access-group** {*access-list-number* | *name*} {**in** | **out**}

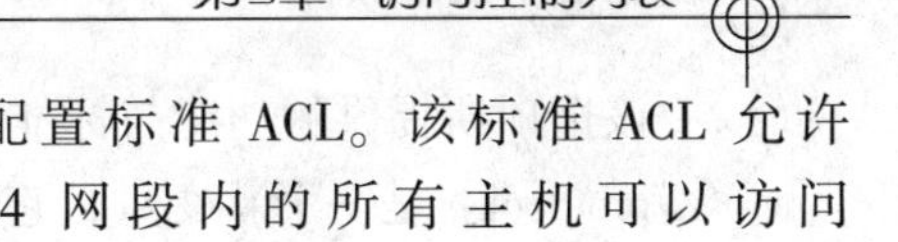

下面通过图 3-5 所示的网络为例来说明如何配置标准 ACL。该标准 ACL 允许 192. 16. 1. 0/24 网段内的主机 PC1 和 192. 16. 2. 0/24 网段内的所有主机可以访问 192. 16. 3. 0/24 网段内的服务器，拒绝 192. 16. 1. 0/24 网段内的其他所有主机访问 192. 16. 3. 0/24 网段内的服务器。

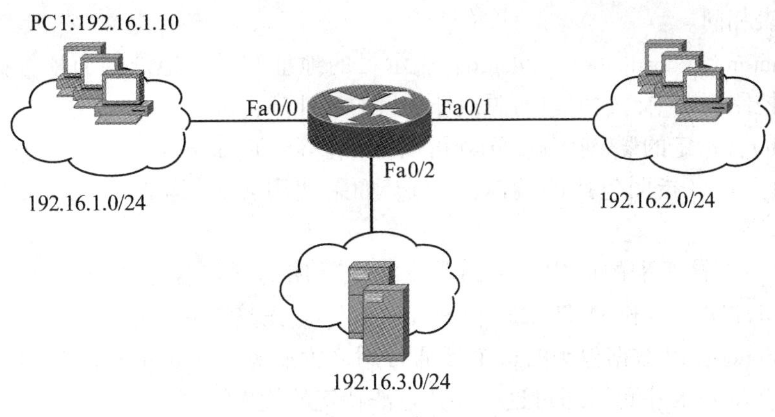

图 3-5 配置标准 ACL

使用编号的标准 ACL 的配置过程如示例 3-2 所示。

示例 3-2 **配置标准 ACL**

```
//以下命令用于创建一个标准 ACL
Router(config)#access-list 1 permit host 192. 16. 1. 10
Router(config)#access-list 1 permit192. 16. 2. 0 0. 0. 0. 255
//以下命令用于将定义的标准 ACL 应用在 Fa0/2 接口的出站方向
Router(config)#interface fastethernet 0/2
Router(config-if)#ip access-group 1 out
```

3.3.2 扩展 ACL

扩展 ACL 在过滤流量的时候可以更加具体地对流量进行定义，它可以基于源 IP 地址、目的 IP 地址、指定协议、端口号和标记(flag)等对流量实施过滤。在全局配置模式下建立使用编号的扩展访问控制列表的命令如下。

Router(config)#**access-list** *access-list-number* {**permit** | **deny**} *protocol source source-wildcard* [*operator port*] *destination destination-wildcard* [*operator port*] [**precedence** *precedence*] [**dscp** *value*] [**tos** *tos*] [**log** | **log-input**] [**fragments**] [**established**]

其中的参数如下：

◇ access-list-number：是访问控制列表的编号，用来标志一个扩展的访问控制列表。扩展访问控制列表的规定编号范围是 100 ~ 199 或 2000 ~ 2699。

◇ 关键字 permit 和 deny：用来表示满足访问表项的数据包是允许通过还是要过滤掉。

该选项所提供的功能与标准访问控制列表相同。

◇ protocol：是一个新变量，它可以在 IP 包头的协议字段寻找匹配，可选择的关键字是 eigrp、gre、icmp、igrp、ip、nos、ospf、tcp 和 udp。还可以使用 0 ~ 255 中的一个整数表示 IP 协议号。ip 是一个通用的关键字，它可以匹配任意和所有的 IP 协议。

◇ source 和 source-wildcard：表示源地址和源地址的通配符掩码。其功能和标准访问控制列表相同。

◇ destination 和 destination-wildcard：表示目的地址和目的地址的通配符掩码。在扩展访问控制列表中，数据包的源地址和目的地址都将被检查。

◇ operator：指定的逻辑操作。选项可以是 eq(等于)、neq(不等于)、gt(大于)、lt(小于)和 range(指明包括的端口范围)。如果使用 range 运算符，那么要指定两个端口号。

◇ port：指明被匹配的应用层端口号。几个常用的端口号是 Telnet(23)、FTP(20 和 21)、HTTP(80)和 SMTP(25)和 SNMP(169)。完整的端口号列表参见 RFC 1700。

◇ precedence：IP 数据包头的这个域通常用来为服务质量保证和队列的目的进行流量分类。在 ACL 中可以通过这个参数过滤特定的优先级。

◇ dscp：DSCP(Differentiated Services Code Point，区分服务代码点)用于通过区分流量的优先次序来实施 QoS。通过使用 dscp 这个参数管理员可以根据 IP 数据包头中的 DSCP 值来进行过滤。

◇ tos：使用该参数可以过滤 IP 数据包头部中服务类型域。

◇ log：该参数用来将符合条件的匹配记录到已经打开的日志记录设备(控制台、内部缓存或系统日志服务器)。

◇ log-input：使用该参数可以记录的信息包括接收到数据包的输入接口和数据包中的第二层源地址，如 Ethernet MAC 地址、帧中继的 DLCI 号或者 ATM VC 号。

◇ fragments：该关键字用来过滤分片。

◇ established：使用这个关键字可以检查 TCP 数据包中是否有确认(ACK)和复位(RST)位。该关键字将在 3.3.3 小节中详细介绍。

在全局配置完扩展 ACL 之后，使用 ip access-group 命令在接口上激活该 ACL。

以下两个例子用来帮助理解扩展 ACL 的配置。其中，第一个例子使用有两个接口的路由器，第二个例子使用有三个接口的路由器。

1. 在两个接口的路由器上配置扩展 ACL

在图 3-6 所示的网络中，路由器有两个接口：fast Ethernet 0/0 接口是内部接口，serial 1/0 是外部接口。

在图 3-6 所示的网络中，要实现的安全策略如下：

◇ 允许 Internet 用户访问内部的 Web 服务器；

◇ 允许 DNS 查询到内部 DNS 服务器；

◇ 允许 Internet 用户发来的 E-mail 到达内部 E-mail 服务器；

◇ 允许从来自 Internet 的 FTP 控制连接到达内部 FTP 服务器，以及主动的或标准的 FTP 连接；

◇ 只允许内部用户访问外部 DNS 服务器和 Web 服务器；

◇ 拒绝所有其他类型流量。

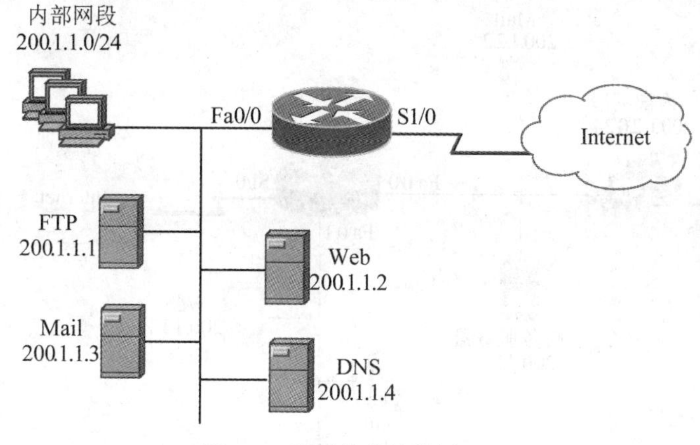

图 3-6　配置简单的扩展 ACL

使用编号的扩展 ACL 来实现这些安全策略的配置过程如示例 3-3 所示。

示例 3-3　**配置编号的扩展 ACL**

```
Router(config)#access-list 111 permit tcp any host 200.1.1.2 eq 80
//允许流量可以到达 Web 服务器(200.1.1.2)的 TCP 端口 80
Router(config)#access-list 111 permit udp any host 200.1.1.4 eq 53
//允许流量可以对服务器(200.1.1.4)的 TCP 端口 53 进行 DNS 查询
Router(config)#access-list 111 permit tcp any host 200.1.1.3 eq 25
//允许可以发送 E-mail 到服务器(200.1.1.2)的 TCP 端口 25
Router(config)#access-list 111 permit tcp any eq 25 host 200.1.1.3 established
//允许内部 E-mail 服务器发送 E-mail 到外部服务器，并接收回复
Router(config)#access-list 111 permit tcp any host 200.1.1.1 eq 21
//允许建立到 FTP 服务器的 TCP 端口 21 的控制连接
Router(config)#access-list 111 permit tcp any host 200.1.1.1 eq 20
//允许 Internet 用户使用 FTP 数据端口 TCP 20
Router(config)#access-list 111 permit tcp any eq 80 200.1.1.00.0.0.255 established
//允许从外部 Web 服务器到内部用户的返回流量
Router(config)#access-list 111 permit udp any eq 53 200.1.1.00.0.0.255
//允许任何被发送到外部服务器的 DNS 查询返回内部用户
Router(config)#interface serial 1/0
Router(config-if)#ip access-group 111 in
//将定义的扩展 ACL 应用在 S1/0 接口的入站方向
```

2. 在三个接口的路由器上配置扩展 ACL

在图 3-7 所示的网络中，路由器有三个接口：内部接口(fast Ethernet 0/0)、外部接口(serial 1/0)和 DMZ 接口(fast Ethernet 0/0)。

在图 3-7 所示的网络中，要实现的安全策略如下：

◇ Internet 用户可以访问 DMZ 区的 Web 服务器；

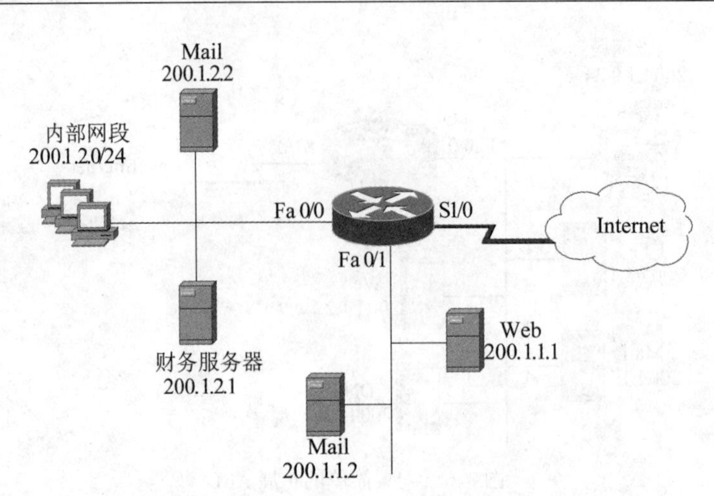

图 3-7　配置复杂的扩展 ACL

◇ Internet 用户可以发送 E-mail 到 DMZ 区的 E-mail 服务器；
◇ DMZ 区的 E-mail 服务器可以将邮件发送到内部服务器，但是从该网段产生的其他流量都不可以到达内部网络；
◇ 内部用户可以执行 DNS 查询；
◇ 内部用户可以访问 DMZ 区中的两台服务器；
◇ 内部用户可以访问 Internet 上的所有 TCP 服务；
◇ 拒绝所有其他类型流量。

使用编号的扩展 ACL 来实现这些安全策略的配置过程如示例 3-4 所示。

示例 3-4　　**配置编号的扩展 ACL**

```
Router(config)#access-list 100 deny ip any host 200. 1. 2. 1
Router(config)#access-list 100 deny ip any host 200. 1. 2. 2
Router(config)#access-list 100 permit tcp any host 200. 1. 1. 1 eq 80
Router(config)#access-list 100 permit tcp any host 200. 1. 1. 2 eq 25V
Router(config)#access-list 100 permit tcp any eq 25 host 200. 1. 1. 2 established
Router(config)#access-list 100 permit tcp any 200. 1. 2. 00. 0. 0. 255 established
Router(config)#access-list 100 permit udp any eq 53 200. 1. 2. 0   0. 0. 0. 255
Router(config)#interface serial 1/0
Router(config-if)#ip access-group 100 in
Router(config-if)#exit

Router(config)#access-list 101 deny ip any host 200. 1. 2. 1
Router(config)#access-list 101 permit tcp any 200. 1. 2. 0 0. 0. 0. 255 established
Router(config)#access-list 101 permit udp any eq 53 200. 1. 2. 0 0. 0. 0. 255
Router(config)#access-list 101 permit tcp host 200. 1. 1. 2 host 200. 1. 2. 2 eq 25
Router(config)#access-list 101 permit tcp host 200. 1. 1. 2 eq 25 host 200. 1. 2. 2 established
Router(config)#interface fastethernet 0/0
Router(config-if)#ip access-group 101 out
Router(config-if)#exit
```

在示例3-4中，建立了两个ACL，其中ACL 100用于过滤到内部网络的流量，ACL 101用于过滤从Internet和DMZ到内部网络的流量。

3.3.3 Established ACL

在扩展ACL中的关键字established可以确定某个数据包属于一个已经建立的连接，该连接的会话是以前建立的，而且连接仍在使用中；同时使用这个关键字可以检查TCP数据包中是否有确认(ACK)和复位(RST)位。这个机制可以确保只有内部网络可以通过这台设备对外建立TCP连接，而所有由外部网络始发向内部建立的TCP连接都会被丢弃。

下面以图3-8所示的网络为例来说明Established ACL的应用及配置。Established ACL使所有从网络1(10.1.1.0/24)始发，发往网络2(10.2.2.0/24)的流量都可以放行，而所有从网络2(10.2.2.0/24)发往网络1(10.1.1.0/24)的流量都会被拒绝。

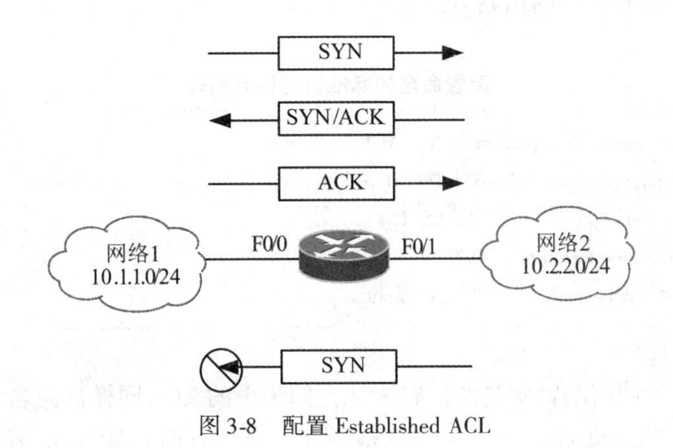

图3-8 配置Established ACL

在路由器上配置Established ACL的过程如示例3-5所示。示例3-5中的ACL 100允许内部TCP数据包通过路由器的F0/1接口，前提是该TCP数据包必须具有ACK或RST位，因为只有ACK或RST被置位才能证明这个数据包是内网始发连接的返回数据包。当网络2(10.2.2.0/24)中的主机通过发送三次握手中的第一个TCP数据包，即带有SYN位的数据包来初始化一个连接时，这个连接一定会被拒绝，TCP会话也无法成功建立。而所有网络1(10.1.1.0/24)的主机始发，去往网络2(10.2.2.0/24)的连接都会被放行，因为这些数据包的返回数据包都有ACK或RST位。没有ACK或RST位的数据包都会被丢弃。

示例3-5 **配置Established ACL**

```
Router(config)#access-list 100 permit tcp any any established
Router(config)#interface fastethernet 0/1
Router(config-if)#ip access-group 100 in
```

3.3.4 命名的ACL

命名的访问控制列表仅仅是创建标准访问控制列表和扩展访问控制列表的另一种方法。在全局配置模式下建立命名的标准访问控制列表的命令格式如下：

Router(config)#**ip access-list standard** *access-list-name*

执行上面这条命令后，就进入访问列表配置模式。有关标准 IP 访问控制列表的进一步配置选项是：

Router(config-std-nacl)# {**deny** | **permit**} *source* [*source-wildcard*] [**log**]

同理，配置命名的扩展访问控制列表的命令格式为：

Router(config)#**ip access-list extended** *access-list-name*

Router (config-ext-nacl)# {**deny** | **permit**} *protocol source source-wildcard* [*operator port*] *destination destination-wildcard* [*operator port*] [**precedence** *precedence*] [**dscp** *value*] [**tos** *tos*] [**log** | **log-input**] [**fragments**] [**established**]

示例 3-6 显示了如何配置命名的标准 ACL，例子中的 ACL 被命名为 NET_ ACL，这个列表可以匹配所有来自网络 192.16.1.0/24 以及来自主机 172.65.1.1 的流量。并且，该 ACL 被应用到路由器 Fa0/0 接口的出站方向上。

示例 3-6　　　　**配置命名的标准访问控制列表**

```
Router(config)#ip access-list standard NET_ ACL
Router(config-std-nacl)#permit192.16.1.0 0.0.0.255
Router(config-std-nacl)#permit host 172.65.1.1
Router(config)#interface fastethernet 0/0
Router(config-if)#ip access-group NET_ ACL out
```

示例 3-7 显示了如何配置命名的扩展 ACL，例子中的 ACL 同样被命名为 NET_ ACL，这个列表可以匹配去往主机 172.65.1.1 的 DNS 流量，及所有的 ICMP echo 流量和 echo-reply 流量。

示例 3-7　　　　**配置命名的扩展访问控制列表**

```
Router(config)#ip access-list extended NET_ ACL
Router(config-ext-nacl)#permit tcp any host 172.65.1.1 eq domain
Router(config-ext-nacl)#permit udp any host 172.65.1.1 eq domain
Router(config-ext-nacl)#permit icmp any any echo
Router(config-ext-nacl)#permit icmp any any echo-reply
```

通过命名的访问控制列可以在期望的位置单独地添加或者删除列表中的一条语句，如示例 3-8 和示例 3-9 所示。示例 3-8 在示例 3-7 定义的第 2 条语句和第 3 条语句之间增加了一条新的语句，示例 3-9 删除了序号为 30 的语句。

示例 3-8　　　　**在一个标准的 IP 访问控制列表中增加一条新的语句**

```
Router(config)# ip access-list extended NET_ ACL
Router(config-ext-nacl)#25 permit tcp any host 172.22.30.100 eq 23
```

示例 3-9　　　　在一个标准的 IP 访问控制列表中删除一条语句

```
Router(config)# ip access-list extended NET_ ACL
Router(config-ext-nacl)#no 30
```

命名的访问控制列表的优点在于它支持描述性名称，可以单独地添加和删除列表中的一条语句，从而克服了编号的访问控制列表不能增量更新、难以维护的弊病。

3.3.5　ACL 的验证

在完成 ACL 的配置并激活了 ACL 之后，可以使用以下命令来验证路由器上的 ACL 配置和操作。

Router#**show** [*protocol*] **access-lists** [*access-list-number* | *access-list-name*]

如果只输入 show access-lists，则所有协议的所有 ACL 都会被显示，如示例 3-10 所示。

示例 3-10　　　　show access-lists 命令输出

```
Router#show access-lists
IPX sap access list 1000
    deny FFFFFFF 0
    deny FFFFFFF 7
Extended IP access list 100
    10 permit tcp 192.168.1.00.0.0.255 any established
    20 permit icmp 192.168.1.00.0.0.255 any (10 matches)
    30 deny ip any any (18 matches)
```

在该示例中，有一个扩展的编号 IP ACL 和 IPX SAP 过滤器。如果只想查看特定协议的 ACL，则要指定协议，如 show ip access-list。甚至可以加上 ACL 的名称或编号来限制输出。

注意在示例 3-10 中，在每条 ACL 语句的最后列出了 IOS 在比较 ACL 和数据包时发现的匹配数。这提示我们 ACL 已经在接口被激活，并且正在过滤流量。在列表的最后通过手动配置 deny ip any any 便可看到丢弃了多少数据包。

可以通过 show ip interface 命令来查看接口应用 ACL 的情况，如示例 3-11 所示。

示例 3-11　　　　show ip interface 命令输出

```
Router#show ip interface fastEthernet 0/0
FastEthernet0/0 is up, line protocol is up
  Internet address is 192.168.1.1/24
  Broadcast address is 255.255.255.255
  Address determined by setup command
```

```
MTU is 1500 bytes
Helper address is not set
Directed broadcast forwarding is disabled
Outgoing access list is not set
Inbound  access list is 100
Proxy ARP is enabled
Local Proxy ARP is disabled
Security level is default
Split horizon is enabled
ICMP redirects are always sent
ICMP unreachables are always sent
ICMP mask replies are never sent
IP fast switching is enabled
```

从这个例子可以看出，一个扩展的 ACL 已经应用到接口 fast Ethernet 0/0 的入站方向。

3.3.6 基于时间的 ACL(Time-Based ACL)

基于时间的 ACL 在功能上类似于扩展 ACL，但它拥有根据时间设定访问控制的附加功能。时间范围以路由器时钟的时间为准，不过，使用这个特性的时候最好用 NTP 来同步时间。只有 IP 和 IPX 的扩展 ACL 支持时间范围。

要配置基于时间的 ACL，需要首先生成一个时间范围，这个时间范围要指定日期或星期。时间范围要用一个名字表示，然后在扩展 ACL 中调用它，以此确定列表中允许或拒绝语句的生效时间。编号和命名的扩展 ACL 都可以调用时间范围。

配置基于时间的 ACL 的步骤如下。

步骤 1　给要定义的时间范围指定一个名称

要定义一个时间范围，首先要给定义的时间范围指定一个名称，然后在子模式中进行时间范围的配置。定义时间范围名称的配置命令如下：

Router(config)#**time-range** *time-range-name*

在该命令中，参数 time-range 用来定义时间范围；time-range-name 为时间范围名称，用来标志时间范围，以便在后面的访问控制列表中引用。

步骤 2　配置让 ACL 生效的时间范围

时间范围的配置可以采用周期时间(periodic time)方式，也可以采用绝对时间(absolute time)方式。

配置周期时间的命令如下：

Router(config-time-range)#**periodic** *day-of-the-week hh*：*mm* **to** [*day-of-the-week*] *hh*：*mm*

在该命令中，参数 periodic 用来指定周期时间范围；参数 day-of-the-week 表示一个星期内的一天或几天，该参数可以使用 Monday、Tuesday、Wednesday、Thursday、Friday、Saturday、Sunday 来表示一周内的每一天，也可以使用 daily 表示从周一到周日，而 weekday 表示从周一到周五，weekend 则表示周六和周日；参数 hh 是 24 小时格式中的小时，mm 是某小时中的分。例如，periodic weekday 8：00 to 22：30 表示每周一到周五的早 8 点钟到晚上 10 点半。

配置绝对时间的命令如下：

Router(config-time-range)#**absolute** [**start** *time date*] **end** *time date*

在该命令中，参数 absolute 用来指定绝对时间范围，后面紧跟 start 和 end 两个关键字；参数 time 采用 hh：mm 的方式，hh 是 24 小时格式中的小时，mm 是某小时中的分；参数 date 采用日/月/年的方式表示。例如，absolute start 8：00 20 january 2013 end 8：00 15 february 2014 表示这个时间段的起始时间为 2013 年 1 月 20 日 8 点钟，结束时间为 2014 年 2 月 15 日 8 点钟。

Periodic 语句可以多次使用，但 absolute 语句只能有一句。

步骤 3　在扩展 ACL 中调用时间范围

在扩展 ACL 中调用时间范围的命令如下：

Router(config)#**access-list** *access-list-number* { **permit** | **deny** } *protocol source source-wildcard* [*operator port*] *destination destination-wildcard* [*operator port*] [**precedence** *precedence*] [**dscp** *value*] [**tos** *tos*] [**log** | **log-input**] [**fragments**] [**established**] **time-range** *time-range-name*

步骤 4　把这个 ACL 应用到接口上

应用基于时间的 ACL 到接口上的命令如下：

Router(config)#**interface** *interface_ id*

Router(config-if)#**ip access-group** { *access-list-number* | *name* } { **in** | **out** }

下面通过图 3-9 所示的网络为例，来说明基于时间的 ACL 的配置和应用。在这个例子中，Internet 用户只能访问内网的 Web 服务器和 DNS 服务器，内部用户在工作时间内不能访问 Internet，但在午饭时间(12：00 ~ 13：00)及下午 5 点到 7 点之间，允许用户访问 Internet。示例 3-12 显示了实现这个策略的配置。

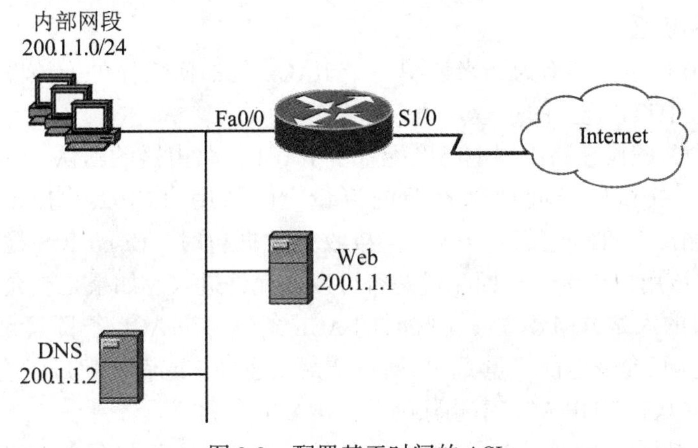

图 3-9　配置基于时间的 ACL

示例 3-12　**配置基于时间的 ACL**

```
Router(config)#time-range NET_ TIME
Router(config-time-range)#periodic weekdays 12：00 to 13：00
Router(config-time-range)#periodic weekdays 17：00 to 19：00
Router(config-time-range)#exit
```

```
Router(config)# ip access-list extended NET_ ACL
Router(config-ext-nacl)#permit tcp any host 200.1.1.1 eq 80
Router(config-ext-nacl)#permit udp any host 200.1.1.2 eq 53
Router(config-ext-nacl)#permit tcp any 200.1.1.0 0.0.0.255 established time-range NET_ TIME
Router(config-ext-nacl)#exit
Router(config)#interface serial 0/0
Router(config-if)#ip access-group NET_ ACL in
```

在该示例中，只有 Web 流量和 DNS 流量在任何时间内都是允许的。但是，内部用户只有在午饭时间以及下班时间可以访问 Internet。

3.3.7 自反 ACL(Reflexive ACL)

自反 ACL(Reflexive ACL，RACL)支持基于高层的会话信息来实施 IP 数据包的过滤功能。自反 ACL 一般用于放行出站流量，同时限制抵达内部路由器的入站流量。自反访问控制列表提供了一种真正意义上的单向访问控制，它是自动驻留的、暂时的、基于会话的过滤器。如果某台路由器允许通过网络内部向外部的主机初始发起一个会话，那么自反访问控制列表就允许返回的会话数据流。自反访问控制列表和命名的扩展访问控制列表一起使用。

1. RACL 如何处理流量

RACL 执行的功能和真实的有状态防火墙很类似，就像 CBAC(Context-Based Access Control，基于上下文的访问控制)：只有当会话是在网络内部发起的，才允许其返回流量。RACL 使用临时的被插入到扩展 ACL 过滤器的 ACL 语句来完成该特性，过滤器应用在路由器的外部接口。当会话结束或者临时条目超时时，它将从外部接口的 ACL 配置中删除。这将减少 DoS 攻击的机会。

现在以图 3-10 所示的网络为例来说明一个 RACL 是如何工作的，该图描述了边界路由器使用 RACL 处理 HTTP 连接的过程。

在这个例子中，假设在路由器上已经配置了 RACL，路由器的默认行为是丢弃任何从路由器之外发起的，并试图访问内部资源的流量。内部用户(192.1.1.10)建立了一个到 202.100.1.10 的输出 HTTP 连接。当路由器接收到数据包时，Cisco IOS 检查是否已经配置了 RACL，来决定该用户连接的返回流量是否可以被允许进入。如果是被允许的，那么 Cisco IOS 会在外部接口的入站方向建立一个临时的 ACL 条目。该 ACL 条目只允许从服务器到客户端的 HTTP 流量(只允许返回流量)。当用户结束该连接，或者它超过了连接的空闲超时时间时，Cisco IOS 会从扩展 IP ACL 中删除临时的 RACL 条目。

从前面的小节中可以看到，扩展 IP ACL 在允许应答返回时会存在问题。使用 TCP 协议时，Cisco IOS 会检查 TCP 控制标志(如 SYN、ACK 以及其他的标志)来确定流量是不是存在连接的一部分。但是，对于 ICMP 或 UDP 这种类型的流量，扩展 ACL 没有该选项。不像 TCP，这些协议不会指示连接的状态，即使可能指示连接状态，也很难确定连接是刚开始、在传输数据的过程中，还是正在结束。而且，即使在 TCP 扩展 ACL 语句中，有 established 关键字，Cisco IOS 不会查看这些流量是否是从网络内部发起的连接的一部分，它只是查看数据包头部中的域是否被适当地标志。

但是，RACL 会查看流量的来源。只有当一个有效的源发起流量时，一个临时的 ACL 才

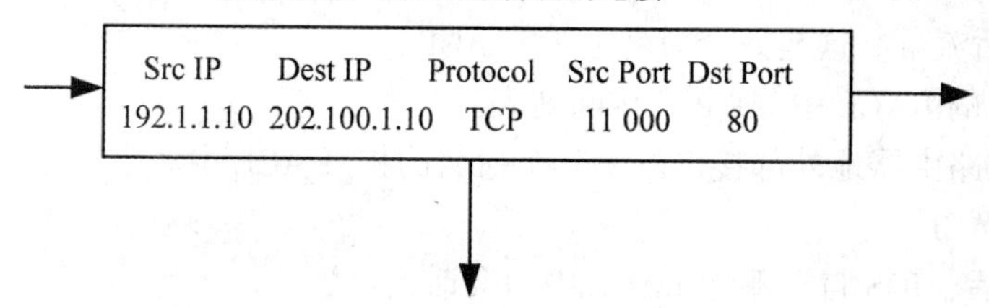

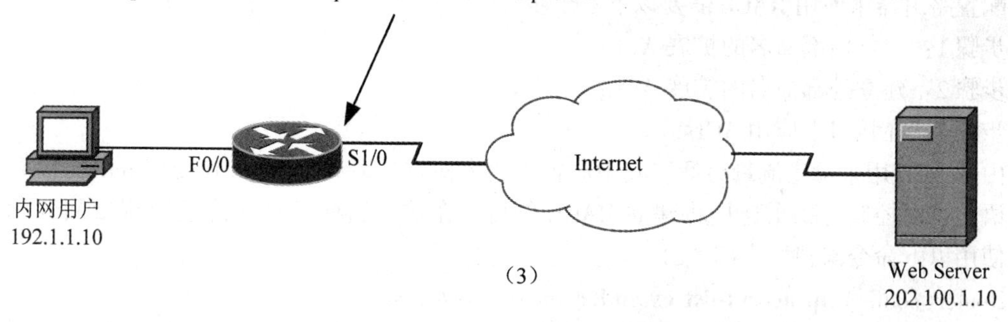

图 3-10 HTTP 连接和 RACL

被建立，只允许该连接的返回流量。也就是说，Cisco IOS 查看是谁建立起这个会话，并对特定的连接使用这些信息来允许返回流量。对允许返回网络的流量类型，可以更加严格地控制。

2. RACL 的工作原理

RACL 在允许流量返回网络时，会在路由器的入站 ACL 中建立一个临时的入口。因此，RACL 要求使用两个 ACL 来正常地发挥作用。第一个 ACL 用于为输出流量捕捉会话信息。这个信息被放在一个特殊的 RACL 中，并被插入已经应用到路由器外部接口的入站 ACL 中。图 3-11 描述了这两种 ACL 的用法。

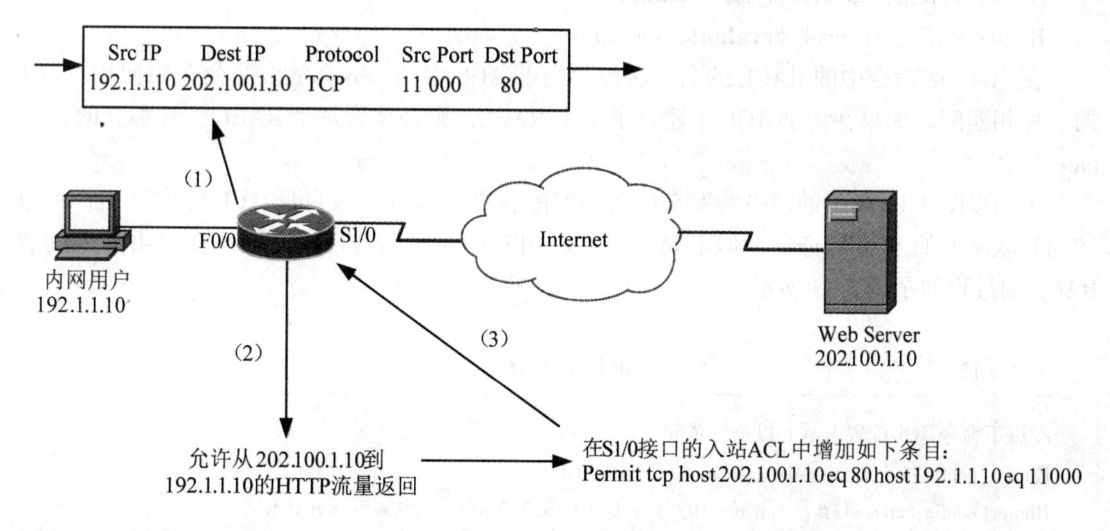

图 3-11 ACL 和 RACL

在图 3-11 所示的网络中，RACL 的处理步骤如下：

◇ 内部 ACL 检查输出的会话流量。这是一个命名地扩展 ACL。

◇ 添加一条语句到临时命名的 RACL 中(独立的访问列表)。

◇ 该 RACL 被插入到应用在路由器地外部接口的第三个命名的扩展 ACL 中。

在这个例子中，使用了三个 ACL。

当会话已经完成或者超时之后，IOS 自动删除 RACL 中的会话条目。

3. RACL 的配置

配置路由器来使用 RACL 需要以下三个步骤：

步骤 1：建立内部命名的扩展 ACL；

步骤 2：建立外部命名的扩展 ACL；

步骤 3：在接口上应用 ACL。

内部 ACL 用来检查流量会话，其中放置了用来检查会话流量的语句(使用 reflect 参数)。这个语句可以控制为哪个连接将建立 RACL 条目，在这里这些条目允许返回流量回到网络中。使用以下命令来建立内部 ACL：

Router(config)#**ip access-list extended** *internal-acl-name*

Router (config-ext-nacl)#**permit** *protocol source source-wildcard* [*operator port*] *destination destination-wildcard* [*operator port*] **reflect** *racl-name* [**timeout** *seconds*]

当流量离开网络时，如果流量与带有 reflect 参数的 permit 语句相匹配，一个临时的条目被添加到这个语句指定的 RACL 中。对每个 permit/reflect 语句，路由器都会建立一个单独的 RACL。RACL 是一个反转的条目，这些条目要允许返回流量返回网络，因此，在 RACL 语句中源和目的信息被交换了。

建立了内部命名的扩展 ACL 之后，它将建立 RACL，可以引用这些临时条目来过滤返回网络的流量。这是通过建立第二个命名的扩展 ACL 完成的。在这个命名的 ACL 中，使用 evaluate语句来引用 RACL，这些 RACL 是在前面的内部 ACL 中建立的。使用以下命令来建立外部 ACL：

Router(config)#**ip access-list extended** *external-acl-name*

Router(config-ext-nacl)#**evaluate** *racl-name*

在 evaluate 命令中的 RACL 的名称必须与内部 ACL 中的 permit/reflect 命令中使用 RACL 的名称相匹配。如果在内部 ACL 中建立了多个 RACL，则必须为每个 RACL 配置独立的 evaluate 命令。

下面以图 3-11 所示的网络为例来说明如何配置自反 ACL。该自反 ACL 使内部用户可以访问互联网上的 Web 服务器，但不允许互联网用户访问内网的任何资源。在路由器上配置 RACL 的过程如示例 3-13 所示。

示例 3-13　　**配置自反 ACL**

```
//以下命令用来配置 RACL 以追踪流量
Router(config)# ip access-list extended Internal-ACL
Router(config-ext-nacl)# permit tcp 192. 1. 1. 0 0. 0. 0. 255 any eq 80 reflect RACL
Router(config-ext-nacl)#exit
```

```
//以下命令用来引用 RACL
Router(config)#ip access-list extended External-ACL
Router(config-ext-nacl)#evaluate RACL
Router(config-ext-nacl)#deny ip any any
Router(config-ext-nacl)#exit
//以下命令用来把配置的 ACL 应用到路由器接口上
Router(config)#interface fastethernet 0/0
Router(config-if)#ip access-group Internal-ACL in
Router(config-if)#exit
Router(config)#interface serial 1/0
Router(config-if)#ip access-group External-ACL in
Router(config-if)#exit
```

3.3.8 锁和密钥 ACL(动态 ACL)

锁和密钥 ACL 也被称为动态 ACL，用于建立动态访问，这个动态访问使用了认证机制，可以为每个用户分别实施访问控制。锁和密钥要求用户首先通过 Telnet 或 SSH 路由器进行认证。用户被成功认证后，IOS 在已应用到接口上的 ACL 中激活指定的动态 ACL 条目。这些条目保持一段指定的时间，然后过期。锁和密钥 ACL 需要使用 Telnet 协议、认证机制和扩展 ACL 这几种技术。

1. 何时使用锁和密钥 ACL

最初开发锁和密钥 ACL 是为了用于拨号访问和执行双重认证。使用双重认证时，用户首先通过 PPP 的 CHAP 进行认证，然后通过锁和密钥认证。有时，术语双重认证与锁和密钥可以交换使用，但是锁和密钥是双重认证中的一种特定的认证方法。锁和密钥不仅限于拨号网络，它也可以用于 LAN 访问。本章主要介绍它在 LAN 访问中的应用。

锁和密钥通常用于以下两种情况之一：

◇ 基于用户的身份来限制对网络的访问；

◇ 基于用户 ID 来控制对内部资源的外部访问。

2. 锁和密钥 ACL 的优点

锁和密钥 ACL 具有以下优点：

◇ 用户必须提供用户名和密码进行认证。通过认证后，有一个动态的 ACL 条目被激活以允许或限制其他的访问；

◇ 用户的认证可以集中到 AAA 服务器上；

◇ 管理变得简单，因为 ACL 条目是动态地根据用户认证建立的；

◇ ACL 很小，只有当用户被认证时，添加动态条目，因此处理 ACL 只给路由器添加了很小的负担；

◇ 限制了内部资源的暴露，因为只在用户被认证后，才添加动态条目。

3. 锁和密钥 ACL 的操作过程

图 3-12 显示了锁和密钥 ACL 的操作过程。

具体步骤如下：

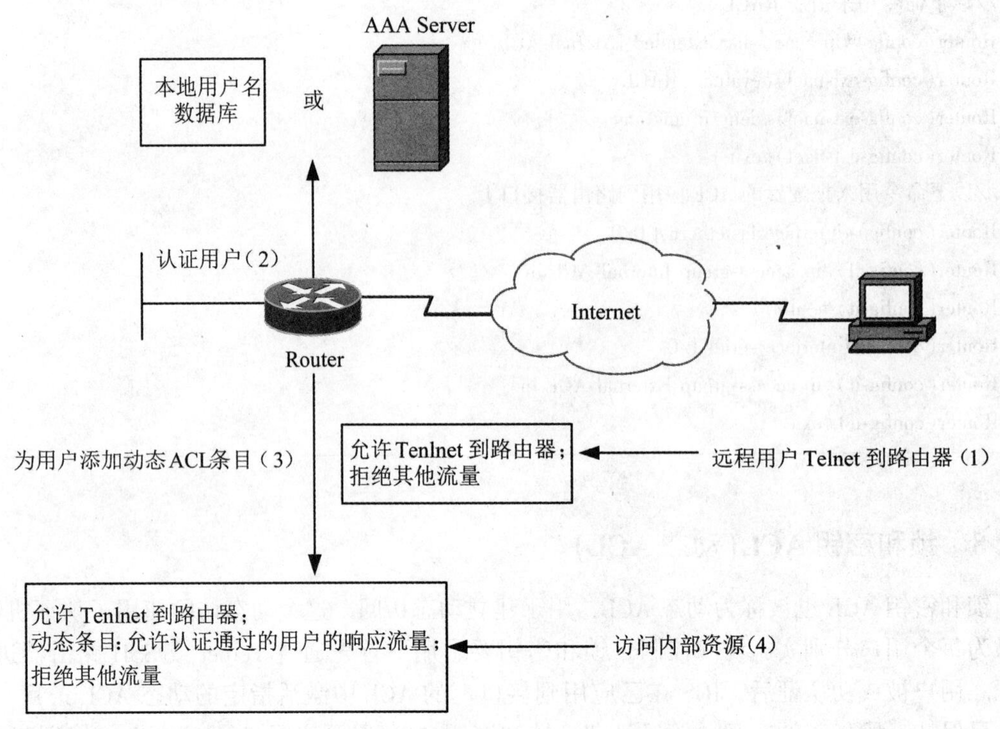

图3-12　锁和密钥ACL的工作过程

◇ 远程用户打开了一个到路由器的Telnet或SSH连接。路由器的外部ACL必须允许该连接。路由器提示用户输入用户名和口令，用户输入这些信息。

◇ 路由器认证连接。可以使用username命令定义的本地用户名数据库，或者使用RADIUS或TACACS+的AAA服务器。用户被认证后，就不再需要Telnet/SSH连接了，因此路由器就结束该连接。

◇ 用户被成功认证后，IOS添加一条动态ACL条目，准许用户访问已配置的内部资源。只能给所有的锁和密钥用户定义一个策略，这个单一的策略被应用到所有已被认证的用户。

◇ 用户可以访问本来拒绝访问的内部资源(通过动态ACL条目)。

如果用户不首先进行认证，只被允许访问在静态外部ACL中指定的资源。要访问其他内部资源，用户首先必须通过Telnet或SSH进行认证。

4. 锁和密钥ACL的配置

配置锁和密钥ACL需要三个步骤：建立扩展ACL、定义认证和打开锁和密钥认证方法。具体步骤操作如下。

步骤1　建立扩展ACL

首先要为路由器外部接口配置扩展ACL。锁和密钥ACL支持编号的扩展ACL和命名的扩展ACL。扩展ACL必须包含以下两部分内容。

◇ ACL的开始条目应该允许Telnet或SSH访问路由器上的一个IP地址，外部用户将使用这个地址。通常，这个地址是配置在外部接口上的地址；

◇ 必须在ACL中嵌入一个动态ACL条目。该条目定义了通过认证后，允许用户访问哪

些内部资源。

配置锁和密钥的动态 ACL 条目的命令如下：

Router(config)# **access-list** *access-list-number* **dynamic** *dynamic-name* [**timeout** *minutes*] {**permit** | **deny**} *protocol source source-wildcard* [*operator port*] *destination destination-wildcard* [*operator port*]

其中，关键字 dynamic 用来给锁和密钥 ACL 指定一个唯一的名称，timeout 可以为被认证的用户建立的动态条目指定绝对超时值。超时值的范围是 1 到 9999 分钟。

在建立了允许 Telnet 或 SSH 的扩展 ACL 和锁和密钥的动态条目之后，必须使用 ip access-group 命令在路由器接口上激活 ACL。

关于锁和密钥 ACL 配置需要注意以下几点：

◇ 在 ACL 中只能有一个 dynamic 参数。在有些 Cisco IOS 版本中，其他的 dynamic 参数会被忽略；在其他一些版本中，它们被标记为无效；

◇ 用 dynamic 参数给锁和密钥 ACL 指定一个唯一的名称；

◇ 对动态 ACL 条目，尽可能具体地指定已认证用户可以访问什么资源，不建议使用关键字 any 作为目的地址；

◇ 确保静态 ACL 条目之一允许外部用户 Telnet 或 SSH 到路由器；

◇ 在动态 ACL 条目中不指定绝对超时，确保在 autocommand 配置中指定空闲超时。

步骤 2　定义认证

锁和密钥 ACL 支持线路密码、本地用户名数据库和 AAA 服务器三种认证方法。使用本地用户名数据认证的配置命令如下：

Router(config)#**username** *username* **secret** *password*

Router(config)#line vty 0 4

Router(config-line)#**login local**

步骤 3　打开锁和密钥认证方法

在 VTY 线路上打开锁和密钥认证的配置命令如下：

Router(config)#line vty 0 4

Rotuer(config-line)#**autocommand access-enable host** [**timeout** *minutes*]

autocommand access-enable 命令指定锁和密钥认证。当用户成功认证，一个临时 ACL 条目被插入到接口的扩展 ACL 的 dynamic 参数占位符处，该接口是用户进入路由器的接口。即如果有两个外部接口，临时条目只被添加到那个用户连接的接口上。没有 autocommand access-enable 命令，路由器将不会建立临时 ACL 条目。

host 参数是可选的。但是通过指定该参数，IOS 将使用用户的 IP 地址代替动态 ACL 条目中的关键字 any。如果扩展 ACL 应用在入站方向，则源关键字 any 被用户的 IP 地址所代替；如果它应用在出站方向，则目的关键字 any 被替代。

timeout 用于为用户的临时 ACL 条目设置空闲超时。如果不指定空闲超时值，那么默认是不会超时的。

下面通过图 3-13 所示的网络为例来说明如何配置锁和密钥 ACL。该 ACL 使互联网的客户在通过认证后能够访问内网的 Web 服务器，但不允许访问内网的其他资源。

在路由器上配置锁和密钥 ACL 的过程如示例 3-14 所示。

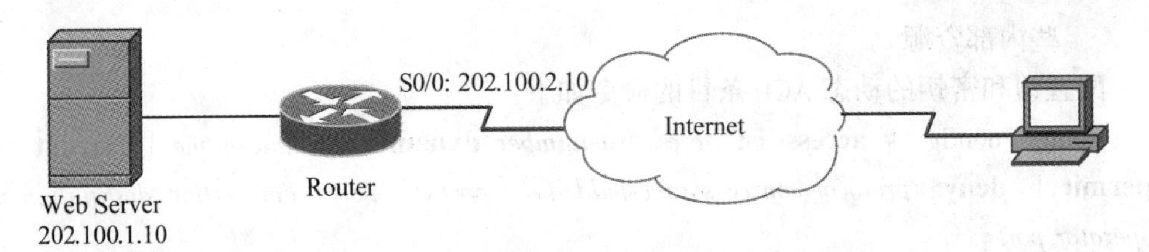

图 3-13　配置锁和密钥 ACL

示例 3-14　**配置锁和密钥 ACL**

```
Router(config)#ip access-list extended NET_ ACL
Router(config-ext-nacl)#permit tcp any host 202. 100. 2. 10 eq 23
Router(config-ext-nacl)#dynamic DACL permit tcp any host 202. 100. 1. 10 eq 80
Router(config-ext-nacl)#exit
Router(config)#interface Serial 0/0
Router(config-if)#ip access-group NET_ ACL in
Router(config)#username Webuser secret webuser! @ #
Router(config)#line vty 0 4
Router(config-line)#login local
Router(config-line)# autocommand access-enable host
Router(config-line)#exit
//以下命令用来解决 VTY 线路被锁和密钥占用而无法进行远程管理的问题
Router(config)#line vty 5
Router(config-line)#login local
Router(config-line)#rotary 5
Router(config-line)#exit
```

注意：用 autocommand 命令来保护所有 VTY 时，存在一个问题，VTY 线路用来进行锁和密钥用户认证。用户被认证后，或者用户认证失败时，Cisco IOS 立刻将用户从服务器上断开。如果要远程访问该路由器并执行管理任务，那么这是一个问题。要解决这个问题，可以为 VTY 建立额外的线路号，或者设置两个本地账户，一个用于锁和密钥认证，另一个用于远程管理。在示例 3-14 中，使用 VTY 5 线路进行远程管理，rotary 命令在端口 23 上删除了 Telnet 功能，将它放在 3000 加旋转号码即 3005 这个端口上。

比使用旋转更好的一个解决方法是，通过设置两个本地账户，而无须记住端口号：一个用于锁和密钥认证，另一个用于远程管理。在 username 命令中为用户指定何时应该使用锁和密钥认证。示例 3-15 显示了一个设置本地认证数据库的例子。

示例 3-15　**配置本地认证数据库与锁和密钥**

```
Router(config)#username Adminuser secret Adminuser! @ #
Router(config)#username Webuser secret webuser! @ #
Router(config)#username Webuser autocommand access-enable host
```

在这个示例中，账号 Adminuser 用于远程管理，账号 Webuser 用于锁和密钥认证。对于第二个账号，使用了第二个 username 命令，参数为 autocommand access-enable host，这个参数指定，当使用这个账号进行用户认证时，将发生锁和密钥。

3.3.9　分类 ACL

分类 ACL 一开始由很多匹配协议、端口、标记等的 permit 语句组成，这些匹配的信息可以发送给网络设备、受保护区域内的公共服务器或网络中的任何其他设备。这类 ACL 在对 DoS 攻击进行分类和识别、并发现其源地址的时候非常有用。以下是使用分类 ACL 来鉴别 DoS 攻击的例子：

1. 使用分类 ACL 识别 smurf 攻击

一个 smurf 攻击，如图 3-14 所示，是一种 DoS 攻击。攻击者发送一个 ping echo 请求到网络上的广播地址。echo 请求的源地址是攻击者想要攻击的受害主机的 IP 地址。因为目的 IP 地址是一个广播地址，所以广播范围内的所有主机都会受到 echo 请求。这样的话，所有这些主机都发送 echo reply 到受害主机的 IP 地址。通过发送大量的 echo 请求，攻击者就能产生很多的数据包泛洪到受害主机。因为对一个单一的 echo 请求的应答可能有上百个，受害主机收到的流量可能变得非常庞大，从而无法进行正常的工作。

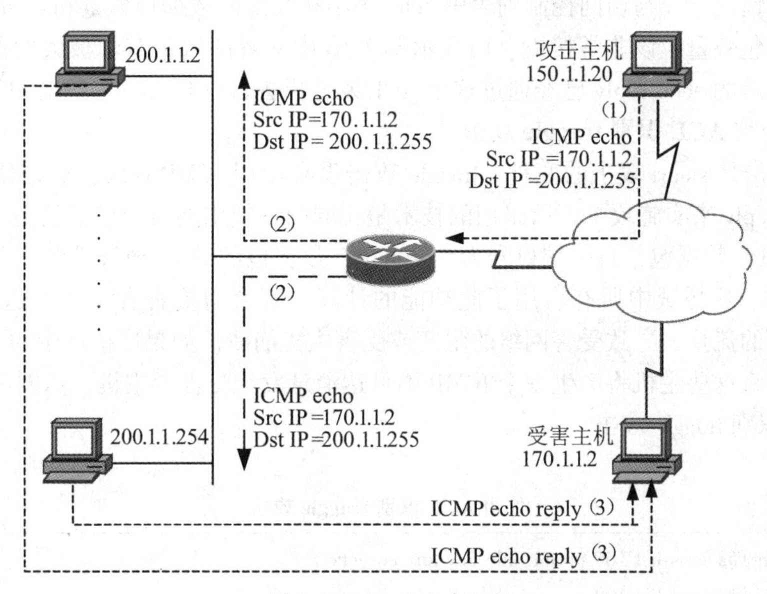

图 3-14　smurf 攻击过程

为了能够识别这种攻击，可以在路由器上建立分类 ACL，如示例 3-16 所示。

示例 3-16　　　　**使用 ACL 识别 smurf 攻击**

```
Router(config)#access-list 100 permit icmp any any echo
Router(config)#access-list 100 permit icmp any any echo-reply
Router(config)#access-list 100 permit ip any any
```

```
Router(config)#interface serial 1/0
Router(config-if)#ip access-group 100 in
Router(config-if)#exit
```

这个 ACL 不拒绝任何流量，它所做的所有工作就是查看来自外部网络的流量。通过查看与这个 ACL 匹配的数据包统计表，就能清楚是否发生了一个 smurf 攻击。示例 3-17 显示了通过 show access-lists 命令输出的数据包统计表。

示例 3-17　　**show access-lists 的输出结果**

```
Router#show access-lists 100
Extended IP access list 100
    10 permit icmp any any echo (23 matches)
    20 permit icmp any any echo-reply(25098 matches)
    30 permit ip any any(90 matches)
```

在正常的情况下，与访问控制列表中 echo 表项相匹配的数据包数量和与 echo-reply 表项相匹配的数据包数量应该非常接近。而在示例 3-16 中两者的数量有着极大的差别，这意味着大量未被请求的 echo-reply 已经通过这个 ACL 发送出去，这是 smurf 攻击的信号。

2. 使用分类 ACL 识别 fraggle 攻击

fraggle 攻击是 smurf 攻击的变种。fraggle 攻击没有使用 ICMP echo，而是使用 UDP echo 和 UDP echo-reply 来实施攻击。所采用的技术是相同的：使用网络的广播设备。攻击者向广播地址发送 UDP 数据包，目的端口号为 7(echo)，数据包的源 IP 地址伪装成受害者主机的 IP 地址。这样，广播域中所有启用了此功能的计算机都会向受害者主机发送回应数据包，从而产生大量的流量，导致受害网络的阻塞或受害主机崩溃。如果广播域中的主机没有启动这些功能，那么这些主机将产生一个 ICMP 不可达消息发给受害者主机。示例 3-18 显示了如何使用 ACL 识别 fraggle 攻击。

示例 3-18　　**使用 ACL 识别 fraggle 攻击**

```
Router(config)#access-list 100 permit udp any any eq echo
Router(config)#access-list 100 permit udp any eq echo any
Router(config)#access-list 100 permit ip any any
Router(config)#interface serial 1/0
Router(config-if)#ip acccss-group 100 in
Router(config-if)#exit
```

示例 3-19 显示了利用该 ACL 检测到的 fraggle 攻击流量。在该示例中，与第一条 ACE 相比在第二条 ACE 上匹配数据包的数量很多，这表明对 UDP echo 的应答数据包数量远远超过了 UDP echo 的数量，网络中有攻击者正在进行着 fraggle 攻击。

示例 3-19 **show access-lists 的输出结果**

```
Router#show access-lists 100
Extended IP access list 100
    10 permit udp any any eq echo (100 matches)
    20 permit udp any eq echo any (13881 matches)
    30 permit ip any any (113 matches)
```

3. 使用分类 ACL 识别 SYN 泛洪

SYN 泛洪是一种 DoS 攻击，通过发送大量的 TCP 同步请求到未完成握手的服务器就会引发这种攻击。当服务器接收到攻击主机发送的 SYN 数据包时，它就用 SYN-ACK 来响应。然而，攻击者发送的初始数据包的源 IP 地址通常是一个伪造的、未使用的 IP 地址，这就导致 SYN-ACK 丢失。在给定时间内一台服务器仅能处理一定数量的 SYN 请求，攻击者发送大量的 SYN 请求会使服务器的缓冲区充满，使它不能对更多的 SYN 请求提供服务，包括合法的请求。可以使用 ACL 来发现 SYN 泛洪攻击是否正在路由器之后的网络上实施。示例 3-20 显示了如何配置 ACL 来检测 SYN 泛洪。

示例 3-20 **使用 ACL 识别 SYN 泛洪**

```
Router(config)#access-list 100 permit tcp any any established
Router(config)#access-list 100 permit tcp any any
Router(config)#access-list 100 permit ip any any
Router(config)#interface serial 1/0
Router(config-if)#ip access-group 100 in
Router(config-if)#exit
```

这个 ACL 中的第一条 ACE 用来匹配不是一个 SYN 请求而是另一种类型的 TCP 数据包，第二条 ACE 只匹配 SYN 请求数据包。该 ACL 将所有的 TCP 流量分成两类：SYN 请求和其他。

在正常的情况下，通过一台路由器去往一台服务器的 SYN 数据包数量要比非 SYN 数据包数量的一半还少。然而，如果 SYN 泛洪正在进行，那么 SYN 数据包数量很容易超过非 SYN 数据包数量。示例 3-21 显示了 ACL 在一个 SYN 泛洪期间捕获的数据包统计表。

示例 3-21 **show access-lists 的输出结果**

```
Router#show access-lists 100
Extended IP access list 100
    10 permit tcp any any established (1320 matches)
    20 permit tcp any any (4330 matches)
    30 permit ip any any (110 matches)
```

3.3.10 使用 ACL 调试流量

ACL 可以用来调试路由器上的流量。在路由器上运行 debug 非常占用设备资源，如路由器的内存或 CPU 资源，甚至有可能耗尽全部系统资源。在高负载的条件下，如果再产生过量的 debug 信息，那么有可能会导致网络的意外中断或路由器的死机。因此，一定要谨慎使用 debug 命令。在启用 debug 命令之前，应该使用命令 show processes cpu 来查看 CPU 的负载情况，以便证实系统是否还有足够的 CPU 资源运行 debug 功能。

使用 ACL 来有选择地定义哪些是需要查看的流量可以降低 debug 命令所造成的对系统资源的占用。在这里 ACL 不是用作过滤数据包的工具，而是用它来对监控实施控制。示例 3-22 显示了如何使用 ACL 来进行流量调试，在该示例中只有主机 10. 1. 1. 100 和 192. 168. 1. 100 之间传输的数据包才会显示在 debug 信息中，使用的命令是 **debug ip packet** [**detail**] *access-list-number*。

示例 3-22　　**使用 ACL 调试流量**

```
Router(config)#access-list 100 permi tip host 10. 1. 1. 100 host 192. 168. 1. 100
Router(config)#access-list 100 permi tip host 192. 168. 1. 100 host 10. 1. 1. 100
Router(config)#end
Router#debug ip packet detail 100
IP packet debugging is on (detailed) for access list 100
```

3.4 ACL 的其他特性

本节介绍 ACL 的五个增强特性：注释、调节日志更新、IP 统计、Turbo ACL 和有序的 ACL。ACL 注释能使我们在 ACL 语句中插入描述。调节来自 ACL 匹配的日志记录信息，可以限制 Cisco IOS 为匹配生成的消息数目，从而可以减少路由器的过载现象。IP 统计可以使管理员识别那些与 ACL 中的 deny 语句匹配的流量，提供了关于被丢弃数据包的更多信息。Turbo ACL 允许 Cisco IOS 编译 ACL，使得它们更加有效并更快地进行处理。有序的 ACL 可以在语句组中插入或删除一个特定的 ACL 条目，而不用删除整个 ACL，然后再重建它们。

3.4.1 ACL 注释

从 Cisco IOS 12.0(2)T 版本开始，可以在 ACL 语句中包含注释。编号的和命名的 ACL 都支持注释。输入注释的语法如下：

Router(config)#**access-list** *access-list-number* **remark** *remark*

或

Router(config)#**ip access-list** {**standard** | **extended**} *access-list-name*

Router(config-{std | ext}-nacl)#**remark** *remark*

输入的注释最长不能超过 100 个字符。如果长度超过 100 个字符，那么多出来的字符会被自动切掉。当输入注释时，它被插在输入的最后一个 ACL 命令后面。但是，当使用有序

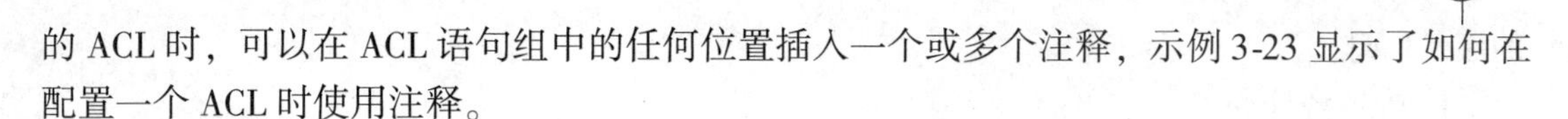

的 ACL 时，可以在 ACL 语句组中的任何位置插入一个或多个注释，示例 3-23 显示了如何在配置一个 ACL 时使用注释。

示例 3-23 **在 ACL 中使用注释**

```
Router(config)#access-list 1 remark This ACL restricts VTY access
Router(config)#access-list 1 remark... Allow Mary access
Router(config)#access-list 1 permit host 192.168.1.100
Router(config)#access-list 1 remark... Allow Richard access
Router(config)#access-list 1 permit host 192.168.1.101
```

从这个例子可以看出，使用注释更易于理解 ACL 是用来做什么的，以及每条语句的作用。

3.4.2 日志记录更新

在标准的和扩展的 ACL 中曾提到，可以将可选的 log 参数添加到特定的 ACL 语句中，这样当一个数据包和语句中的条件匹配时，Cisco IOS 会产生日志信息。当我们要确定正在丢弃什么样的流量时，这个特性是非常重要的。

记录日志会影响路由器的性能：它不能再使用诸如 CEF 之类的高速交换方法。默认的日志记录的另一个问题是 Cisco IOS 会显示第一个匹配的数据包的消息，但是它只有在 5 分钟的间隔时间过去后，才会显示后续匹配的另一条消息。因此，如果有人正在探测或者攻击一个特定的设备或网络的一部分，那么管理员将只看到为数不多的日志信息。

从 IOS 12.0(2)T 版本开始，可以改变日志记录的阈值。要改变日志记录的阈值，可以使用以下命令：

Router(config)#**ip access-list log-update threshold** *number-of-hits*

这个命令为多长时间生成一个日志消息定义了一个阈值。当我们指定了匹配数之后，Cisco IOS 在达到每个匹配阈值之后生成一个日志消息。例如，如果我们设置了匹配数为 4，则在第一个匹配时，Cisco IOS 生成日志消息，然后，在随后的 4 个匹配后，再生成一条日志消息，以此类推。这使得管理员可以控制路由器生成多少日志记录。

关于这个命令的配置需要注意的是：即使配置了阈值，Cisco IOS 也会在 5 分钟之后对计数的缓存清零。例如，假设设定了 5 个数据包的阈值。有人发送了一个数据包，该数据包与打开了日志记录的条件相匹配，因此，由于这是第一个匹配，Cisco IOS 生成一条消息。随后这个人又发送了两个数据包，总共 3 个数据包。因为 5 个数据包的阈值还没有达到，所以不会生成另外的消息。在这个时候，5 分钟过去了，Cisco IOS 清空它的匹配计数缓存，为 ACL 将所有计数设为 0。然后，这个人发送了第 4 个数据包。从 Cisco IOS 的角度看，这个数据包将被记为第一个数据包，并因此生成日志消息。

3.4.3 IP 统计和 ACL

IP 统计特性最开始是用来为记账目的搜集流量统计信息。但是，一个选项被添加到 IP 统计，可用来记录违规访问的统计信息。这个特性可以用来捕获那些匹配 ACL 中 deny 语句的流量信息。

1. 配置统计

使用以下命令打开对违规访问的日志记录：

Router(config)#**interface** *type interface-id*

Router(config-if)#**ip accounting access-violations**

当为违规访问打开IP统计时，Cisco IOS会追踪和deny语句相匹配的源地址和目的地址，以及数据包的数目、字节数和匹配ACL的编号或名称。要查看违规访问的统计信息，使用如下命令：

Router#**show ip accounting access-violations**

示例3-24显示了路由器过滤ICMP流量的一个例子，这里打开了IP统计，并显示了其验证信息。

示例3-24　　**使用IP统计来记录ACL匹配**

```
Router(config)#access-list 110 deny icmp any any
Router(config)#access-list 110 permi tip any any
Router(config)#interface fastEthernet 0/0
Router(config-if)#ip access-group 110 in
Router(config-if)#ip accounting access-violations
Router(config-if)#end

Router#show ip accounting access-violations
Source           Destination       Packets          Bytes          ACL
192.168.1.100    200.1.2.100       6                600            110
```

在示例3-24中，所有的ICMP流量都被过滤，但是其他流量都被允许。IP统计在fastethernet 0/0端口被打开。在show ip accounting access-violations命令的输出中，192.168.1.100试图ping一个远程目标设备(200.1.2.100)，这被路由器过滤，它的统计信息被记录下来：6个数据包，总共600字节，被ACL 110丢弃。

2. 统计信息的限制

当违规访问统计被打开时，任何匹配deny语句(或者隐含拒绝)的数据包都会生成或更新统计记录。因为IP统计会生成大量的信息，因此管理员需要将它限制在一台路由器可以处理的合理的数量。可以使用以下三个命令来限制统计信息的数量：

◇ ip accounting-list：基于所列的地址来过滤统计信息；

◇ ip accounting-threshold：定义路由器将生成的统计记录的最大数目；

◇ ip accounting-transits：限制路由器存储的转换记录数。

3.4.4 Turbo ACL

通常，要试图匹配一个条件时，是按顺序检测ACL，从第一个条目到最后一个条目。但是，如果ACL很长，会使搜索过程变得很慢。而且，根据数据包的内容，一个数据包可能在第一条语句就匹配了，而另一个匹配可能发生在 ACL 的最后一条语句，这样就会产生一个可变的延迟，从而影响对延迟很敏感的流量。

Turbo ACL 可以加速处理 ACL，并在处理 ACL 的过程中产生一个确定的延迟。这个特性只能在 7100、7200、7500 和 12000 千兆交换路由器上可用。Turbo ACL 实质上是被编译为一个查询表的 ACL，它仍然遵循第一匹配的要求。

Turbo ACL 提供以下两个优点：

◇ 发现匹配的时间是固定的，所以延迟更小而且是一致的，这对使用很长的 ACL 和混合类型的数据流量是很重要的。

◇ 对于有三条语句或更多语句的 ACL，Turbo ACL 降低了要找到一个匹配所需的 CPU 处理资源。实际上，不管 ACL 列表中有多少条 ACL 语句，发现任何匹配所需的 CPU 资源是固定的。所以，列表越长，会获得越好的性能。

当然，Turbo ACL 也有限制。例如，在这种 ACL 中不能使用基于时间的条目或 RACL 条目。另外，在编译一个 ACL 时，需要 2 ~ 4Mb 的额外内存来存放已编译的内容。

Turbo ACL 是在 Cisco IOS 12.0(6)S 和 7200 系列路由器的 12.1(1)E 版本中引入的。它们被整合进 12.1(5)T。在默认情况下，Turbo ACL 在支持它的路由器上是关闭的。可以使用下面的命令在一台路由器上编译 ACL：

Router(config)#**access-list compiled**

这个命令没有参数；也就是说，管理员不能选择哪个 ACL 被编译，而哪个不被编译。

在路由器上打开了 Turbo ACL 之后，可以使用 show access-lists compiled 命令来验证它是否已成功配置和正常工作，如示例 3-25 所示。

示例 3-25　　**show access-lists compiled 命令输出**

```
Router#show access-lists compiled
Compiled ACL statistics:
ACL      State         Entries   Config    Fragment   Redundant
100      Operational   10        6         4          0
101      Operational   1         1         0          0
102      Operational   4         3         1          0
5 ACLs, 3 active, 5 builds, 15 entries, 116 ms last compile
0 history updates, 2000 history entries
0 mem limits, 128 Mb limit, 1 Mb max memory
0 compile failures, 0 priming failures
Overflows: L1 0, L2 0, L3 0
Table expands: [9]=0 [10]=0 [11]=0 [12]=0 [13]=0 [14]=0 [15]=0
L0:   1803Kb   5/6     2/3     2/3    4/5   6/7   3/4   6/7   5/6
L1:   4Kb      2/18    2/15    2/28   2/42
L2:   2Kb      2/150   2/150
L3:   2Kb      2/300
Ex:   8Kb
Tl:   1822Kb   47 equivs (14 dynamic)
```

```
Memory chunk statistics: (number passed/number failed)
  15/0 chunk creates, 12/n/a chunk destroys
  0/0 * interrupt level, 30/0 process level allocations
   * failures at interrupt level do not indicate a memory shortage
  0/0 replenishes, 375/0 elements replenished *
   * including element allocation at chunk creation time
  0 online, 0 offline replenish suspends

  MQC Turbo Classification is active.
```

一个 ACL 可以处于以下五种状态之一：

◇ Operational：该 ACL 已被成功编译；

◇ Deleted：该 ACL 是空的(没有条目)；

◇ Unsuitable：该 ACL 不能被编译，因为它包含时间范围、反射或动态条目；

◇ Building：该 ACL 当前正在被编译，这可能要花费几秒钟时间来完成；

◇ Out of memory：路由器没有足够的内存来编译该 ACL。

3.4.5 有序的 ACL

有序的 ACL 使得 ACL 编辑过程变得更加简单，可以用来删除 ACL 中的任何指定的条目，也可以在 ACL 中插入条目。实际上有序的 ACL 并不是一种新的 ACL 类型：它们使用一般的标准的或者扩展的命名 ACL(不支持编号的 ACL)。

1. ACL 和先后顺序

在有序的 ACL 中，每个 ACL 条目都被关联了一个序列号。然后，使用这个序列号在已经存在的列表中插入 ACL，或者从列表中删除一个存在的语句。管理员如果不喜欢 Cisco IOS 给列表分配的序列号，则可以用自己的编号体系来重新排列它们。

Cisco IOS 会自动给 ACL 的每条语句分配一个序列号。列表中的第一条语句的序列号是 10，接下来的每条语句的序号比前一条要大 10。例如，如果 ACL 中有 3 条语句，那么默认的序列号是 10、20 和 30。当然，管理员可以建立自己的排序过程。例如，可以让 ACL 序列号以 1 递增，而不是 10。

如果输入 ACL 语句时，没有指定序列号，当把语句添加到列表结尾时，路由器使用默认的增加值 10。这对于新的 ACL 组也是一样的。当输入的 ACL 语句已经在 ACL 中存在，但有一个不同的序列号时，路由器会忽略我们的输入。当输入一个新的 ACL 语句，它是列表中的唯一的命令，但是指定了一个已经在使用的序列号时，会提示“Duplicate sequence number”出错消息。

2. ACL 重排序

可以使用以下命令来对 ACL 重新排序：

Router(config)#**ip access-list resequence** *access-list-number starting-seq-num increment*

例如，如果想要给 ACL 101 排序，则应该执行以下步骤。首先，使用 show access-lists 命令显示当前 ACL，如示例 3-26 所示。

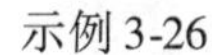

示例 3-26 **显示 ACL 的序列号**

```
Router#show access-lists 100
Extended IP access list 100
    10 permit tcp any host 200. 1. 1. 10 eq www
    20 permit udp any host 200. 1. 1. 20 eq domain
    30 permit tcp any host 200. 1. 1. 30 eq ftp
    40 permit tcp any host 200. 1. 1. 30 eq ftp-data
    50 permit tcp any eq www 192. 168. 1. 0   0. 0. 0. 255 established
    60 deny ip any any
```

从示例 3-26 的输出结果可以看到，这个 ACL 语句使用默认的排序。若要改变该 ACL 的序列号，使其从 1 开始，增量为 1，则可使用如下命令：

Router(config)#ip access-list resequence 100 1 1

使用 show access-list 命令可以验证该配置，如示例 3-27 所示。

示例 3-27 **显示更新的 ACL 的序列号**

```
Router#show access-lists 100
Extended IP access list 100
    1 permit tcp any host 200. 1. 1. 10 eq www
    2 permit udp any host 200. 1. 1. 20 eq domain
    3 permit tcp any host 200. 1. 1. 30 eq ftp
    4 permit tcp any host 200. 1. 1. 30 eq ftp-data
    5 permit tcp any eq www 192. 168. 1. 0   0. 0. 0. 255 established
    6 deny ip any any
```

从示例 3-27 的输出结果看到，该 ACL 的序列号已经被改变了。在任何时候都可以对 ACL 重新编号。

3. 在有序的 ACL 中删除条目

若要删除 ACL 中的一个指定的条目，首先用 show access-lists 命令显示条目，并注意要删除的语句左边的序列号。然后，进入命名的 ACL 的子配置模式，通过在语句的序列号之前使用 no 参数删除命令。配置命令格式如下：

Router#**show access-lists**

Router(config)#**ip access-list** {**standard** | **extended**} *access-list-name*

Router(config-{std | ext}-nacl)#**no** *sequence-number*

示例 3-28 显示了如何删除 ACL 中的一个指定条目，该示例从重排序的示例 3-27 中删除了条目 1 和条目 6。

4. 在有序的 ACL 中插入条目

若要在 ACL 中插入条目，则首先用 show access-lists 命令显示条目，并注意要插入新ACL语句的前后两条语句的序列号。然后，选择这两个序列号之间的数字，进入命

示例 3-28　　　　**删除一个特定的 ACL 条目**

```
Router(config)#ip access-list extended 100
Router(config-ext-nacl)#no 1
Router(config-ext-nacl)#no 6
Router(config-ext-nacl)#end
Router#
Router#show access-lists 100
Extended IP access list 100
    2 permit udp any host 200. 1. 1. 20 eq domain
    3 permit tcp any host 200. 1. 1. 30 eq ftp
    4 permit tcp any host 200. 1. 1. 30 eq ftp-data
    5 permit tcp any eq www 192. 168. 1. 0   0. 0. 0. 255 established
```

名的 ACL 的子配置模式，为 ACL 输入新的序列号、操作(permit 或 deny)和条件。配置命令格式如下：

Router#**show access-lists**

Router(config)#**ip access-list** {**standard** | **extended**} *access-list-name*

Router(config-{std | ext}-nacl)# *sequence-number* {**permit** | **deny**} *condition*

示例 3-29 显示了如何在 ACL 中插入一个条目。在该示例中，首先把在示例 3-28 中删除的条目 1 加回去，然后把删除的条目 6 也加回去，并为这个条目使用序列号 50。

示例 3-29　　　　**插入一个 ACL 条目**

```
Router#show access-lists 100
Extended IP access list 100
    2 permit udp any host 200. 1. 1. 20 eq domain
    3 permit tcp any host 200. 1. 1. 30 eq ftp
    4 permit tcp any host 200. 1. 1. 30 eq ftp-data
    5 permit tcp any eq www 192. 168. 1. 0   0. 0. 0. 255 established
Router(config)#ip access-list extended 100
Router(config-ext-nacl)#1 permit tcp any host 200. 1. 1. 10 eq www
Router(config-ext-nacl)#50 deny ip any any
Router(config)#end

Router#show access-lists100
Extended IP access list 100
    1 permit tcp any host 200. 1. 1. 10 eq www
    2 permit udp any host 200. 1. 1. 20 eq domain
    3 permit tcp any host 200. 1. 1. 30 eq ftp
    4 permit tcp any host 200. 1. 1. 30 eq ftp-data
    5 permit tcp any eq www 192. 168. 1. 00. 0. 0. 255 established
    50 deny ip any any
```

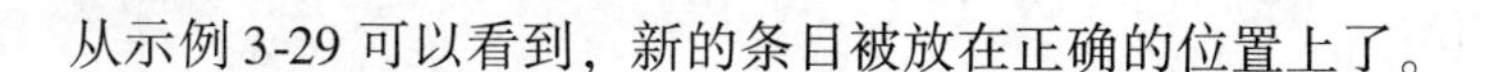

从示例 3-29 可以看到，新的条目被放在正确的位置上了。

3.5 本章小结

ACL 是路由器上一种可用的基本机制，它通过网络安全策略来过滤网络中的流量。本章主要讲述了使用 ACL 来实施流量过滤的方法，并重点介绍了各类 ACL 的特点及其应用方法，所有版本的 Cisco IOS 系统都可以为这些 ACL 提供支持。

3.6 习题

1. 选择题

(1)标准访问控制列表以下面哪一项作为判别条件？

A. 数据包的大小

B. 数据包的源地址

C. 数据包的目的地址

D. 数据包的端口号

(2)需要对编号的 ACL 101 进行编辑，允许一个新网段通过。输入命令 access-list 101 permit 192. 168. 9. 0 0. 0. 0. 255 192. 168. 2. 0 0. 0. 0. 255 eq http 之后的效果是什么？

A. 这一条目将被插入到 ACL 的末尾

B. 这一条目将被插入到 ACL 的开头

C. 会产生错误消息

D. 现有的 ACL 101 将被删除，并被替换成此行命令

(3)访问控制列表是路由器的一种安全策略，以下哪项为标准访问控制列表的例子？

A. access-list standart 192. 168. 10. 23

B. access-list 10 deny 192. 168. 10. 23 0. 0. 0. 0

C. access-list 101 deny 192. 168. 10. 23 0. 0. 0. 0

D. access-list 101 deny 192. 168. 10. 23 255. 255. 255. 255

(4)在访问控制列表中，有一条规则如下：

access-list 131 permit ip any 192. 168. 10. 0 0. 0. 0. 255 eq ftp

在该规则中，any 表示的是什么？

A. 检查源地址的所有 bit 位

B. 检查目的地址的所有 bit 位

C. 允许所有的源地址

D. 允许 255. 255. 255. 255 0. 0. 0. 0

(5)通过以下哪条命令可以把一个扩展访问列表 101 应用到接口上？

A. pemit access-list 101 out

B. ip access-group 101 out

C. access-list 101 out

D. pemit access-list 101 in

(6)在路由器上配置一个标准的访问列表，只允许所有源自 B 类地址 172. 16. 0. 0 的 IP 数据包通过，那么以下哪个 wildcard mask 是正确的？

A. 255. 255. 0. 0

B. 255. 255. 255. 0

C. 0. 0. 255. 255

D. 0. 255. 255. 255

(7)配置如下两条访问控制列表：

access-list 1 permit 10. 110. 10. 10 0. 0. 255. 255

access-list 2 permit 10. 110. 100. 100 0. 0. 255. 255

访问控制列表 1 和 2 所控制的地址范围关系是？

A. 1 和 2 的范围相同

B. 1 的范围包含 2 的范围

C. 2 的范围包含 1 的范围

D. 1 和 2 的范围没有包含关系

(8)访问控制列表 access-list 100 deny ip 10. 1. 10. 10 0. 0. 255. 255 any eq 80 的含义是什么？

A. ACL 编号是 100，禁止到 10. 1. 10. 10 主机的 telnet 访问

B. ACL 编号是 100，禁止到 10. 1. 0. 0/16 网段的 www 访问

C. ACL 编号是 100，禁止从 10. 1. 0. 0/16 网段来的 www 访问

D. ACL 编号是 100，禁止从 10. 1. 10. 10 主机来的 rlogin 访问

(9)哪种类型的 ACL 在允许流量通过之前检查该会话的入站流量？

A. 反射 ACL

B. 扩展 ACL

C. 动态 ACL

D. 命名的 ACL

(10)实现"禁止从 129. 9. 0. 0 网段内的主机建立与 202. 38. 160. 0 网段内的主机的 www 端口(80)的连接，并对违反此规则的事件作日志"功能所需的 ACL 配置命令是什么？

A. access-list 100 deny tcp 129. 9. 0. 0 255. 255. 0. 0 202. 38. 160. 0 255. 255. 255. 0 eq www log

B. access-list 100 deny tcp 129. 9. 0. 0 202. 38. 160. 0 eq www log

C. access-list 100 deny tcp 129. 9. 0. 0 0. 0. 255. 255 202. 38. 160. 0 0. 0. 0. 255 eq www log

D. access-list 100 deny tcp 129. 9. 0. 0 0. 0. 255. 255 202. 38. 160. 0 0. 0. 0. 255 eq www

2. 问答题

(1)在路由器上通常以什么顺序处理 ACL？

(2)简述标准 IP 访问控制列表和扩展 IP 访问控制列表的特点。

(3)什么是 smurf 攻击？

(4)什么样的ACL可用于检测SYN泛洪?

(5)在下图所示的网络中，为了防止一些黑客之类的非法用户通过VTY线路远程登录到路由器，请配置ACL来限制VTY的访问，该ACL只允许两个管理员的主机Telnet到路由器。

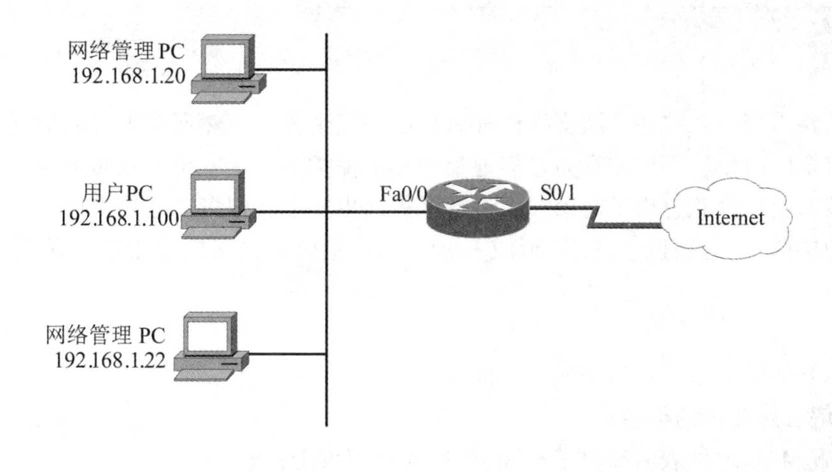

第4章 局域网交换机安全

类似于路由器，二层和三层交换机都有自己的安全要求。然而在大多数情况下，人们在实施网络安全的时候，都把注意力过多地集中在了保护第三层安全以及防火墙、入侵防御系统、加密技术上，因此忽略了对第二层进行保护。事实上，很多二层攻击可以对OSI分层模型中的其他层(第三层及以上各层)形成威胁。本章主要讨论二层攻击以及防范这些攻击的相应策略。

完成本章的学习后，要达到如下目标：

◇ 理解二层攻击的类型；
◇ 理解MAC地址表溢出攻击和MAC地址欺骗攻击；
◇ 理解VLAN攻击、STP操纵攻击和LAN风暴攻击；
◇ 理解ARP攻击和DHCP攻击；
◇ 掌握第二层安全技术原理及配置。

4.1 第二层安全概述

通常人们在实施网络安全的时候把注意力过多地集中在了保护第三层安全以及防火墙、入侵防御系统、加密技术上，因此忽略了对第二层(数据链路层)进行保护。事实上，从安全的角度出发，第二层会造成安全的挑战，因为一旦该层受到威胁，黑客就可以顺藤摸瓜入侵到上层，从而对网络造成破坏。

以太网交换机以及多数二层协议都存在安全隐患，利用这些隐患黑客可以将任何流量转向他的个人计算机，从而破坏这些流量的保密性和完整性。一旦第二层被攻陷，黑客就可以使用诸如“中间人”攻击之类的技术在更高层协议上构建攻击手段。由于能够截取任意流量，黑客可以在明文通信(如HTTP和Telnet)和加密通信(如SSL或SSH)里做手脚。

第二层攻击很难从网络外部发起，也就是说攻击者首先要位于网络内部，才能够利用网络第二层弱点对二层发起攻击。外部黑客可以运用社交工程出入公司场所，从而连接到一个公司的局域网。另外，很多攻击来自于公司内部员工，如由一个在现场工作的雇员发起攻击。

为了保护第二层安全，网络安全专业人士必须要在第二层体系架构中缓解攻击。

4.2 第二层安全问题

在局域网中发生在OSI参考模型第二层的攻击主要包括如下几种：

◇ MAC地址表溢出攻击；
◇ MAC地址欺骗攻击；

◇ VLAN 攻击；
◇ STP 操纵攻击；
◇ LAN 风暴攻击；
◇ DHCP 攻击；
◇ ARP 攻击。

4.2.1 MAC 地址表溢出攻击

交换机内的 MAC 地址表包含了交换机的给定物理端口能够到达的 MAC 地址，并且关联到各自的 VLAN 参数。当接收到数据帧，交换机提取目的 MAC 地址到 MAC 地址表中进行查找。如果根据这个帧的目的 MAC 地址找到了相应的条目，那么交换机会将这个帧转发至目的端口。如果这个帧的目的 MAC 地址没有在 MAC 地址表中找到，那么交换机就会像集线器一样将这个帧转发至所有的端口。

理解 MAC 地址表溢出攻击的关键是要知道 MAC 地址表的空间是有限制的。MAC 泛洪利用这个限制使用大量随机生成的无效的源、目的 MAC 地址攻击交换机，直到交换机的 MAC 地址表被填满，而无法再接收新的条目。当这种情况发生时，交换机开始泛洪进入的流量到所有端口，因为在 MAC 地址表中没有空间来学习任何合法的 MAC 地址。此时的交换机，从本质上讲就成了一台集线器。最终导致的结果是，攻击者可以看到所有从一台主机发送到另外主机的数据帧。如图 4-1 所示。

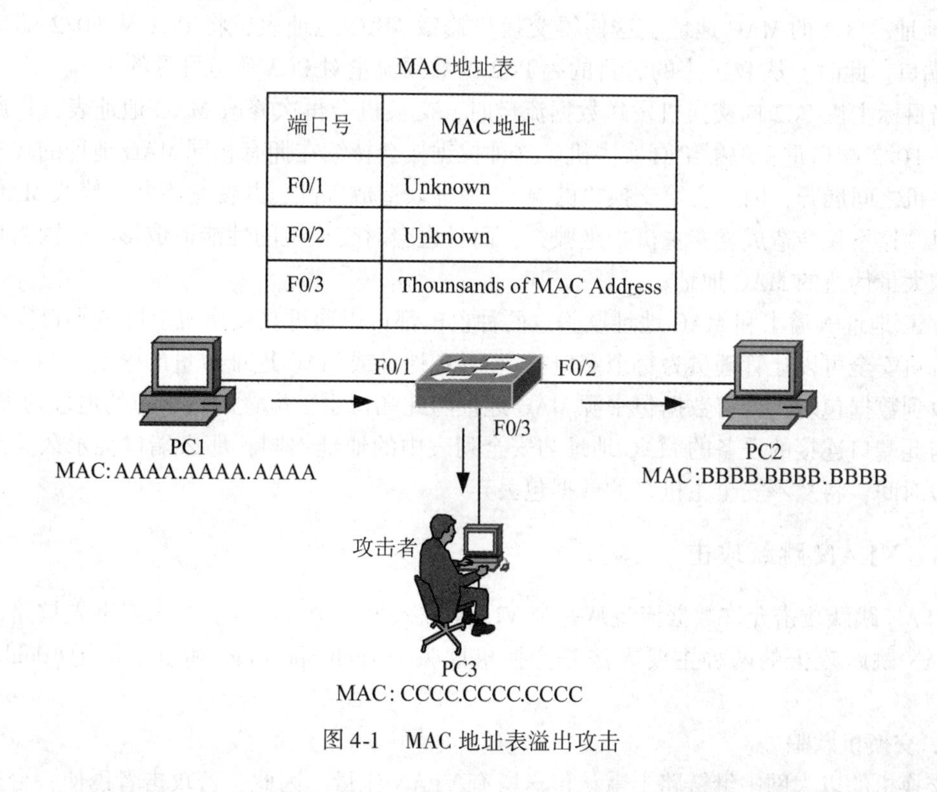

图 4-1　MAC 地址表溢出攻击

图 4-1 中，在 MAC 地址表是正常的情况下，PC1 和 PC2 之间的通信是单播，中间的攻击者无法收到任何数据。当攻击者向交换机的端口 F0/3 泛洪 MAC 地址，将交换机的 MAC 地址表填满并覆盖了原有的合法条目后，交换机的运行就像集线器一样了。此时，若 PC1

向PC2发送数据，交换机发现MAC地址表中无法找到PC2的MAC地址，于是它会在广播域中将此数据帧泛洪，攻击者自然就可以收到相应的数据。

由于数据流只能在本地VLAN内进行泛洪，所以入侵者只能看到他所连接的本地VLAN内的数据流。

最常见的执行MAC地址表溢出攻击的方法是使用macof工具。这个工具会向交换机泛洪数据帧，帧中包含的源、目的MAC和IP地址随机产生。在很短的时间内，MAC地址表就会被填满。当MAC地址表被无效的MAC地址填满后，交换机开始泛洪它接收到的所有数据帧。只要macof仍在运行，交换机的MAC地址表就会保持充满状态，并且交换机会不断地泛洪所有接收到的数据帧到每个端口。

4.2.2 MAC地址欺骗攻击

MAC地址欺骗攻击是将MAC地址伪装成网络中的其他主机或设备的技术。攻击者通过网络发送源MAC地址为其他目标主机的帧，当交换机接收到该帧时，会检查源MAC地址，从而修改MAC地址表中的条目使得应转发给目标主机的数据包发送给攻击者。目标主机在它再次发送数据之前不会收到任何数据。直到目标主机发送数据包时，MAC地址表才能被再次重写使得该主机的MAC地址重新与端口关联上。

图4-2显示了MAC地址欺骗是如何进行的。开始，交换机已经学到了PC1在F0/1端口上，PC2在F0/2端口上，PC3在F0/3端口上。攻击者PC3发送数据包，数据包中包含PC3的IP地址、PC2的MAC地址。这使得交换机修改MAC地址表，将PC2从F0/2端口移到F0/3端口。此时，从PC1来的、目的为PC2的数据流量对PC3就是可见的了。

当目标主机PC2向交换机发送数据流量时，交换机会再次修改MAC地址表，将原来的端口即F0/2端口重新映射给真实主机。这种拉锯战会持续在拥有相同MAC地址的攻击者和真实主机之间展开，因此会给交换机的MAC地址表造成混乱，并使它不断地修改MAC地址的条目。这不仅会造成真实主机拒绝服务，而且也会对交换机的性能造成影响，因为攻击者会发送大量伪造的MAC地址。

MAC地址表溢出和MAC地址欺骗这两种攻击都可以通过在交换机上配置端口安全来消除。端口安全可以让管理员为每个端口指定MAC地址或MAC地址数量的限制。当一个安全端口收到数据包时，会将数据包中源MAC地址与此端口手工配置的或学习的地址列表比较，如果与此端口连接的设备的MAC地址与安全列表中的地址不同，那么端口会永久关闭或关闭一段时间，将从不安全主机来的数据包丢弃。

4.2.3 VLAN跳跃攻击

VLAN跳跃攻击允许数据流量从一个VLAN进入另一个VLAN，而无需事先被路由。发起VLAN跳跃攻击的两种主要方法是交换机欺骗(switch spoofing)和双重标记(double tagging)。

1. 交换机欺骗

交换机的以太网中继链路上默认传送所有VLAN流量。因此，若攻击者诱使一台交换机进入中继模式，则可看到所有VLAN的流量。在某些情况下，可利用这种类型的攻击来提取捕获数据中的密码和其他敏感信息，以便进行后续攻击。

一些Cisco Catalyst交换机端口的中继默认设置为auto模式，这意味着若端口收到动态

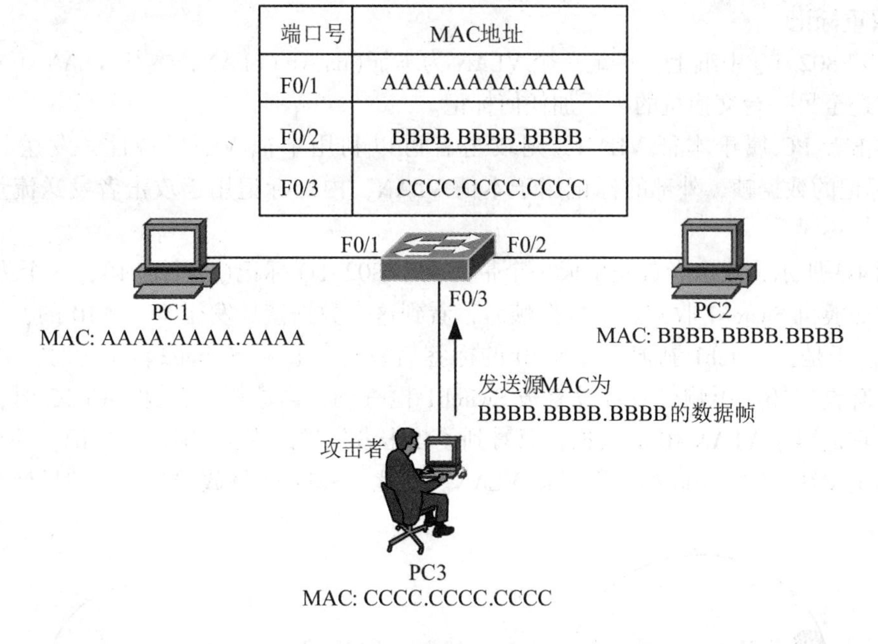

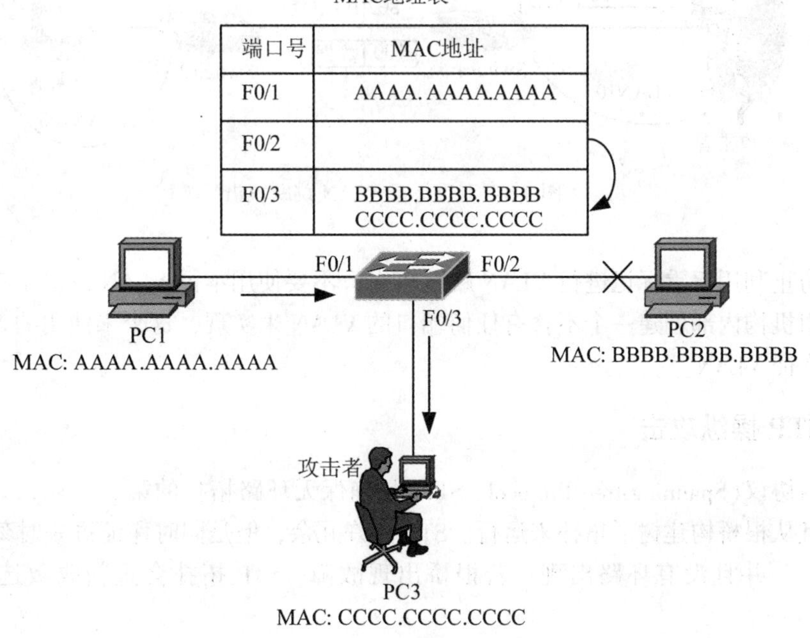

图 4-2　MAC 地址欺骗攻击

中继协议(DTP, Dynamic Trunking Protocol)帧，则该端口会自动成为中继端口。攻击者可以通过发送欺骗的 DTP 帧导致交换机进入中继模式，从此，攻击者可以发送标记为目标 VLAN 的流量，交换机随后就会把该数据帧转发到目的地。攻击者还可以引入一台欺骗的交换机并启用中继配置，然后攻击者就可以从欺骗的交换机访问到所有被攻击交换机上的 VLAN。

防止交换机欺骗的最佳方法是关掉所有端口的中继，除非是特别需要中继的端口。在需要中继的端口，关闭 DTP 协商并且手工启用中继配置。

2. 双重标记

在 IEEE802. 1Q 中继上，指定一个 VLAN 为本征(native)VLAN，本征 VLAN 不对从一台交换机传送至另一台交换机的帧添加任何标记。

若攻击者 PC 属于本征 VLAN，则攻击者可以利用本征 VLAN 特性，发送具有两个 802. 1Q 标记的数据帧，外部的标记用于本征 VLAN，内部标记用于攻击者发送流量的目标 VLAN。

如图 4-3 所示，攻击者首先生成一个带有两个 802. 1Q 标记(一个为 10，一个为 100)的数据帧，交换机 Switch1 收到这个数据帧后，看到这个数据帧是发往 VLAN 10 的，而且是本征 VLAN。于是，Switch1 剥掉 VLAN 10 的标签后发送数据到 Switch2。在这时，VLAN 100 的标记没有收到任何影响，并且没有被 Switch1 检查到。当数据帧到达 Switch2 时，该交换机不知道它是属于 VLAN 10 的数据，只看到了攻击者发送的内部 802. 1Q 标记，并且识别出该数据帧是发往 VLAN 100 的，即目标 VLAN。因此，Switch2 将数据帧发送到目标 VLAN。

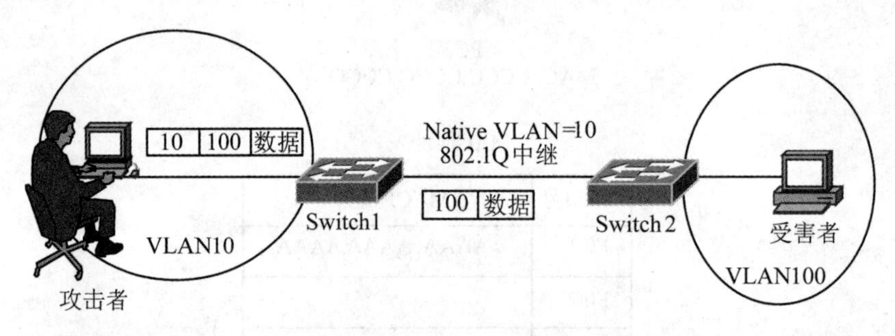

图 4-3　双重标记 VLAN 跳跃攻击

为了防止利用双重标记进行 VLAN 跳跃攻击，不要使用本征 VLAN 发送用户流量，这可通过在组织机构内部创建一个不含有任何端口的 VLAN 来实现，这个未使用的 VLAN 纯粹是为了用于本征 VLAN。

4. 2. 4　STP 操纵攻击

生成树协议(Spanning-tree Protocol，STP)是确保无环路拓扑的第二层协议。STP 通过选择根桥并且从根桥构建树形拓扑来运行。STP 允许冗余，但是同时保证每一时刻只有一条链路是运行的，并且没有环路出现。若根桥出现故障，STP 拓扑会重新收敛选出一个新的根桥。

要导致 STP 操纵攻击，攻击主机会广播 STP 配置和拓扑变更 BPDU(Bridge Protocol Data Unit，网桥协议数据单元)来强制生成树计算。攻击主机发送的 BPDU 通告较低的网桥优先级，试图被选为根网桥。如果成功，攻击主机即成为根桥，从而可以看到本来不能访问到的其他数据帧。

通过攻击 STP，攻击者希望将自己的系统假冒为拓扑中的根桥，这需要攻击者连接两台不同的交换机。如图 4-4 和图 4-5 所示。

从图中可以看到，攻击者分别与两台不同的交换机建立了两条链路。通过发送假冒的 BPDU，导致交换机重新计算生成树。当攻击系统变为根桥后，两台交换机之间的流量要流向攻击者的个人电脑，这就给攻击者提供了无数种选择，最明显的是嗅探流量、充当中间人或在网络上为拒绝服务(DoS)攻击创造条件。

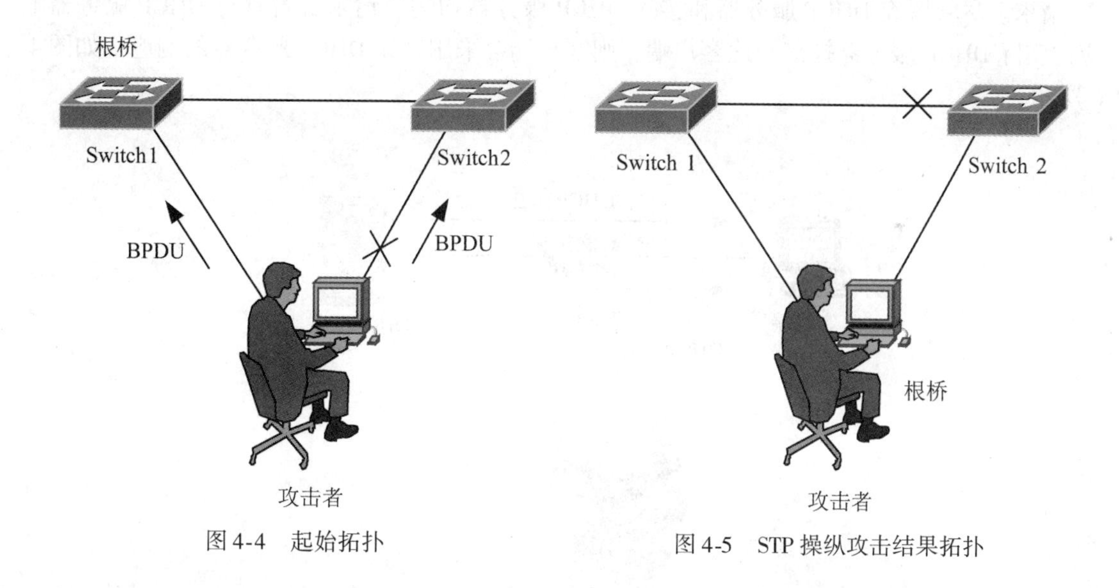

图4-4　起始拓扑

图4-5　STP操纵攻击结果拓扑

消除STP操纵攻击的技术包括启用Port Fast以及BPDU防护和根防护。

4.2.5　LAN风暴攻击

第二层设备同样有受到LAN风暴攻击的隐患。当恶意的数据包在本地局域网内泛洪，产生超过网络承载能力的多余流量并影响了网络性能，就发生了一次局域网风暴。网络风暴产生的原因很多，比如网络协议栈的错误应用、设备的不当配置等，都可以引发网络风暴。

而风暴控制特性则可以让交换机物理端口的广播、组播和单播流量无法对正常的网络流量形成干扰。

风暴控制特性(也称流量抑制特性)会不断地监控端口的入站流量并进行计数统计，最高的频率为每秒进行一次监控，然后再把所获得的数据与配置在设备上的风暴抑制级别阈值进行比较。可以根据以下两种方式来衡量相应流量是否需要抑制。

◇ 传输流量占端口可用总带宽的百分比，可以单独对广播、组播和单播流量进行监控。

◇ 端口接收广播、组播和单播流量的速率，即该端口每秒收到了多少数据包。

不管使用哪种方式，只要监控所得的数值超过了设定的阈值，端口就会被阻塞，所有的后续流量都要被过滤掉。而且只要端口处于阻塞状态，它就会不断地丢弃数据包，直到流量速率降低到设定的阈值之下。之后，端口会恢复到正常状态，流量也重新得以转发。

4.2.6　DHCP攻击

在今天的网络中，大部分客户端使用动态主机配置协议(Dynamic Host Configuration，DHCP)动态获取IP地址信息。为动态获取IP地址信息，客户端发送DHCP请求，DHCP服务器看到该请求后向请求客户端发送DHCP响应(包括IP地址、子网掩码和默认网关等信息)。

DHCP攻击有DHCP服务器欺骗和DHCP地址耗尽两种方法。

1. DHCP 服务器欺骗

攻击者将一个冒充 DHCP 服务器连接到网络中，冒充 DHCP 服务器可响应客户端的 DHCP 请求。尽管冒充 DHCP 服务器和实际 DHCP 服务器均响应请求，若冒充 DHCP 服务器响应比实际 DHCP 服务器提前到达客户端，则客户端会采用冒充 DHCP 服务器的响应，如图 4-6 所示。

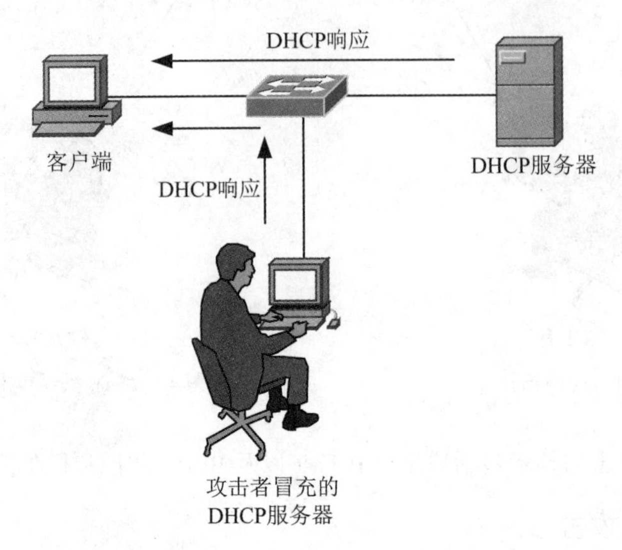

图 4-6　DHCP 服务器欺骗攻击

来自攻击者 DHCP 服务器的 DHCP 响应可能将攻击者的 IP 地址指定为客户端的默认网关或 DNS 服务器。因此，客户端会受到影响，可能会向攻击者的主机发送流量。然后攻击者便可截取流量并将其转发给一个适当的默认网关。从客户端的角度来看，一切都运行正常，因此这种类型的攻击可在很长的时间内不会被检测到。

交换机的 DHCP 侦听(snooping)特性可用于抵御 DHCP 服务器欺骗攻击。在此解决方案中，将交换机的端口设置为可信(trusted)或不可信(untrusted)状态。若端口可信，则可接收 DHCP 响应(如 DHCPOFFER、DHCPACK 或 DHCPNAK)。反之，若端口不可信，则不能接收 DHCP 响应。DHCP snooping 特性过滤非信任 DHCP 消息并建立 DHCP snooping 绑定表，是一个安全特性。绑定表包含 MAC 地址、IP 地址、租期、绑定类型，VLAN 号与交换机非信任本地端口相关的端口信息。

2. DHCP 地址耗尽

如图 4-7 所示，DHCP 地址攻击通过用假冒的 MAC 地址广播 DHCP 请求来实现，用 gobbler 这样的工具很容易完成。在一段时间内，如果发送了足够多的请求，那么攻击者就可以耗尽 DHCP 服务器所提供的地址空间。这是一种简单的资源耗尽型攻击，类似于 SYN 泛洪攻击。

DHCP 地址耗尽攻击更像是对 DHCP 服务器的 DoS 攻击，为缓解这种攻击，可运用前面提到的 DHCP 侦听特性来限制每个接口每秒钟允许的 DHCP 消息数目，从而防止欺骗 DHCP 请求泛洪。

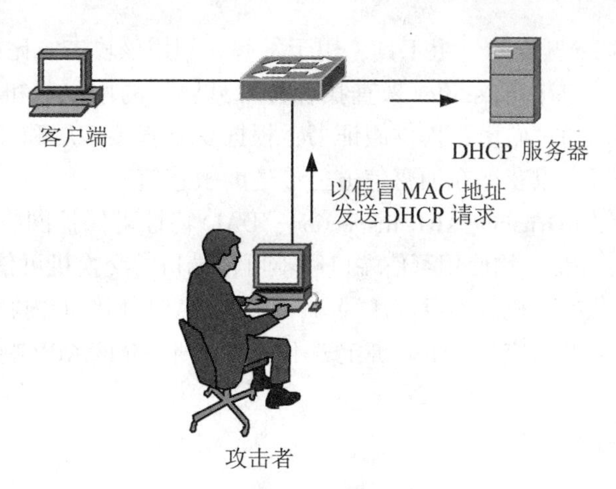

图 4-7　DHCP 地址耗尽攻击

4.2.7　ARP 攻击

地址解析协议(Address Resolution Protocol，ARP)用来在一个局域网段上将 IP 地址映射为 MAC 地址。通常主机发送 ARP 广播来请求某个 IP 地址的 MAC 地址，地址匹配的主机将会发送 ARP 响应，然后发送请求的主机会缓存这一响应。

ARP 主动提供 ARP 响应。一个主动提供的 ARP 响应称为无故 ARP(Gratuitous ARP，GARP)。GARP 可以被攻击者利用从而在 LAN 网段上假冒一个 IP 地址。这通常用于中间人攻击中的两台主机之间或默认网关之间的地址欺骗。

如图 4-8 所示即为一个 ARP 攻击的实例。在图 4-8 中，PC1 配置默认网关为 192. 168. 1. 1。然而，攻击者向 PC1 发送 GARP 消息，告诉 PC1 与 192. 168. 1. 1 对应的 MAC 地址是攻击者的 MAC 地址 CCCC. CCCC. CCCC。同样，攻击者给默认网关发送 GARP 消息，声称与 PC1 的 IP 地址 192. 168. 1. 2 对应的 MAC 地址 CCCC. CCCC. CCCC。这就导致 PC1 和路由器通过攻击者的主机交换流量。因此，这种 ARP 欺骗攻击类型被视为中间人攻击。

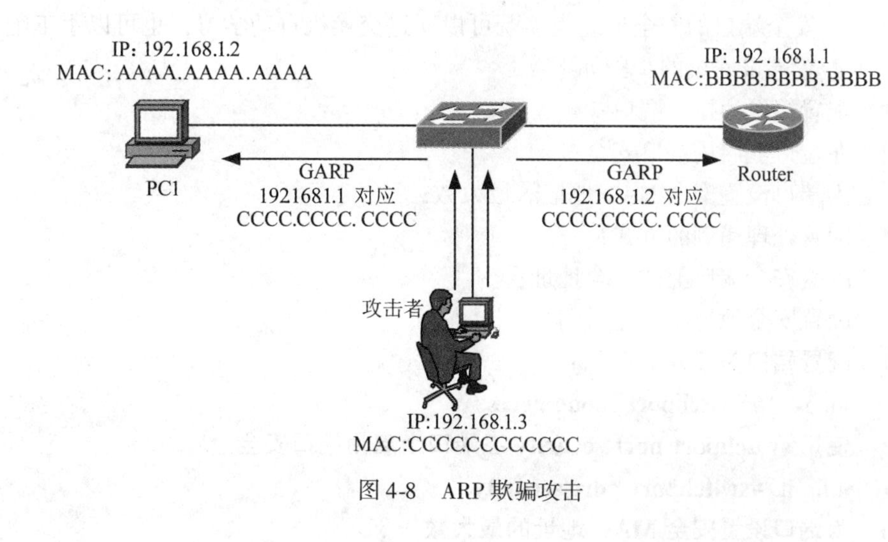

图 4-8　ARP 欺骗攻击

dsniff 是由 Dug Song 开发的一组工具，用于发起并利用该攻击。比如，在发起 ARP 欺骗攻击后，dsniff 会有一个专门的 sniffer 来查找各种常见协议的用户名和密码并将其输出到一个文件中。它甚至可以通过向用户提供假证书，根据安全套接字层和 SSH 进行中间人攻击。利用这种攻击，攻击者可以获得在加密信道上传送的敏感信息。

使用动态 ARP 审查(Dynamic ARP Inspection，DAI)特性可保护网络免受 ARP 欺骗攻击。DAI 与 DHCP snooping 相似，均使用可信端口和不可信端口。交换机可信端口允许 ARP 响应。但是，若 ARP 响应进入交换机的不可信任端口，则可将 ARP 相应的内容与 DHCP 绑定表比较以验证其准确性。若 ARP 响应与 DHCP 绑定表不一致，则丢弃该 ARP 响应且禁用该端口。

4.3 配置第二层安全

在明白了第二层设备的安全隐患后，就要执行相应的安全技术来预防利用这些隐患的攻击。比如对于 MAC 地址表溢出和 MAC 地址欺骗的防护，可以启用端口安全；为了防止 VLAN 跳跃攻击，可以启用 VLAN 中继安全；对于 STP 操纵攻击，可以启用 BPDU 防护和根防护；对于 LAN 风暴攻击的防护，可以启用风暴控制；为了抵御 DHCP 攻击和 ARP 攻击，可以启用 DHCP 侦听和动态 ARP 检测。另外，作为对缓解攻击技术的补充，配置交换端口分析器来对通过端口或 VLAN 的网络流量进行分析。

4.3.1 配置端口安全

端口安全允许管理员来静态地指定 MAC 地址到交换机对应的端口上，或者允许交换机动态地学习有限的 MAC 地址数量。

当一个端口被配置成为一个安全端口(启用了端口安全特性)后，交换机将检查从此端口接收到的数据帧的源 MAC 地址，并检查在此端口配置的最大安全地址数。如果安全地址数没有超过配置的最大值，交换机会检查安全地址表，若此帧的源 MAC 地址没有被包含在安全地址表中，则交换机将自动学习此 MAC 地址，并将它加入到安全地址表中，标记为安全地址，进行后续转发；若此帧的源 MAC 地址已经存在于安全地址表中，则交换机将直接对帧进行转发。安全端口的安全地址表项既可以通过交换机自动学习，也可以手工配置。

在端口上配置端口安全的步骤如下：

步骤 1　配置端口为接入端口；

步骤 2　在端口上启用端口安全；

步骤 3　为端口设置安全 MAC 地址的最大数；

步骤 4　配置处理违例的方式；

步骤 5　配置安全端口上的安全地址；

步骤 6　配置安全地址的老化时间。

步骤 1　配置端口为接入端口

Switch(config-if)#**Switchport mode access**

步骤 2　使用 switchport port-security 在端口上启用端口安全

Switch(config-if)#**switchport port-security**

步骤 3　为端口设置安全 MAC 地址的最大数

Switch(config-if)#**switchport port-security maximum** *value*

value 的取值范围为 1～132，默认值是 1。

步骤 4　配置处理违例的方式

Switch(config-if)#**switchport port-security violation** {**protect** | **restrict** | **shutdown**}

配置完端口安全以后，当违例产生时，可以设置针对违例的处理方式为：protect、restrict 和 shutdown。各参数的具体含义如下：

◇ protect：当安全 MAC 地址数超过端口上配置的最大安全 MAC 地址数时，未知源 MAC 地址的包将被丢弃，直到 MAC 地址表中的安全 MAC 地址数降到所配置的最大安全 MAC 地址数以内，或者增加最大安全 MAC 地址数。这种行为没有安全违例行为发生通知。

◇ restrict：与前面的保护模式差不多，也是在安全 MAC 地址数达到端口上配置的最大安全 MAC 地址数时，未知源 MAC 地址的包将被丢弃，直到 MAC 地址表中的安全 MAC 地址数降到所配置的最大安全 MAC 地址数以内，或者增加最大安全 MAC 地址数。但这种行为模式会有一个 SNMP Trap 报文发送。

◇ shutdown：当违例产生时，端口立即呈现错误(error-disabled)状态，交换机将丢弃接收到的帧(MAC 地址不在安全地址表中)，同时也会发送一个 SNMP Trap 报文，而且关闭端口(端口指示灯熄灭)。

当端口由于违例操作而进入"error-disabled"状态后，端口将被关闭，并丢弃所有报文，需要在全局模式下使用命令 **errdisable recovery cause security-violation** 手工将其恢复为 UP 状态，或者使用 **errdisable recovery interval** *time* 命令设置超时时间间隔，此时间间隔过后，端口将自动被启用。

步骤 5　配置安全端口上的安全地址

Switch(config-if)#**switchport port-security mac-address** {*mac-address* | **sticky**}

端口安全支持以下三种安全 MAC 地址之一：

◇ 静态安全 MAC 地址：管理员在接口模式下运行 switchport port-security mac-address *mac-address* 命令静态配置在特定端口上的 MAC 地址。静态安全 MAC 地址被添加到交换机的运行配置和 MAC 地址表中。

◇ 黏性安全 MAC 地址：管理员在接口模式下运行 switchport port-security mac-address sticky 命令时，交换机动态学习到的 MAC 地址。类似于静态安全 MAC 地址，黏性安全 MAC 地址被添加到交换机的运行配置和 MAC 地址表中。

◇ 动态安全 MAC 地址：交换机动态学习到的 MAC 地址。动态安全 MAC 地址只存储在 MAC 地址表中，没有在交换机的运行配置中存储。

在默认情况下，手工配置的安全地址将永久存在于安全地址表中。通常，当预先知道接入设备的 MAC 地址的情况下，我们可以手工配置安全地址，以防非法或未授权的设备接入到网络中。

步骤 6　配置安全地址的老化时间

在默认情况下，交换机安全端口自动学习到的和手工配置的安全地址都不会老化，即永久存在，使用如下命令可以配置安全地址的老化时间：

Switch(config-if)#**switchport port-security aging** {**static** | **time** *aging-time*}

在该命令中，加上关键字 static，表示老化时间将同时应用于手工配置的安全地址和自动学习的地址，否则只应用于自动学习的地址；参数 aging-time 表示端口上安全地址的老化时间，范围是 0～1440，单位是分钟。

在默认情况下，交换机端口上不启用端口安全。运用 switchport port-security 接口配置模式命令启用端口安全后，端口上安全 MAC 地址的最大数目默认为 1，违例模式默认为 shutdown。

示例 4-1 是一个在交换机上配置端口安全的例子。在该示例中，设置安全地址数目为 4，发生违例时，采取 protect 行为。运用 switchport port-security mac-address fcfb. fba0. 3079 命令设置 fcfb. fba0. 3079 为静态安全 MAC 地址，运用 switchport port-security mac-address sticky 命令可以使学习到的 MAC 地址动态进入交换机运行配置。最后，设置安全地址的老化时间为 3 分钟。

示例 4-1　　　　　　　　　　　**交换机端口安全配置**

```
Switch(config)#interface fastEthernet 0/1
Switch(config-if)#shutdown
Switch(config-if)#switchport mode access
Switch(config-if)#switchport port-security
Switch(config-if)#switchport port-security maximum 4
Switch(config-if)#switchport port-security violation protect
Switch(config-if)#switchport port-security mac-address fcfb. fba0. 3079
Switch(config-if)#switchport port-security mac-address sticky
Switch(config-if)#switchport port-security aging static
Switch(config-if)#switchport port-security aging time 3
Switch#(config-if)#no shutown
```

当端口安全启用时，管理员可以使用 **show port-security** 命令来查看交换机的端口安全设置，包括最大安全地址数，当前安全地址数以及违例处理方式等。使用 **show port-security interface** [*interface-id*] 命令来查看指定端口的端口安全设置，包括这个端口允许的最大安全 MAC 地址数量、端口上的安全 MAC 地址数量、已经发生的违例数量以及违例模式。使用 **show port-security** [**interface** *interface-id*] **address** 命令查看交换机所有端口或某一指定端口的所有安全 MAC 地址，同时，可以看到每个地址的老化信息。

4. 3. 2　配置 VLAN 中继安全

缓解 VLAN 跳跃攻击的最好方法是确保中继行为只在需要中继的端口启用。此外，要确保 DTP 协商是禁用的，而使用手工启动中继。

为了防止使用双重 802. 1Q 封装 VLAN 跳跃攻击，交换机必须能深入到数据帧中查看，来判断是否有多于一个的 VLAN 标签附加在里面。不幸的是，大多数交换机为了优化硬件，只查找一个标签然后就交换该数据帧。这种性能和安全对比的问题需要管理员去缜密地平衡他们的需求。

缓解使用双重 802. 1Q 封装 VLAN 跳跃攻击需要对 VLAN 配置进行一系列修改。非常重要的一点就是对于所有中继端口使用指定的本征 VLAN。当按照如下建议的操作，即在交换机上任何地方都不使用中继端口上的本征 VLAN，则这个攻击很容易被抑制。此外，关闭所有不用的交换机端口并且把它们放在不使用的 VLAN 里。设置所有用户端口为非干道模式，

并在这些端口上明确关闭 DTP。

为了对于端口的中继进行控制，有很多选项可以应用。示例 4-2 显示了建立中继安全的三个步骤。

示例 4-2 **建立 VLAN 中继安全**

```
Switch(config-if)#switchport mode trunk
Switch(config-if)#switchport nonegotiate
Switch(config-if)#switchport trunk native vlan 400
```

4.3.3 配置 BPDU 防护、BPDU 过滤和根防护

为了缓解 STP 操纵攻击，可以启用 Port Fast、BPDU 防护、BPDU 过滤和根防护等 STP 增强命令。这些特性强制了网络中根网桥的位置以及 STP 域的边界。

1. Port Fast

生成树 Port Fast 特性会导致一个配置为第二层接入端口的接口立即从阻塞转为转发状态，而跳过侦听和学习的阶段。Port Fast 可以用在连接单个工作站或服务器的第二层接入端口上，允许他们能立即连接到网络，而不用去等待 STP 收敛。

因为 Port Fast 的目的是使接入端口必须等待 STP 收敛的时间最小化，所以它只能用在接入端口。如果启用了 Port Fast 特性的端口连接了其他的交换机，那么这里会存在生成树环路的风险。

Port Fast 特性可以在交换机上全局启用，也可以在每个端口上分别启用。

对所有的非中继端口进行 Port Fast 配置的全局命令如下：

Switch(config)#**spanning-tree portfast default**

在端口上配置 Port Fast 的命令格式如下：

Switch(config-if)#**spanning-tree portfast**

可以使用 **show running-config interface** *interface-id* 命令检验在接口上配置的 Port Fast 特性。

示例 4-3 显示了在端口上进行的 Port Fast 配置及查看。

示例 4-3 **配置及查看端口的 Port Fast 特性**

```
Switch(config)#interface fastEthernet 0/10
Switch(config-if)#switchport mode access
Switch(config-if)#spanning-tree portfast
Switch(config)#end

Switch#show running-config interface fastEthernet 0/10
Building configuration...

Current configuration : 57 bytes
!
```

```
interface FastEthernet0/10
spanning-tree portfast
end
```

2. BPDU 防护

BPDU 是在网桥之间用于生成树协议交换的数据消息，用于检测拓扑中的环路。BPDU 包含管理数据信息和控制数据信息，这些信息能够决定网络中的根桥和端口角色(如根端口、指定端口和阻塞端口)。

STP BPDU 防护特性的设计初衷是通过强制设定 STP 域边界，来使网络拓扑长期保持它的有效性，并以此增强交换网络的可靠性。

BPDU 防护特性允许网络设计者对于活跃的网络拓扑保持可预测性，用来防护交换网络中由于未授权的设备接入网络而造成的问题，这些问题的造成是因为部分未经授权的设备向网络中发送非法的 BPDU，使本来不会收到 BPDU 的端口收到了 BPDU。

如果配置正确，启用了 Port Fast 特性的端口不会收到 BPDU 数据包。如果在启用了 Port Fast 特性的端口上收到了 BPDU 数据包，那就说明网络存在问题，比如，该端口和一个未经授权的设备建立了连接。在这种情况下，BPDU 防护特性会将这个端口切换到 error-disabled 状态。

BPDU 防护特性可以在交换机上全局启用，也可以在每个端口上分别启用。

在全局模式下，输入命令 **spanning-tree portfast bpduguard default** 可以在所有启用了 Port Fast 特性的端口上启用 BPDU 防护功能。

在接口模式下，输入命令 **spanning-tree portfast bpduguard enable** 可以在没有启用 Port Fast 特性的端口上启用 BPDU 防护功能。当这个接口收到了一个 BPDU 数据包，交换机就认为网络出现了问题，于是它会把这个接口切换到 error-disabled 状态。

BPDU 防护特性可以对网络中的错误做出响应。若想让进入 error-disabled 状态的端口重新启用，则必须手工进行配置。

要显示有关生成树状态的信息，使用 **show spanning-tree summary** 命令，如示例 4-4 所示。在这个输出中，可以看到 BPDU 已经启用。

示例 4-4　　**用 show spanning-tree summary 命令查看 BPDU 防护是否启用**

```
Switch #show spanning-tree summary
Root bridge for: none.
Port Fast BPDU Guard is enabled
UplinkFast is disabled
BackboneFast is disabled
```

其他用来检测 BPDU 防护配置的命令是 **show spanning-tree summary totals**。

3. BPDU 过滤

在正常情况下，交换机会向所有启用的端口发送 BPDU 数据包，以便进行生成树的选举与拓扑维护。但是如果交换机的某个端口连接的为终端设备，如 PC、服务器、打印机等，那么这些设备则无须参与 STP 计算，所以也无须接收 BPDU 数据包。BPDU 过滤特性可以禁止 BPDU 数据包的发送和接收。

BPDU 过滤特性可以在交换机上全局启用，也可以逐端口启用。基于它启用的方式不同，功能有所不同，当启用于 Port Fast 端口模式时，交换机将不发送任何 BPDU，并且把接收到的所有 BPDU 都丢弃；而启用于全局模式时，端口在接收到任何 BPDU 时，将丢弃 Port Fast 状态和 BPDU 过滤特性，更改回正常的 STP 操作，BPDU Filter 特性默认关闭。

在全局级别，可以使用 **spanning-tree portfast bpdufilter default** 全局配置命令在启用了 Port Fast 的接口上启用 BPDU 过滤。该命令防止运行在 Port Fast 状态的接口发送或接收 BPDU。在交换机上全局启用 BPDU 过滤，这样连接到这些接口的主机就不会收到 BPDU。如果一个连接到交换机的接口(启用了 Port Fast)接收到了 BPDU，该接口将失去它的 Port Fast 运行状态，而且也会禁止 BPDU 过滤。

在接口级别，可以使用 **spanning-tree bpdufilter enable** 接口配置命令在任意接口上启用 BPDU 过滤，而且无需启用 Port Fast 特性。该命令防止接口发送或接收 BPDU。注意，在接口上启用 BPDU 过滤与在接口上禁用生成树一样，都会导致生成树环路。

PVST+、快速 PVST+和 MSTP 都支持 BPDU 过滤。

4. 根防护

Cisco 交换机根防护特性提供了在网络中强制根桥位置的方法。根防护限制了交换机端口参与根网桥的协商。如果一个启用根防护的端口接收到了发送过来的 BPDU，而且优先级高于当前根网桥，那么该端口会进入到根不一致状态，实际上就等于 STP 的侦听状态，并且不会有数据流从该端口转发。

因为管理员可以手工把交换机的网桥优先级设为 0，根防护看起来没什么作用，但是设置交换机的优先级为 0 不能保证该交换机就会被选为根网桥，也许其他的交换机优先级也可能是 0，而且还有更低的 MAC 地址，因此也有更低的网桥 ID。

根防护是针对端口连接到一个肯定不是根桥的交换机时的最佳部署。

根防护特性确保启用了该特性的端口为指定端口。根网桥上所有端口通常都是指定端口，如果该网桥上一个启用了根防护的端口上收到了优先级更高的 BPDU，那么根防护特性会将该端口设置为根不一致状态(root-inconsistent)。根不一致状态效果上等同于监听状态，该状态下的端口不会转发任何流量。

使用了根防护，如果一个攻击主机发送出欺骗的 BPDU 想成为根网桥，那么交换机接收该 BPDU 的同时，会忽略这个 BPDU 并且迫使端口进入根不一致状态。一旦攻击的 BPDU 停止发送，该端口又会恢复。

BPDU 防护和根防护相似，但是它们的影响不同。BPDU 防护是在端口启用 Port Fast 时，如果收到 BPDU，则随后会关闭端口，这个禁用功能实际上是禁止端口后面的设备参与到 STP 中。如果端口进入到 error-disabled 状态或者配置了 error-disabled 超时，那么管理员必须用手工的方法重新启用这个端口。

根防护允许设备参与到 STP 中，只要它不去尝试为根。如果根防护阻塞端口，则随后的恢复是自动的。如果攻击设备停止发送优先级较高的 BPDU，则恢复就会立即发生。

在端口上配置根防护的命令如下：

Switch(config-if)#**spanning-tree guard root**

为了检验根防护，使用 **show spanning-tree inconsistentports** 命令。

4.3.4 配置风暴控制

LAN 风暴攻击可以通过使用风暴控制监视预先设定好的抑制级别阈值来消除。当启用风暴控制时，上限值和下限值都可以设定。

风暴控制使用下面的方法之一来评测数据流活动：

◇ 端口总的可用宽带的百分之多少可以用做广播、组播和单播。

◇ 每秒接收广播、组播和单播数据包的包流量速率。

◇ 每秒接收广播、组播和单播数据包的比特流量速率。

◇ 对于小数据帧的每秒数据包流量速率。这个特性是全局启用的。对于小数据帧的阈值的配置在每个接口上。

使用任何一种方法，当到达预先设定好的上限值时，端口会阻塞数据流。端口保持在阻塞状态，直到流量速率降至比定义好的下限值低时，才会恢复到正常转发状态。如果下限值没有指定，则交换机阻塞所有数据流，直到流量速率降至比上限值低。阈值(或者抑制级别)是采取行动前允许的数据包数量。一般的，较高的抑制级别，会缺少对广播风暴的有效保护。

使用端口配置命令 **storm-control** 在接口上启用风暴控制，并且要设定数据流的每种类型的阈值。风暴控制抑制级别可以通过端口总宽带的百分比来配置，像接收数据流的每秒包速率，或者接受数据流的每秒比特速率。

当使用总宽带的百分比(到小数点后两位)定义数据流的抑制级别时，这个级别可以从 0.00 到 100.00。阈值如果为 100% 意味着对数据流的规定类型(广播、组播或单播)不作任何限制。而阈值为 0.0 意味着这个端口的所有类型的流量都被阻塞。

由于硬件的限制以及计数的数据包大小不同，所以阈值百分比是一个估算值。根据进入流量的数据包大小不同，实际执行的阈值可能和配置好的一些百分点级别不同。

配置风暴控制的命令格式如下：

Switch(config-if)#**Storm-control**{{{**broadcast** | **multicast** | **unicast**} **level** {*level* [*level-low*] | **bps** *bps* [*bps-low*] | **pps** *pps* [*pps-low*]}} | {**action** {**shutdown** | **trap**}}

在该配置命令中，**Trap** 和 **shutdown** 选项是彼此独立的。

如果配置了 **trap** 动作，则交换机在发生风暴时，将会发送 SNMP 日志消息。

如果配置了 **shutdown** 动作，则在发生风暴期间，端口进入 error-disabled 状态，并且必须要使用接口配置命令 **no shutdown** 动作才能脱离这个状态。

当风暴发生并且采取的行动是过滤流量时，端口保持在阻塞状态，如果下限抑制级别没有指定，则交换机阻塞所有数据流，直到流量速率降至比上限抑制级别低。如果指定了下限抑制级别，那么直到流量速率降至这个级别低时，交换机会停止阻塞数据流。

使用 **show strom-control** [**interface**] 命令来检验风暴控制设置。这个命令显示所有接口上或指定接口上的指定流量类型的风暴控制抑制级别。如果没有指定流量类型，则默认的是广播流量。

示例 4-5 是一个广播风暴控制的例子，在该示例中，在端口 F0/7 下把广播风暴级别限制在 70.5%，当广播流量超过这个级别时，该端口关闭。

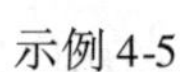
示例 4-5　　在交换机上配置风暴控制

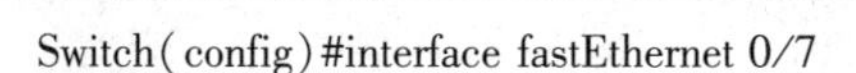

```
Switch(config)#interface fastEthernet 0/7
Switch(config-if)#storm-control broadcast level 70.5
Switch(config-if)#storm-control action shutdown
Switch(config-if)#exit
```

4.3.5 配置 DHCP snooping 和 DAI

DHCP snooping 就像位于不可信的主机和 DHCP 服务器之间的防火墙。它使得管理员可以区分连接最终用户的不可信端口和连接 DHCP 服务器或其他交换机的可信端口。信任端口可以响应 DHCP 请求；而非信任端口则不允许进行响应。交换机会跟踪非信任端口的 DHCP 绑定，并将 DHCP 消息限制在一定的速度内。

配置 DHCP snooping 的步骤如下：

1. 全局启动 DHCP snooping

Switch(config)#**ip dhcp snooping**

2. 针对特定的 VLAN 启用 DHCP snooping

Switch(config)#**ip dhcp snooping vlan** *vlan_ id* {, *vlan_ id*}

3. 配置信任或非信任端口

Switch(config-if)#**ip dhcp snooping trust**

4. 配置接口每秒可接收的 DHCP 数据包的数量

Switch(config)# **ip dhcp snooping limit rate** *rate*

rate 参数的范围为 1 ~4 294 967 294，默认速率没有限制。

5. 查看交换机 DHCP snooping 配置

Switch#**show ip dhcp snooping**

示例4-6 是一个配置 DHCP snooping 的例子，在该示例中，DHCP snooping 功能在全局启用，并且被应用在了 VLAN 10 上。DHCP 服务器与接口 F0/6 相连，该接口被配置成为信任接口，并且端口上 DHCP 消息数目限制为每秒 100 个。限速的作用是确保 DHCP 泛洪不会淹没 DHCP 服务器。

示例 4-6　　**配置 DHCP snooping**

```
Switch(config)#ip dhcp snooping
Switch(config)#ip dhcp snooping vlan 10
Switch(config)#ip dhcp snooping information option
Switch(config)#interface fastEthernet 0/6
Switch(config-if)#ip dhcp snooping trust
Switch(config-if)#ip dhcp limit rate 100
Switch(config-if)#exit
```

DHCP 侦听特性动态建立 DHCP 绑定表，该表包含与特定 IP 地址关联的 MAC 地址。此外，该特性支持适合网络设备的静态 MAC 地址到 IP 地址的映射。动态 ARP 审查(DAI)特性使用该 DHCP 绑定表协助预防 ARP 欺骗攻击。

DAI 与 DHCP 侦听相似，均使用可信任和不可信任端口。交换机可信任端口允许 ARP 回复，但是，若 ARP 回复进入交换机的不可信端口，可将 ARP 回复的内容与 DHCP 绑定表比较以验证其准确性。若 APR 回复与 DHCP 绑定表不一致，则丢弃该 ARP 回复且将禁用该端口。

配置 DAI 的第一步是在一个或多个 VLAN 中启用 DAI，配置命令如下：

Switch(config)#**ip arp inspection vlan** *vlan_ id* {, *vlan_ id*}

默认情况下，DAI 特性视所有交换机端口均不可信。因此，必须明确配置可信端口，这些可信端口是期望收到 ARP 应答的端口。配置可信 DAI 端口的命令如下。

Switch(config-if)# **ip arp inspection trust**

示例 4-7 显示了如何将一个接口配置成信任接口，以及如何为 VLAN 10 和 VLAN 20 这两个 VLAN 来启用 DAI 特性。

示例 4-7　　**配置 DHCP 环境中的 DAI**

```
Switch(config)#interface fastEthernet 0/6
Switch(config-if)#iparp inspection trust
Switch(config-if)#exit
Switch(config)#iparp inspection vlan 10 , 20
```

4.3.6 配置交换端口分析器

作为对缓解攻击技术的补充，要尽可能地配置第二层设备来支持流量分析。通过端口或 VLAN 的网络流量可以使用交换端口分析器(Switched Port Analyzer，SPAN)进行分析。SPAN 可以发送一个端口流量的拷贝到相同交换机上的另外一个连接有网络分析设备的端口。SPAN 复制源端口(或源 VLAN)上所有接收和发送的流量到目的端口进行分析。SPAN 不会影响在源端口(也叫被监控端口)或源 VLAN 上的网络流量交换。目的端口(也叫监控端口)是专门为 SPAN 使用的，用于接收源端口的拷贝流量。除了 SPAN 会话需要的流量，目的端口不接收和转发数据流。

配置一个 SPAN 会话的步骤如下：

1. 指定源端口

Switch(config)# **monitor session** *session-number* **source interface** *interface-id* [, | -] {**both** | **rx** | **tx**}

被监控的流量类型分为三类：源端口的接收流量(rx)，源端口的发送流量(tx)，源端口的接收和发送流量(both)。Cisco 交换机最多支持两组 SPAN 会话，因此 *session-number* 的取值范围为 1 ~ 2。

2. 指定目的端口

Switch(config)#**monitor session** *session-number* **destination interface** *interface-id*

示例 4-8 显示了一个 SPAN 会话的配置，在该示例中，目标端口 F0/4 对进入源端口 F0/1 ~ F0/3 的流量进行捕获。

示例 4-8 **配置 SPAN 会话**

```
Switch(config)#monitor session 1 source interface fastethernet 0/1 - 3 rx
Switch(config)# monitor session 1 source destination fastethernet 0/4
```

示例 4-9 显示的是对 VLAN10 和 VLAN20 发送的流量进行分析。

示例 4-9 **配置 SPAN 会话**

```
Switch(config)#monitor session 1 source vlan 10 tx
Switch(config)#monitor session 1 source vlan 20 tx
Switch(config)# monitor session 1 destination fastethernet 0/4
```

为了检验 SPAN 的配置，使用 **show monitor session** *session-number* 命令。

要想删除 SPAN 会话，可使用 **no monitor session** *session-number* 全局配置命令。

入侵检测系统(Intrusion Detection Systems，IDS)具有检测对网络资源的误用、滥用和非授权访问的能力。当 IDS 传感器检测到入侵者，传感器可以发送 TCP 复位(reset)来断掉网络内入侵者的连接，从而清除网络中的入侵者。当在网络中添加 IDS 时，通常要部署 SPAN。IDS 设备需要读取一个或更多 VLAN 内的所有数据包，而 SPAN 可以用来捕获数据包给 IDS 设备。

4.4 本章小结

本章讨论了针对 OSI 参考模型第二层的攻击。首先介绍了几种常见的第二层攻击方法及原理，包括 MAC 地址表溢出攻击、MAC 地址欺骗攻击、VLAN 跳跃攻击、STP 操作攻击、LAN 风暴攻击、DHCP 攻击和 ARP 攻击，并提出了相应的缓解这些攻击的策略，最后介绍了在交换机上配置这些策略的方法和步骤。

4.5 习题

1. 选择题

(1)1999 年 5 月发布的 macof 工具用于哪种类型的二层攻击？

A. MAC 地址表溢出

B. MAC 地址欺骗

C. DHCP 地址耗尽

D. VLAN 跳跃

(2)可以通过以下哪种方法减少 MAC 地址表溢出攻击？

A. 启动端口安全

B. 启动 ARP 代理

C. 关闭 STP

D. 关闭端口安全

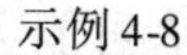

(3)为了让主机相信攻击者的 MAC 地址是主机的下一跳的 MAC 地址，攻击者可能会给主机发送什么类型的消息？

A. GARP

B. DAI

C. BPDU

D. DHCPACK

(4)若交换机端口接收到一个 BPDU，则下列哪种生成树协议保护机制会禁用该端口？

A. 根防护

B. BPDU 防护

C. PortFast

D. BPDU 过滤

(5)下列哪种交换机特性可以帮助抵御 DHCP 服务器欺骗攻击？

A. DAI

B. GARP

C. DHCP 侦听

D. VLAN 访问控制列表

(6)攻击者可以利用 GARP 做什么？

A. 在 LAN 网段上假冒生成树 BPDU 标志

B. 在 LAN 网段上假冒 SNMP 对象标志

C. 在 LAN 网段上假冒 IP 地址

D. 在 LAN 网段上假冒 MAC 地址

(7)以下哪项不是交换机端口对端口安全发生违规的可能响应？

A. 保护

B. 隔离

C. 限制

D. 关闭

2. 问答题

(1)局域网交换机面临的主要攻击有哪些？

(2)简述交换机端口安全的功能。

(3)什么安全技术可以用来缓解 STP 操纵攻击？

(4)简述 SPAN 技术的功能及原理。

第5章 AAA 安全技术

AAA 是一个综合的安全架构，和其他一些安全技术配合使用，可以提升网络和设备的安全性。AAA 也是一种管理框架，它提供了授权部分实体去访问特定的资源，同时可以记录这些实体的操作行为，具有良好的可扩展性，容易实现用户信息的集中管理，目前被广泛使用。RADIUS 和 TACACS+是 AAA 架构中常被使用的两种认证协议。本章介绍了 AAA 架构及 RADIUS 和 TACACS+安全协议原理，阐述了 Cisco Secure ACS 软件的功能及安装配置，并详细讨论了配置 AAA 的方法步骤。

学习完本章，要达到如下目标：

◇ 理解 AAA 的架构及组件；

◇ 理解 RADIUS 协议的认证和授权通信过程；

◇ 理解 TACACS+协议的认证和授权通信过程；

◇ 理解 Cisco Secure ACS 软件的功能；

◇ 能够配置 AAA 以实现网络安全。

5.1 AAA 架构

网络访问控制是网络安全中最为重要的衡量标准之一，但往往也是最容易被忽视的。AAA 安全服务可以同时对能够访问网络设备的用户，及这个用户能够访问的服务进行控制。它能够将访问控制配置在网络设备(包括路由器、交换机、防火墙等)上，并通过这种方式实现网络安全的基本架构。

5.1.1 AAA 的安全服务

AAA 是网络安全的一种管理机制，提供了认证(Authentication)、授权(Authorization)和统计(Accounting)三种安全功能。

1. 认证

认证功能可以通过用户当前的有效数字证书来识别哪些用户是合法用户，从而让这些合法用户可以访问网络资源，数字证书可以是用户名和密码。另外，认证还能够提供复核与应答、消息支持和加密等服务，这依赖于认证所使用的安全协议。总而言之，认证能够在用户获得网络及网络资源的访问权限之前，对用户进行身份识别。

2. 授权

授权功能能够在用户通过认证并获取到网络访问权限之后，进一步执行网络资源的安全策略。授权可以提供额外的优先级控制功能，如更新基于每个用户的 ACL，或分配 IP 地址信息。在用户登录设备以后，授权功能会进一步控制他可以使用的服务。例如，网络管理员用户成功登录到网络设备后，可以根据管理员用户的不同而分配不同的操作权限。

授权的主要工作是核对一系列的授权特性，这些特性可以支配用户的操作行为。它们会被设备用来与数据库中储存的信息进行比对。而数据库可以位于本地路由器上，也可以存储在使用了 RADIUS(Remote Authentication Dial in User Service，远程用户拨号认证系统)或 TACACS+(Terminal Access Controller Access Control System Plus，终端访问控制器访问控制系统加)认证协议的远程安全服务器上。RADIUS 和 TACACS+安全服务器能够通过关联属性-值对(Attribute-value Paris)，将特定服务授权给用户，使这些服务对用户生效。这些属性—值对(AVP)将用户和服务进行了绑定，并提供了访问权限。属性—值对(AVP)会在本章的稍后部分进行详细的介绍。

3. 统计

统计功能可以收集并向安全服务器发送能够用来进行计费、审计和汇报的信息，如为登录用户进行核对的用户信息，用户登录的起始和结束时间，用户使用过的 IOS 命令，流量的相关信息，如传输和接收到的数据包数或字节数等。通过与安全服务器相互收发这些信息，统计功能可以获得资源的使用情况。统计功能还可以跟踪用户正在访问的服务，并监视这些资源的使用情况。

AAA 是一个由以上三个独立安全功能构成的体系结构，这三个功能之间会紧密合作来实施安全策略，并以此来实现安全的访问控制功能。它们之间的依赖关系如下：

◇ 可以在没有使用授权的情况下使用认证功能；

◇ 可以在没有使用统计的情况下使用认证功能；

◇ 不能在没有使用认证的情况下使用授权功能；

◇ 不能在没有使用认证的功能下使用统计功能。

AAA 服务即可以控制网络设备的管理访问，如 Telnet 或 Console 访问(也称为字符模式访问)，也能够管理远程用户的网络访问，如拨号客户端或 VPN 客户端(也称为数据包模式访问)。

5.1.2 AAA 组件的定义

图 5-1 显示了基本的 AAA 网络组件。NAS(Network Access Server，网络接入服务器)是指路由器、交换机、防火墙之类的网络设备，负责把用户的认证、授权和统计信息传递给 AAA 服务器。AAA 服务器则根据用户传递的信息和数据库信息来验证用户，或给用户正确授权和统计。RADIUS 和 TACACS+是用来实现 AAA 安全功能的认证协议。启用了 AAA 功能的网络设备，会使用这些协议与安全服务器建立连接路径。

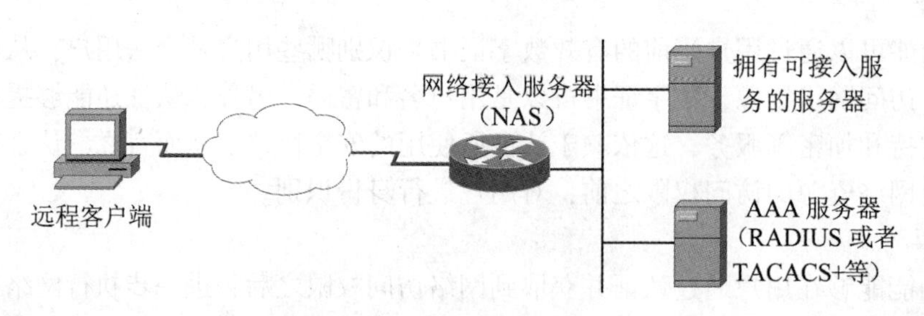

图 5-1 基本的 AAA 网络组件

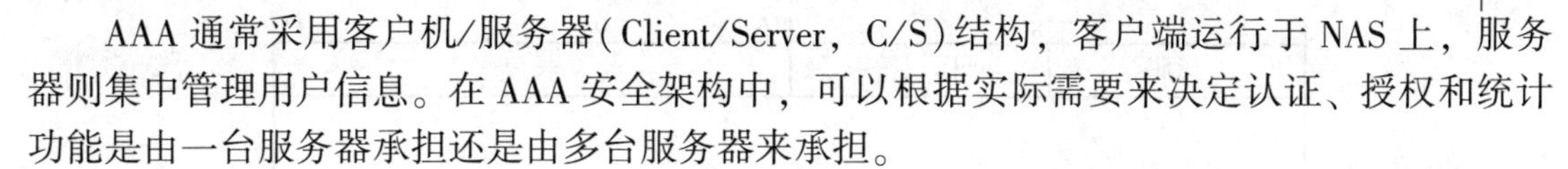

AAA 通常采用客户机/服务器(Client/Server，C/S)结构，客户端运行于 NAS 上，服务器则集中管理用户信息。在 AAA 安全架构中，可以根据实际需要来决定认证、授权和统计功能是由一台服务器承担还是由多台服务器来承担。

AAA 的认证、授权和统计三项功能互相独立，可以分别采用不同的协议。目前最常用的是 RADIUS 和 TACACS+协议。它们都采用 C/S 模式，并且规定了客户端与服务器之间如何传递用户信息；都使用公共密钥对传输的用户信息进行加密；都具有较好的灵活性和可扩展性。而不同的是 RADIUS 无法将认证和授权分离，而 TACACS+则彻底将认证和授权分离，且具有更高的安全性。

AAA 服务也可以用网络设备上的本地数据库来实施，而不通过 AAA 服务器来实现，用户名和密码数字证书保存在路由器的本地数据库中，并使用 AAA 服务对它们进行调用。但用本地数据库实施 AAA 功能不具有扩展性，因此适合为用户人数不多，只有一两台设备的网络环境实现访问控制。要想在最大限度上展现 AAA 的优势，实现网络控制，就需使用 AAA 服务器来实现 AAA 功能。

5.2 认证协议

5.2.1 RADIUS

RADIUS 是一个分布式 C/S 协议，它能够使网络不受非法访问流量的侵扰。RADIUS 协议得到了广泛的认可，诸多厂商的设备都对其提供了支持。RADIUS 拥有良好的客户基础，因而获得了广泛的支持，在这些客户中最重要的是 Internet 服务提供商。

RADIUS 协议标准要实现的核心目标之一，就是使不同厂商支持 RADIUS 的产品之间能够相互支持以及实现更好的灵活性。因此，RADIUS 是一个完全公开的协议，源代码格式是 C 语言，可以毫无限制地为所有厂商和客户所用。这使 RADUIS 可以为了实现与任何市场上能够买到的安全系统相互兼容而被修改。

RADIUS 需要用客户端/服务器模式来实施，客户端可以是任何网络访问服务器(NAS)，如路由器或防火墙，它可以将认证请求发送给中心服务器，而用户访问信息的配置文件就保存在这台服务器中。

很多网络产品都可以配置为 RADIUS 客户端，如路由器、交换机、防火墙、VPN3000 集中器、无线接入点。实施 RADIUS 可以将管理用户的任务集中在某些设备上，而这对于应用是很重要的。ISP 有成千上万的用户，这些用户的信息又会时常发生变更，因此用普通方式管理用户数据库是很艰难的，在这类环境中，将管理用户的任务集中起来是基本的操作需求。

RADIUS 协议认证和审计服务分别记录在了 IETF RFC 2865 与 RFC 2866 中，它们分别取代了原来的 RFC 2138 和 RFC 2139。

1. RADIUS 数据包格式

RADIUS 数据包的头部格式如图 5-2 所示，其中，对各字段的描述如表 5-1 所示。

2. RADIUS 认证过程

RADIUS 用 UDP 作为传输协议来实现客户端和服务器之间的通信，其中用作认证请求和授权请求的端口是 UDP 1812，而用作审计请求的端口则是 UDP1813，在原来的 RADIUS 协议部署中，使用的是 UDP 1645 端口进行认证请求和授权请求，但这与注册的 datametrics 服务所使用的端口相冲突。

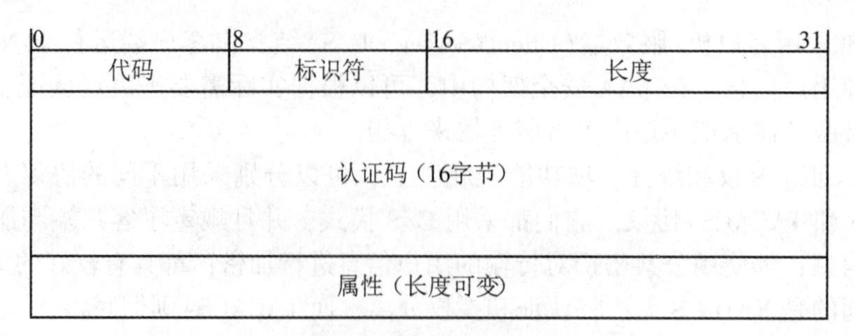

图 5-2　RADIUS 数据包头部结构

表 5-1　　**RADIUS 数据包头部结构描述**

字段	描　述
代码 (Code)	代码代表了 RADIUS 的消息类型，它是一个 1 字节(8 位)值，用来规定 RADIUS 数据包的类型。其中最常见的代码是： 1＝访问-请求(Access-Request) 2＝访问-接受(Access-Accept) 3＝访问-拒绝(Access-Reject) 4＝审计-请求(Accounting-Request) 5＝审计-响应(Accounting-Response) 11＝访问-质询(Access-Challenge)
标志符 (Identifier)	标志符会将请求和回应数据包进行匹配，它是一个 1 字节(8 位)值，标志符是一个消息序列号，它使 RADIUS 客户端用正确的请求信息去匹配 RADIUS 响应；也就是说，回应的值要与请求的值相等
长度(Length)	消息长度是一个 2 字节(16 位)的字段，其中包括数据包头部
认证码 (Authenticator)	认证码是一个 16 字节的字段，它用来认证 RADIUS 服务器返回的回应信息，也用于密码隐藏算法。
属性(Attributes)	属性字段包括一个代表属性—值对(AVP 或 AV pair)集合的任意值，长度不固定

UDP 是无连接的协议，不能保障数据的转发。因此，服务器可用性、重传机制和超时时间等问题都由启用了 RADIUS 协议的设备来提供保障，而不由传输协议来提供保障。

当用户登录设备时，RADIUS 通信就会被触发。在接收到用户进行认证的请求之后，NAS 发送一个访问—请求数据包到 RADIUS 服务器。访问—请求数据包中包括了用户名、加密过的密码、NAS 的 IP 地址和 NAS 的端口号信息。这个数据包中也包含了用户想要发起的会话类型。

当 RADIUS 服务器收到访问—请求数据包时，它会使用访问—接受或访问—拒绝(或访问—质询)数据包进行相应。

RADIUS 服务器会首先核对发送数据包用户发送来的共享密钥。这一步可以确保只有得到了访问授权的用户才能与服务器通信。如果服务器上配置的共享密钥与客户端不一致，或者共享密钥是错误的，那么服务器会自动丢弃请求数据包。而不会发送响应信息。当客户端与数据库之间的通信生效后服务器会继续根据用户数据库中的信息处理访问—请求数包。

如果用户名能够在数据库中找到，密码也是有效的，那么服务器就会向客户端返回一个访问—接受(Access-Accept)数据包，这个数据包中携带了一个 AVP 列表，列表中描述了用来建立这次会话的参数。

如果用户名无法在数据库中找到，或者密码错误，RADIUS 服务器会向客户端发送一个访问—拒绝数据包作为回应。当授权失败的时候，服务器也会发送访问—拒绝数据包。

如果 RADIUS 服务器需要质询用户以获取一个新的密码，它就发送包含对用户质询的访问—质询数据包到 NAS。NAS 将此消息发送给用户，然后将用户名和质询响应以访问—请求数据包转发给 RADIUS 服务器。接着 RADIUS 服务器用访问—接受或访问—拒绝数据包进行响应。

图 5-3 所示为 RADIUS 认证与授权在 RADIUS 服务器与 RADIUS 客户端(NAS 设备)以及连接到 NAS 的用户之间的通信。需要注意的是，在 RADIUS 中，认证和授权信息的访问—请求组合在一个数据包中，而审计使用了单独的数据包。

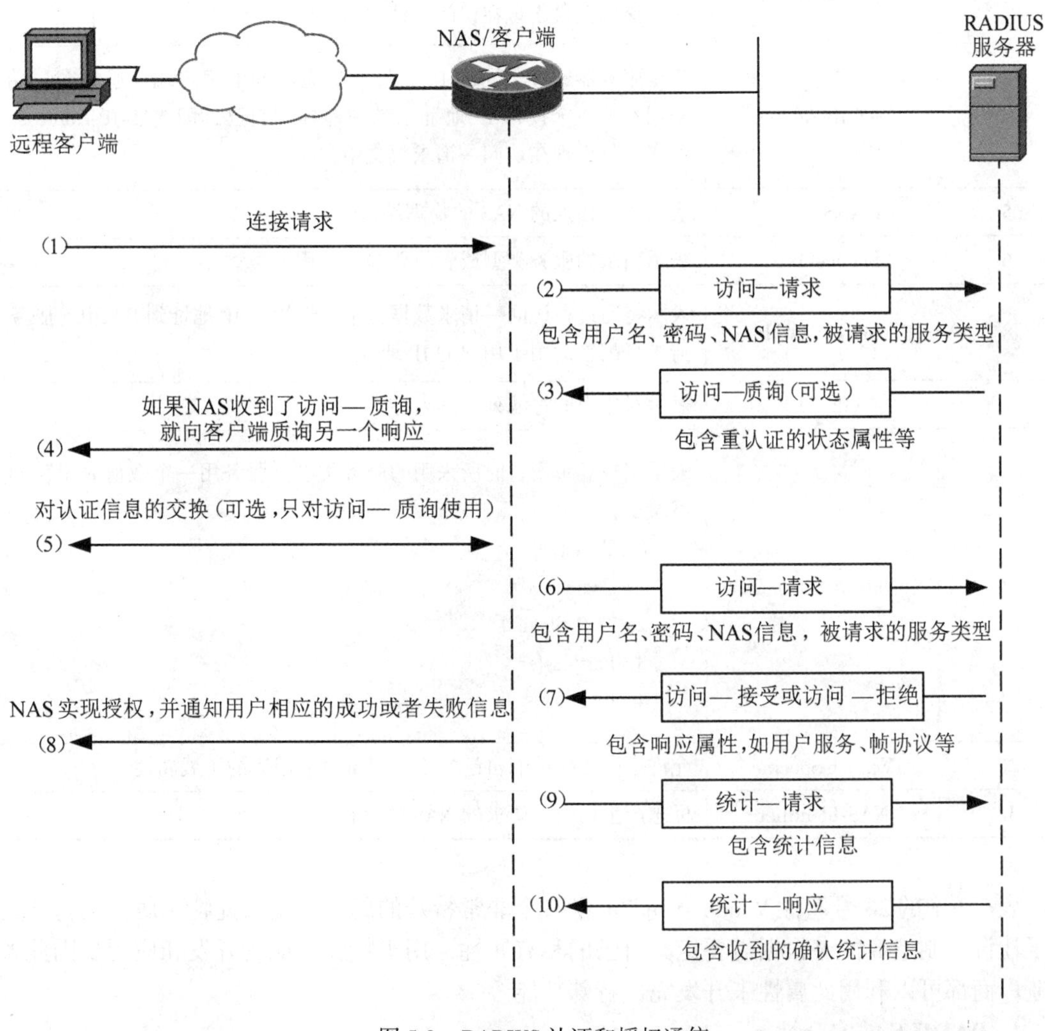

图 5-3 RADIUS 认证和授权通信

3. RADIUS 常见属性

在 RADIUS 报文中，属性字段携带认证、授权和统计信息，提供请求和响应报文的配置细节。属性采用 TLV(Type、Length、Value，类型、长度和值)的三元组形式描述，便于协议扩展应用。为了便于理解和定位故障，理解常见的 RADIUS 属性是非常必要的。表 5-2 对常见的 RADIUS 属性进行了详细的说明。

表 5-2　　　　　　　　　　　　**常见 RADIUS 属性**

属性编号	属性名称	描述
1	User-Name	表示了用户被 RADIUS 服务器认证的名称
2	User-Password	需要进行 PAP 方式认证的用户密码。在采用 PAP 方式认证时，该属性仅出现在访问—请求报文中
3	CHAP-Password	需要进行 CHAP 方式认证的用户密码摘要。在采用 CHAP 方式认证时，该属性仅出现在访问—请求报文中
4	NAS-IP-Address	安全服务器通过不同的 IP 地址来标志不同的客户端，通常客户端采用本地一个接口 IP 地址来唯一地标志自己，即 NAS-IP-Address。该属性仅出现在访问—请求报文中
5	NAS-Port	表示用户接入的 NAS 的物理端口值
6	Service-Type	表示请求的服务类型或者将要提供的服务类型
8	Framed- IP-Address	表示将通过在访问—请求数据包中发送用户 IP 地址到 RADIUS 服务器进行配置的用于用户的 IP 地址
11	Filter-ID	表示对用户的过滤列表的名称
15	Login-Service	表示用户登录设备时所采用的服务类型。服务用一个数值表示，如下所示： 0 = Telnet 1 = rlogin 2 = TCP-Clear 3 = PortMaster 4 = LAT
26	Vendor-Specific	允许厂商支持他们自己的不适用于一般用途的扩展属性
32	NAS-Identifier	标志产生访问—请求的 NAS 的字符串

表 5-2 中的 26 号属性 Vendor-Specific 是一个非常特殊的属性，定义此特殊属性的目的是为了让设备制造商能够根据需要定义自己的私有属性，用于特殊功能的开发和应用，因此各制造厂商都可以利用此属性来开发完成特殊功能。

4. RADIUS 的安全性

在前面我们已经讨论过，RADIUS 客户端可以生成一个访问请求数据包，它包含了用户名、密码、NAS IP 地址和 NAS 端口号等信息。其中的密码部分用共享密钥进行了加密。具

体加密过程如下：

◇ RADIUS 报文中有一个认证码域，该域包含一个 16 字节的随机数。该随机数和预共享密钥被输入到 MD5 散列函数中计算出来的一个 16 字节的散列值：Hash_ A。
◇ 在用户提供的密码末尾加上一个 Null 字符进行填充，使其达到 16 字节的长度。
◇ 将散列值 Hash_ A 与被填充的密码进行异或(XOR)运算，计算得出加密的密文。这样就隐藏了用户密码。

共享密钥在 NAS 和 RADIUS 服务器之间带外传送，它可以标记 RADIUS 数据包，证明这个数据包的来源是可靠的，也可以确保消息的完整性，也就是说它可以确保消息来自于一个有效的客户端，并且消息的内容在传输过程中没有遭到篡改。

但是，RADIUS 数据包缺乏安全性，它的传输并没有得到彻底的保护，只有访问请求数据包中的密码部分用共享密钥进行了加密。而数据包的其他部分都是以明文的方式传递的，这让它很容易遭受各类网络攻击。

5.2.2 TACACS+

TACACS+是 AAA 体系中最常用的安全协议，它可以对打算访问网络设备的用户提供中心化的认证功能。TACACS+提供的 AAA 服务采用了模块化的方式。将三种服务分开是 AAA 安全模型架构的基础。TACACS+使 NAS 能够分别提供每种服务(认证、授权和统计)。

1. TACACS+数据包格式

TACACS+数据包的头部格式如图 5-4 所示，其中，对各字段的描述如表 5-3 所示。

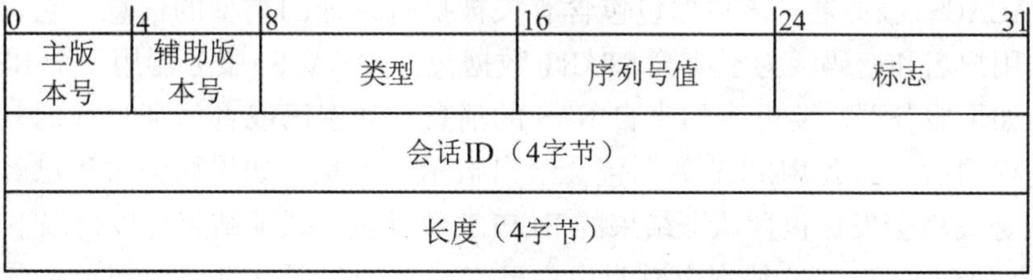

0 主版本号	4 辅助版本号	8 类型	16 序列号值	24 标志 31
会话ID（4字节）				
长度（4字节）				

图 5-4　TACACS+数据包头部结构

表 5-3　　TACACS+数据包头部结构描述

字　段	描　述
主版本号(Major Version)	标志 TACACS+主版本号
辅助版本号(Minor Version)	标志 TACACS+辅助版本号。这个值标志 TACACS+协议在兼容原来版本的基础上经过了几次修正
类型(Type)	定义了这个数据包是认证、授权还是统计数据包。这个字段的数值如下： TAC_ PLUS_ AUTHEN＝0x01(认证) TAC_ PLUS_ AUTHORL＝0x02(授权) TAC_ PLUS_ ACCT＝0x03(统计)

续表

字　段	描　述
序列号值(Sequence Number)	表示当前会话的序列号。会话中第一个 TACACS+的数据包序列号为1，此后，每个后续数据包的序列号都在它前一个数据包序列号的基础上加1。因此，客户端发送的数据包序列号都是奇数，而 TACACS+服务器发送的数据包序列号都是偶数
标志(Flags)	用点阵的方式表示各类标志。标志值可以表示这个数据包是否经过了加密
会话 ID(Session ID)	表示 TACACS+会话的 ID
长度(Length)	表示 TACACS+数据包的总长度(不包括包头)

2. TACACS+认证过程

TACACS+使用 TCP 作为传输协议，客户端和服务器可以通过 TCP 49 端口实现相互的通信。TACACS+利用会话的概念来定义执行认证、授权或者统计的交换数据集。

TACACS+认证是通过在 NAS 和 TACACS+服务器之间交换三种不同类型的数据包进行的。TACACS+认证使用起始(START)、响应(REPLY)和继续(CONTINUE)这三种类型的数据包。

当 NAS 收到需要被认证的一个连接请求时，就开始了认证。这时 NAS 发送一个 START 数据包到 TACACS+服务器。该数据包包含有关被执行认证的类型的信息。它也可能包含其他信息，如用户名和密码。为了应答 START 数据包，TACACS+服务器用一个 REPLY 数据包进行响应。如果服务器需要更多的来自 NAS 的消息，如密码或者认证过程的其他参数，以继续认证过程的话，那么 REPLY 数据包会给出指示。但是，如果认证过程已经完成，那么 TACACS+服务器就会发送包含认证结果的 REPLY 数据包。认证结果可以是以下三种类型：

◇ 接收(ACCEPT)：这种响应说明用户已经成功通过了认证，可以开始接受服务。如果 NAS 配置了授权，那么可以进入授权的步骤。

◇ 拒绝(REJECT)：这种响应说明用户的认证过程失败。认证失败可能是由于错误的认证证书所导致的，在这种情况下，用户的进一步访问就会被拒绝。

◇ 错误(ERROR)：当 NAS 和安全服务器的通信发生问题时，一般就会出现这个类型的响应。这个通信问题既有可能是客户端的问题造成的，也有可能是服务器端的问题造成的。很多原因都可能会导致通信错误，如密码错误、NAS 的 IP 地址配置错误、通信延迟等。如果 NAS 收到了错误类型的响应，那么它一般会尝试使用另一种方法(如果配置了其他方法的话)继续执行认证；我们通常称这种方式为降格(fall back)处理。

如果认证过程继续的话，那么 NAS 用 CONTINUE 数据包来响应来自服务器的 REPLY 信息，CONTINUE 数据包中包含 TACACS+服务器请求的信息。安全服务器用一个 REPLY 数据包响应最后一个 CONTINUE 数据包。

图 5-5 显示了 TACACS+的认证过程。

从图 5-5 可以看到，START 数据包和 CONTINUE 数据包总是有 NAS 发送，而 REPLY 数

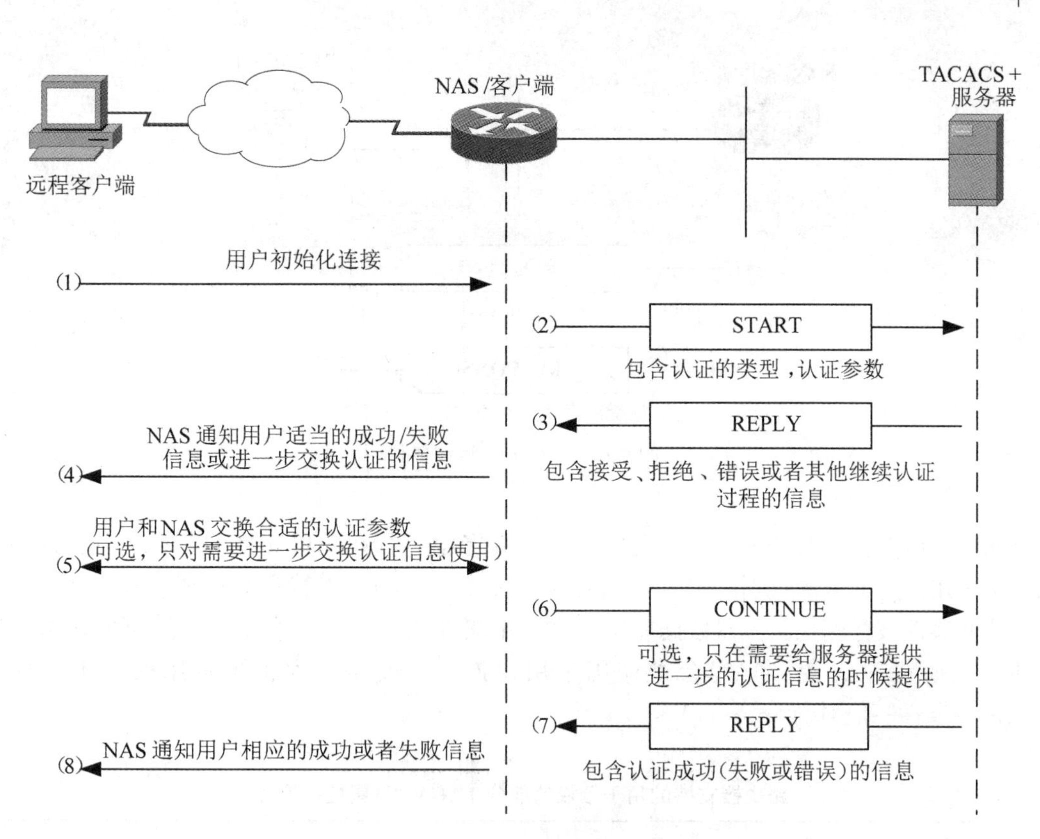

图 5-5 TACACS+认证通信

据包总是被 TACACS+服务器发送。

3. TACACS+的授权及用于授权的属性—值对

TACACS+授权是通过 NAS 和 TACACS+服务器之间交换两种类型的数据包实现的。授权过程以 NAS 发送一个授权 REQUEST 数据包到 TACACS+服务器开始。REQUEST 数据包包含有关 NAS 想要 TACACS+服务器授权给用户的服务或者权限信息。TACACS+服务器用 RESPONSE 数据包进行响应。该 RESPONSE 数据包可以指定以下五种状态中的任何一种：

◇ FAIL：表示被 NAS 请求授权给客户端的服务或者特权不能给予客户端。

◇ PASS_ ADD：表示 REQUEST 数据包中指定的参数被授权，并且除了这些参数，RESPONSE 数据包中的参数也将被使用。RESPONSE 数据包中可能没有任何参数，这意味着 TACACS+服务器已经简单地同意了 NAS 提出的属性建议。

◇ PASS_ REPL：表示 TACACS+服务器需要 NAS 忽略它在 REQUEST 数据包中给出的授权参数，并用 TACACS+服务器发送的 RESPONSE 数据包中包含的属性—值对进行替换。

◇ ERROR：表示 TACACS+服务器上出现了错误状况。错误可能有多种情况，如预共享的密钥不匹配。

◇ FOLLOW：表示 TACACS+服务器想让授权发生在另外一台可选的安全服务器上。是否使用可选服务器，由 NAS 进行判断。

图 5-6 显示了 TACACS+授权的过程。

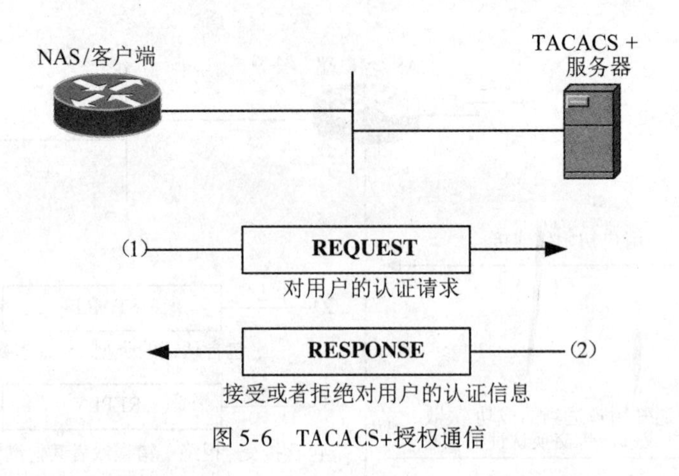

图 5-6　TACACS+授权通信

属性—值对(AVP)是 RADIUS 或 TACACS+服务器在授权阶段交换的各种信息，这些信息用来为用户定义服务级别。AVP 用来在用户配置文件中定义特定的认证、授权和统计服务。这些属性被存储在服务器数据库中，会被定义并关联给用户和组，然后再发送给 NAS 来执行，而在 NAS 上，它们会被应用于用户连接。表 5-4 列出了常用的用于授权的 TACACS+属性—值对。

表 5-4　　**路由器支持的用于授权的部分 TACACS+属性—值对**

属性	描　述
acl = x	表示连接访问控制列表的 ASCII 值。只有在 service=shell 的时候使用
addr = x	网络地址。与 service=slip，service=ppp 及 protocol=ip 一起使用。包含远程主机通过 SLIP 或者 PPP/IP 进行连接时使用的 IP 地址，例如，addr=10.1.1.2
addr-pool = x	指定了从中获取远程主机地址的本地池的名称，和 service=ppp 及 protocol=ip 一起使用。 注意 addr-pool 和本地缓冲协同工作。它指定本地池的名称(必须事先在 NAS 中进行配置)。使用 ip-local pool 命令声明本地池
autocmd = x	指定 EXEC 建立时自动执行的命令，例如，autocmd = telnet example.com。只有在 service=shell 的时候使用
cmd = x	一个 shell(EXEC)命令。表示将被运行的 shell 命令的名称。如果服务等于 shell 的时候，必须指定该属性。NULL 值表示指向 shell 本身
inacl = x	输入访问控制列表的 ASCII 标志符。和 service=ppp 及 protocol=ip 一起使用。每个用户的访问控制列表不在当前的 ISDN 接口工作
inacl#n	对一个将被安装和应用到某个接口、用于维持当前连接的输入访问控制列表的 ASCII 访问控制列表标志符。和 service=ppp protocol=ip，service=ppp 及 protocol=ipx 一起使用。基于每个用户的访问控制列表不在当前的 ISDN 接口上工作

续表

属性	描　述
outacl = x	接口输出访问控制列表的 ASCII 标志符。和 service=ppp protocol=ip，service=ppp 及 protocol=ipx 一起使用。包含一个对 SLIP 或者 PPP/IP 的 IP 输出访问控制列表(如 outacl=4)。访问控制列表本身必须在路由器上预先配置。基于每个用户的访问控制列表不在当前的 ISDN 接口上工作
outacl#n	对一个将被安装和应用到某个接口、用于维持当前连接的输出访问控制列表的 ASCII 访问控制列表标志符。和 service=ppp protocol=ip，service=ppp 及 protocol=ipx 一起使用。基于每个用户的访问控制列表不在当前的 ISDN 接口上工作
priv-lvl=x	给 EXEC 赋予权限级别。和 service=shell 一起使用。权限级别范围从 0 到 15，15 是最高级别
route	指定应用到接口的路由。和 service=slip，service=ppp 及 protocol=ip 一起使用。在网络授权中，route 属性可以用来指定基于单个用户的静态路由，它将被 TACACS+ 按如下方式安装： route = dst_ address mask [gateway] 这表示一个临时的将被应用的路由。dst_ address，mask 和 gateway 的值应该用通常的点分十进制形式表示，和 NAS 中熟知的 IP 路由配置命令中的值具有相同的含义 如果 gateway 被忽略，那么对等体的地址就是网关。连接终止时会删掉路由
route#n	和 route AV 值一样，它指定了将被应用到接口的路由，但是这些路由被编号了，允许应用多个路由。和 service=ppp protocol=ip，service=ppp 及 protocol=ipx 一起使用

4. TACACS+的安全性

TACACS+协议可以加密 NAS 与安全服务器之间的通信，因此能够提供强大的机密性。TACACS+会对整个数据包进行加密，数据包头部的标志字段表示数据包是否经过了加密。

TACACS+对数据包进行加密是依靠通信双方(NAS 和 TACACS+服务器)所共有的共享密钥。这个共享密钥可以在两台设备上实现数据包的加密和解密。具体步骤如下：

◇ 基于包含在 TACACS+包头中的某些信息以及预先共享的密钥，计算一系列的散列值。第一个散列值的计算在使用 TACACS+包头中的 Session ID、Version 和 Sequence Number 和共享密钥的串联上进行。第一个散列值再和 TACACS+包头中的 Session ID、Version 和 Sequence Number 及共享密钥串联，就可以计算生成第二个散列值。该过程持续多次，如下：

Hash_ 1=MD5{Session ID，Version，Sequence Number，Preshared Key}

Hash_ 2= MD5{Session ID，Version，Sequence Number，Preshared Key，Hash_ 1}

Hash_ n= MD5{Session ID，Version，Sequence Number，Preshared Key，Hash_ n-1}

◇ 将计算出来的所有散列值串联起来，再将其截断到被加密的数据长度。这样做的结果是得到所谓的“伪填充”(Pseudo_ pad)。

Pseudo_ pad=截断到数据长度{ Hash_ 1，Hash_ 2，. . . ，Hash_ n}

◇ 将伪填充和被加密数据进行异或(XOR)运算，产生密文。

5.2.3 RADIUS 和 TACACS+的比较

虽然 RADIUS 和 TACACS+的功能有很多共同点，但是它们之间也有很多不同的地方。网络管理员应该理解这些差异，以便作出最合适的选择，如在网络中使用它们中的一个或者两个都使用。

RADIUS 和 TACACS+的差异如表 5-5 所示。

表 5-5 **RADIUS 和 TACACS+的比较**

	RADIUS	TACACS+
AAA 功能	认证和授权合用一个数据包，统计使用单独的数据包，因此在实施过程中其灵活性不好	按照 AAA 的架构分离 AAA 各项功能，三项服务都使用独立的数据包，允许模块化地配置安全服务器
传输协议	使用 UDP 1812/1813 端口，网络传输效率更高	使用 TCP 49 端口，网络传输更可靠
质询/响应	支持从 RADIUS 安全服务器到 RADIUS 客户端的单向质询和响应	支持双向质询和响应，类似两个 NAS 之间使用的 CHAP
支持的协议	不支持 NetBEUT	支持所有协议
安全性	只加密数据包中的密码	加密整个数据包
定制化	欠缺灵活，因此许多特性只能与 TACACS+一起使用	比较灵活，允许每个用户定制自己的用户名和密码提示信息
验证过程	用户配置文件内容的所有应答属性都发送到 NAS。NAS 根据接收到的属性接受或者拒绝验证请求	根据用户的配置文件内容，服务器接受或者拒绝验证请求。客户端或者 NAS 不知道用户配置文件的具体内容
统计	能够包括比 TACACS+更多的统计记录信息，这是 RADIUS 强于 TACACS+的一个主要方面	包括有限数量的信息字段
路由器管理	不允许用户控制在路由器上哪些命令可以被执行	提供两种方法控制对路由器命令的验证，基于每个用户或基于每个组

除了表 5-5 中列出的内容，由于有不同的 RADIUS RFC，即使符合 RADIUS RFC 的不同设备之间也不能保证能够互操作。同样，由于验证过程的不同，RADIUS 和 TACACS+的流量大小也有很大的不同。

5.3 Cisco 安全访问控制服务器

Cisco 安全访问控制服务器(Access Control Server，ACS)是 Cisco 信任与身份安全解决方案的一个核心组成部分。它能够提供包括认证、授权、统计在内的 AAA 体系结构，还能够通过集中式身份管理体系提供策略控制，并以此实现访问控制安全架构。

5.3.1 基于 Windows 的 Cisco 安全 ACS

基于 Windows 的 Cisco 安全 ACS 是一个网络安全软件应用，它提供了一种可扩展的、集中式的访问控制解决方案。ACS 可以针对不同的用户分别实施安全策略，以此实现对用户访问网络和网络资源更细化的管理。

ACS 软件可以实现以下功能：

◇ 网络访问用户认证；

◇ 资源授权与特权级别；

◇ 实施网络访问安全策略；

◇ 统计信息；

◇ 控制访问与命令；

◇ 支持 RADIUS 和 TACACS+安全协议。

ACS 支持不同厂商的网络设备，并向这些设备提供 AAA 服务，如图 5-7 所示。注意，该图中的外部数据库是可选设备。ACS 支持本地用户数据库和外部数据。

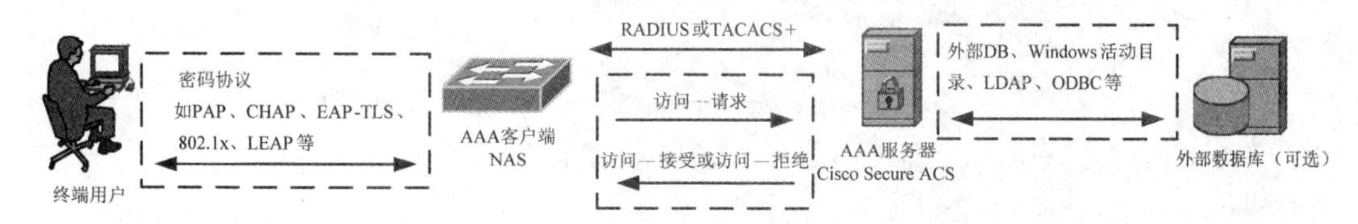

图 5-7 使用 ACS 实现 AAA 客户端/服务器模型

从图 5-7 可以看到，实施 AAA 框架包括两部分内容：在客户端上实施的部分和在服务器上实施的部分。Cisco 安全 ACS 是 AAA 的服务器端设备，它可以为 AAA 客户端提供认证、授权和统计服务。AAA 客户端也被称为 NAS 或网络接入设备，可以是任何 Cisco 设备(如路由器、交换机、防火墙、集中器、接入点)或其他厂商的网络设备。AAA 客户端会作为网关代替终端用户将所有访问请求发送给 AAA 服务器。AAA 服务器会用它自己的内置本地数据库或配置的外部数据库来对用户的数字证书进行核对。然后，AAA 服务器会用一个带有授权属性的接受访问请求或拒绝访问请求信息来响应 AAA 客户端。通过图 5-7，我们可以看到 ACS 执行网络准入控制的基本流程。

除了支持 RADIUS 和 TACACS+两种安全协议外，ACS 还支持通过以下的常用密码协议为终端用户进行认证：

◇ ASCII；

◇ 密码认证协议(PAP)；

◇ 挑战握手认证协议(CHAP)；

◇ AppleTalk 远程访问协议(ARAP)；

◇ MS-CHAP v1 和 MS-CHAP v2；

◇ 轻型扩展认证协议(LEAP)；

◇ 扩展认证协议—MD5(EAP-MD5)；

◇ 扩展认证协议—传输层安全协议(EAP-TLS)；

◇ 受保护的扩展认证协议(PEAP)。

5.3.2 安装 ACS

ACS 会作为一系列的 Windows 服务进行运作，它可以运行在 Microsoft Windows 2000 Server 和 Windows Server 2003 操作系统上。ACS 可以安装成为域控制器或者成员服务器。

安装 ACS 服务器之前需要先安装 Java 虚拟机。严格地讲，Java 虚拟机并不是 ACS 服务器的必须组件，而是为远程管理 ACS 服务器准备的。如果需要在远程计算机上管理 ACS 服务器，则必须在 ACS 服务器和远程管理计算机上同时安装 Java 虚拟机，如图 5-8 所示。

图 5-8　安装 Java 虚拟机

Cisco Secure ACS 的安装过程非常简单。在安装向导的帮助下即可顺利完成，具体步骤如下：

(1)启动 Cisco Secure ACS 4.2 安装向导，显示 Cisco Secure ACS v4.2 Setup 对话框，单击 ACCEPT 按钮显示 Welcome 对话框，连续单击 Next 按钮，直至显示如图 5-9 所示的 Before You Begin 对话框，选中所有复选框方可继续进行。

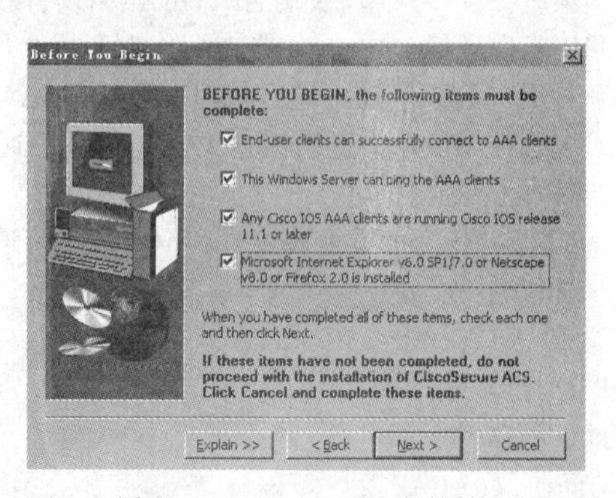

图 5-9　Before You Begin 对话框

(2)单击 Next 按钮，显示 Choose Destination Location 对话框，设置 ACS 安装路径。单击 Next 按钮，显示 Authentication Database Configuration 对话框，选中 Check the ACS Internal Da-

tabase only 单选按钮，单击 Next 按钮，显示 Advanced Options 对话框，在这里可以设置用户优先级，组优先组、最大支持的会话连接等内容，如图 5-10 所示。

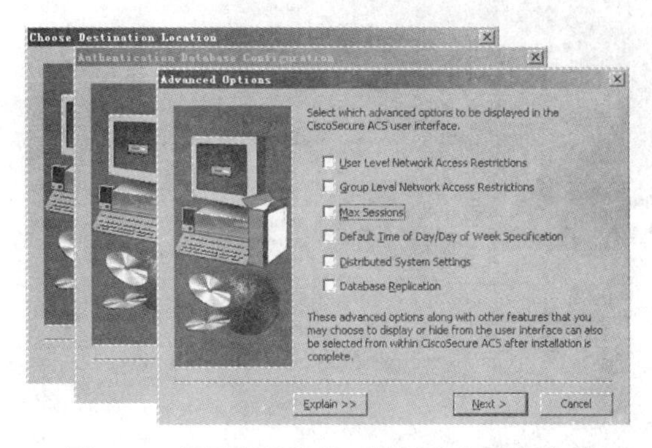

图 5-10　设置安装路径、数据库和其他选项

(3)单击 Next 按钮，显示如图 5-11 所示的 Active Service Monitoring 对话框，如果希望使用 ACS 服务器监听用户认证服务，则选中 Enable Log-in Monitoring 复选框，在 Script to Execute 下拉列表框中选择 * Restart All 选项，即一旦 ACS 监听用户认证服务失败，立即执行重启所有的 ACS 的服务，保证 ACS 正常提供服务。如果希望当系统监听到事件时 ACS 发送邮件信息，那么选中 Enable Mail Notifications 复选框，再输入相关的信息即可。

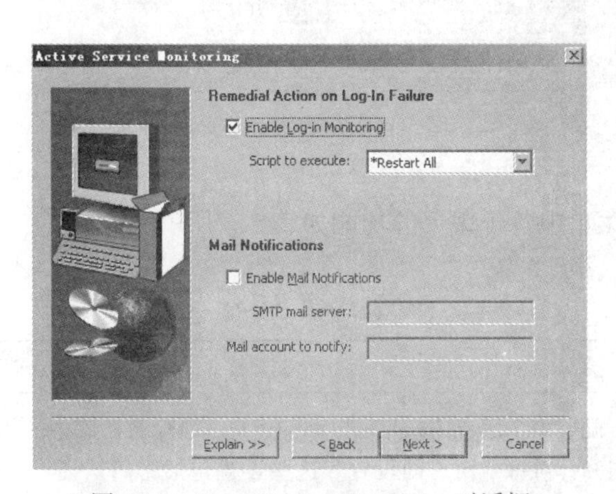

图 5-11　Active Service Monitoring 对话框

(4)单击 Next 按钮，显示如图 5-12 所示的 Cisco Secure ACS Service Initiation 对话框，设置数据库加密密码，当出现严重的问题需要手动访问 ACS 数据库时使用，一般不常用。密码长度最少八位字符，并且是字母与数字的组合。单击 Next 按钮，开始安装，完成后将提示是否立即启动 ACS。继续单击 Next 按钮完成后安装。

(5)单击 Finish 按钮，结束安装，立即启动 ACS，显示如图 5-13 所示的 Cisco Secure ACS 主菜单页面。主菜单页面最左侧的面板上显示了不同的子菜单与各项配置项目。中间的屏幕会显示用户所选菜单的内容，右侧还会有一个附加面板，显示了所选菜单的帮助(Help)信息。

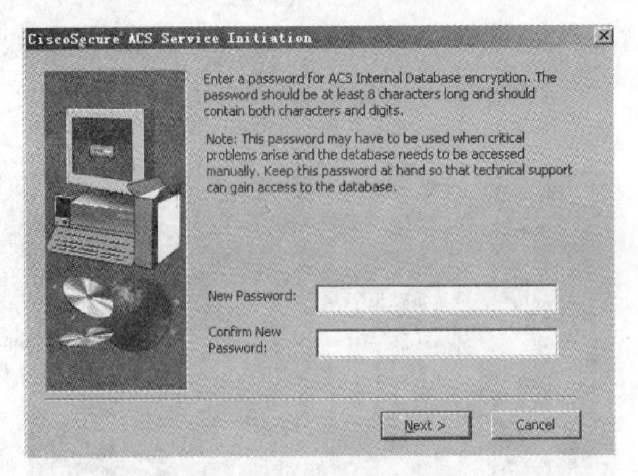

图 5-12　Cisco Secure ACS Service Initiation 对话框

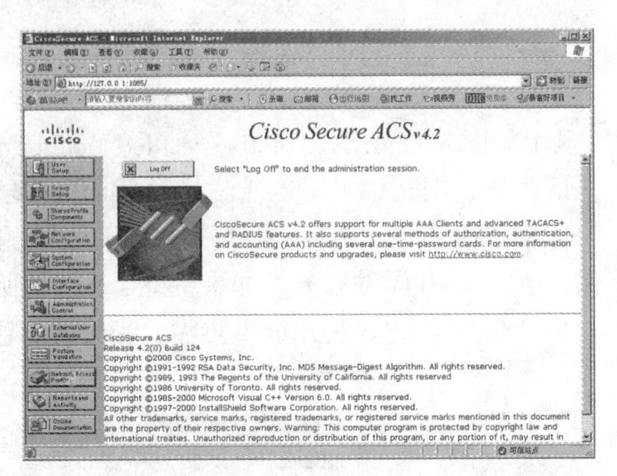

图 5-13　ACS 主菜单页面

图 5-13 所示的主菜单中各子菜单的功能如表 5-6 所示。

表 5-6　**ACS 主菜单选项**

菜单项	描　述
User Setup	用于配置单个用户信息：可以添加用户、删除数据库中的用户，并且可以定义各种权限和针对每个用户的设置。这些设置包括密码认证、组详情、调用、IP 地址分配、RADIUS 和 TACACS+属性设置，以及其他选项
Group Setup	用于配置单个组信息：可以添加组、将用户添加到数据库中的组。Group Setup 菜单可以将各种权限和限制应用给组中的所有用户。这些权限和限制包括 NAR、Enable 选项、调用、IP 地址分配、RADIUS 和 TACACS+属性设置，以及其他选项
Shared Profile Components	用于定义共享的授权组件集合，这些集合可能会被应用到一个或多个用户/组中，并且要通过它们配置文件的名字来进行调用。这些集合包括可下载的 IP 访问控制列表、NAR、NAF、RAC、命令授权集以及其他选项。Shared Profile Components 为用户所选的授权提供了良好的扩展性

续表

菜单项	描　述
Network Configuration	用来定义 NAS，也称为 AAA 客户端，它拥有自己的 NAS IP 地址、共享的加密码密钥，以及安全协议(RADIUS 或 TACACS+)。在一个 NAS 配置完成之后，ACS 会接受从相应 NAS 设备发来的认证请求。ACS 不会处理没有在这里定义过的 NAS 所发来的认证请求
System Configuration	用于调整运行 ACS 服务器的系统参数。这些参数包括开始和终止 ACS 服务、登录选项、内部数据库复制、ACS 备份与恢复、证书安装，以及其他选项
Interface Configuration	用于调整 ACS Web 界面的设定，由于 User Setup 或 Group Setup 窗口需要显示出 RADIUS 和 TACACS+协议的各种属性选项，因此 Interface Configuration 可以将相应的 RADIUS 和 TACACS+协议属性选项作为可配置选项显示在 User Setup 或 Group Setup 窗口。它能够通过定制界面来简化屏幕中显示的信息，也就是说可以隐藏不需要使用的特性，并为指定的配置页面增加空间
Administration Control	用于控制到 ACS 服务器的管理访问，管理员通过这个菜单能够添加或编辑管理员账号，并且通过定义访问策略、会话策略和统计策略来设定 ACS 管理会话的参数
External User Databases	用于为未知用户(没有配置在 ACS 内部数据库中)配置认证程序。ACS 可以作为认证代理，将未知用户的认证请求发给一个或多个外部数据库
Posture Validation	用于部署了 ACS 的 Cisco NAC 解决方案
Network Access Profiles	Network Access Profiles(NAP)也称配置文件(profile)，可以为远程访问服务(如 VPN、WLAN、拨号、IP 准入)应用统一的策略。它能够根据 AAA 客户端的 IP 地址、NDG(是 AAA 客户端和 AAA 服务器的集合)成员关系、协议类型或其他特定的 RADIUS 属性—值对访问请求进行分类，这些属性值是通过用户连接的网络设备发送过来的。NAP 能够识别出网络中部署的各种服务
Reports and Activity	ACS 能够跟踪大量的用户和系统行为。它能够产生各类报告与日志，如跟踪通过的/失败的登录尝试、用户行为、使用的远程访问服务等。这些报告会以 HTML 报告形式保存，因此可以通过 ACS Web 界面进行查看。这些日志能够以两种格式储存：CSV(逗号分隔值)格式和遵循 ODBC 的数据库表格格式
Online Documentation	ACS 能够通过在线帮助文档协助管理员理解和配置 ACS 的功能与特性

5.3.3 配置 ACS

安装完 ACS 后，可以通过以下两种基本方法来访问 ACS Web 界面：

◇ 在安装 ACS 的服务器上，只需要在本地 web 浏览器中输入 http：//localhost：2002 即可访问。

◇ 在网络中的另一台计算机上远程访问 ACS Web 界面，需要在 Web 浏览器中输入 http：//IP_ address_ of_ the_ ACS：2002。注意，通过远程的方式访问 ACS Web 界面之前，要确认该计算机与 ACS 服务器的 IP 连通性。

ACS 的 Web 界面使得管理员很容易管理 AAA 特性。TCP 2002 端口用来为分配给 ACS 服务器的 IP 地址提供远程访问能力。直接从安装 ACS 的服务器上登录 ACS 是不需要管理员账户的。但是，远程访问 ACS 服务器需要使用管理员账户。ACS 的管理员账户只能用来登录 ACS 服务器，这个账户和其他的管理员账户没有关系，例如，Windows 用户使用的那些拥有管理员权限的账户。

1. 添加管理员账户

若要想通过网络远程管理 ACS 服务器，则必须先创建用于远程管理的管理员账户。在 ACS 主菜单页面中，单击 Administration Control 按钮，在出现的 Administration Control 窗口中单击 Add Administrator 按钮，显示如图 5-14 所示的 Add Administrator 窗口。在 Administrator Details 选项区域设置用户名和密码。在 Administrator Privileges 选项区域设置管理员的权限范围。

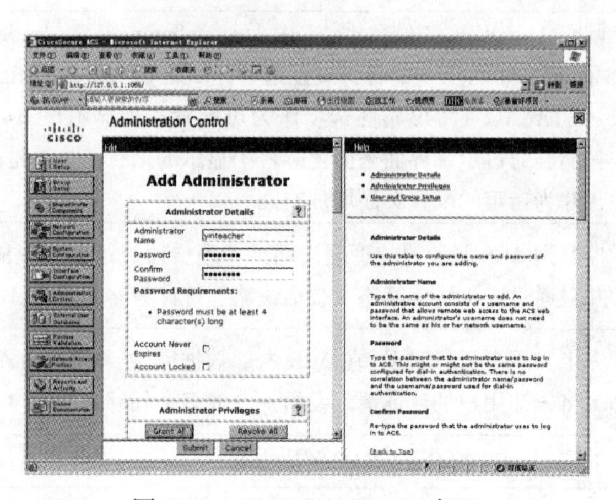

图 5-14　Add Administrator 窗口

2. 配置 AAA 客户端

由于 ACS 客户端是无须任何代理组件的，所以管理员必须现在 ACS 服务器上配置 AAA 客户端。在 ACS 主菜单页面中，单击 Network Configuration 按钮，显示 Network Configuration 窗口，在 AAA Client 选项区域内单击 Add Entry 按钮，显示如图 5-15 所示的 Add AAA Client 窗口。在 AAA Client Hostname 文本框中，输入网络设备主机名；在 AAA Client IP Address 文本框中，输入网络设备的 IP 地址。在 Authenticate Using 下拉列表框中选择 TACACS+(Cisco IOS)选项。最后，单击 Submit+Apply 按钮保存设置。

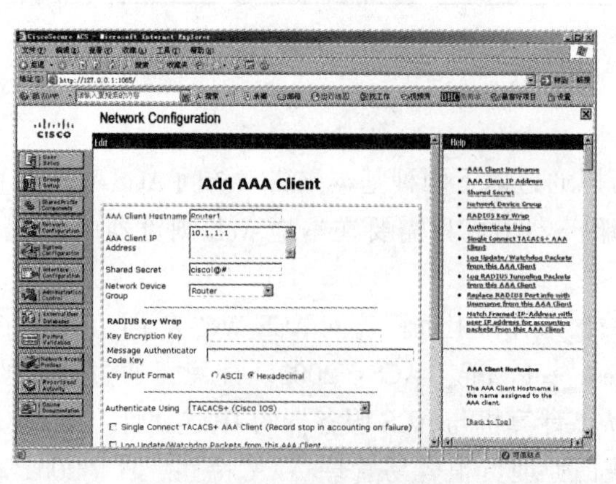

图 5-15　Add AAA Client 窗口

3. 创建用户组

为了便于统一管理使用 ACS 服务器进行身份验证的用户账户，可以事先创建用户组，然后将不同需求的用户账户指派到不同的分组中，需要为用户授权时，直接对用户组进行操作即可。

(1)在 ACS 主菜单页面中，单击 Group Setup 按钮，显示如图 5-16 所示的窗口。ACS 服务器默认有 500 个用户组，默认组的名称是 Default Group，其他组名称是 Group 1 ~ Group 499。

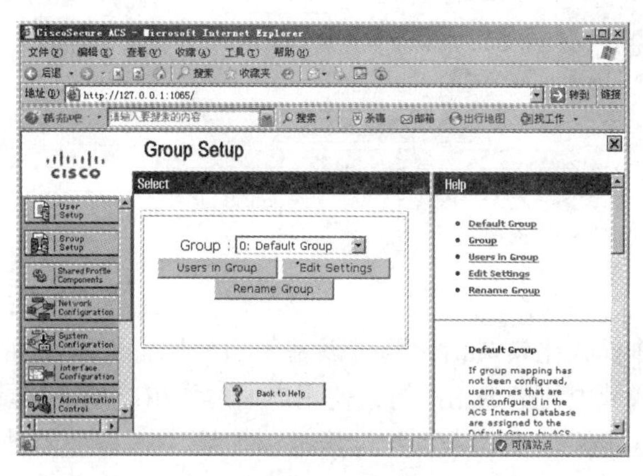

图 5-16　Group Setup 窗口

(2)在 Group 下拉列表框中选择希望重命名的组，例如，Group 1，单击 Rename Group 按钮，显示如图 5-17 所示的 Rename Group：Group 1 窗口。在 Group 文本框中输入新的组名称即可。

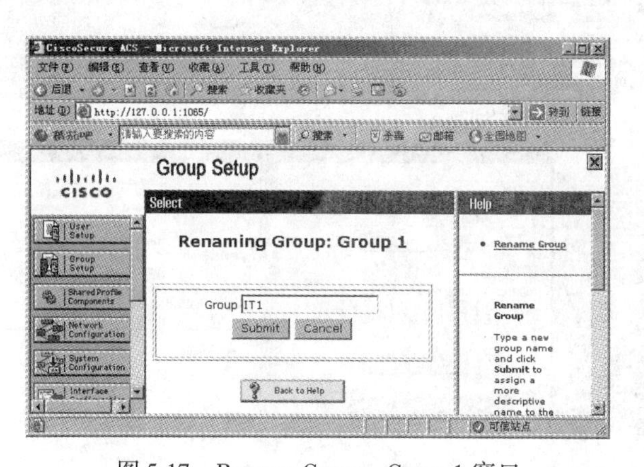

图 5-17　Rename Group：Group 1 窗口

(3)单击 Submit 按钮，保存配置并返回到 Group Setup 窗口。单击 Edit Settings 按钮，显示如图 5-18 所示的窗口，拖动滚动条至 Shell(exec)选项区域，选中 Shell(exec)复选框，即对组中的所有账户启用 Shell。

(4)再次单击 Submit 按钮，保存配置。

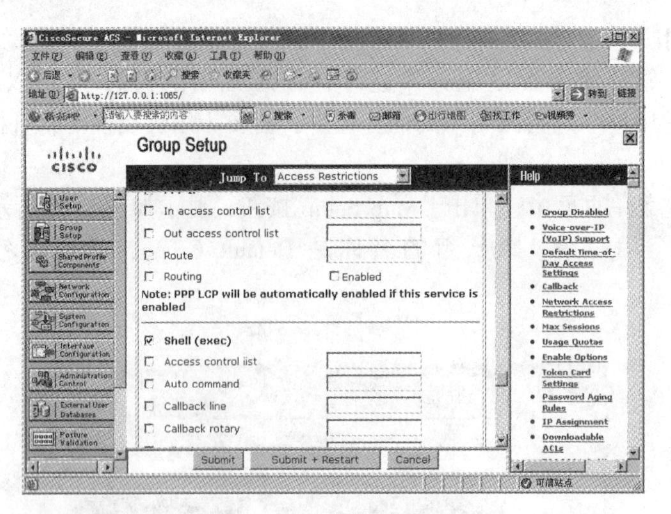

图 5-18　开启组的 Shell

4. 创建用户账户

ACS 服务器的工作模式比较灵活，既可以基于当前域，也可以独立运行。如果基于现有域，则可以直接关联域中的指定用户组，使用户通过域用户账户登录网络设备，同时，接受域控制器和 ACS 服务器的身份验证和统计服务。如果 ACS 服务器独立运行，则需要创建专用的用户账户。

(1)在 ACS 主菜单页面中，单击 User Setup 按钮，显示如图 5-19 所示的 User Setup 窗口，在 User 文本框中输入用户名称，如 user3。应用过程中的用户管理也是在该窗口中进行的，单击 List all users 按钮，可以在右侧窗口中显示 ACS 服务器上的所有用户账户。

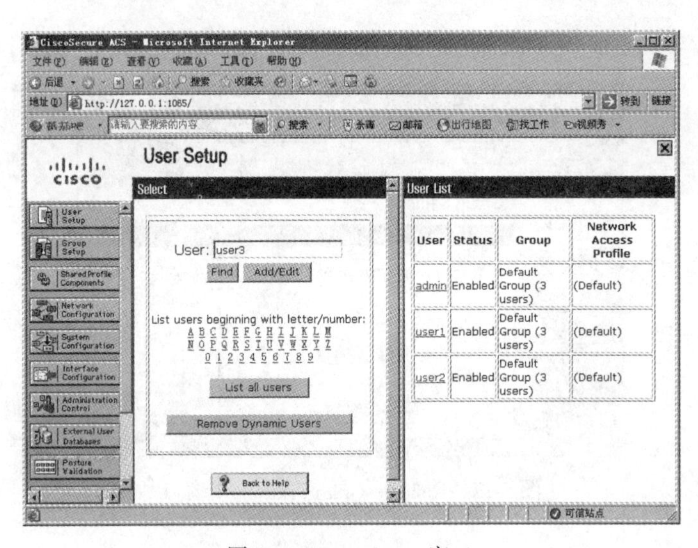

图 5-19　User Setup 窗口

(2)单击 User Setup 窗口中的 Add/Edit 按钮，显示如图 5-20 所示的窗口，在这里可以编辑用户账户相关信息。首先在 Supplementary User Info 选项区域设置用户账户的基本描述信息。

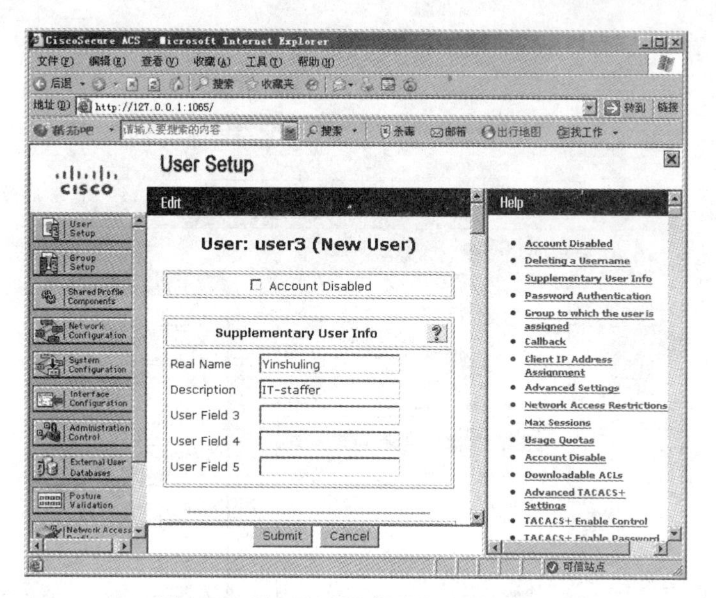

图 5-20　设置用户账户的基本描述信息

(3)为用户分配认证密码数据库并设置密码，如图 5-21 所示。向下拖动滚动条，在 User Setup 选项区域的 Password Authentication 下拉列表框中选择 ACS Internal Database 选项，即使用 ACS 内部数据库验证用户账户密码。如果 ACS 服务器是基于域的，则此处应选择 Windows Database 选项。在 Password 和 Confirm Password 文本框中输入用户账户密码。

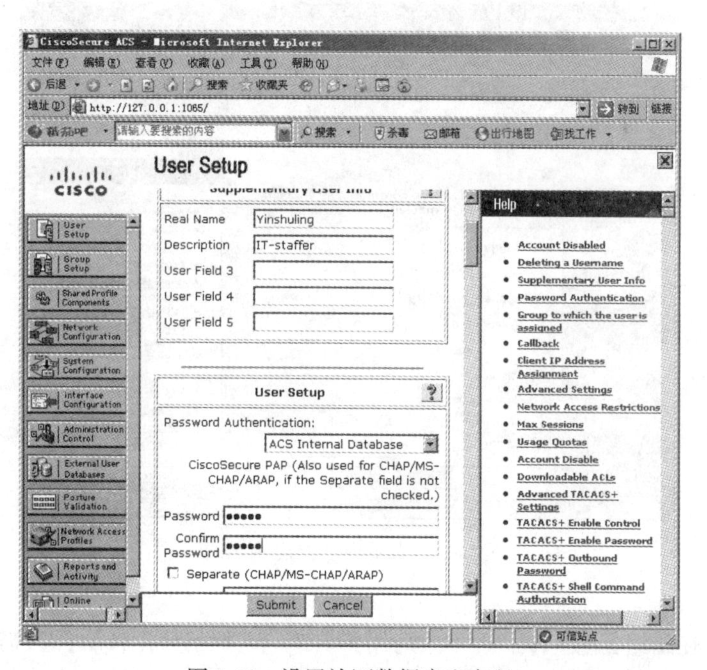

图 5-21　设置认证数据库和密码

(4)将用户账户指派到组，如图 5-22 所示。为了便于统一管理，建议将用户账户指派到指定的组中，向下拖动滚动条，在 Group to which the user is assigned 下拉列表框中，选择希

望将改用户账户指派到的组，如组名为 IT1 的组。

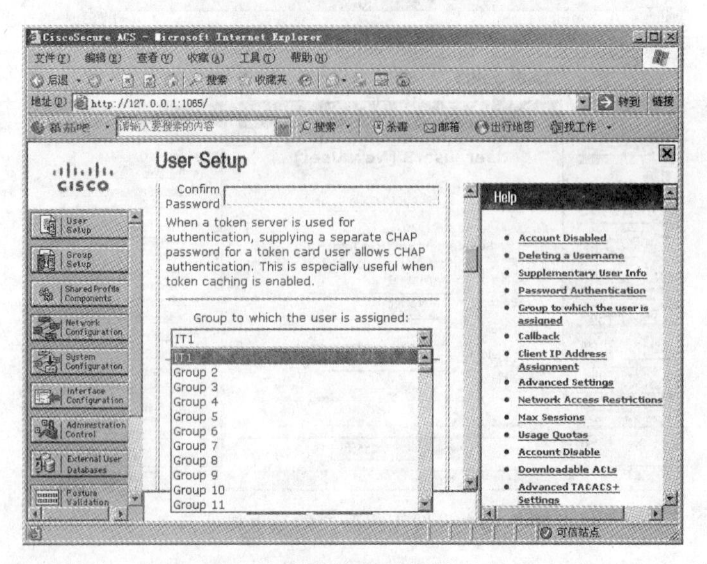

图 5-22　将用户账户指派到组

(5)为用户账户启用 Shell，如图 5-23 所示。为了使用 ACS 服务器对用户账户的操作命令进行授权和记账，必须启用用户账户的 Shell。

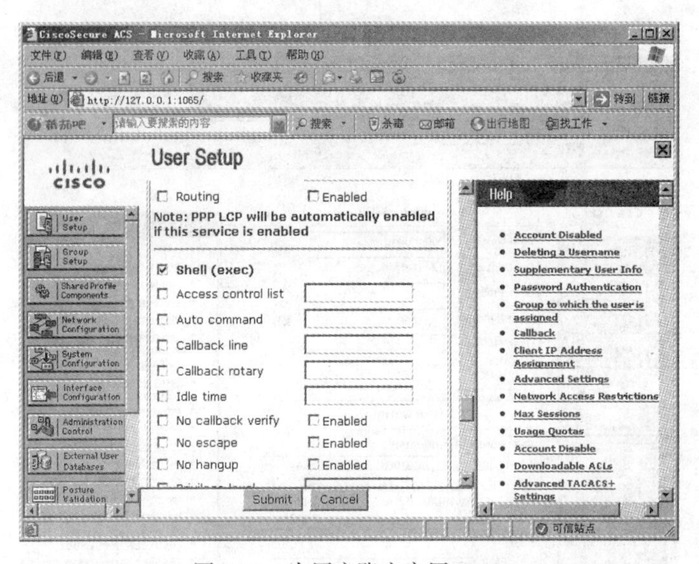

图 5-23　为用户账户启用 Shell

如果用户所在的组已经启用 Shell，则用户账户本身无须再启用，只需要在 Shell Command Authorization Set 选项区域中选中 As Group 单选按钮即可，如图 5-24 所示。如果希望对所有操作命令进行授权和统计，则可以选中 Assign a Shell Command Authorization Set for any network device 单选按钮，并在其下拉列表框中选择事先编辑好的命令集即可。

(6)单击 Submit 按钮，保存配置。

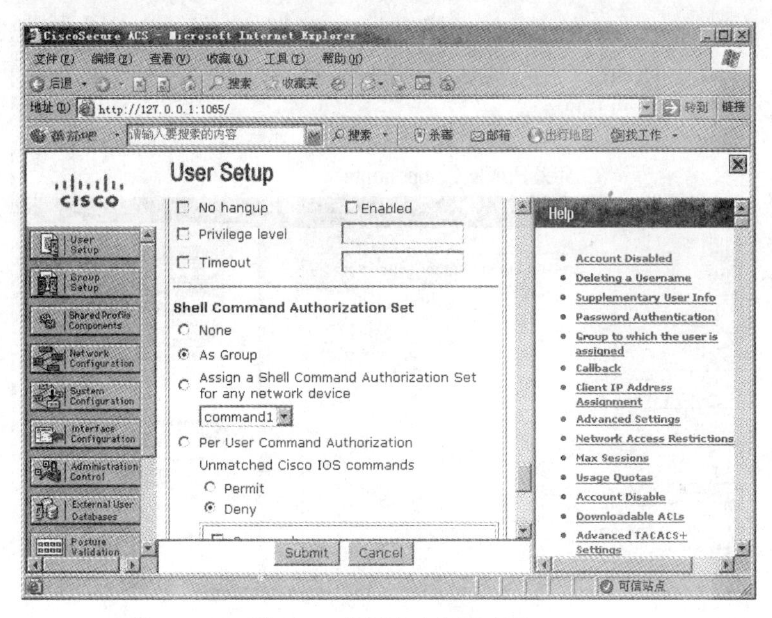

图 5-24　为用户应用组配置

5. 自定义授权命令集

通过自定义命令集，可以使 ACS 服务器仅对指定的命令进行授权和统计，即当用户登录网络设备运行授权的命令时可以执行，而运行未授权的命令或子命令都是不允许的。

（1）在 ACS 主菜单页面中，单击 Shared Profile Components 按钮，显示 Shared Profile Components 窗口，单击 Shell Command Authorization Sets 链接，显示如图 5-25 所示的窗口。

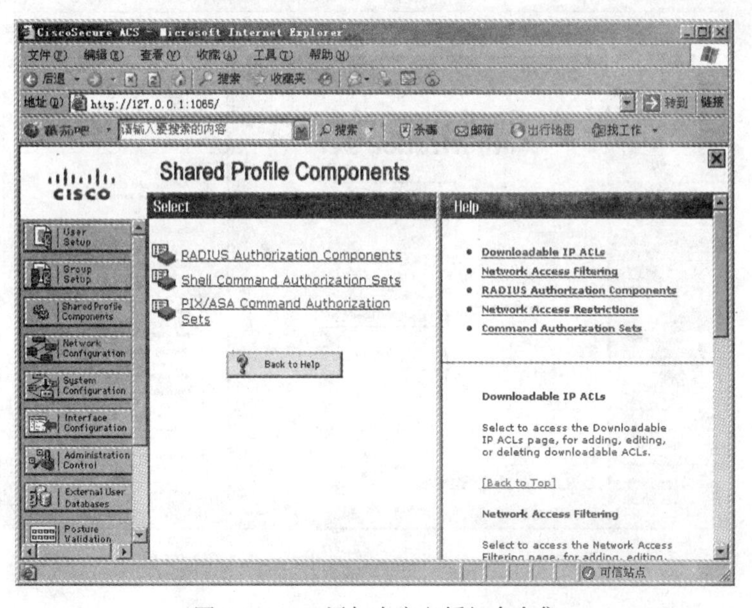

图 5-25(a)　添加自定义授权命令集

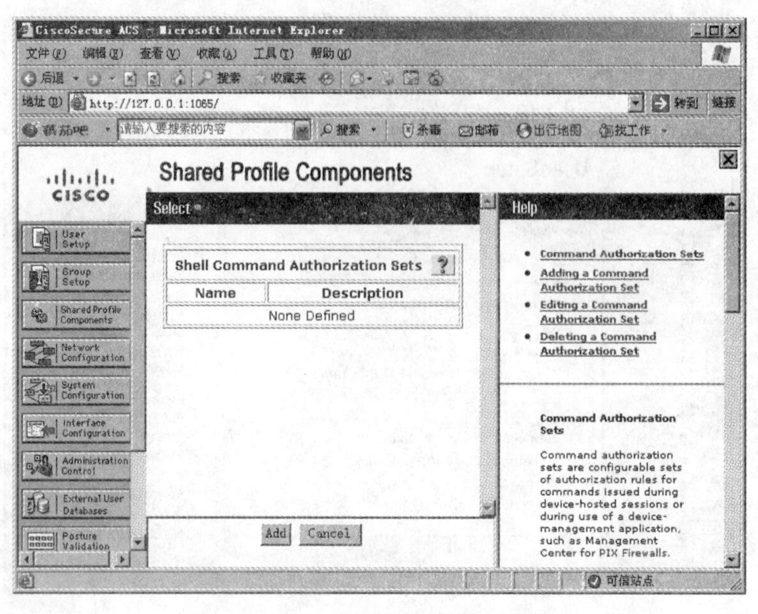

图 5-25(b)　添加自定义授权命令集

(2) 单击 Add 按钮，显示如图 5-26 所示的 Shell Command Authorization Set 窗口。在 Name 文本框中输入命令集名称，如 command1。在 Description 文本框中输入命令集的描述信息。通过选中 permit 或 deny 单选按钮，可以允许或禁止对 Unmatched Commands 列表中指定的命令授权或统计，此处保留系统默认的 deny 单选按钮。

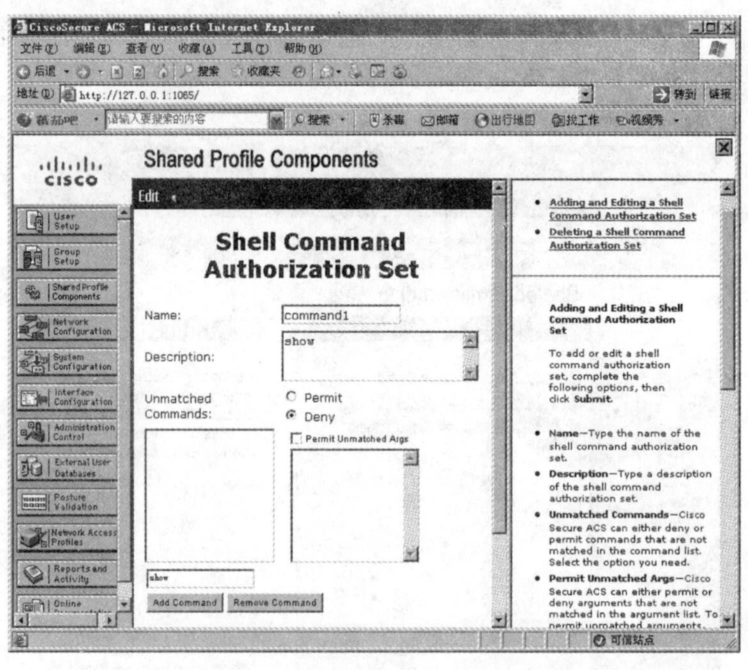

图 5-26　Shell Command Authorization Set 窗口

(3)在 Add Command 按钮上方的文本框中输入希望添加的命令，如 show，单击 Add Command 按钮，将输入的命令添加到上方的列表中，选中左侧列表中的命令，在右侧列表中直接输入与其相关的参数，格式为“permit+参数”，如 permit running-config。ACS 服务器可以允许或拒绝右侧参数列表中不匹配的参数，建议选中 Permit Unmatched Args 复选框，如图 5-27 所示。

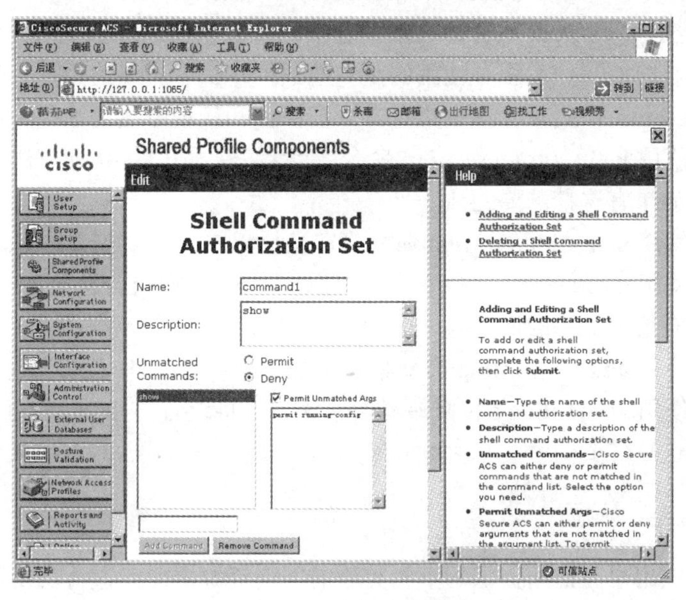

图 5-27　编辑命令集

(4)单击 Submit 按钮，保存配置，显示如图 5-28 所示的窗口。使用相同的方法可以创建多个自定义授权命令集。

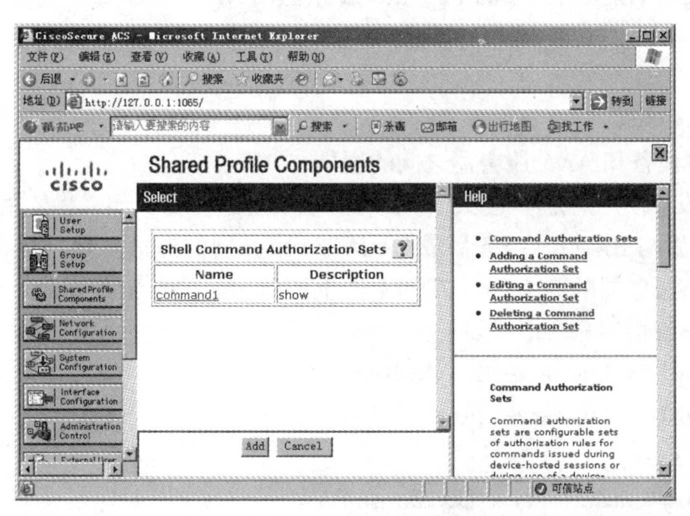

图 5-28　成功创建的命令集

5.4 配置 AAA

所有主要的网络设备都可以支持 AAA 体系，包括路由器、交换机、防火墙和集中器。要在网络设备上启用 AAA 服务，可以遵循以下配置步骤。

(1)在全局模式下使用命令 **aaa new-model** 来启用 AAA 服务。

(2)配置网络设备和 AAA 服务器之间的通信，如共享密钥和 RADIUS 服务器或 TACACS+服务器的 IP 地址(如果 AAA 服务使用的是本地数据库，就可以跳过这一步)。

(3)使用 **aaa authentication** 命令集定义认证服务和认证方法列表

(4)(可选)使用 **login authentication** 命令(在线路模式下)将认证方法列表应用在相应的接口或线路下，如果有这种需要的话。

(5)(可选)使用 **aaa authorization** 命令集定义授权服务和授权方法列表。

(6)(可选)使用 **authorization** 命令(在线路模式下)将授权方法列表应用在相应的接口或线路下，如果有这种需要的话。

(7)(可选)使用 **aaa accounting** 命令集定义统计服务和统计方法列表

(8)(可选)使用 **accounting** 命令(在线路模式下)将统计方法列表应用在相应的接口或线路下，如果有这种需要的话。

5.4.1 配置 AAA 认证

认证是设备或用户在访问提供的不同类型的网络资源之前，进行身份验证的过程。它通常包括一个用于用户或者设备提供密码到认证设备的机制。收到用户提供的密码后，设备根据数据库中的密码检查此密码的正确性。如果密码正确，用户就可以访问和使用提供的网络资源。如果定义了授权参数的话，就必须根据授权参数进行访问和使用提供的网络资源。

在路由器上配置认证的步骤如下：

1. 在全局模式下使用命令 aaa new-model 来启用 AAA 服务

在网络设备中使用认证的第一步是启用 AAA。在路由器上使用如下命令启用 AAA 服务。

Router(config)#**aaa new-model**

2. 配置网络设备和 AAA 服务器之间的通信

如果 AAA 服务使用的是本地数据库，就可以跳过这一步。如果将使用 AAA 服务器，那么路由器必须设置与 RADIUS 服务器或 TACACS+服务器的通信，如共享密钥和 RADIUS 服务器或 TACACS+服务器的 IP 地址。在路由器上配置 RADIUS 服务器(或 TACACS+服务器)的 IP 地址及共享密钥的命令格式如下：

Router(config)#**radius-server key** *keystring*

Router(config)#**radius-server host** *ip-address*

或

Router(config)# **tacacs-server key** *keystring*

Router(config)# **tacacs-server host** *ip-address*

3. 使用 aaa authentication 命令集定义认证服务和认证方法列表

在路由器上配置认证服务和方法列表的命令格式如下：

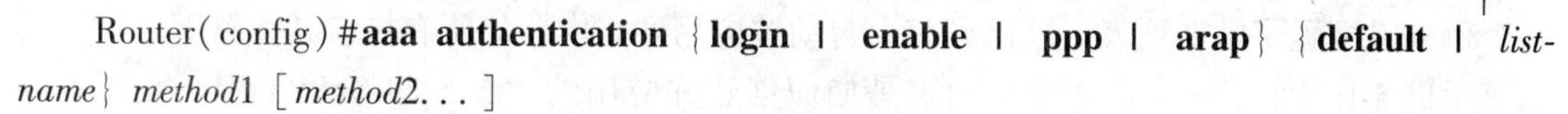

Router(config)#**aaa authentication** {**login** | **enable** | **ppp** | **arap**} {**default** | *list-name*} *method*1 [*method*2...]

此命令需要三个参数提供给路由器。第一个参数定义了认证的服务类型，可以在路由器上定义的服务类型如表 5-7 所示。

表 5-7　　**认证服务**

关键字	描　　述
login	用来为所有基于 ASCII 的登录启用认证列表，如 Telnet、SSH
enable	用来为路由器的 enable 模式访问设置认证列表
ppp	用来为所有基于 PPP 的协议启用认证列表，如 ISDN、远程拨入
arap	用来为 AppleTalk 远程访问协议(ARAP)启用认证列表

第二个参数是方法列表的名称。配置方法列表的目的是定义要执行 AAA 中的哪一个服务以及它们的执行顺序。方法列表有两种基本类型：命名的方法列表和默认方法列表。命名的方法列表可以为所有 AAA 服务配置，并且需要应用到网络设备的指定接口或者线路模式下。但是，如果只配置了一个默认方法列表而没有定义其他的方法列表，那么默认方法列表就会被自动应用到设备的所有接口和线路下。因此，默认列表不会应用于某个接口或线路下，它已经默认应用到了所有的接口和线路下。注意，命名的方法列表优先级高于默认方法列表。

第三个参数是用于认证的方法列表。一个方法列表中可以定义四种方法。一个方法基本上是一种路由器用来对用户或连接到自身的设备进行认证的机制。如果第一种方法没有返回认证是成功还是失败，那么认证方法就会按顺序一个接一个进行。表 5-8 列出了可以定义在路由器上的认证方法。

表 5-8　　**认证方法**

关键字	描　　述
enable	使用 enable 密码进行认证
local	使用本地用户名数据库进行认证
local-case	与 local 相同，但区分大小写的本地用户名认证
line	使用线路密码进行认证
group radius	使用所有 RADIUS 服务器列表进行认证
group tacacs+	使用所有 TACACS+服务器列表进行认证
krb5	使用 kerberos5 进行认证
krb5-telnet	当使用 telnet 连接路由器时，使用 kerberos5 telnet 认证协议
none	应用此方法时不使用认证

4. 应用认证方法列表

在配置好方法列表之后，就需要将该方法列表应用到路由器的接口或线路下。该规则的一个例外是配置了默认列表。默认列表会自动被应用到路由器的所有接口和线路下。

示例 5-1 显示了一个认证方法列表是如何创建并应用的。图 5-29 给出了用于此配置的网络拓扑结构。在这个例子中，使用 RADIUS 服务器配置登录认证，使用的是命名的方法列表，并且仅将其应用在了 VTY 线路下。

示例 5-1　　　　**配置 AAA 认证**

```
//以下命令用来在路由器上开启 AAA 服务并配置和 RADIUS 服务器之间的通信
Router(config)#aaa new-model
Router(config)#radius-server host 192.168.1.100
Router(config)#radius-server key cisco!@#
//以下命令用来配置一个名称为 TELNET 的方法列表，并把该列表应用到 VTY 线路模式下
Router(config)#aaa authentication login TELNET group radius
Router(config)#line vty 0 4
Router(config-line)#login authentication TELNET
Router(config-line)#exit
Router(config)#
```

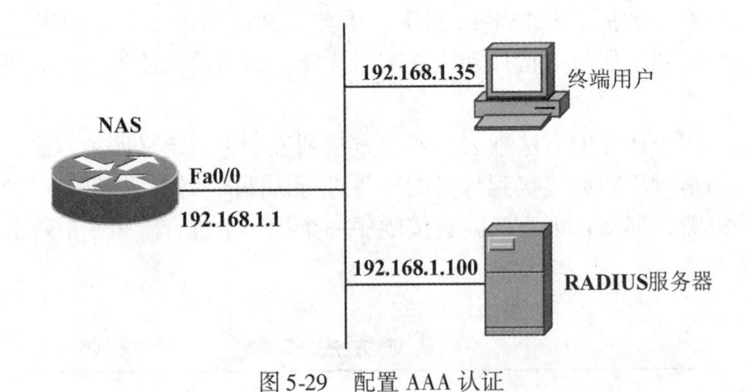

图 5-29　配置 AAA 认证

5.4.2　配置 AAA 授权

授权是用户或设备被给予对网络资源受控制的访问权限的过程。授权让管理员可以控制谁能够在网络中做些什么。当启用 AAA 授权时，NAS 使用从用户配置文件检索到的信息来配置用户的会话，这些信息要么位于本地用户数据库，要么位于安全服务器上。完成这个工作之后，如果用户配置文件的信息允许的话，那么用户就会被授予访问特定服务的权限。

配置授权的过程和配置认证非常相似。为了支持授权，需要先配置认证并且使其可以工作。在路由器上配置授权的步骤如下：

1. 使用 aaa authorization 命令集定义授权服务和授权方法列表

在路由器上定义授权服务和授权方法列表的命令格式如下：

Router(config)#**aaa authorization** {**network** | **exec** | **configuration** | **...**} {**default** | *list-name*} *method*1 [*method*2...]

在该命令中，需要选择的第一个参数是用于授权的服务类型。表5-9列出了路由器可以支持的授权服务。

表5-9 **授权服务**

关键字	描 述
network	为网络连接(PPP、SLIP、ARAP)进行授权
exec	为与特权模式终端会话(shell)相关联的属性进行授权
commands	对特权模式下的命令进行授权。命令授权能够将所有特权命令授权和一个特定的特权级别进行关联
config-commands	与上一条类似，用于授权配置模式下的命令
auth-proxy	通过应用特定的安全策略，来为特定用户授权认证代理服务器
configuration	从AAA服务器上更新配置文件
reverse-access	反向Telnet会话
ipmobile	为移动IP服务进行授权

第二个参数是方法列表的名称。和认证方法列表一样，授权方法列表有命名的方法列表和默认方法列表两种类型。命名的授权方法列表需要应用到路由器的接口或线路下，默认授权列表自动应用到路由器所有的接口或线路下。

第三个参数是授权方法列表，可以由表5-10所示的方法组成。在授权列表中每个方法都被尝试直到授权成功。

表5-10 **授权方法**

关键字	描 述
group radius	使用RADIUS服务器列表进行授权。NAS设备向RADIUS服务器请求授权信息。RADIUS通过关联属性—值对来为正确的用户执行权限，这些属性—值对保存在RADIUS服务器的数据库中
group tacacs+	使用TACACS+服务器列表进行授权。NAS设备向TACACS+服务器请求授权信息。TACACS+通过关联属性—值对来为正确的用户执行权限，这些属性—值对保存在TACACS+服务器的数据库中
local	使用本地用户名数据库进行授权。本地数据库的功能和管理都很有限
none	无需授权(总是成功)。路由器不请求授权信息，在此线路或接口上不执行授权
if-authenticated	允许通过认证的用户去访问请求的功能

2. 应用授权方法列表

一旦配置好了授权方法列表，就需要将其应用到接口或线路下。如果定义了默认授权列表就无需这一步骤。默认授权列表自动应用到路由器所有的接口或线路下。

示例 5-2 显示了如何配置并应用一个授权方法列表。图 5-30 给出了用于此配置的网络拓扑结构。在这个例子中使用 RADIUS 协议来配置 PPP 认证和授权功能，使用命名的方法列表。在授权中输入关键字 if-authenticated 代表只有用户已经通过了认证，他们才能够获得请求的服务。

示例 5-2　　配置认证和授权

```
Router(config)#aaa new-model
Router(config)#radius-server host 10.1.1.100
Router(config)#radius-server key cisco!@#
Router(config)#aaa authentication ppp AUTHEN group radius
Router(config)#aaa authorization network AUTHOR group radius if-authenticated
Router(config)#interface group-async 1
Router(config-if)#ppp authentication chap AUTHEN
Router(config-if)#ppp authorization AUTHOR
Router(config-if)#exit
Router(config)#
```

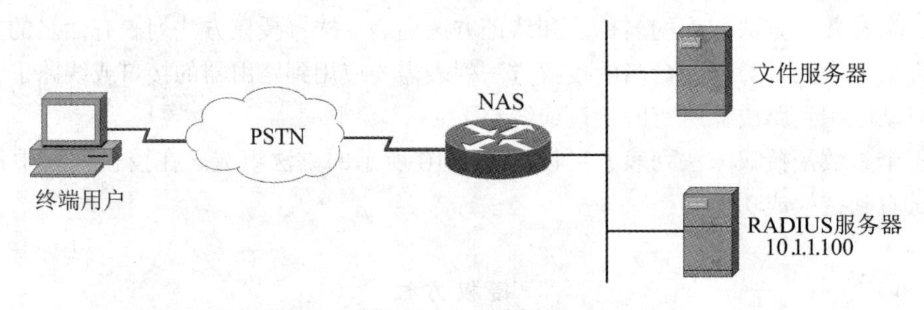

图 5-30　配置授权

5.4.3　配置 AAA 统计方法

统计是 AAA 的最后一个组件。AAA 统计特性能够跟踪用户使用过的服务和每个用户的资源使用情况。NAS 会将统计信息记录下来，发送给服务器(RADIUS 或 TACACS+)。每个统计记录中都包含多个统计 AV 对，它们会被存储在服务器上用于网络管理、报告、计费和审计。

在路由器上配置统计的步骤如下：

1. 使用 aaa accounting 命令集定义统计服务和统计方法列表

在路由器上定义统计服务和统计方法列表的命令格式如下：

Router(config)#**aaa accounting** {**system** | **network** | **exec** | **connection** | **commands**} {**default** | *list-name*} {**start-stop** | **stop-only** | **none**} *method*1 [*method*2...]

在该命令中，需要选择的第一个参数是统计所使用的服务。表 5-11 列出了路由器可以支持的统计服务。

表 5-11 统计服务

关键字	描 述
system	系统统计功能能够提供所有系统级别的事件信息(如系统重启的时间或者统计的启用、禁用时间)
network	网络统计能够为所有与网络相关的服务提供信息，网络服务包括 PPP、SLIP 或 ARAP 会话
exec	特权统计功能能够提供 NAS 上的用户特权终端会话信息，包括用户名、数据、会话的开始和终止时间、访问服务器的 IP 地址和拨入用户的来电号码
connection	连接统计功能能够提供所有 NAS 发出的出站连接信息，如出站 Telnet、rlogin 信息等
commands	命令统计功能能够提供所有与某个特权级别关联的特权模式命令在 NAS 上的执行记录。每个命令记录都包括了一个特权级别的执行命令列表、每个命令的执行日期和时间，以及执行该命令的用户

第二个参数是方法列表的名称。和前面一样，默认的统计方法列表自动应用到设备的所有接口或线路下。

第三个需要选择的参数是统计过程是如何进行的。选项如下：

◇ start-stop：表示在一个进程开始和结束时分别发送一个开始统计和停止统计的通知。

◇ stop-only：表示只在用户所请求的进程结束后发送一个停止统计通知。

◇ none：表示停止在指定接口或线路下的统计行为。

最后一个参数是统计使用的方法列表。统计只支持两种方法：RADIUS 和 TACACS+，这是因为统计需要使用 RADIUS 或 TACACS+服务器。

2. 应用统计方法列表

在配置好统计方法列表之后，就需要将该方法列表应用到路由器的接口或线路下。示例 5-3 显示了如何在路由器上配置并应用统计方法列表。配置该示例所使用的网络拓扑结构如图 5-30 所示。

示例 5-3 配置认证、授权和统计

```
Router(config)#aaa new-model
Router(config)#radius-server host 10.1.1.100
Router(config)#radius-server key cisco!@#
Router(config)#aaa authentication ppp AUTHEN group radius
Router(config)#aaa authorization network AUTHOR group radius if-authenticated
Router(config)#aaa accounting network ACCOUNT start-stop group radius
Router(config)#interface group-async 1
Router(config-if)#ppp authentication chap AUTHEN
Router(config-if)#ppp authorization AUTHOR
Router(config-if)#ppp accounting ACCOUNT
Router(config-if)#exit
Router(config)#
```

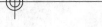

5.4.4 AAA 配置实例

1. 对锁和密钥 ACL 使用 AAA

当锁和密钥 ACL 被应用时，试图获取对路由器之后的网络进行访问的用户，通常都会被路由器接口上的 ACL(该例子中是 ACL 100)所阻止。但是，因为配置了锁和密钥，用户可以首先 Telnet 到路由器，路由器会提示用户进行认证。如果认证成功，那么路由器会重新配置 ACL，临时地允许用户对其后的网络进行访问。图 5-31 给出了对锁和密钥 ACL 使用 AAA 的网络拓扑结构。

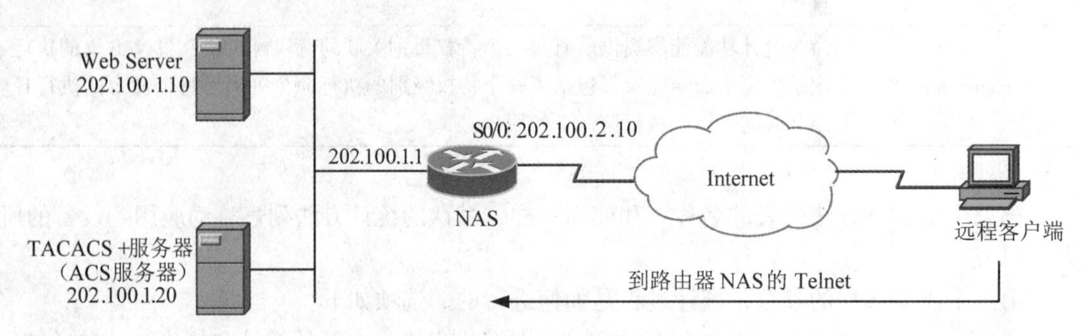

图 5-31　配置基于 AAA 的锁和密钥 ACL

在路由器上建立锁和密钥 ACL 所需的配置如示例 5-4 所示，在该示例中使用默认方法列表。

示例 5-4　　**配置基于 AAA 的锁和密钥 ACL**

```
Router(config)#access-list 100 permit tcp any host 202.100.2.10 eq 23
Router(config)#access-list 100 dynamic DACL permit ip any 202.100.1.0 0.0.0.255
Router(config)#interface s 0/0
Router(config-if)#ip access-group 100 in
Router(config-if)#exit
Router(config)#line vty 0 4
Router(config-line)#autocommand access-enable host
Router(config-line)#exit
Router(config)#

Router(config)#aaa new-model
Router(config)#tacacs-server host 202.100.1.20
Router(config)#tacacs-server key lockandkey
Router(config)#aaa authentication login default group tacacs+
```

在 ACS 服务器上，需要将路由器配置为 ACS 客户端，并添加用户账户。具体步骤如下：

(1)在 ACS 管理窗口中，单击 Network Configuration 按钮，可以管理现有 ACS 客户端或添加客户端。在默认情况下，ACS 服务器没有任何客户端。在 Network Device Groups 选项区

域内单击 Add Entry 按钮，显示如图 5-32 所示的 New Network Device Group 窗口。在 Network Device Group Name 文本框中输入客户端组名，如 Routers。

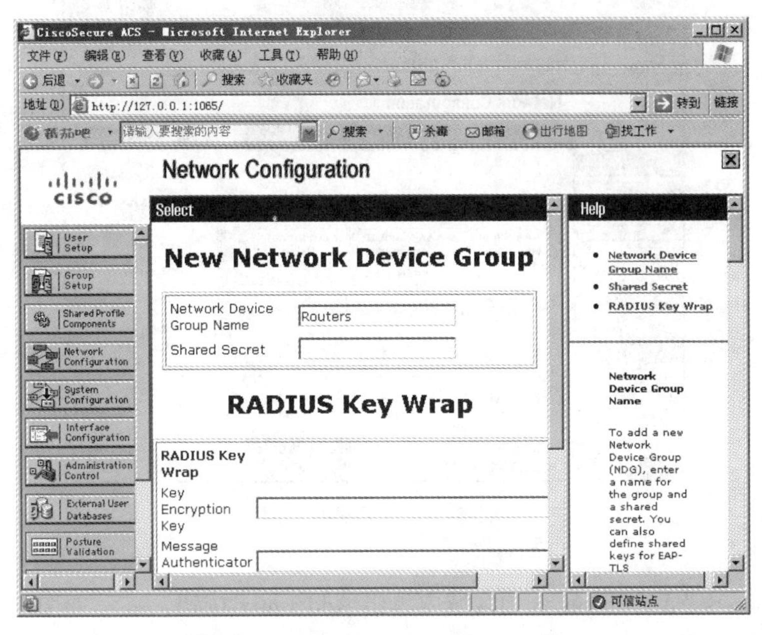

图 5-32　New Network Device Group 窗口

(2)单击 Submit 按钮，保存设置并返回 Network Configuration 窗口，Routers 就是成功创建的客户端组，如图 5-33 所示。

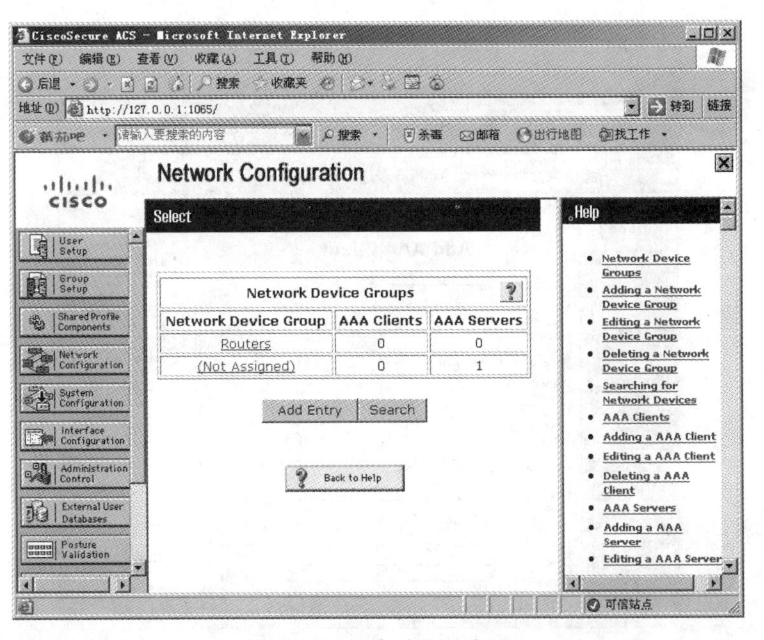

图 5-33　创建的客户端组

(3)单击 Routers 连接，显示如图 5-34 所示的窗口，默认情况下该组中没有任何客户端。

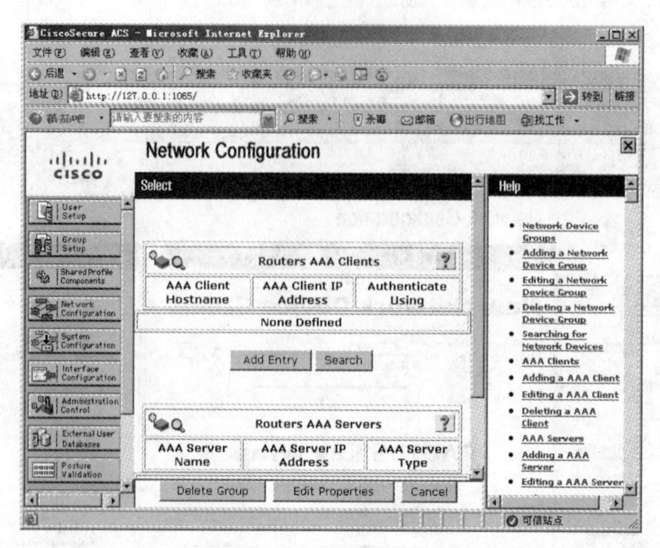

图 5-34　配置客户端组

(4)在 Routers AAA Clients 选项区域内单击 Add Entry 按钮，显示如图 5-35 所示的 Add AAA Client 窗口。在 AAA Client Hostname 文本框中，输入路由器的主机名；在 AAA Client IP Address 文本框中输入路由器的 IP 地址；在 Shared Secret 文本框中输入共享密钥(这个密钥必须与路由器上使用的共享密钥相同)；在 Network Device Group 下拉列表框中选择添加到的客户端组，这里选择 Routers。在 Authenticate Using 下拉列表框中选择 TACACS+(Cisco IOS)选项，此处选择的身份认证方式必须与路由器端完全相同，即同时选择 TACACS+身份验证方式。

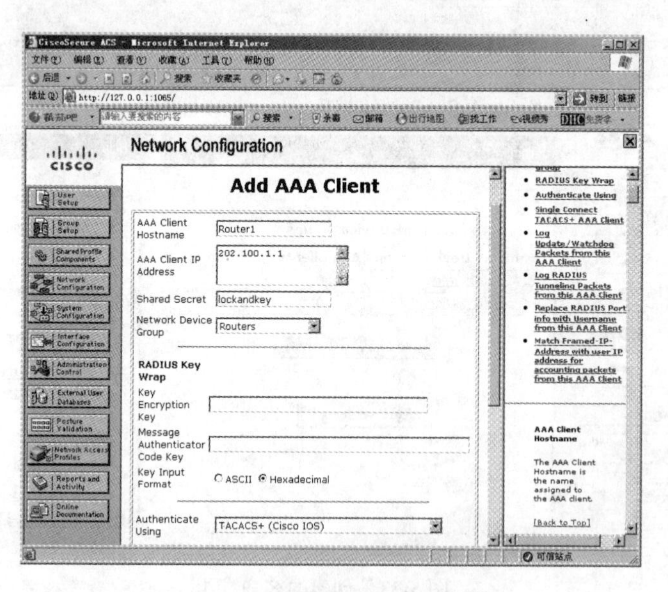

图 5-35　Add AAA Client 窗口

(5)最后添加用于认证的用户账户，在 ACS 主菜单页面中，单击 User Setup 按钮，在 User Setup 窗口中添加认证用的用户账户。关于用户账户的创建步骤已经在本章的 5. 3. 3 小节详细介绍，这里便不再赘述。

2. 对命令授权使用 AAA

命令授权是 Cisco IOS 的另一个特性，允许对不同的用户建立权限级别。这些用户出于管理的目的，需要对路由器进行 shell 访问。基于用户的 AAA 配置文件，路由器可以允许用户只执行他们被授权的那些命令，而阻止他们执行所有其他的命令。在需要允许不同用户对路由器进行访问，同时又需要进行控制，制止对路由器有意或无意滥用的情况下，这种特性是非常重要的。示例 5-5 显示了如何在路由器上建立命令授权。在这个例子中，使用 TACACS+协议配置登录认证、命令授权和统计，使用的是默认方法列表。这个例子为 IOS 特权级别为 1 ~ 15 的全部命令都进行了授权和统计，还配置了一个降格方法，即当收到类型为“错误”的响应信息时，也就是说当 AAA 服务器没有响应认证和授权请求时，设备就会通过本地数据库的方法提供 AAA 服务。

示例 5-5　　**使用 TACACS+服务器实现认证、命令授权和统计**

```
Router(config)#aaa new-model
Router(config)#aaa authentication login default group tacacs+ local
Router(config)#aaa authentication enable default group tacacs+ local
Router(config)#aaa authorization exec default group tacacs+ local
Router(config)#aaa authorization commands 1 default group tacacs+ local
Router(config)#aaa authorization commands 15 default group tacacs+ local
Router(config)#aaa accounting commands 1 default start-stop group tacacs+
Router(config)#aaa accounting commands 15 default start-stop group tacacs+
```

ACS 默认对命令不作授权，需要通过自定义命令集对指定的用户作命令授权。关于自定义命令集的配置步骤已经在本章的 5. 3. 3 小节详细介绍，这里便不再赘述。

5. 5　本章小结

保护访问管理是确保没有人可以在未授权的情况下对网络进行访问的一种有效方法。AAA 体系提供了访问管理的解决方案，这是一种基于策略的解决方案，它可以控制用户对网络和网络资源的访问。

Cisco Secure ACS 软件可以将网络访问控制的功能集中在一台服务器上实现，并以这种方式保障了网络设备和网络资源不会受到非法的访问。ACS 提供了网络访问管理解决方案，并且通过集中式的 RADIUS 和 TACACS+安全协议以及 AAA 框架，实现了基于策略的解决方案。

本章阐述了 AAA 构架，同时详细阐述了 RADIUS 和 TACACS+安全协议在 AAA 框架中的应用。本章还介绍了 ACS 软件能够实现的基本功能，并概述了 ACS 服务器的实施与配置。

本章最后详细介绍了在路由器上配置 AAA 的步骤，并通过实例介绍了在网络中实施 AAA 的方法，包括在 NAS(如路由器、交换机等主流网络设备)和使用 RADIUS 和 TACACS+

协议的 ACS 服务器。

5.6 习题

1. 选择题

(1)全局配置模式中使用以下哪个命令可以启用 AAA?

A. aaa EXEC

B. aaa new-model

C. configure aaa-model

D. configure-model aaa

(2)如何定义 AAA 认证方法?

A. 使用方法列表

B. 使用 method 语句

C. 使用 method 命令

D. 使用 method aaa 命令

(3)以下哪项不属于 AAA 认证方法?

A. 本地用户数据库

B. TACACS+

C. RADIUS

D. 远程

(4)aaa authentication login console-in 命令的功能是以下哪项?

A. 使用本地用户名数据库，指定以 console-in 命名的登录授权方法列表。

B. 使用本地 TACACS+服务器数据库，指定以 console-in 命名的登录认证方法列表。

C. 使用本地用户名数据库，指定以 console-in 命名的登录认证方法列表。

D. 使用本地 RADIUS 服务器数据库，指定以 console-in 命名的登录认证方法列表。

(5)用于 RADIUS 认证和授权的端口是以下哪项?

A. TCP 49

B. UDP 1812

C. TCP 2002

D. UDP 2000

(6)以下哪种 RADIUS 数据包包含用户名和密码的属性—值对?

A. 访问—请求

B. 访问—接受

C. 访问—拒绝

D. 访问—允许

(7)在管理员获准进入网络后，哪些 AAA 功能允许它访问网络资源?

A. 认证

B. 授权

C. 统计

D. 访问控制

(8)Cisco Secure ACS 不支持以下哪种用户到 NAS 的认证协议?

A. CHAP

B. L2TP

C. EAP-MD5

D. MS-CHAP

(9)当使用 RADIUS 作为认证方法时，网络接入服务器(NAS)扮演什么角色?

A. 对等体

B. 服务器

C. 客户端

D. 代理

(10)NAS 和 AAA 安全服务器之间是如何认证的?

A. 一次性口令(OTP)

B. 共享密钥

C. 非对称密钥

D. 共享安全

2. 问答题

(1)路由器上的 AAA 可以认证的服务有哪些?

(2)与下面的命令相关的任务是什么?

aaa authentication login default group radius none

(3)RADIUS 协议在认证过程中使用什么类型的数据包?

(4)TACACS+使用什么算法进行加密?

(5)AAA 服务器是如何提供授权信息到 NAS 的?

第6章 防火墙技术

防火墙是现代网络中的常用设备，也是每个网络环境中必不可少的组成部分。在大多数网络安全解决方案中，最关键的需求就是在网络中部署防火墙。本章主要阐述了防火墙的基本概念，介绍了目前主要的防火墙技术和产品，以及相应的配置方法。

完成本章的学习后，要达到如下目标：

◇ 理解防火墙的基本概念、功能和局限性；
◇ 理解防火墙的分类和部署方式；
◇ 掌握 CBAC 的工作原理和配置方法；
◇ 理解 ASA 防火墙；
◇ 掌握 ASA 的基本配置。

6.1 防火墙概述

所谓防火墙既可以是硬件，也可以是软件，将它部署在网络中，可以通过控制网络访问的方式实现安全策略。传统的防火墙功能比较单一，仅可以让网络拒绝非法的外部地址访问。新型防火墙在此功能上进行了拓展，还可以实现访问控制、VPN 服务、QoS 特性、冗余机制等。总的来说，防火墙可以保护数据的私密性、完整性和可用性。

6.1.1 防火墙的概念

防火墙的英文名为"Fire Wall"，它是目前最重要的确保网络安全的一种技术措施，防火墙的本义原是指在古代，人们为防止火灾的发生和蔓延，在木质结构房屋周围用坚固的石块堆砌一道被称之为"防火墙"的隔离墙。如今，"防火墙"这个名词被借用到网络安全中，指隔离在本地网络与外界网络之间的一道防御系统。

简单地说，防火墙是位于两个信任程度不同的网络之间(如企业内部网络和 Internet 之间)的软件或硬件设备的组合，它对两个网络之间的通信进行控制，通过强制实施统一的安全策略，防止对重要信息资源的非法存取和访问，达到保护系统安全的目的。它是目前实现网络安全策略的最有效的工具之一，也是控制外部用户访问内部网的第一道关口。

防火墙的设计思想就是在内部、外部两个网络之间建立一个具有安全控制机制的安全控制点，通过允许、拒绝或重新定向经过防火墙的数据流，来实现对内部网服务和访问的安全审计和控制。需要指出的是，防火墙虽然可以在一定程度上保护内部网的安全，但内部网还应有其他的安全保护措施，这是防火墙所不能代替的。

防火墙技术是建立在现代通信网络技术和信息安全技术基础上的应用性安全技术，越来越多地被应用于专用网络和公用网络的互联环境中，尤其以接入 Internet 网络最甚。防火墙

可通过检测、控制跨越防火墙的数据流，尽可能地对外界屏蔽内部网络的信息、结构与运行状况，以此来实现内部网络的安全保护。

防火墙可由计算机硬件和软件系统组成。在通常情况下，内部网和外部网进行互联时，必须使用一个中间设备，这个设备既可以是专门的互联设备(如路由器或网关)，也可以是网络中的某个节点(如一台主机)。这个设备至少具有两条物理链路，一条通往外部网络，一条通往内部网络。企业用户希望与其他用户通信时，信息必须经过该设备，同样，其他用户希望访问企业网时，也必须经过该设备。显然，该设备是阻挡攻击者入侵的关口，也是防火墙实施的理想位置，如图6-1所示。

图6-1 防火墙

防火墙的作用是防止不希望的、未授权的通信进出受保护的网络，从而使机构强化自己的网络安全政策。由于防火墙设定了网络边界和服务，因此更适合于相对独立的网络，如Internet。事实上，在Internet上的Web网络中，超过1/3的Web网络都是由某种形式的防火墙加以保护的。

可以说，防火墙能够限制非法用户从一个被严格保护的设备上进入或离开，从而有效地阻止对内部网的非法入侵。但由于防火墙只能对跨越边界的信息进行检测、控制，而对内部人员的攻击不具备防范能力，因此单独依靠防火墙来保护网络的安全是不够的，还必须与入侵检测系统(IDS)、安全扫描、应急处理等其他措施综合使用才能达到目的。

6.1.2 防火墙的功能

一般来说，防火墙在配置上可防止来自“外部”未经授权的交互式登录，这大大有助于防止蓄意破坏者登录到网络用户的计算机上。一些设计更为精巧的防火墙既可以防止来自外部的信息流进入内部，同时，又允许内部的用户可以自由地与外部通信。如果切断防火墙，就可以保护用户免受网络上任何类型的攻击。

防火墙的另一个非常重要的特性是可以提供一个单独的“阻塞点”，在“阻塞点”上设置安全和审计检查。防火墙可提供一种重要的记录和审计功能：经常向管理员提供一些情况概要，提供有关通过防火墙的数据流的类型和数量，以及有多少次试图闯入防火墙的企图等信息。利用防火墙保护内部网，主要有以下几个主要功能：

1. 网络安全的屏障

防火墙是信息进出网络的必经之路，它可检测所有经过数据的细节，并根据事先定义好的策略允许或禁止这些数据的通过。一个防火墙(作为阻塞点、控制点)可极大地提高内部网络的安全性，并通过过滤不安全的服务而降低风险。由于只有经过精心选择的应用协议才能通过防火墙，所以网络环境变得更安全。这样外部的攻击者就不可能利用这些脆弱的协议来攻击内部网络。防火墙同时可以保护网络免受基于路由的攻击。

2. 强化网络安全策略

通过以防火墙为中心的安全方案配置，能将所有的安全功能(如口令、加密、身份认证、审计)配置在防火墙上。与将网络安全问题分散到各个主机上相比，防火墙的集中安全管理更经济。例如，在网络访问时，一次性密钥密码系统和其他的身份认证系统完全不必分散在各个主机上，而是集中在防火墙上。

3. 对网络存取和访问进行检测审计

如果所有的访问都经过防火墙，那么，防火墙就能记录下这些访问并做出日志记录，同时，也能提供网络使用情况的统计数据。当发生可疑动作时，防火墙能进行报警，并提供网络是否受到监测和攻击的详细信息。另外，使用统计手段对网络进行需求分析和威胁分析等也是非常重要的。

4. 防止内部信息的处理

通过利用防火墙对内部网络的划分，可实现对内部网重点网段的隔离，从而限制局部重点或敏感的网络安全问题对全局网络造成的影响。在内部网络中，不引人注意的细节可能包含了有关安全的线索，而引起外部攻击者的兴趣，甚至因此而暴露了内部网络的某些安全漏洞，使用防火墙就可以隐藏那些内部细节。防火墙同样可以阻塞有关内部网络的 DNS 信息，这样，一台主机的域名和 IP 地址就不会被外界所了解。

5. 安全策略检查

所有进出网络的信息都必须通过防火墙，防火墙成为网络上的一个安全检查，对来自外部的网络进行检测和报警，将检查出来的可疑的访问拒之网外。

6. 实施 NAT 的理想平台

利用网络地址变换(Network Address Translation，NAT)技术，将有限的 IP 地址动态或静态地与内部的 IP 地址对应起来，用来缓解地址空间短缺的问题，并消除本单位在变换 ISP 时带来的重新编排地址的麻烦。

6.1.3 防火墙的局限性

防火墙可以让内部网络在很大程度上免受攻击，但配置了防火墙之后，并不是所有的网络安全问题都迎刃而解了。没有万能的网络安全技术，防火墙也不例外。防火墙有以下几个方面的局限性：

1. 防火墙不能防范内部人员的攻击

防火墙只提供周边防护，并不能控制内部用户对网络滥用授权的访问。内部用户可窃取数据、破坏硬件和软件，并可巧妙地修改程序而不接近防火墙。内部用户攻击网络正是网络安全最大的威胁。统计表明，很多安全事件是由于内部人员的攻击所造成的，由内部引起的安全问题约占总数的 80%。

2. 防火墙不能防范绕过它的链接

防火墙可有效地检查经由它进行传输的信息，但不能防止绕过它的传输信息。如果站点允许对防火墙后面的内部系统进行拨号访问，那么防火墙就没有办法阻止攻击者进行的拨号入侵。

3. 防火墙不能防御全部威胁

防火墙可预防已知的威胁。如果是一个很好的防火墙设计方案，则可以防御新的威胁，但没有一个防火墙能够防御所有的威胁。

4. 防火墙不能防御恶意程序和病毒

虽然许多防火墙能扫描所有通过的信息，以决定是否允许它们通过防火墙进入内部网络，但扫描是针对源、目的地址和端口号的，而不扫描数据的确切内容。因为在网络上传输二进制文件的代码方式太多，并且有太多的不同结构的病毒，因此防火墙不可能查找所有的，也就不能有效地防范像病毒这类程序的入侵。如今恶意程序发展迅速，病毒可依附于共享文档传播，也可通过 E-mail 附件的形式在 Internet 上迅速蔓延。Web 本身就是一个病毒源，许多站点都可以下载病毒程序甚至源码。某些防火墙可以根据已知病毒和木马的特征码检查数据流，虽然这样做会有些帮助但并不可靠，因为类似的恶意程序的种类很多，有多种手段可使它们在数据中隐藏，防火墙对那些新的病毒和木马程序等是无能为力的。此外，防火墙只能发现从其他网络来的恶意程序，但许多病毒却是通过被感染的软盘或系统直接进入网络的。所以，对病毒等恶意程序十分敏感的单位，应当在整个机构范围内采取病毒控制措施。

6.1.4 防火墙的类型

目前，市场上的防火墙产品非常多，划分的标准也不同。按不同的标准可将防火墙分为多种类型。

1. 从软、硬件形式上分类

如果从防火墙的软、硬件形式来分的话，那么防火墙可以分为软件防火墙和硬件防火墙以及芯片级防火墙。

(1)软件防火墙。

软件防火墙运行于特定的计算机上，它需要预先安装好的计算机操作系统的支持。一般来说，这台计算机就是整个网络的网关。软件防火墙就像其他的软件产品一样需要在计算机上安装并做好配置才可以使用。防火墙厂商中做网络版软件防火墙最出名的莫过于 Checkpoint。使用这类防火墙，需要网络管理员对所工作的操作系统平台比较熟悉。

(2)硬件防火墙。

这里所说的硬件防火墙是指“所谓的硬件防火墙”。之所以加上“所谓”二字是针对芯片级防火墙说的。它们最大的差别在于是否基于专用的硬件平台。目前市场上大多数防火墙都是这种硬件防火墙，他们都基于 PC 架构，在这些 PC 架构计算机上运行一些经过裁剪和简化的操作系统，最常用的有老版本的 UNIX、Linux 和 FreeBSD 系统。值得注意的是，由于此类防火墙采用的依然是别人的内核，因此依然会受到 OS(操作系统)本身的安全性影响。

传统硬件防火墙一般至少应具备三个端口，分别用来连接内网、外网和 DMZ 区(非军事化区)，现在一些新的硬件防火墙往往扩展了端口，常见的四端口防火墙一般将第四个端口作为配置口、管理端口，很多防火墙还可以进一步扩展端口数目。

(3)芯片级防火墙。

芯片级防火墙基于专门的硬件平台，没有操作系统。专有的 ASIC 芯片使它们比其他类的防火墙速度更快，处理能力更强，性能更高。做这类防火墙最出名的厂商有 NetScreen、Cisco 等。这类防火墙由于是专用 OS(操作系统)，因此防火墙本身的漏洞比较少，不过价格相对比较高昂。

2. 按防火墙的部署位置分类

按部署位置分类，防火墙可以分为边界防火墙、个人防火墙和混合防火墙三大类。

(1)边界防火墙。

边界防火墙是最为传统的那种，它们位于内、外部网络的边界，所起的作用是对内、外部网络实施隔离，保护边界内部网络。这类防火墙一般都是硬件类型的。

(2)个人防火墙。

个人防火墙安装于单台主机中，防护的也只是单台主机。这类防火墙应用于广大的个人用户，通常为软件防火墙，价格最便宜，性能也最差。

(3)混合式防火墙。

混合式防火墙可以说就是“分布防火墙”或者“嵌入式防火墙”，它是一整套防火墙系统，由若干个软件和硬件组件组成，分布于内、外部网络边界和内部各主机之间，既对内、外部网络之间通信进行过滤，又对网络内部各主机间的通信进行过滤。它属于最新的防火墙技术之一，性能最好，价格也昂贵。

3. 从防火墙体系结构上分类

从体系结构上分类，防火墙可分为静态包过滤防火墙、代理服务器防火墙和状态监测防火墙。

(1)静态包过滤防火墙。

静态包过滤防火墙工作在OSI网络参考模型的网络层和传输层，它根据数据包头的源地址、目的地址、端口号和协议类型等标志确定是否允许通过。只有满足过滤条件的数据包才被转发到相应的目的地，其余数据包则被从数据流中丢弃。包过滤方式是一种通用、廉价和有效的安全手段。

静态包过滤防火墙通常是路由器防火墙解决方案的一部分，是一种相当简单的设备。由于这类防火墙不代理任何流量而只是在信息通过时检查它们，所以速度很快，但是它们对应用层协议和数据包中的数据元素一点也不了解，因此它们的有用性就受到了限制。路由器中使用的标准和扩展的访问控制列表(没有established关键字)就属于这类防火墙。

(2)代理服务器防火墙。

代理服务器防火墙工作在OSI的最高层，即应用层。其特点是通过对每种应用服务编制专门的代理程序，实现监视和控制应用层数据流的应用。根据应用代理服务器的不同，对应用程序的支持也有所不同。一些防火墙仅支持有限数量的应用，而其他的则被设计成只支持单一的应用。在通常情况下，代理服务器会支持E-mail、Web服务、DNS、Telnet、FTP、Usenet新闻、轻量级目录访问协议(LDAP，Lightweight Directory Access Protocol)和Finger等应用。

代理服务器防火墙通常是内部网络和Internet之间的中介，在采用了代理服务器的配置中，外部用户和内部用户之间没有直接的联系，如图6-2所示。该拓扑图代表了一个典型代理服务器的部署，显示了网络内的一个客户请求访问网站的情形。当客户端尝试连接时，其浏览器使用代理服务器完成所有HTTP请求。注意，当使用代理服务器时，不需要客户端的DNS查询和客户端到Internet的路由选择。所有客户只需要到达代理服务器，然后发出请求。

代理服务器知道应用层协议的存在，并且能够限制或者允许基于这些协议的访问，从这种意义上讲，代理服务器是有利的。但是，代理服务器查看数据包的数据部分，并使用这些数据信息来限制访问，这种在协议栈较高层处理数据包的强大能力会使代理服务器的速度减慢。而且，因为入站流量必须由代理服务器和终端用户的应用程序处理，所以速度会进一步

图 6-2 代理服务器的典型部署

减慢。对于那些为了使用代理服务器而修改自己应用的终端用户来说，代理服务器通常不是透明的。防火墙协议栈需要为每一个必须通过代理服务器的新应用作一定的修改，以便于处理这些新应用。

(3)状态监测防火墙。

状态监测(Stateful Inspection)防火墙由 Check Point 率先提出，又称动态包过滤防火墙。这种防火墙监视和跟踪每一个有效连接的状态，并根据这些信息决定网络数据包是否能通过防火墙。它在协议栈底层截取数据包，然后分析这些数据包，并且将当前数据包和状态信息与前一时刻的数据包和状态信息进行比较，从而得到该数据包的控制信息，达到保护网络安全的目的。

状态监测防火墙比静态包过滤防火墙具有更多的智能，这种智能性体现在它们能够阻塞几乎所有进入内部网络的流量，但却允许位于它们之后的内网用户产生流量的返回流量通过。它们通过记录传输层的连接状态达到这个目的，传输层的连接是位于防火墙之后的内网主机通过状态监测防火墙建立起来的。

状态监测防火墙是现在大多数网络实现防火墙的机制，它们能够跟踪通过它们的数据包的各种信息，这些信息包括源/目的 TCP 和 UDP 端口号、TCP 序列号和标记、基于 RFCed TCP 状态机的 TCP 会话状态、基于定时器的 UDP 流量跟踪等。

状态监测防火墙通常有内置的高级 IP 层处理特性，比如数据分片的重新组装以及 IP 选项的清除或者拒绝。现在许多状态监测防火墙都能分析诸如 HTTP 和 FTP 之类的应用层协议，并且能够基于这些协议的特殊需要执行访问控制功能。

6.1.5 防火墙的部署

防火墙的部署有很多常用的方法，本章将按照安全性由低到高的顺序阐述这些方案，这些方案如下：

◇ 基本过滤路由器；
◇ 经典的双路由器 DMZ 方案；
◇ 状态化防火墙 DMZ 设计方案；
◇ 现代三接口防火墙设计方案；
◇ 多防火墙设计方案。

1. 基本过滤路由器

基本过滤路由器的特点是内部网络和外部网络之间只存在一个过滤点，如图 6-3 所示。

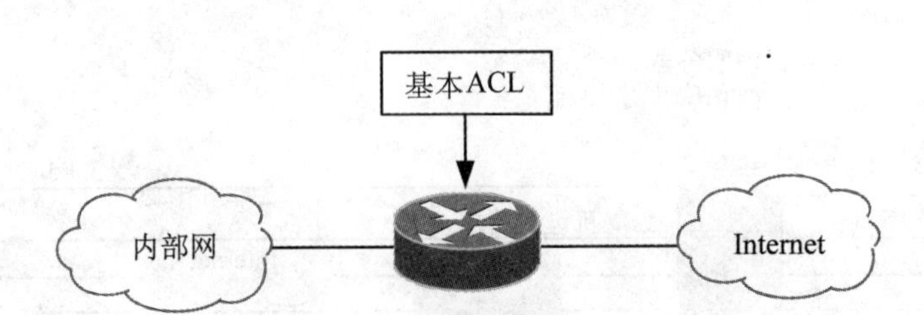

图 6-3　基本的过滤路由器

这种设计的优点是很容易实现，并且不会影响周边的网络，但其安全性最低，且存在如下缺点：

◇ 公共服务器位于路由器的内部，如果公共服务器沦陷，那么攻击者就可以不经过路由器的过滤直接对内部系统发起攻击；
◇ 仅部署一台过滤路由器执行访问控制存在单点故障的隐患；
◇ 由于不能实现状态化过滤，因此必须在路由器上开放大量端口，才能让大部分应用正常工作。

2. 经典的双路由器 DMZ 方案

随着安全逐渐成为了 Internet 上的一大问题，网络管理员都转而使用双路由器系统，如图 6-4 所示。在传统上，它们之间的区域被称为 DMZ（DeMilitarized Zone，非军事区域）。DMZ 是在一个非安全系统与安全系统之间而设立的一个过滤子网，这个子网通常位于企业内部网络和外部网络之间，用来放置一些必须公开的服务器设施，如企业 Web 服务器、FTP 服务器和论坛等。

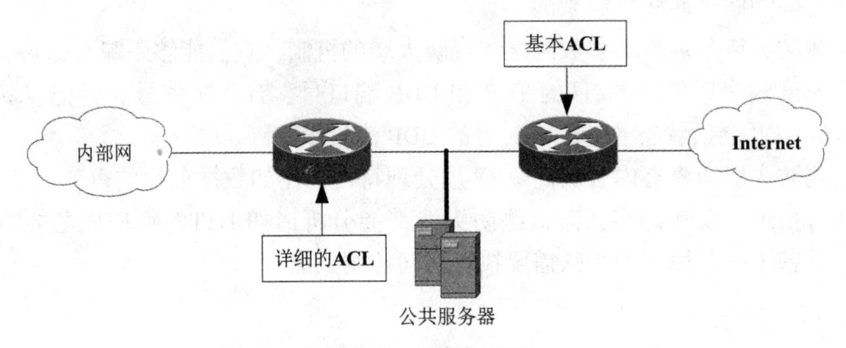

图 6-4　双路由 DMZ

该设计相对于单路由器的主要好处是，公共服务器与内网的其余部分分开。DMZ 中的一台服务器被攻陷，不会使得攻击者能够直接攻击内部网服务器，他们还必须经过第二台路由器才能进入内部网络。因此，第二台过滤路由器可采用比第一台更严格的 ACL 策略进行设置，但是如果没有状态化过滤的功能，那么内部系统仍然面临攻击。

3. 状态化防火墙 DMZ 设计方案

当状态化防火墙的应用越来越普遍时，组织机构开始利用状态化防火墙取代双路由器 DMZ 设计中的第二台路由器。该设计如图 6-5 所示。

该设计可以在内部网和公共服务器，以及内部网和 Internet 之间执行更加强大的强过滤

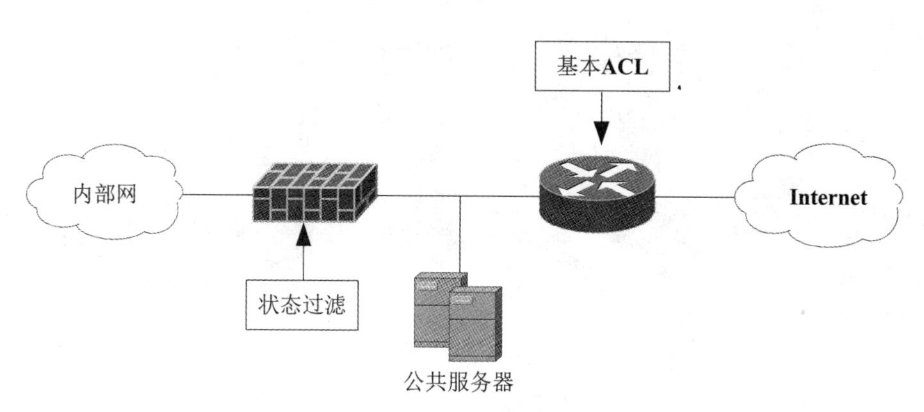

图 6-5　状态防火墙 DMZ 设计

功能，因此是双路由器 DMZ 设计方案的改进做法。今天有很多组织机构仍在使用这种过滤方案，尤其是当其防火墙的性能无法满足公共服务器的吞吐量需求时。

在部署状态化防火墙时，网络的连通性可能会受到影响，因为有些防火墙不支持高级路由协议或组播功能，这在某些网络中可能是个问题。

在这种设计方案中，路由器仍然会执行某些过滤，它的两大过滤任务是过滤不可路由的地址空间和在入口执行过滤。

4. 现代三接口防火墙设计方案

目前的大部分设计采用了如图 6-6 所示的拓扑。这种设计方案成为了当前防火墙边缘部署中的标准，是安全性、经济性和易管理性的完美结合。

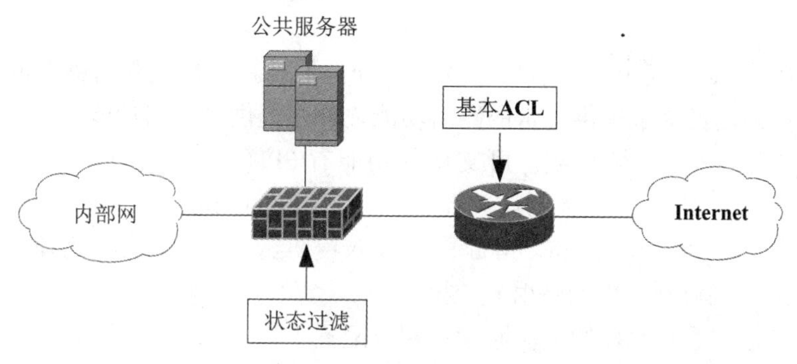

图 6-6　三接口防火墙设计

该设计的最大优势是要求所有流量都经过防火墙，包括从 Internet 流向公共服务器的流量。而在前面的所有设计方案中，这类流量仅仅是由配置了 ACL 的路由器进行保护。这种设计方案还可以进行修改：设计者可以在防火墙上添加更多的分段，将公共服务器互相隔离。

5. 多防火墙设计方案

多防火墙设计方案有很多变种，主要用于电子商务或其他敏感事务的场合。这样的事务通常需要多重信任级别，而不仅是内部、外部和服务器。图 6-7 为多防火墙方案的实例，除此之外，这种方案还有很多其他的例子。

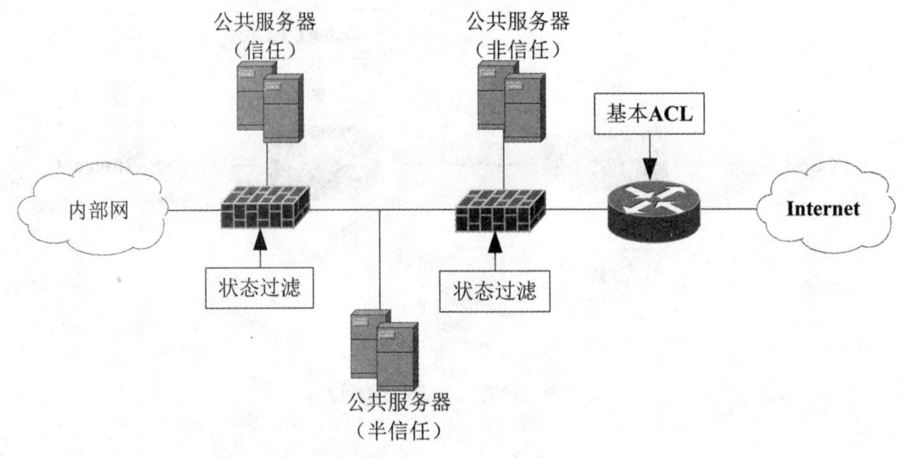

图6-7　多防火墙设计

这种设计方案中，信任服务器组通常会响应来自半信任服务器的业务请求。这些半信任服务器为来自非信任服务器的请求提供服务。非信任服务器则可以响应来自 Internet 的请求。而 Internet 用户只能直接访问非信任服务器。从非信任服务器上，攻击者可以攻击半信任服务器，但是只有极少数必要的端口支持这两类服务器之间的交互。如果半信任服务器被攻陷，那么信任服务器就可能从半信任服务器上被攻陷，但是同样只有极少数的端口可以发起攻击。

6.2　IOS 防火墙

IOS 防火墙是 Cisco 安全集成软件中的一部分，是一款运行在路由器上的状态化检测防火墙软件，它使路由器除了提供正常的路由功能之外还提供防火墙功能。

IOS 防火墙由很多子系统组成，可支持的功能有 SPI（状态化包检测）、CBAC（Context-Based Access Control，基于上下文的访问控制）、ZFW（Zone-Based Policy Firewall，基于区域的策略防火墙）、IPS（Intrusion Prevention System 入侵防御系统）、认证代理、PAM（Port Application Mapping，端口到应用的映射）、透明防火墙等。

本章的重点是阐述 CBAC 的工作原理及相应配置。

6.2.1　基于上下文的访问控制（CBAC）

基于上下文的访问控制（Context-Based Access Control，CBAC）是一个基于软件的防火墙特性，它可以根据应用层协议的会话信息智能地过滤 TCP 和 UDP 数据包。CBAC 能检测源于路由器接口的任何会话流量。对于通过防火墙的流量，CBAC 发现并管理其 TCP 和 UDP 会话的状态信息。在路由器上这些状态信息用于在 ACL 中建立临时的开放通路，这些临时的路径允许返回的数据流量通过，也会放行其他应该放行的会话连接。

在应用层检测数据包并维护 TCP 和 UDP 会话信息使得 CBAC 可以防止很多类型的攻击，如 SYN 泛洪。CBAC 也可以检查 TCP 连接中的序列号以确定是否在期望的范围内。此外，它也可以检测到大量的新连接并发出警告信息。

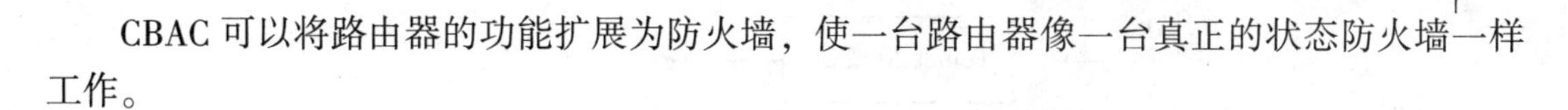

CBAC 可以将路由器的功能扩展为防火墙，使一台路由器像一台真正的状态防火墙一样工作。

6.2.2 CBAC 的功能

CBAC 提供四个重要功能：流量过滤、流量检测、入侵检测及产生审计和警告信息。

1. 流量过滤

可以对 CBAC 进行配置，在连接从网络内部发起时，使其允许 TCP 和 UDP 返回流量通过防火墙。这通过在 ACL 中临时开放接口实现(否则将拒绝所有)。CBAC 可以检查会话是从防火墙的哪边发起的。CBAC 不仅检查网络层和传输层的信息，而且还可检查应用层协议信息(如 FTP 连接信息)以了解会话状态。

2. 流量检测

由于 CBAC 可以检查数据包的应用层信息并维护 TCP 和 UDP 会话信息，所以它可以检测和防止 SYN 泛洪这类的网络攻击。SYN 泛洪攻击是指网络攻击者发送大量的连接请求但并不完成连接的一种攻击。大量的半打开连接消耗了服务器资源，使得它拒绝提供有效服务。CBAC 还可以以不同方式防止 DoS 攻击，它检查 TCP 连接的序列号，查看是否在期望的范围内，然后丢弃可疑的数据包。CBAC 还可以丢弃半打开连接，此半打开连接需要占用防火墙的处理器和内存资源来维持。

3. 入侵检测

CBAC 提供有限数量的入侵检测来防止 SMTP 攻击。通过入侵检测，可以查看和监视系统消息并与具体的攻击特征进行比较。网络攻击都有其特征或特性。当 CBAC 依据这些特定的特征检测到有攻击时，它可以重置这些有问题的连接并向系统日志服务器发送系统日志消息。

4. 产生审计和警告信息

CBAC 可以产生实时的审计和警告消息。增强的审计跟踪特性使用系统日志跟踪所有网络事件并记录时间戳、源和目的主机、所用端口和发送的总字节数。实时警告在发现可疑行为后向中央管理控制台发送系统日志错误消息。

6.2.3 CBAC 的工作原理

CBAC 可以基于每个协议对数据包进行检测。只有指定的协议才会被 CBAC 检测，没有指定的那些协议则不受 CBAC 检测的影响，而是服从路由器上其他进程的安排，如 NAT、路由协议和 ACL 等。CBAC 的工作过程如图 6-8 所示。

在图 6-8 中，假设内网用户发起外部连接(如 Telnet)，从被保护网络到外部网络，CBAC 能够检查 Telnet 流量。同时，假设在外部接口上应用了 ACL 阻止 Telnet 流量进入被保护网络。连接过程如下：

(1)由内网发起的流量到达路由器时，如果路由器上配置了入站方向的 ACL，则先处理 ACL。如果 ACL 拒绝这种类型的流量，则数据包被丢弃；如果 ACL 允许，则将检查 CBAC 规则。

(2)如果该 Telnet 流量不符合 CBAC 定义的规则，则 CBAC 将不检测该流量并允许其通过；否则，CBAC 将检测该流量并与状态表中的条目比较。如果状态表中没有此连接，则添加新的条目；如果已经存在，则重置此连接的空闲计时器。

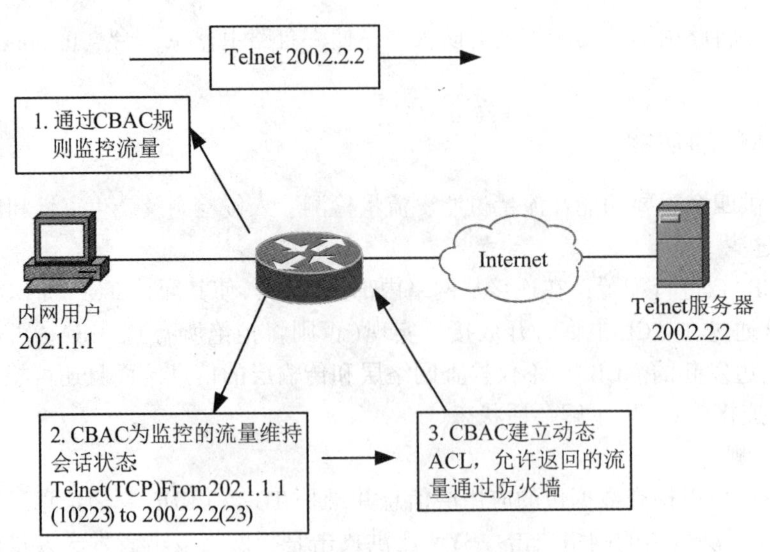

图 6-8　CBAC 的运行过程

(3)如果添加了新的条目，则在外部接口的入站方向(从外部网络到内部网络)添加动态的 ACL 条目，这允许 Telnet 返回的流量，即数据包属于之前同一 Telnet 连接的一部分可以返回网络。临时的开通会一直持续到会话结束。这些动态条目不会保存到 NVRAM 中。

(4)会话终止，状态表中的动态信息和动态 ACL 条目将被删除。

这一过程类似于自反 ACL 的处理过程。CBAC 在 ACL 中建立临时开通条目允许返回流量。当检测到有流量离开网络时建立这些条目；当会话终止或连接超时时，删除这些条目。通过自反 ACL，管理员也可以定义检查哪些协议以及所检查的端口和方向。

CBAC 的配置相当灵活，尤其在选择检测流量的方向上。CBAC 典型的应用是在边界路由器或防火墙上使用，允许返回的流量进入网络。也可以在两个方向(in 和 out)配置 CBAC 来检测流量。这在保护网络的两个部分时(当防火墙的两边都发起连接并允许返回的流量到达源端)非常有用。

CBAC 使用超时时间和阈值来管理会话的状态信息。这些值可以决定什么时间断开那些没有完全建立的会话，也可以用来节省系统资源。在到达超时时间后，CBAC 就会将会话丢弃，并给会话的两端(源和目的)分别发送重置消息。系统收到重置消息后，会从自己的进程中释放那个没有建立的连接，从而清除资源分配表。

CBAC 维护一个会话状态表，表中保存有一些连接信息，如源/目的 IP 地址、源/目的端口号以及应用协议信息等。每当 CBAC 检测一个入站的数据包，这个状态表中的连接信息就要被更新一次。该信息的作用是为返回流量在防火墙上打开一个动态的通道。只有当状态表中的某个条目显示该数据包属于一个已经放行的会话，相应的返回流量才会被防火墙放行。

CBAC 可以检测所有的 TCP 和 UDP 会话，无论其对应的应用层协议是什么。这种方式叫做单向或任意的 TCP/UDP 检测。不仅如此，而且 CBAC 还可以单独检测特定的应用层协议，并且为每个会话维持连接信息。CBAC 对应用层协议的检测优先于对 TCP 或 UDP 协议的检测。但是 CBAC 不检测 ICMP 流量，因为它们不像 TCP 或 UDP 流量那样包含状态信息，因此必须使用访问控制列表中的静态表项来手工管理 ICMP 流量。

6.2.4 配置 CBAC

配置 CBAC 可以遵循以下步骤：

◇ 第 1 步：选择一个接口：内部接口或者外部接口。

◇ 第 2 步：配置 IP 访问列表。

◇ 第 3 步：定义检测规则。

◇ 第 4 步：配置全局的超时时间和阈值(可选)。

◇ 第 5 步：把访问控制列表和检测规则应用到接口下。

◇ 第 6 步：验证和查看 CBAC 的配置。

1. 选择一个接口：内部接口或者外部接口

CBAC 既可以配置在防火墙的内部接口上，也可以配置在防火墙的外部接口上。对于 CBAC，内部和外部是指会话的方向。内部是指信任或受保护的一侧，会话要由这一侧来发起，而这一侧发起的流量会被放行。外部是指不信任或不受保护的一侧，这一侧不能发起会话，外部发起的会话会被阻塞，如图 6-9 所示。

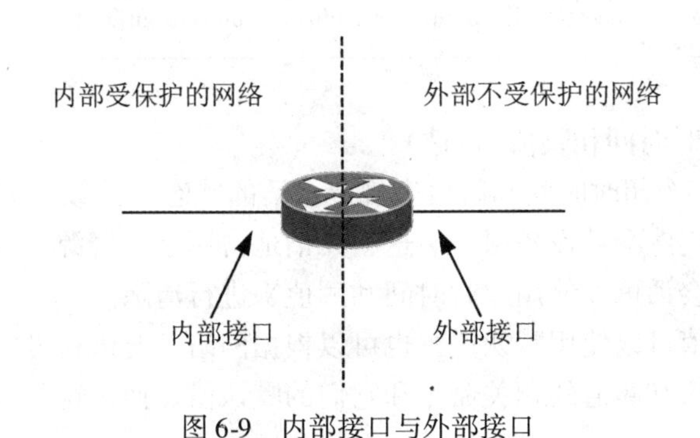

图 6-9　内部接口与外部接口

CBAC 可以配置在一个或多个接口的两个方向上，推荐只在接口的一个方向上配置 CBAC。不过，当防火墙两边的网络都需要保护时就需要在接口的两个方向上都配置 CBAC(也称双向 CBAC)，例如，在配置内联网和外联网以及防止 DoS 攻击的时候，就可以实施双向 CBAC。

2. 配置 IP 访问列表

要使 CBAC 正常工作，必须配置一个访问列表来为返回的流量打开临时通道。注意，这里要使用扩展访问控制列表。

访问控制列表需要根据相关单位的安全策略来配置。访问控制列表最好写得简单一点。一个既繁且杂的访问控制列表只会增加网络的风险，因为这种列表最有可能放行一些出乎意料的有害流量，因而会降低受保护网络的安全性。另外，在把访问控制列表应用到网络环境中之前，也有必要最后对其进行查看。

建立访问控制列表可以按照这样的部署准则进行：精确阻塞所有从不受保护网络发起的、去往受保护网络的流量，有特殊需要的流量除外。如果受保护的网络里有一台 Web 服务器，那么就需要放行 HTTP(TCP 80)流量进入受保护网络。

3. 定义检测规则

CBAC 需要靠定义检测规则来指定哪些流量需要接受防火墙的检测。

检测规则可以针对某个特定的应用层协议指定，也可以检测所有的 TCP 和 UDP 流量。一个检测规则通过一系列的语句来实现，每一条语句列出了一个协议并指定了相同的检测规则名称。检测规则语句还有其他的可选项，如控制告警、审计跟踪消息以及查看 IP 包分片等。

在全局模式下配置检测规则的命令为：

Router(config)#**ip inspect name** *inspection_ name protocol* [**alert** {**on** | **off**}] [**audit-trail** {**on** | **off**}] [**timeout** *seconds*]

示例 6-1 定义了一个名称为 RULE 的检测规则，该规则对 HTTP、FTP、Telnet 流量进行检测并启动告警及跟踪，空闲时间为 300 秒。其他应用层协议的检测也可以根据需要进行启用。

示例 6-1　　　　**定义 CBAC 规则**

```
Router(config)#ip inspect name RULE http alert on audit-trail on timeout 300
Router(config)#ip inspect name RULE telnet alert on audit-trail on timeout 300
Router(config)#ip inspect name RULE ftp alert on audit-trail on timeout 300
```

4. 配置全局的超时时间和阈值(可选)

CBAC 可以使用多个超时时间和阈值来规定会话的状态和持续时间。有时候，会话突然终结，但会话的链接仍然会被设备保留。这会无谓地占用系统资源。这些未完成的会话、空闲会话和突然终结的会话可以使用超时时间和阈值来进行清除。

超时时间值和阈值可以使用默认值，也可以根据网络情况进行专门的设置，表 6-1 列出了所有配置超时时间值和阈值的相关命令和它们的默认值。使用这些命令可以根据需要来修改超时时间值和阈值。

表 6-1　　　　**全局超时时间和阈值**

超时时间和阈值	命令	默认值
系统等待 TCP 会话进入 establish 状态的时长，超时丢弃	**ip inspect tcp synwait-time** *seconds*	30 秒
在防火墙检测到 FIN-exchange 后，系统会继续管理 TCP 会话的时长	**Ip inspect tcp finwait-time** *seconds*	5 秒
在没有动作之后，系统继续管理 TCP 会话的时长(即 TCP 空闲超时时间)	**ip inspect tcp idle-time** *seconds*	3600 秒
在没有动作之后，系统继续管理 UDP 会话的时长(即 UDP 空闲超时时间)	**ip inspect udp idle-time** *seconds*	30 秒
在没有动作之后，系统继续管理 DNS 域名查询会话的时长	**ip inspect dns-timeout** *seconds*	5 秒

续表

超时时间和阈值	命令	默认值
让系统开始删除后续半打开连接的半打开连接数	**ip inspect max-incomplete high** *number*	500 个半打开连接
让系统不再删除后续半打开连接的半打开连接数	**ip inspect max-incomplete low** *number*	400 个半打开连接
一分钟内新建半打开连接的速率，到达该速率系统会开始删除后续的半打开连接	**ip inspect one-minute high** *number*	每分钟 500 个半打开连接
一分钟内新建半打开连接的速率，到达该速率系统会不再删除后续的半打开连接	**ip inspect one-minute low** *number*	每分钟 400 个半打开连接
某个特定主机地址所存在的半打开连接，达到这个数值以后，系统会丢弃所有去往该主机地址的后续半打开连接	**ip inspect tcp max-incomplete host** *number* **block-time** *minutes*	50 个半打开连接；0 分钟

5. 把访问控制列表和检测规则应用到接口下

要使 CBAC 生效，就要把在前面配置的访问列表和检测规则应用到接口下。把 CBAC 应用到哪里(是内部接口还是外部接口)没有任何技术层面的限制。CBAC 既可以应用在外部接口上，也可以应用在内部接口上，到底配置在哪里完全由安全策略来决定。在作出决定之前，用户需要考虑的是哪个网段有必要得到保护。当数据流从内部接口流向外部接口时，被认为是出站(outbound)流量。相反，当数据流从外部接口流向内部接口时，被认为是入站(inbound)流量。如果 CBAC 检测的是出站流量，就把它应用在内部接口上；如果 CBAC 检测的是入站流量，就把它应用在外部接口上。

把检测规则应用在相应接口上的命令如下：

Router(config-if)# **ip inspect** *inspection_ name* {**in** | **out**}

图 6-10 显示了 ACL 和检测规则在路由器上的应用。在该示例中从外部网络发起的流量只能访问内网的 Web 服务器，而内部网络发起的流量则可以直接穿越防火墙。正如上文刚刚提到的，CBAC 检测可以应用在外部接口也可以应用在内部接口上。访问控制列表 100 放行了所有从外部网络发起、去往内网 Web 服务器的流量，而其他流量则被拒之门外。内部网络发起的流量会被 CBAC 检测，然后会话信息列表和动态 ACL 条目则会为返回内部网络的流量打开一条临时的通道。

为使 IOS 防火墙更加高效，ACL 和检测规则应正确地应用于路由器的所有接口。在路由器上实施 ACL 和检测规则可遵循如下两个指导原则：

◇ 在数据流开始的接口上，在入站方向应用 ACL 并仅允许期望的流量，在入站方向应用检测规则来检测期望的流量。

◇ 在其他所有接口，将 ACL 放置在入站方向拒绝所有数据流，有特殊需要的数据流(如 ICMP 流量)除外。

若要从路由器中删除 CBAC，则使用如下全局配置命令：

Router(config)# **no ip inspect**

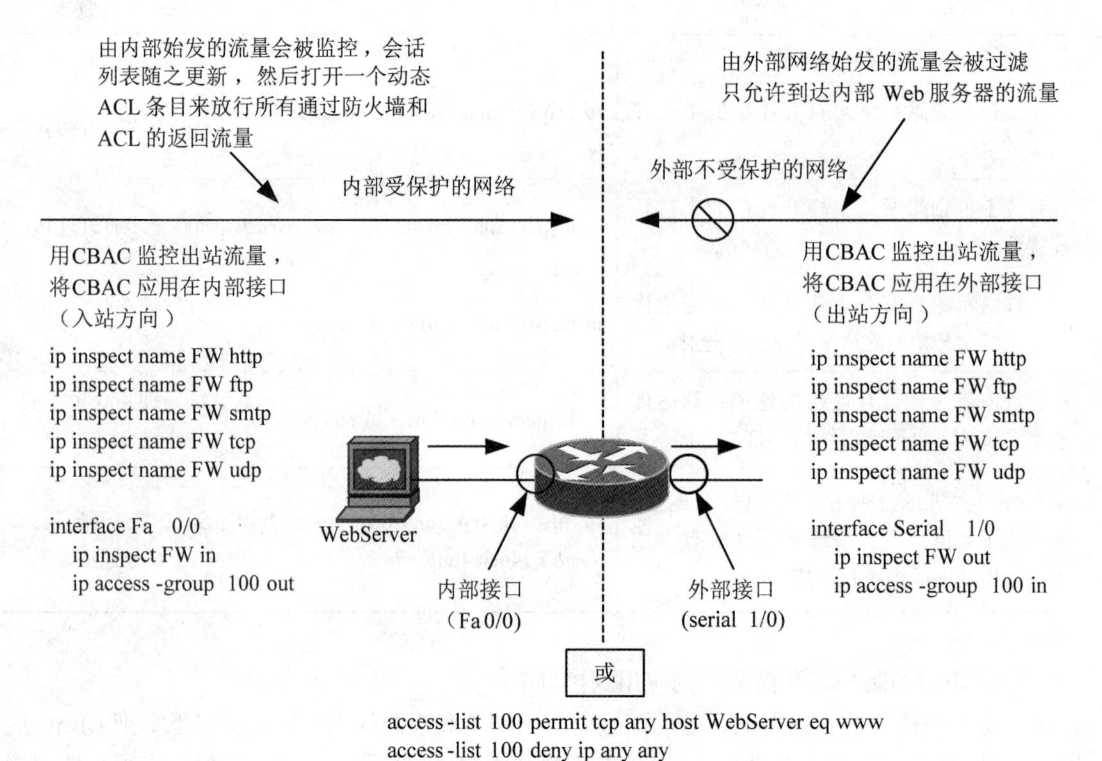

图 6-10　应用 ACL 和 CBAC 检测

此命令将删除所有 CBAC 的命令、状态表以及所有由 CBAC 建立的临时 ACL 条目，同时，重置所有超时时间和阈值为出厂的默认值。删除 CBAC 后，所有的检测过程不再可用，路由器将仅使用当前的 ACL 进行过滤。

6. 验证和查看 CBAC 配置

CBAC 支持很多 show 命令，用来查看所建立的临时 ACL 条目、状态表和 CBAC 的运行。查看 CBAC 相关配置信息的 show ip inspect 命令家族如表 6-2 所示。

表 6-2　**验证和查看 CBAC 配置的命令**

命　令	作　用
show ip inspect name *inspection-name*	显示某个配置的检测规则
show ip inspect name config	显示所有的 CBAC 检测配置
show ip inspect interfaces	显示与应用的检测规则和 ACL 相关的接口配置
show ip inspect sessions [detail]	显示当前正在被 CBAC 检测和跟踪的会话
show ip inspect all	显示所有 CBAC 配置和所有被 CBAC 检测和跟踪的会话

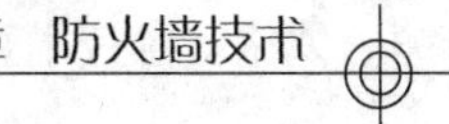

示例6-2 显示了配置的名称为 INSPECT_ OUTBOUND 检测规则的输出。此规则检查 TCP 和 UDP 流量，使用默认超时时间。

示例6-2 **命令 show ip inspect name INSPECT_ OUTBOUND 的输出**

```
Router#show ip inspect name INSPECT_ OUTBOUND
Inspection name INSPECT_ OUTBOUND
    tcp alert is on audit-trail is off timeout 3600
    udp alert is on audit-trail is off timeout 30
```

示例6-3 为命令 show ip inspect sessions 的输出。在该示例中，状态表中有两个条目。第一个条目显示内部主机 10. 0. 0. 200 打开了一个向外部 Web 服务器 150. 150. 68. 1 的连接；第二个条目显示内部主机 10. 0. 0. 100 打开了一个向外部 Telnet 服务器 202. 100. 1. 100 的连接。

示例6-3 **命令 show ip inspect sessions 的输出**

```
Router#show ip inspect sessions
Established Sessions
Session 64BCA034 (10. 0. 0. 200：49150)=>(150. 150. 68. 1：80) tcp SIS_ OPEN
Session 64BC9DB4 (10. 0. 0. 100：59305)=>(202. 100. 1. 100：23) tcp SIS_ OPEN
```

要进行更详细的 CBAC 排除，使用 debug 命令。通过 debug 命令可以实时观察路由器上 CBAC 的运行。此命令的 no 形式关闭 debug 的输出。以下为一些常用的 debug ip inspect 命令。

◇ Router# **debug ip inspect protocol** *protocol*
◇ Router# **debug ip inspect detailed**
◇ Router# **debug ip inspect events**
◇ Router# **debug ip inspect function-trace**
◇ Router# **debug ip inspect object-creation**
◇ Router# **debug ip inspect object-deletion**
◇ Router# **debug ip inspect timers**

从 Cisco IOS12. 4(20)T 版本开始，debug policy-firewall 命令代替了 debug ip inspect 命令。

6. 2. 5 CBAC 配置实例

1. 两个接口的防火墙路由器配置实例

在如图 6-11 所示的网络中，Cisco IOS 防火墙连接两个网络：内网和外网。现在需要内网 10. 0. 0. 0/24 访问外网的 TCP、UDP 和 ICMP 流量被允许，从外网发起的对主机 10. 0. 0. 200 的 HTTP 和 ICMP 访问流量被允许。拒绝所有其他流量。

在路由器上配置 CBAC 以实现上述安全策略，配置步骤如示例 6-4 所示。

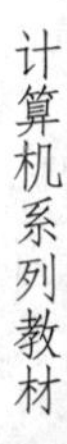

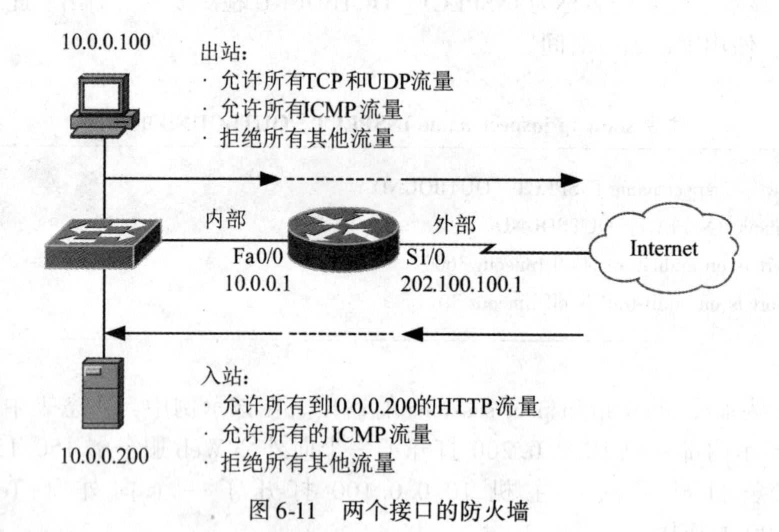

图 6-11　两个接口的防火墙

示例 6-4　　　　　　　　　　**在两个接口防火墙路由器上配置 CBAC**

(1)首先创建 ACL，允许内部的 TCP、UDP 和 ICMP 会话并拒绝所有其他流量。然后将该 ACL 应用于内部接口的入站方向。

```
Router(config)#access-list 101 permit tcp 10. 0. 0. 0 0. 0. 0. 255 any
Router(config)#access-list 101 permit udp 10. 0. 0. 0 0. 0. 0. 255 any
Router(config)#access-list 101 permit icmp 10. 0. 0. 0 0. 0. 0. 255 any
Router(config)#access-list 101 deny ip any any
Router(config)#interface fa 0/0
Router(config-if)#ip access-group100 in
```

(2)建立扩展 ACL，仅允许从外部来的访问内部主机 10. 0. 0. 200 的 HTTP 和 ICMP 流量，拒绝其他流量，并将该 ACL 应用于外部接口的入站方向上。

```
Router(config)#access-list 102 permit tcp any host 10. 0. 0. 200 eq 80
Router(config)#access-list 102 permit icmp any any
Router(config)#access-list 102 deny ip any any
Router(config)#interfaceserial 1/0
Router(config-if)#ip access-group102 in
```

注意：如果配置到此结束，那么所有从外网到内网的返回流量(除了 ICMP 流量)，都将由于外部 ACL 的作用被拒绝。

(3)建立检测 TCP 和 UDP 协议的检查规则。

```
Router(config)#ip inspect name MYRULE tcp
Router(config)#ip inspect name MYRULE udp
```

(4)将检查规则应用到内部接口的入站方向。

```
Router(config)#interface fa 0/0
Router(config-if)#ip inspect MYRULE in
```

在示例6-4中，访问控制列表102放行了所有从外部网络发起去往内部主机10.0.0.200的HTTP流量和所有的ICMP流量，而其他流量则被拒之门外。内部网络发起的TCP和UDP流量则会被检测，然后会话信息列表和动态ACL则会为返回内部网络的流量打开一条临时的通道，如示例6-5所示。

示例6-5　　**被CBAC检测的内部网络发起的会话**

```
Router#show ip inspect sessions detail
Established Sessions
Session 64BCA034 (10.0.0.200:57865)=>(150.150.68.1:80) tcp SIS_OPEN
  Created 00:00:05, Last heard 00:00:02
  Bytes sent (initiator: responder) [7:1591]
  In  SID 150.150.68.1[80:80]=>10.0.0.200[57865:57865] on ACL 102  (10 matches)
Session 64BC9DB4 (10.0.0.100:59305)=>(202.100.1.100:23) tcp SIS_OPEN
  Created 00:00:10, Last heard 00:00:09
  Bytes sent (initiator: responder) [24:29]
  In  SID 202.100.1.100[23:23]=>10.0.0.100[59305:59305] on ACL 102  (7 matches)
```

2. 三个接口的防火墙路由器配置实例

在如图6-12所示的网络中，Cisco IOS防火墙连接三个网络：内网、外网和非军事区（DMZ）。现在需要内网10.0.0.0/24访问外网和DMZ的TCP、UDP和ICMP流量被允许。对于在外网接口的入站流量，仅允许对DMZ主机172.16.0.200的HTTP和ICMP访问。拒绝所有其他流量。

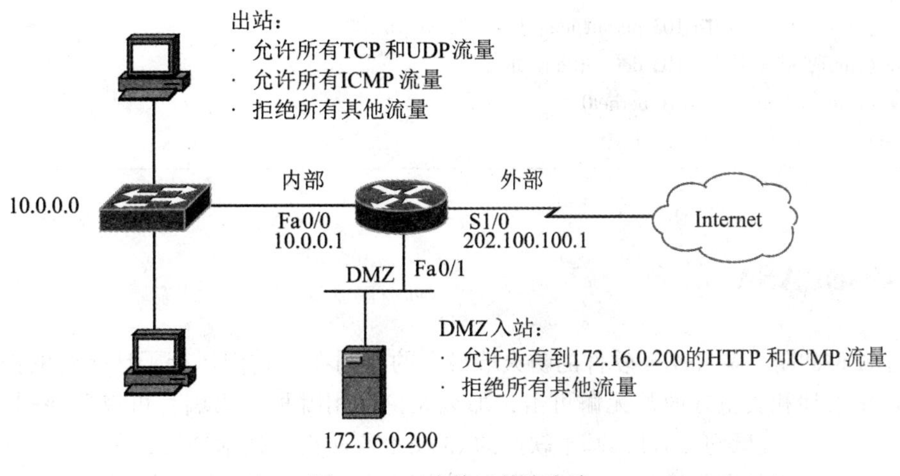

图6-12　三个接口的防火墙

在路由器上配置CBAC以实现上述安全策略，配置步骤如示例6-6所示。

示例6-6　　　　在三个接口防火墙路由器上配置 CBAC

```
Router(config)#access-list 101 permit tcp 10.0.0.0 0.0.0.255 any
Router(config)#access-list 101 permit udp 10.0.0.0 0.0.0.255 any
Router(config)#access-list 101 permit icmp 10.0.0.0 0.0.0.255 any
Router(config)#access-list 101 deny ip any any

Router(config)#ip inspect name INSPECT_ OUTBOUND tcp
Router(config)#ip inspect name INSPECT_ OUTBOUND udp

Router(config)#interface fastEthernet 0/0
Router(config-if)#ip access-group101 in
Router(config-if)#ip inspect INSPECT_ OUTBOUND in
Router(config-if)#exit

Router(config)#access-list 102 permit tcp any host 172.16.0.200 eq 80
Router(config)#access-list 102 permit icmp any host 172.16.0.200
Router(config)#access-list 102 deny ip any any

Router(config)#ip inspect name INSPECT_ INBOUND tcp

Router(config)#int serial 1/0
Router(config-if)#ip access-group102 in
Router(config-if)#ip inspect INSPECT_ INBOUND in
Router(config-if)#exit

Router(config)#access-list 103 permit icmp host 172.16.0.200 any
Router(config)#access-list 103 deny ip any any
Router(config)#interface fastEthernet0/1
Router(config-if)#ip access-group103 in
```

6.3 Cisco ASA

基于硬件的防火墙和基于软件的防火墙最大的不同在于它们运行了什么样的操作系统。如果在网络设计和实施方面都无懈可击，那么无论使用哪种防火墙都可以确保网络的安全性。本书在前一节已经介绍过，基于软件的 Cisco IOS 防火墙技术是集成在 Cisco IOS 内部的功能，它可以实现状态化检测，并可以深入到应用层对网络实施智能的保护。相对于软件防火墙，硬件防火墙是专门为实现防火墙功能而研制开发的，因此它优于软件防火墙。

目前，国内外有很多防火墙制造商，国外的有 Cisco、Juniper、Checkpoint 等，国内的有东软、华为、天融信等。这些厂商的产品各有不同的特色，性能也有较大差别，但防火墙的主要功能基本相同，本章主要介绍 Cisco 的自适应安全设备(Adaptive Security Appliance ，ASA)。

6.3.1　ASA 介绍

ASA 是一个独立的防火墙设备，有 6 个型号，范围从基本的 5505 分支办公室型号到 5585 数据中心版本。所有产品都提供了高级的状态防火墙和 VPN 功能。不同型号之间最大的区别在于：每个型号处理的最大数据吞吐量，端口数量以及端口类型。

ASA 5500 系统产品是一个多功能的安全设备，它集防火墙功能、IPS、高级自适应威胁防御服务和 VPN 服务于一身，其核心设计理念是实现自适应威胁识别及缓解体系，即采取主动缓解网络威胁的处理方式，这样就可以把网络威胁扼杀在摇篮中，使它们不至蔓延到网络、网络行为控制及应用流量中，从而造成更严重的危害。

ASA 不仅为用户提供防火墙、入侵防御和 VPN 等功能特性，而且还可以提供如下高级特性：

◇ ASA 虚拟化：一个单独的 ASA 可以被分割成多个虚拟设备。每个虚拟设备叫做安全上下文(security context)。每个 context 是一个单独的设备，拥有自己的安全策略、接口和管理者。多个 context 就像多个独立的设备。在多模式下，ASA 支持很多特性，包括路由表、防火墙特性、IPS 和管理功能，但不支持 VPN 和动态路由协议。

◇ 容错的高可用性：两台 ASA 可以通过配置故障切换来提供设备冗余，其中一台设备是主设备，处在激活状态，另外一台设备是备份设备，处于热备份状态。备份 ASA 通过 LAN 容错接口监视激活 ASA 的状态。

◇ 身份防火墙：ASA 可以关联用户的 IP 地址到 Windows 活动目录登录信息，提供可选的精细接入控制。ASA 使用活动目录作为源，对比 IP 地址来检索当前用户的身份信息，并且对活动目录用户允许透明验证。基于身份的防火墙服务允许用户或组指定源 IP 地址，增强了现有的接入控制和安全策略机制。基于身份的安全策略可以和传统的基于 IP 地址的规则无限制地交叉使用。

◇ 威胁控制和抑制访问：所有的 ASA 型号都支持基本的 IPS 特性。然而，高级的 IPS 特性只能由 ASA 架构下的整合的专门硬件模块来提供。IPS 功能的实现是通过使用高级的检测和防御模块，而反恶意软件功能可以和内容安全和控制模块整合部署。

ASA 设备上可以运行两种防火墙模式：路由模式和透明模式。本章讨论的重点是路由模式。

路由模式是部署防火墙的传统模式，具有两个或更多的端口分割第三层网络。ASA 在网络中被认为是一个路由器条数，并且可以在连接的网络间执行 NAT。路由模式支持多端口，每个端口在不同的子网内，并且需要该子网的一个 IP 地址。

在透明模式，ASA 的功能类似于一台二层设备。在该模式下，ASA 只需要在全局配置模式下配置一个唯一的管理 IP 地址。这个地址被用作远程管理的目的，在设备转发流量前需要配置好它。一旦该地址被指定好，所有端口在这个地址上开始“侦听”，以确保该设备响应到它的管理员。这个指定给设备的 IP 地址必须和转发端口参与的子网在同一个网段。透明防火墙可以在简单网络中配置和部署，现有 IP 编址无须改变。透明模式的另一个好处就是对于攻击者来说它是不可见的。然而，在透明模式下，ASA 不支持动态路由器协议、VPN、QoS 和 DHCP 中继。

6.3.2 自适应安全算法的操作

自适应安全算法(Adaptive Security Algorithm，ASA)是建立ASA防火墙的基础，它决定了防火墙应该怎样检查通过它的流量并对这些流量应用各种规则。ASA的基本思想是跟踪从防火墙之后的内部网络到公用网络所形成的各种连接。根据收集到的关于这些连接的信息，ASA允许返回的数据通过防火墙进入内部网络。所有其他去往内部网络和到达防火墙的流量均被阻塞。

ASA定义了防火墙为通过它建立起来的连接所保存的信息，它可以包含来自IP和传输层协议头的各种信息。ASA也定义了怎样使用状态信息和其他信息来跟踪通过防火墙的会话。

图6-13为ASA算法在安全设备中的工作方式，从概念上来讲，它可以实现以下三个功能：

◇ 访问列表：根据特定的网络、主机和服务(TCP或UDP端口号)对网络访问进行控制。
◇ 连接(转换集和连接列表)：为每个连接维护单独的状态化信息。
◇ 检测引擎：可以实现状态化检测和应用层检测。

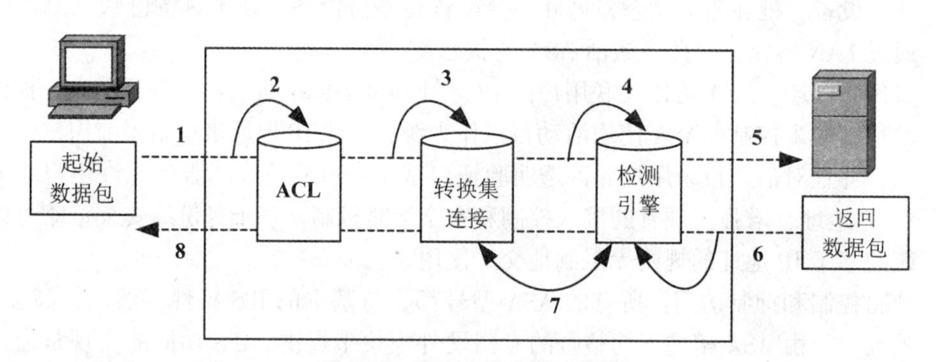

图6-13 自适应安全算法操作

图6-13的具体操作步骤如下：

(1)一个入站的TCP SYN数据包到达安全设备，希望建立一条新的连接。

(2)安全设备检查访问列表数据库，以决定是否允许建立这条连接。

(3)安全设备用必要的会话信息，在连接数据库(转换集和连接列表)中生成一个新的条目。

(4)安全设备用检测引擎检查预定义的规则集，并且为了避免常见应用协议的攻击，也会使用应用层检测进行检查。

(5)这时，安全设备根据检测引擎的搜索检查结果决定是放行还是丢弃这个数据包。如果检测引擎中明确存在相应的许可语句，那么就把这个数据包发往它的目的地。

(6)目的设备回复数据包，对初始请求作出响应。

(7)安全设备收到这个响应数据包，启动检测功能并查看连接数据库中的连接信息，以判断这个会话信息是否与某个已经存在的连接相匹配。

(8)如果数据包属于一个已经建立的会话，那么安全设备就会把它转发出去。

6.3.3 接口安全级别

自适应安全算法通过安全级别机制，来放行从防火墙一个接口去往另一个接口的连接。因此，在ASA上每个接口都必须设置一个安全级别(security level)，安全级别的取值从0(最低级别)到100(最高级别)。默认情况下，ASA会将内部(inside)网络接口的安全级别设置为100，同时，将与Internet相连的外部(outside)网络接口的安全级别设置为0。其他的网络，如DMZ等，可以取0和100之间的任意值，如图6-14所示。

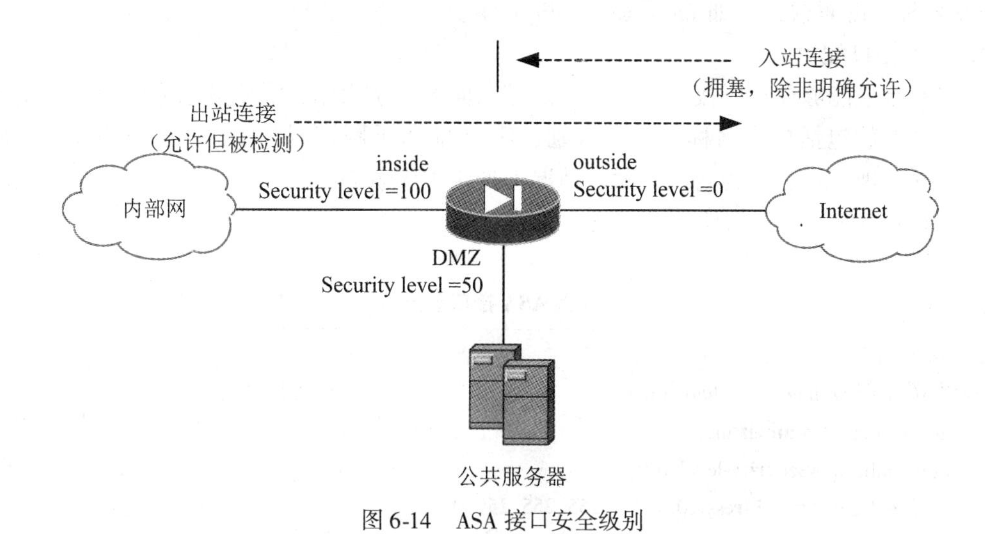

图6-14 ASA接口安全级别

ASA接口安全级别帮助控制以下内容：

◇ 网络访问：在默认情况下，从安全级别高的接口到安全级别低的接口的数据流(出站流量)是允许的。高安全级别接口下的主机可以访问低安全级别接口下的主机。多个接口可以被指定为相同的安全级别。

◇ 检测引擎：一些安全检测引擎依靠安全级别。如果接口具有相同的安全级别，则ASA检测双向流量。

◇ 数据包过滤：数据包过滤只适用于出站连接(从较高级别到较低级别)。如果通信发生在相同安全级别的接口，则流量可以双向过滤。

出站流量默认是被允许和检测的，因为状态数据包的检测，返回流量也是允许的。例如，在图6-14所示的网络中，内部网络的用户可以自由访问DMZ上的资源，也可以发起到Internet的连接，默认没有任何限制，也不需要额外的策略或附加的命令。但是，当流量源自外部网络并且发往DMZ或内部网络时，默认是拒绝的。对于返回流量，即由内部网络发起的，经由外部接口返回的流量，将被允许进入。

要改变ASA的默认规则，需要配置ACL来明确地允许从较低安全级别接口到较高安全级别接口的流量。

6.3.4 ASA防火墙基本配置

在防火墙能够保护网络安全之前，必须对其配置足够的信息以接收和转发流量。还必须配置防火墙的各个接口以便使其与其他网络设备相互协作，并参与到Internet协议组中。

ASA 设备可以使用命令行界面(CLI)或自适应安全设备管理器(ASDM)来配置和管理。ASA CLI 是一种专门的 OS，看起来和路由器 IOS 非常像。ASA CLI 和 IOS CLI 既有很多相同的命令，又有很不同的命令。

Cisco ASA 提供了如下类似于 Cisco IOS 路由器的配置模式：

◇ 用户执行模式(User EXEC mode)：ciscoasa> enable

◇ 特权执行模式(Privileged EXEC mode)：ciscoasa# configure terminal

◇ 全局配置模式：ciscoasa(config)#

◇ 各种子配置模式：如 ciscoasa(config-if)#

1. 基本接口配置

要想使流量能够往返于接口之间，并能够双向通过防火墙，需要为它们配置一些基本的参数。这些参数包括接口名称、安全级别、IP 地址和子网掩码、动态或静态的路由协议，并且要打开物理接口，因为它们在默认情况下处于关闭状态。

示例 6-7 为如何配置物理接口的基本参数。

示例 6-7　　**配置 ASA 接口参数**

```
ciscoasa# configure terminal
ciscoasa(config)# interface ethernet 0/0
ciscoasa(config-if)#nameif inside
ciscoasa(config-if)#security-level 100
ciscoasa(config-if)#ip address 10. 1. 1. 1 255. 255. 255. 0
ciscoasa(config-if)#no shutdown
```

在默认情况下，自适应安全算法不允许安全级别相同的接口之间互相通信。要想放行此类流量，要在全局配置模式下使用如下命令，前提是这两个接口上都没有配置访问控制列表。

ciscoasa(config)#**same-security-traffic permit inter-interface**

2. 配置静态及默认路由

在对 ASA 安全设备进行初始化时，为其配置 IP 路由是最基本的步骤。ASA 安全设备支持静态及默认路由、OSPF、EIGRP 和 RIP 四种 IP 路由的实现方式。

实现数据包转发的最简单方式莫过于使用静态或默认路由。默认路由会将所有路由表中不存在相应目的地址路由的数据包都转发给网关地址。与默认路由有所不同的是，静态路由只将去往特定目的网络的流量转发给路由条目中明确指定的某个下一跳直连设备。对于安全设备直连的网络，无须配置任何路由条目来实现转发。

配置静态路由使用如下全局配置命令：

ciscoasa(config)# **route** *interface_ name network netmask gateway_ ip* [*metric*]

图 6-15 为一个配置静态和默认路由的示例。默认路由用来把所有去往上游设备的流量都转发给外部接口。网络 1 和网络 2 都不是防火墙的直连网络，因此需要创建两条静态路由：一条将去往网络 1(192. 168. 1. 0/24)的流量转发给予内部接口相连的下游路由器(10. 1. 2. 1)；另一条则将去往网络 2(172. 16. 1. 0/24)的流量转发给予 DMZ 接口相连的下游路由器(10. 1. 1. 1)。

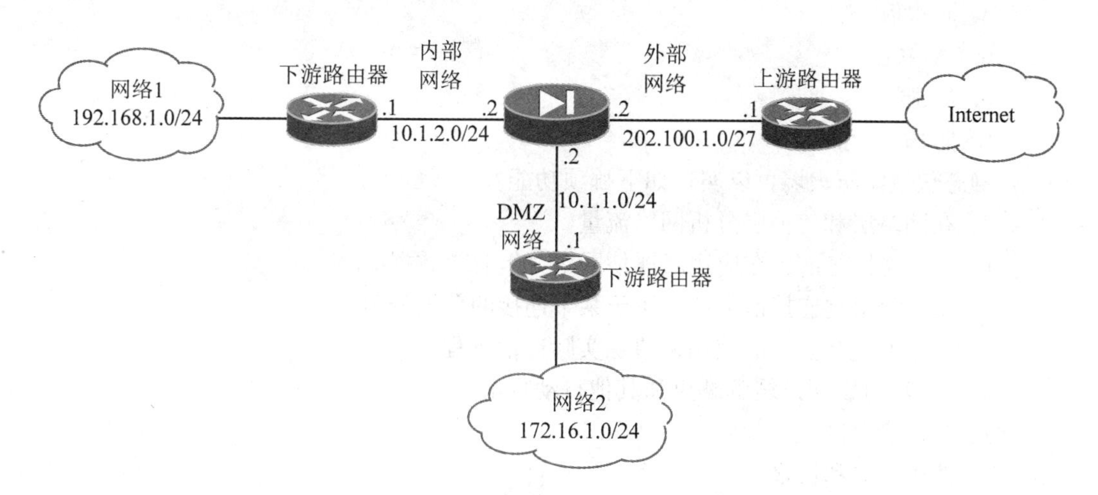


```
ciscoasa(config)# route outside  0.0.0.0 0.0.0.0 202.100.1.1
ciscoasa(config)# route inside  192.168.1.0 255.255.255.0 10.1.2.1
ciscoasa(config)# route dmz  172.16.1.0 255.255.255.0 10.1.1.1
```

图 6-15　配置静态路由与默认路由

6.4　本章小结

防火墙是任何安全网络的一个关键部分。不管哪种类型的防火墙都是基于预先定义的安全策略来提供对于网络的受限访问。

本章介绍了防火墙的基础知识，包括防火墙的概念、功能、类型以及部署防火墙的方法。在此基础上描述了 Cisco IOS 软件防火墙，重点介绍了 CBAC 的工作原理及配置方法，也讨论了 Cisco 自适应安全设备的基本功能和配置。

IOS 防火墙是路由器上一种很有用的安全工具。它不仅提供基本的有状态包过滤功能，而且还提供相当多诸如应用层协议识别及 DoS 攻击检测和预防等之类的高级功能。虽然 IOS 防火墙提供了足够的防火墙安全，但是当在路由器上实现这一特性时会增加路由器的负载。

ASA 防火墙有一套全面的特性，这些特性使得 ASA 能够快速地执行基本的防火墙功能。它也有一些高级特性，这些高级特性可以用来处理特殊的网络情况和各种类型的攻击。

6.5　习题

1. 选择题

(1)以下关于防火墙说法错误的是哪个?

A. 规则越简单越好

B. 防火墙和防火墙规则集只是安全策略的技术实现

C. 建立一个可靠的规则集对于实现一个成功的、安全的防火墙来说是非常关键的

D. DMZ 网络处于内部网络里，严格禁止通过 DMZ 网络直接进行信息传输

(2)可以通过以下哪种安全产品划分网络结构，管理和控制内部和外部网络通信?

A. 防火墙

B. CA 中心

C. 加密机

D. 防病毒产品

(3)静态包过滤防火墙可以实现如下哪项功能？

A. 在网络层和传输层分析网络流量

B. 允许连接之前，在应用层评估网络分组有效数据

C. 验证分组是连接请求还是属于某个连接的数据分组

D. 可以通过状态表的使用来追踪实际通信进程

(4)以下哪项可以帮助缓解蠕虫和其他自动攻击？

A. 分割安全区域

B. 使用日志和警报

C. 限制对防火墙的访问

D. 设置连接限制

(5)以下哪项不是 CBAC 的功能？

A. 流量过滤

B. 流量分区

C. 流量检测

D. 入侵防御

(6)关于自适应安全算法，下列哪项是错误的？

A. 通过安全级别机制来放行从防火墙一个接口去往另一个接口的连接

B. 在默认情况下，允许安全级别相同的接口之间相互通信

C. 根据特定的网络、主机和服务对网络访问进行控制

D. 可以实现状态化检测和应用层检测

2. 问答题

(1)防火墙中的 DMZ 是指什么？

(2)从防火墙系统结构出发简述防火墙的类型。

(3)IOS 防火墙怎样保护网络以使其免遭 TCP SYN 泛洪？

(4)简述 CBAC 的功能。

(5)ASA 防火墙是怎样支持分区的？

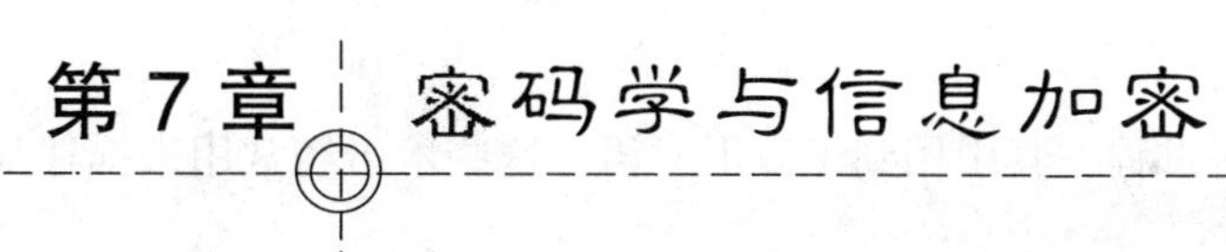

第7章 密码学与信息加密

如今，Internet为人们的通信和信息交换提供了效率最高并且使用最广的信息高速公路，当有成千上万的用户使用这条高速公路进行通信时，安全变成了一个极其重要的问题。

在设计任何网络方案时，安全通信都是非常重要的一环。正因为如此，密码学成为现今信息系统的一个重要组成元素，它通过更强的可靠性、真实性、准确性和机密性为安全的信息访问提供保障。本章介绍了密码学的基本概念、加密技术相关的算法、概念和原理，旨在为后面学习IPSec VPN加密理论奠定基础。

学习完本章，要达到如下目标：

◇ 了解密码学的基本概念；

◇ 理解对称加密算法的原理及应用；

◇ 理解非对称加密算法的原理及应用；

◇ 理解Diffie-Hellman算法的原理及应用；

◇ 理解散列函数的功能和特点；

◇ 了解数字签名、证书以及PKI的基本概念和原理。

7.1 密码学概述

无论是对位于OSI参考模型最底层的物理层，还是对位于最高层的应用层，密码学都是提供安全通信解决方案的必要步骤之一。

计算机密码学是研究计算机信息加密、解密及其变换的科学，是数学和计算机的交叉学科。随着计算机网络和计算机通信技术的发展，计算机密码学迅速普及和发展，并成为信息安全的一个主要研究方向。

7.1.1 密码学简介

密码学是一门十分古老的科学。早在公元前1900年，古埃及人就在古代铭文上使用了密码学。古罗马人也曾使用一些早期的加密系统来交换机密信息。

密码学的研究内容分为两个不同的领域：密码编码和密码分析。密码编码主要研究对信息进行编码，实现对信息隐藏；密码分析主要研究加密信息的破译或消息的伪造。

在通过非信任或者开放媒体(Internet)进行信息交换或者远程通信时，密码学是非常必要的。它是信息交换安全的基础，通过数据加密、消息摘要、数字签名以及密钥交换等技术实现了数据的机密性、完整性、不可否认性和用户身份真实性等安全机制，从而确保了网络环境中信息传输和交换的安全。

加密技术一般被分为传统技术和现代技术。传统技术可以追溯到几个世纪以前，那时人们使用的是简单的换位机制和替换机制；现代技术依靠复杂的协议和算法来保障信息安全。在现代计算机网络中，通过使用现代加密协议和算法来保护信息和信息系统的安全。

7.1.2 加密术语

图 7-1 显示了信息的加密和解密过程，其中用到了以下术语，这些术语经常用来描述加密环境中的一种功能或者一个角色。

◇ 加密：是一种对算法的应用，它使用一种加密算法把明文转换成一组编码，这样就防止了非法者截获信息后窃取信息内容。加密就是使信息变得不可读的过程。从某种意义上讲，加密在不安全的通信媒体上实现了安全通信。

◇ 解密：是同加密相反的过程，用来把加密后的信息还原为原始信息。

◇ 明文：是指原始的未被加密的信息。

◇ 密文：是指加密后的信息。

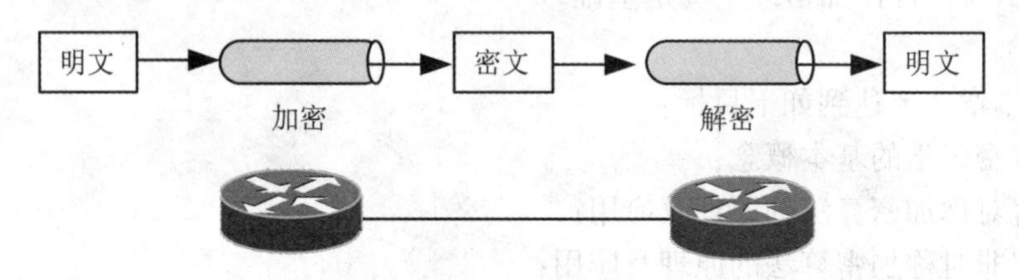

图 7-1　加密和解密过程

7.1.3 算法和密钥

加密算法也叫加密函数，是用于加密和解密的数学函数。在通常情况下，有两个相关的函数：一个用做加密，另一个用做解密。

如果算法本身是保密的，则这种算法称为受限制的算法。受限制的算法不可能进行质量控制和标准化。使用受限制算法的用户必须有他们的唯一的算法，这样的用户不可能采用流行的硬件或软件产品。

现代密码学使用密钥解决了这个问题。密钥是进行加密或解密时包含在算法中的参数，它可以是很多数值里的任意值，密钥的可能值范围称为密钥空间。加密和解密运算都使用密钥，如图 7-2 所示。

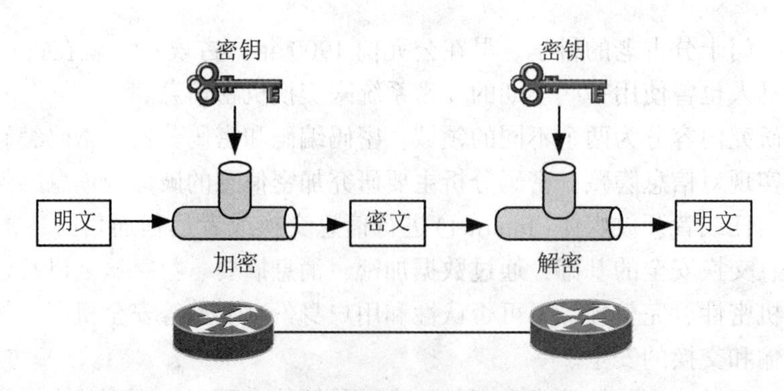

图 7-2 使用密钥的加密和解密过程

在使用密钥的加密和解密算法中，所有算法的安全性都在于密钥的安全性，而不是算法的安全性。这意味着算法可以是公开的，即使非法者知道算法也没有关系，因为不知道使用的具体密钥，就不可能获取明文。

7.2　加密算法

7.2.1　对称加密算法

对称加密(Symmetrical Encryption)算法也被称为私钥加密算法，它使用相同的密钥加密和解密，这意味着通信的双方必须都持有这个密钥。对称加密一般用于信息加密，以此来提供信息机密性保护。

图7-3描述了在通信双方使用同一个密钥的情况下，对称加密算法是如何工作的。信息发送者用一个密钥把明文加密成密文，接收者则使用相同的密钥解密这个密文，从而得到原始的明文。

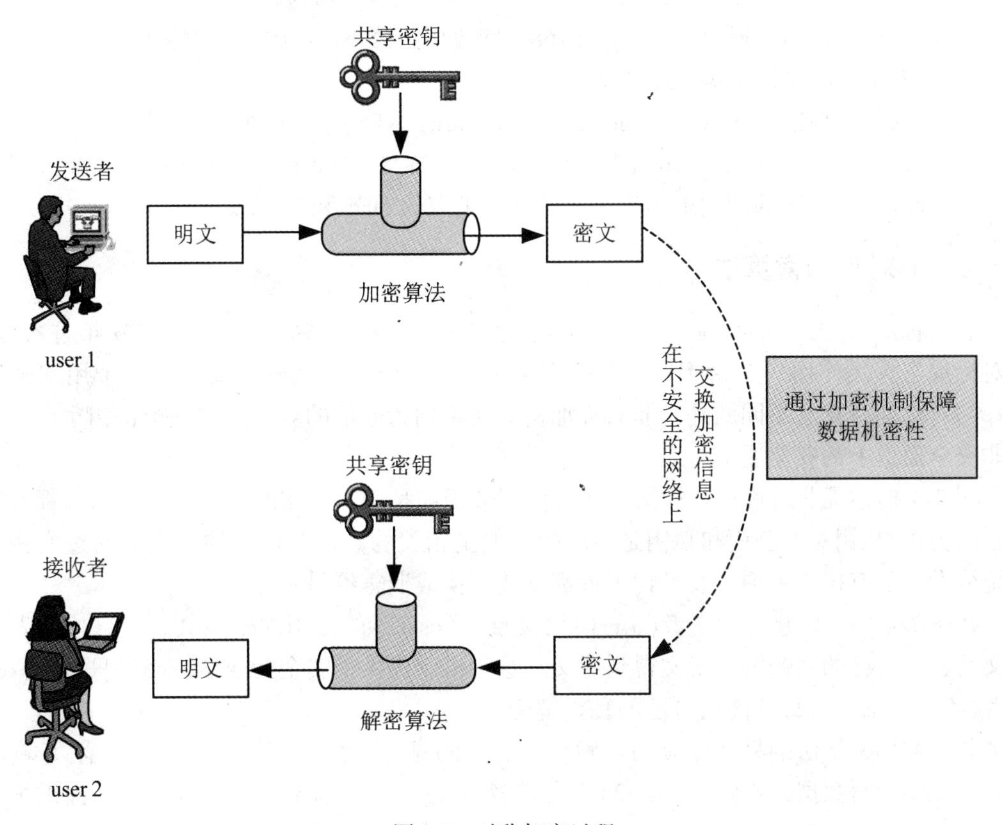

图7-3　对称加密过程

对称加密算法有以下两种模式：

◇ 流加密：流加密会对明文数位(比特或字符)进行逐一加密。加密后的输出会在加密周期内有所变化。流密码一般分为同步流密码和自同步流密码两种，同步流密码的密钥流完全独立于信息流，而自同步流密码的每一个密钥字符都是由前面n个密文字符参与运算推导出来的。RC4 是一种最常见的同步流密码体制。

◇ 分组加密：分组加密将明文分成固定比特的数据块，再以“块”为单位进行加密，加密后的输出在加密周期内不会发生变化。它对每一个“块”使用相同的密钥加密。例如，分组加密可以把 128 比特(作为一个“块”)的明文输入，加密成相对应的 128 比特的密文输出。DES、3DES 和 AES 是最常见的分组加密。

对称加密算法计算量小，因此加密速度更快，这种优势在对大量数据进行加密(如数据传输)的时候尤为明显，这类算法不需要用专门的加密硬件就可以顺利工作。

以下是几种比较常见的对称加密算法：

◇ 数据加密标准(Data Encryption Standard，DES)：DES 是最早产生的也是最常见的一种对称加密算法，它是一个典型的分组加密算法，使用 56 比特的密钥来加密 64 比特的数据块。目前，DES 算法加密的数据在 24 小时之内就可以破解，被认为是不安全的。

◇ 三重数据加密标准(Triple DES，3DES)：DES 之所以不安全是因为它的密钥长度太短。而 3DES 就是为了解决这个问题而被开发出来的，是 DES 的变体。它把密钥长度增加到了 168 比特，是 DES 的三倍，并且为同样的数据块进行三次加密/解密计算。3DES 也是分组加密，使用 168 比特的密钥加密 64 比特的数据块。3DES 是最为推荐的 DES 加密环境的替代品。

◇ 高级加密标准(Advanced Encryption Standard，AES)：AES 算法可以使用可变的数据块长度(128、192 或 256 比特)和密钥长度(128、192 或 256 比特)。在今天的加密环境中，AES 的使用最为广泛，正在逐渐取代 DES 和 3DES。

7.2.2 非对称加密算法

非对称加密(Asymmetrical Encryption)算法也称为公钥加密算法，于 1976 年首次提出。非对称加密算法使用一个密钥对(公钥/私钥对)，一个用来加密明文，另一个用来解密密文。与对称加密算法不同的是，非对称加密算法不用为通信的双方共享一个密钥也可以实现在非安全通道上的安全通信。

图 7-4 描述了非对称加密算法是如何使用公钥和私钥来工作的。每个终端用户都有属于自己的公钥/私钥对，公钥和私钥是不同的，但是相关的。每个用户的公钥会通过密钥管理系统分发到所有用户手中，而私钥永远都不能交换或泄露给另一方。

在图 7-4 中，信息的发送者(user1)用接收者(user2)的公钥加密明文。信息接收者收到密文后，用自己的私钥解密密文得到明文。这个机制提供了安全的通信，确保只有授权的接收者(本例中的 user2)才能用自己的私钥解密密文。

非对称加密算法的另一种应用是确认发送者的身份。在这种情况下，发送者(user1)用自己的私钥加密数据，接收者(user2)用发送者(user1)的公钥来解密。这个机制提供了抗抵赖性，只有持有该私钥的人才能加密该数据，这就确保了加密数据的人就是发送者。

用于生成公钥/私钥对的机制很复杂，它们的结果是生成了两个大的随机值，其中一个为公钥，另一个为私钥。由于该密钥生成机制的结果必须符合严格的数学标准以保持每个密钥对的唯一性，这需要占用大量 CPU 资源。因此，非对称加密算法更多地在数字签名和密钥管理中使用。理论上非对称加密算法也可以用于数据加密，但实际应用中几乎没有人会这么做，因为相对于对称加密算法，它的加密速度慢并且消耗更多的 CPU 资源。

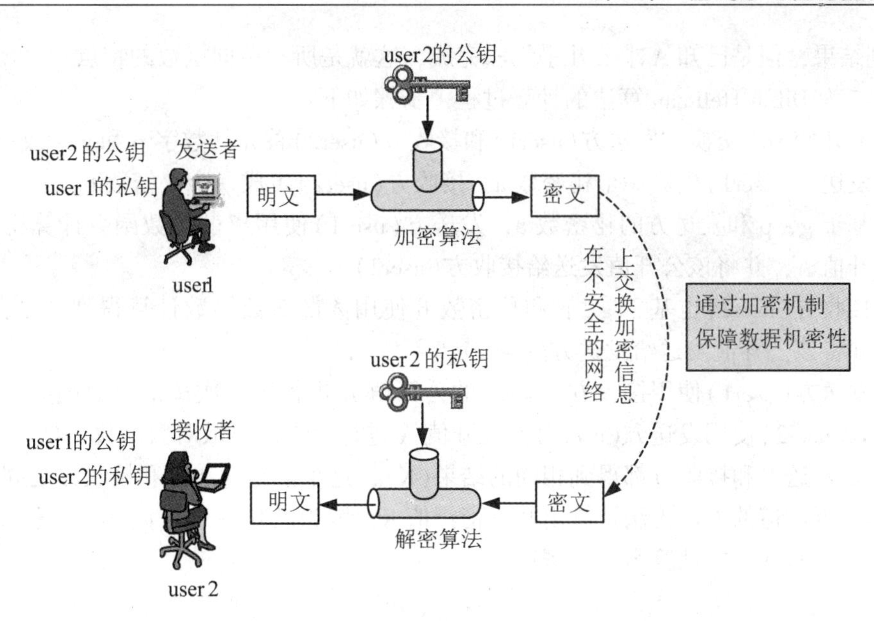

图7-4 非对称加密过程

以下是几种常见的非对称加密算法，用来实施数字签名和密钥交换：

◇ RSA：RSA是1976年由三位MIT的数学家Ronald Rivest、Adi Shamir和Leonard Adleman提出的，并以他们三人姓氏首字母来命名。RSA是部署最广泛的非对称加密算法，多用于密钥交换、数字签名和信息加密。RSA有多种标准(RC1、RC2、RC3、RC4、RC5和RC6)，每一种标准都使用变长的块长度和密钥长度。

◇ 数字签名算法(Digital Signature Algorithm，DSA)：DSA是1991年由NIST为数字签名标准提出的另一个非对称加密算法。

◇ 公钥加密标准(Public Key Cryptography Standards，PKCS)：PKCS是一系列相互协作的公钥加密标准和指导方针，由RSA信息安全公司设计和发布。

7.2.3 Diffie-Hellman算法

Diffie-Hellman(DH)算法是在1976年RSA算法发布不久之后，由斯坦福大学教授Martin Hellman和研究生Whitfield Diffie共同提出的。DH算法是大多数现代自动密钥交换方法的基础，在网络化的今天是最常用的协议之一。DH算法不是一种加密机制，并不用于加密数据。它是公钥分发系统(也称为密钥交换协议)，是一种通过不安全的通信通道为通信双方建立一个共享密钥的方法。

在一个对称加密系统中，通信双方必须具有相同的密钥。安全地交换这些密钥一直是一项挑战。非对称加密系统不存在这一问题，因为它们使用两个密钥(公钥/私钥)，私钥是保密的，只有使用者才知道，公钥公开共享，容易获得。

DH是一种数学算法，允许通信双方在两端系统上生成相同的共享密钥，不需要事先交互。通过DH算法生成的共享密钥不会在通信双方交换，通信双方可以使用这个共享密钥通过对称加密算法加密系统间的流量。

Diffie-Hellman算法基于一个知名的单向函数：离散对数函数 $A = g^a \bmod p$，这个函数公式中mod就是求余数。这个函数有这么一个特点，在g和p都很大的情况下，已知a求A会很快得到结果，但是已知 A 求 a 几乎无法完成，这就是所有单向函数的特点。

图 7-5 为 Diffie-Hellman 算法的计算过程，步骤如下：

(1)要开始 DH 交换，发送方(user1)和接收方(user2)首先就数字 p 和 g 达成一致。

(2)发送方(user1)生成一个秘密数 a；接收方(user2)生成一个秘密数 b。

(3)基于 g、p 和发送方的秘密数 a，发送方(user1)使用离散对数函数计算得到一个公开值 A，并将该公开值发送给接收方(user2)。

(4)接收方(user2)也基于 g、p 和秘密数 b 使用离散对数函数计算得到一个公开值 B，并将该公开值发送给发送方(user1)。

(5)发送方(user1)使用接收方(user2)的公开值 B 进行第二次离散对数函数计算；接收方(user2)使用发送方(user1)的公开值 A 进行第二次离散对数函数计算。

结果是发送方和接收方都得到相同的结果(K)，这个值是发送方和接收方之间的共享密钥。任何侦听信道的人都无法计算出共享密钥值 K，因为已知的只有 g、p、A 和 B，至少需要知道一个秘密数才能计算出共享密钥。

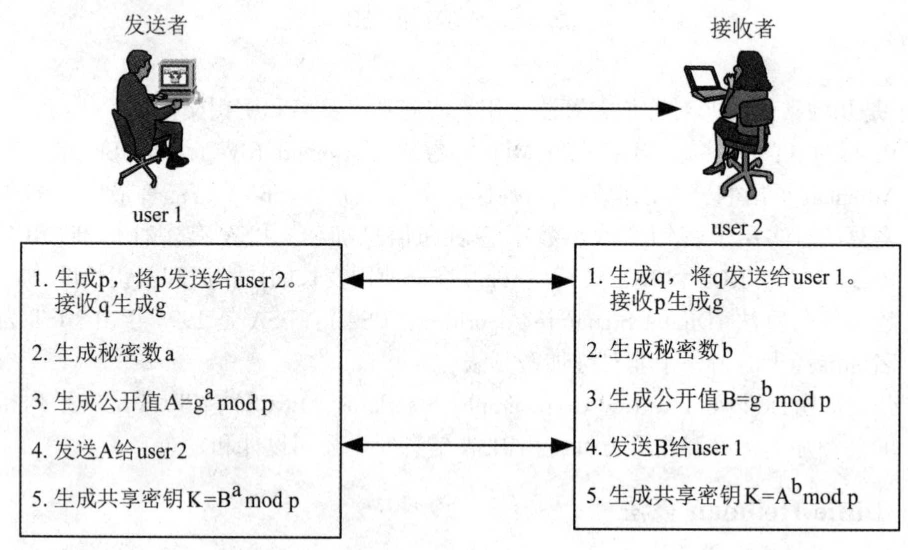

图 7-5　DH 算法

DH 只用于密钥交换。这种方法提供一种机制，使得即便有人在网络上监视他们的全部通信，用户仍然能够确定相同的密钥。

与 RSA 算法相反，DH 算法无法用作身份认证或者数字签名，而仅仅用于加密密钥交换。

7.3　数据完整性要素

7.3.1　散列算法

散列算法也叫做散列函数、HASH 函数或消息摘要，主要用来验证数据的完整性，确保

数据在传输过程中没有遭到篡改。

散列算法利用数学公式把原始明文计算成为固定长度的散列值，这个散列值也常常被称为指纹，是一串明文经过数学公式计算所生成的唯一数字串。

散列算法具有以下四个特点：

◇ 固定长度输出：散列函数可以接收任意长度的信息，并输出固定长度的散列值。

◇ 雪崩效应：原始信息哪怕修改一个比特，计算得到的散列值就会发生巨大的变化。

◇ 单向：只能从原始信息计算得到散列值，不可能从散列值恢复原始信息。

◇ 冲突避免：不可能有不同的原始信息经过同一个散列函数计算出相同的散列值，即不同的输入值通过散列函数计算将得到不同的散列值。因此散列算法能够确保信息的唯一性。

图7-6向我们展示了散列算法是如何工作的。消息发送者(user1)用数学算法产生了一个唯一的散列值，之后把它作为唯一的标志符(指纹)随原始信息一起发送给接收者(user2)。接收者把散列值从原始信息中分离出来，并且用预先定义好的散列算法在本地计算原始信息。如果本地计算出的散列值和随信息接收到的散列值相同，就认为这个信息没有被篡改过，这样就确保了信息的完整性。

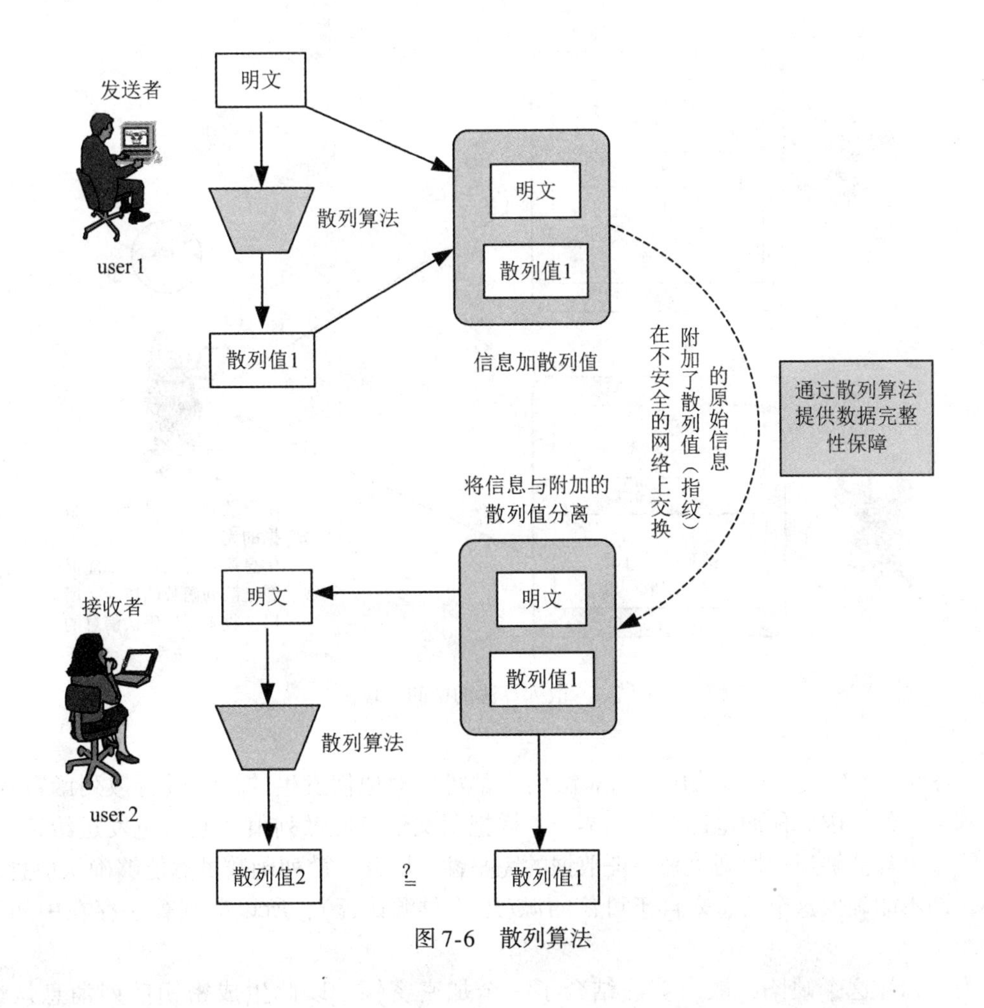

图7-6　散列算法

散列算法经常用于数据完整性校验和数字证书，常用的散列算法有如下几种：

◇ 消息摘要5(Message Digest 5，MD5)：MD5在本质上是简单二进制操作(如异或和旋转)的一个复杂序列，被用于在输入数据上执行，生成一个128比特的散列值。

◇ 安全散列算法(Secure Hash Algorithm，SHA)：SHA是另一组非常流行的加密散列算法，它可以生成160比特的散列值。SHA的生成速度比MD5慢，但更为安全。SHA算法家族的第一个成员SHA-0发布于1993年，两年后，它的继任者SHA-1被发布。

◇ 安全散列算法1(Secure Hash Algorithm 1，SHA-1)：SHA-1是SHA家族中使用最为广泛的散列算法，它能够生成160比特的散列值。SHA-1被看做是MD5的继任者并被广泛地应用于各种应用和协议中，其中，包括TLS、SSL、PGP、SSH和IPSec。SHA还有另外四种变体：SHA-224(224比特)、SHA-256(256比特)、SHA-384(384比特)和SHA-512(512比特)。这四种版本每种都生成更长的散列值，也被合称为SHA-2。

7.3.2 散列消息验证码

散列算法虽然能够很好地验证信息的完整性，但是却容易遭受中间人攻击，图7-7显示了中间人攻击是如何进行的。

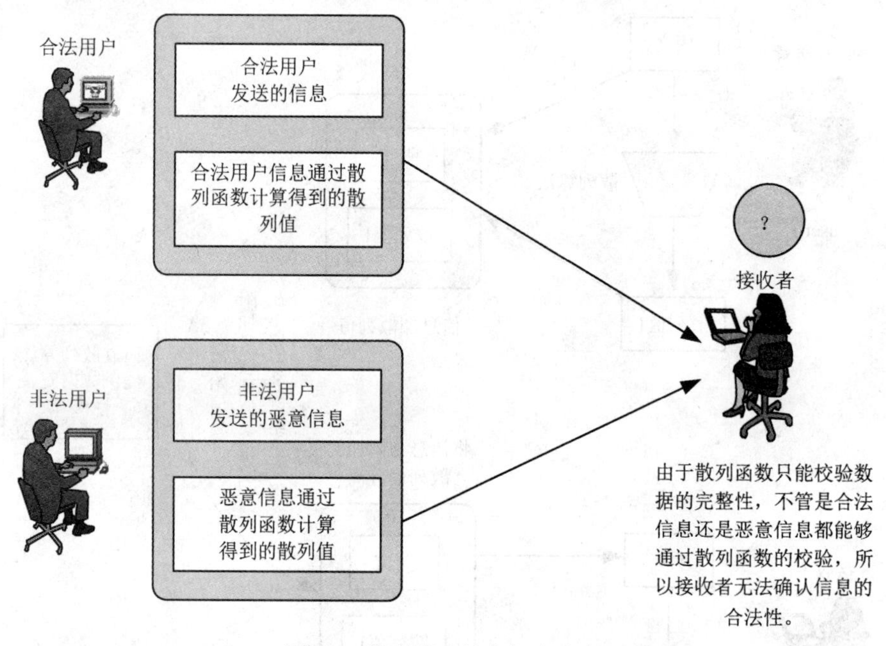

图7-7 散列算法的中间人攻击

从图7-7可以发现，合法用户与非法用户都可以对他们发生的信息进行散列函数计算，并得到散列值。因此他们也都能像图7-6一样把明文信息和散列值一起打包发送给接收方，而接收方也都能够通过散列值来验证数据的完整性。因此，散列函数虽然能够确认信息的完整性，却不能确保这个信息来自于可信的源(不提供源认证)，所以散列算法存在中间人攻击问题。

为了弥补这个缺陷，散列算法结合了一个加密密钥，以此生成密钥散列消息认证码(Hash-based Message Authentication Code，HMAC)。HMAC技术不仅能够实现信息的完整性

校验，而且还能完成源认证。

图 7-8 展示了 HMAC 算法是如何工作的。信息发送者(user1)把要发送的信息加上预共享密钥一起进行散列计算，得到一个散列值，然后，发送者将这个散列值和原始信息一起发送给接收者(user2)。在接收端，接收者将收到的原始信息和共享密钥一起通过散列算法在本地重新计算散列值，如果本地生成的散列值与接收到的散列值相同，就认为这个信息没有被修改过，这就确保了信息的完整性，同时，还提供了数据源认证。因为只有发送者和接收者知道密钥，散列函数的输出取决于输入的原始信息和共享密钥，只有知道共享密钥的通信方才能够计算出同一个散列值。这一特点可以防范中间人攻击。

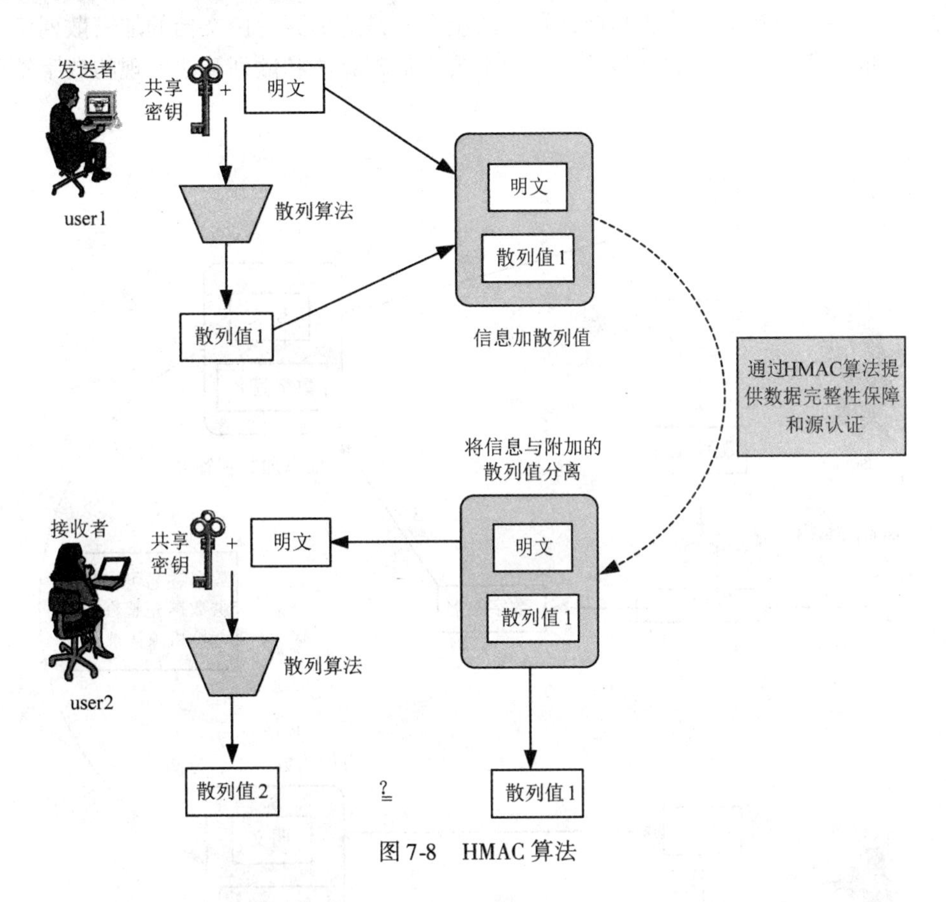

图 7-8　HMAC 算法

常用的 HMAC 算法有以下两种：

◇ HMAC-MD5：基于 MD5 散列算法，变长信息与 128 比特的共享密钥被组合并使用 HMAC-MD5 散列算法处理，输出是一个 128 比特的散列值，该散列值被追加到原始信息并转发给远端。

◇ HMAC-SHA-1：基于 SHA-1 散列算法，变长信息与 160 比特的共享密钥被组合并使用 HMAC-SHA-1 散列算法处理，输出是一个 160 比特的散列值，该散列值被追加到原始信息并转发给远端。HMAC-SHA-1 被认为在密码方面比 HMAC-MD5 强大。

7.4 数字签名技术

在日常生活和经济往来中，签名盖章是非常重要的。在签订经济合同、契约、协议及银行业务等很多场合都离不开签名或盖章，它是个人或组织对其行为的认可，并且具有法律效力。在计算机网络应用中，尤其是电子商务中，电子交易的不可否认性是必要的。一方面，它要防止发送方否认曾发送过信息；另一方面，它还要防止接收方否认接收过信息，以避免产生经济纠纷。提供这种不可否认性的安全技术就是数字签名。

数字签名基于公钥加密算法和散列算法的组合，是追加到一份文档的加密散列值，用于确认发送者的身份以及文档的完整性。一个由公钥加密算法和散列算法实现的数字签名过程如图 7-9 所示。

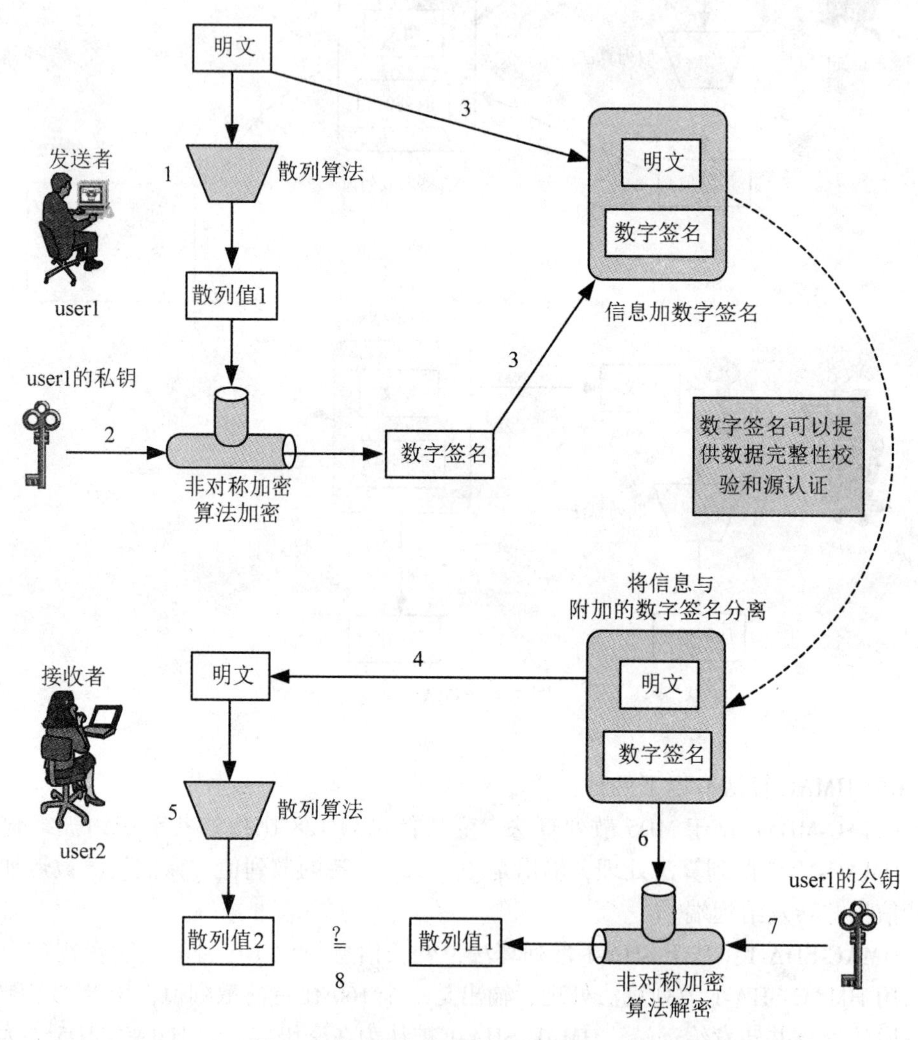

图 7-9 使用公钥加密算法实现数字签名

图 7-9 所示的数字签名的过程如下：

(1)发送者 user1 将明文信息通过散列函数计算得到散列值 1。

(2)user1 使用自己的私钥对步骤 1 计算得到的散列值进行加密，加密后的散列值就叫数字签名。

(3)user1 把明文信息和数字签名一起打包发送给接收者 user2。

(4)user2 从打包文件中提取出明文信息。

(5)user2 使用和 user1 相同的散列函数对步骤 4 提取出来的明文信息计算散列值，得到散列值 2。

(6)user2 从打包文件中提取出数字签名。

(7)user2 使用预先获取的 user1 的公钥，对步骤 6 提取出的数字签名进行解密，得到明文的散列值 1。

(8)user2 比较散列值 1 和散列值 2 是否相同。如果相同，则数字签名校验成功。

数字签名校验成功说明了两个问题：第一，保障了传输的明文信息的完整性，因为散列函数拥有冲突避免和雪崩效应两大特点。第二，可以确定对明文信息进行数字签名的用户是 user1，因为使用 user1 的公钥成功地解密了数字签名，只有 user1 才能使用他的私钥加密散列值产生数字签名。通过以上数字签名的例子说明，数字签名和 HMAC 技术一样，可以提供数据完整性校验和源认证两大安全特性。

目前，广泛应用的数字签名算法主要有 RSA 签名算法、DSA 签名算法和 Hash 签名算法。这三种算法可以单独使用，也可以结合在一起使用。

7.5 公钥基础设施 PKI

随着电子商务的广泛应用和飞速发展，相应地也引发出了保密性、完整性、身份认证与授权以及抵赖性等 Internet 安全问题。为解决这些 Internet 的安全问题，世界各国对其进行了多年的研究，形成了一套完整的 Internet 安全解决方案，即目前被广泛采用的 PKI 技术(Public Key Infrastructure，公钥基础设施)。

PKI 架构使用非对称加密系统，以公钥/私钥对基础，提供了一种安全签发和分发公钥的机制。它通过使用可信的公钥/私钥对(通过可信的机构获得和共享)实现数据加密，从而将这个安全的数据通过不安全的公共网络传输。PKI 通过将公钥和用户进行绑定的方式，提供了一个数字证书，该证书可用来对个人或机构的身份进行鉴定。

PKI 由多种支持该机制的协议、服务和标准构成。

7.5.1 PKI 的组成

PKI 是提供公钥加密和数字签名服务的系统或平台，目的是为了管理密钥和证书。一个机构通过采用 PKI 架构管理密钥和证书可以建立一个安全的网络环境。PKI 组件包括以下内容。

◇ 认证中心(Certificate Authority，CA)：CA 是 PKI 系统的主要组成部分，它可以签发并核实数字证书，该证书中包括了与用户绑定的公钥。CA 也称为信任点，它可以管理证书请求，并为网络中的设备签发证书。

◇ 数字证书(也称为身份证书)：数字证书使用数字签名把公钥和用户的身份绑定在一起，这就生成了一个公钥证书。证书中包括证书有效期、对方身份信息、用于安全通信的加密密钥、签发此证书的 CA 签名等信息。证书相当于一个数字通行证。

◇ 注册中心(Registration Authority, RA)(可选)：RA 在用户和 CA 之间提供了一个接口。在数字证书颁发给请求者之前，它替 CA 完成鉴定工作。

◇ 目录服务器：目录服务器用来保存证书及相应的公钥。

◇ 证书吊销列表(Certificate Revocation List, CRL)：CRL 列出了被吊销的证书。CA 会吊销不再使用的证书并发布在 CRL 中。

◇ 简单证书登记协议(Simple Certificate Enrollment Protocol, SCEP)：SCEP 是 Cisco 专用的证书注册协议，用来使网络设备从 CA 服务器上获得数字证书。它通过 HTTP 与 CA 或 RA 通信。是发送/接收请求和证书的最常使用的方法。

7.5.2 PKI 证书与密钥管理

就像对称加密算法一样，密钥管理和分发也是非对称加密算法面临的问题。除了保密性之外，非对称加密算法的一个重要的问题就是公钥的真实性和所有权问题。为此，人们提出了一种很好的解决办法：数字证书。数字证书提供了一种系统化的、可扩展的、统一的、容易控制的公钥分发方法。

数字证书简称证书，是一个防篡改的数据集合，它可以证明某一实体的身份及其公钥的合法性，以及该实体与公钥二者之间的匹配关系。证书是公钥的载体，证书上的公钥与唯一实体相匹配。证书需要由一个具有权威性的、可信任的和公正性的第三方机构颁发，以证明用户身份的合法性，该第三方机构称为认证中心(CA)，如图 7-10 所示。CA 是发放、管理和废除数字证书的机构，其作用是检查证书持有者身份的合法性，并签发证书，以防证书被伪造或篡改，以及对证书和密钥进行管理，承担公钥加密系统中公钥合法性检验的责任。

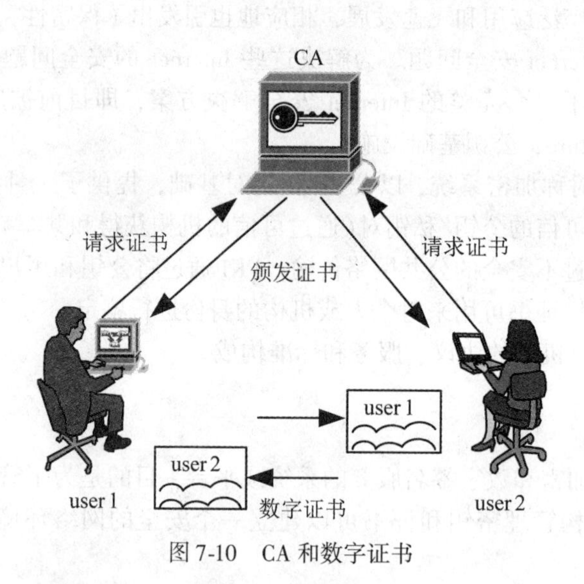

图 7-10　CA 和数字证书

数字证书中含有用户名、公钥和用户的其他身份信息。证书的格式由 ITU-T X. 509 标准为 PKI 定义。X. 509 v3 数字证书的格式包含以下元素：

◇ 版本号：该域用来区分各连续版本的证书，如版本 1、版本 2 和版本 3。版本号同样允许包含将来可能的版本。

◇ 证书序列号：用于唯一标志每一个证书的整数值，它是由认证机构产生。

◇ 签名算法 ID：用来说明签发证书所使用的算法以及相关的参数。

◇ 签发者：用于标志生成和签发该证书的认证机构的唯一名。

◇ 有效期：该域有两个日期/时间值："Not Valid Before"和"Not Valid After"，它们定义了该证书可以被看做有效的时间段，除非该证书被撤销。

◇ 拥有者：标志该证书拥有者的唯一名，也就是拥有与证书中公钥所对应的私钥的主题。此域必须非空。

◇ 拥有者公钥信息：该域含有证书拥有者的公钥，算法标志符以及算法所使用的任何相关参数，该域必须有且仅有一个条目。

图 7-11 所示为一个标准的 X. 509 v3 证书。

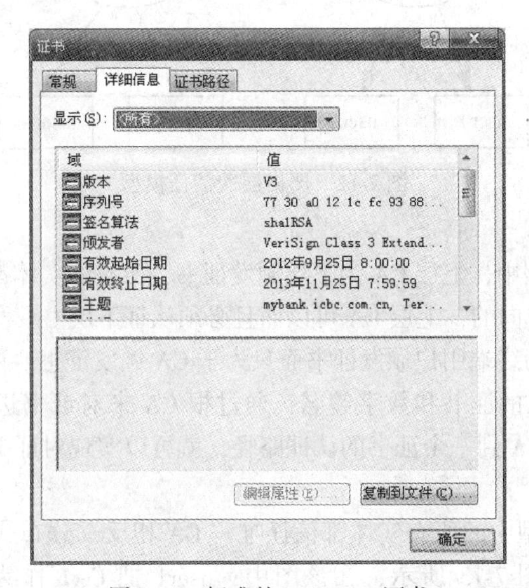

图 7-11 标准的 X. 509 v3 证书

用户公钥/私钥对产生有两种方式：用户自己产生的密钥对或 CA 为用户产生的密钥对。用户自己产生密钥对的过程是：用户自己选择密钥对的长度和方法，负责私钥的存放，然后向 CA 提交自己的公钥和身份证明；CA 对提交者的身份进行认证，并对密钥强度和持有者进行审查，如果审查通过，则 CA 将用户身份信息和公钥捆绑封装并进行签名产生数字证书。CA 为用户产生密钥对的过程是：CA 负责产生密钥对，同时生成公钥证书和私钥证书，公钥证书发布到目录服务器，私钥证书交给用户。CA 对公钥证书进行存档，如果用户私钥注明不是用于签名，则 CA 对用户私钥也进行存档。

7.5.3 PKI 的信任模型

实际网络环境中不可能只有一个 CA，多个认证机构之间的信任关系必须保证原有的 PKI 用户不必依赖和信任专一的 CA，否则将无法进行扩展、管理和包含。信任模型建立的目的是确保一个认证机构签发的证书能够被另一个认证机构的用户所信任。常见的信任模型包括以下四种：

1. 严格层次信任模型

严格层次信任模型是一个以主从 CA 关系建立的分级 PKI 结构。它可以描绘为一棵倒转的树，在这棵树上，根代表一个对整个 PKI 域内的所有实体都有特别意义的 CA：根 CA，在根 CA 的下面是多层子 CA，与非 CA 的 PKI 实体相对应的树叶通常被称作终端用户，如图 7-12所示。

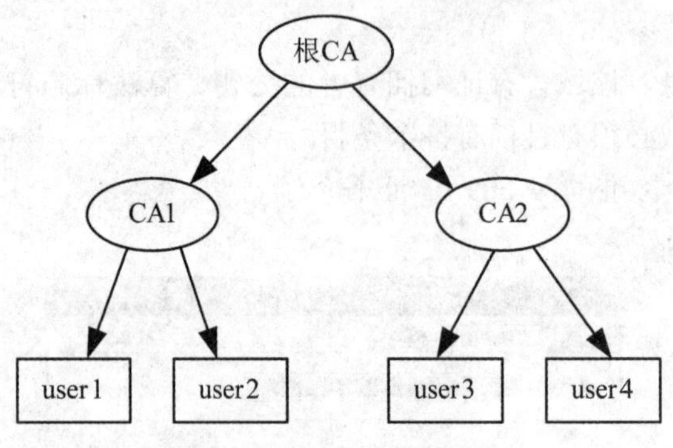

图 7-12　严格层次信任模型

在严格层次信任模型中，上层 CA 为下层颁发证书，所有的实体都信任根 CA，以根 CA 作为信任点。信任关系是单向的，上层 CA 可以而且必须认证下层 CA，但下层 CA 不能认证上层 CA。根 CA 通常不直接为终端用户颁发证书而只为子 CA 颁发证书。两个不同的终端用户进行交互时，双方都提供自己的证书和数字签名，通过根 CA 来对证书进行有效性和真实性的认证，只要找到一条从根 CA 到一个证书的认证路径，就可以实现对证书的验证。

2. 分布式信任模型

与严格层次信任模型中的所有实体都信任唯一 CA 相反，分布式信任模型把信任分布在两个或多个 CA 上，如图 7-13 所示，在该图中，user1 把 CA1 作为信任根，而 user2 则把 CA2 作为信任根。

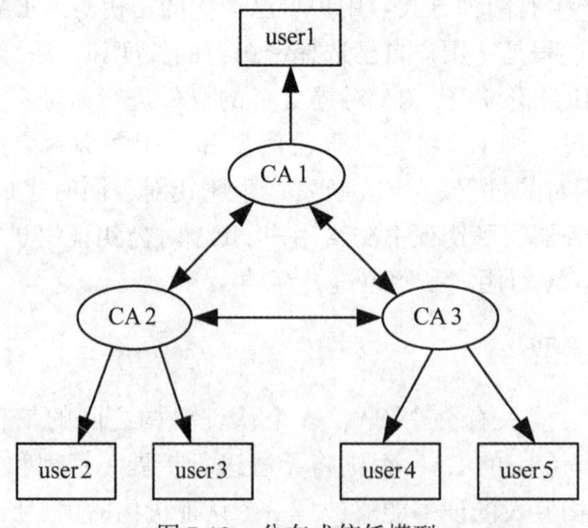

图 7-13　分布式信任模型

在分布式信任模型中，CA 间存在着交叉认证。因为存在多个信任点，单个 CA 安全性的削弱不会影响到整个 PKI，因此该信任模型具有更好的灵活性。但其路径发现比较困难，因为从终端用户到信任点建立证书的路径是不确定的。

3. 以用户为中心的信任模型

在以用户为中心的信任模型中，每个用户自己决定信任哪些证书和拒绝哪些证书。没有可信的第三方作为 CA，用户就是自己的根 CA，通常，用户的信任对象一般为关系密切的用户，如图 7-14 所示。

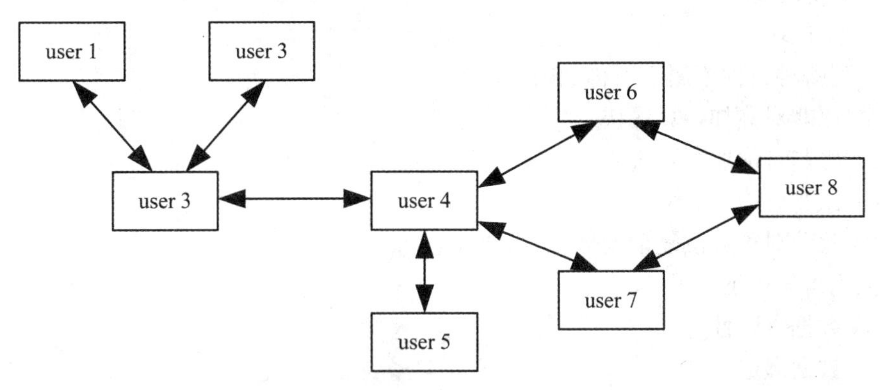

图 7-14　以用户为中心的信任模型

以用户为中心的信任模型具有安全性高和用户可控性强的优点，但是其使用范围较小，因为要依赖用户自身的行为和决策能力，这在技术水平较高的群体中是可行的，而在一般的群体中是不现实的。

4. 交叉认证模型

交叉认证是一种把以前无关的 CA 连接在一起的机制，可以使得它们各自终端用户之间的安全通信成为可能。有两种类型的交叉认证：域内交叉认证和域间交叉认证。

7.6　本章小结

随着 Internet 的快速发展，安全通信变得无比重要。使用密码学是实现安全通信的必要步骤之一，它保证了信息的完整性与机密性并实现了身份认证。

本章概述了密码学解决方案，详细阐述了对称加密算法、非对称加密算法和散列算法的原理，并在此基础上介绍了 HMAC 技术和数字签名技术。

本章在最后简单介绍了 PKI 的基本理论，包括 PKI 的组成、PKI 证书与密钥管理和 PKI 的信任模型。

本章内容为下一章将要学习的 IPSec VPN 技术建立了加密算法和协议的理论基础。

7.7　习题

1. 选择题

(1) 以下属于对称加密算法的是哪项？

A. 数字签名

B. 序列算法

C. RSA 算法

D. MD5 算法

(2)DES 通常运行于块模式加密哪种大小的数据块?

A. 56 位块

B. 40 位块

C. 128 位块

D. 64 位块

(3)下列哪种特性不属于对称加密算法?

A. 比非对称加密算法快

B. 比非对称加密算法的密钥长度长

C. 比非对称算法强壮

D. 比非对称算法复杂度低

(4)散列可提供下列哪一项?

A. 数据一致性

B. 数据绑定

C. 数据校验和

D. 数据完整性

(5)HMAC-MD5 使用的共享密钥长度是多少比特?

A. 64

B. 128

C. 256

D. 160

(6)在构建良好的加密算法的条件下,雪崩效应指的是什么?

A. 只改变纯文本消息的少数位导致密文完全不同

B. 改变密钥长度导致密文完全不同

C. 只改变纯文本消息的少数位导致纯文本完全不同

D. 改变密钥长度导致纯文本完全不同

(7)下列哪项可确保数据在传输中未被修改?

A. 机密性

B. 完整性

C. 验证

D. 授权

(8)以下哪项是常用的数字签名算法?

A. RSA 和 DSA

B. IKE 和 IPSec

C. MD5 和 SHA-1

D. SCEP 和 CA

(9)CA 认证中心不具有以下哪项功能?

A. 证书的颁发

B. 证书的申请

C. 证书的废除

D. 证书的管理

(10)以下哪项要求不是数字签名技术可以完成的目标?

A. 数据保密性

B. 信息完整性

C. 身份验证

D. 防止交易抵赖

2. 问答题

(1)简述对称加密算法的基本原理。

(2)简述非对称加密算法的基本原理。

(3)简述数字签名的概念以及功能。

(4)散列算法的功能和特点是什么?

(5)简述 X. 509 v3 证书的机构。

第8章 VPN技术

随着时代的发展以及企业规模的发展壮大，企业网络也在不断地发生变化。很多企业都在不同的城市甚至不同的国家设有分支机构，因此需要把各个分支机构连接在一起，以便共享资源，协同工作，提高工作效率。但传统的专线联网方式价格昂贵，一般中小企业难以负担。这时，低成本的VPN技术就孕育而生了。VPN(Virtual Private Network)即虚拟专用网络，它可以利用廉价接入的公共网络(主要使用Internet)来传输私有数据，相较于传统的专线联网方式具有成本优势，因此被很多企业和电信运营商采用。

学习完本章，要达到如下目标：

◇ 理解VPN的基本概念；
◇ 理解GRE协议原理；
◇ 掌握GRE VPN的基本配置方法；
◇ 理解IPSec协议原理；
◇ 掌握IPSec VPN的基本配置方法；
◇ 理解GRE Over IPSec VPN的原理及配置方法。

8.1 VPN概述

8.1.1 VPN定义

要了解不同类型的VPN，必须对什么是VPN有清楚的认识。

VPN是指通过一个公用网络建立一个临时的、安全的连接，是对企业内部网络的扩展。它通常是两个专用网络通过一个公用网络相互连接的一种方法。专用网络基本上不允许公众自由访问，这意味着有一组规则控制谁是专用网络部分，谁能使用专用网络的传输媒体。VPN之所以被称为虚拟的是因为在两端，两个专用网络好像是无缝连接在一起的。实际上，两个专用网络之间还存在一个公用网络。

VPN通常使用加密的隧道将两个或多个专用网连接在一起。隧道消除了距离的阻碍，使专用网用户能够通过公用网相互访问；加密能够保证在公用网络上的内部流量被安全地传输。

8.1.2 VPN拓扑

根据客户网络接入方式的不同，VPN技术主要分为站点到站点(Site to Site)连接方式和远程访问(Remote Access)连接方式。

1. 站点到站点 VPN

站点到站点连接技术也称为 LAN 到 LAN(LAN-to-LAN)或网关到网关(gateway-to-gateway)VPN，是一种主要的 VPN 连接方式，主要用于公司重要站点之间的连接。如图 8-1 所示，两个站点采用 VPN 技术虚拟地连接在一起，使得它们在通信时，就像通过普通网线一样，可以访问到对方。站点到站点的 VPN 技术对于终端用户而言是透明的，即用户感觉不到 VPN 技术的存在，而是觉得相互访问的站点位于同一个内网。

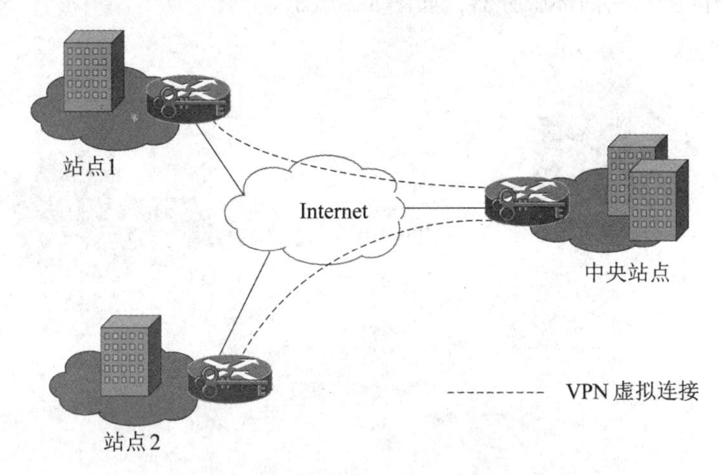

图 8-1　站点到站点 VPN

站点到站点 VPN 连接技术主要包括以下三种：

(1)GER VPN。

GRE(Generic Routing Encapsulation，通用路由封装)协议能够对各种网络层协议(如 IP 和 IPX)的数据报文进行封装，被封装的数据报文能够在 IP 网络中传输。GRE 采用了 Tunnel(隧道)技术，是 VPN 的三层隧道协议。由于 GRE 技术与本章重点讲解的 IPSec 技术关系紧密，所以在本章的后续部分会对 GRE 进行介绍。

(2)IPSec VPN。

IPSec(Internet Protocol Security) VPN 是业界标准的网络安全协议，可以为 IP 网络通信提供透明的安全服务，保护 TCP/IP 通信免遭窃听和篡改，从而有效地抵御网络攻击。IPSec VPN 在网络的灵活性、安全性、经济性、扩展性等方面极具优势，因此越来越受到企业用户的青睐。本章将会详细介绍 IPSec VPN 技术。

(3)MPLS VPN。

MPLS VPN 是指采用 MPLS(Multi-Protocol Label Switching，多协议标签交换)技术在宽带 IP 的骨干网络上构建企业 IP 专网，以实现跨地域、安全、高速、可靠的数据、语音、图像等多业务通信。MPLS VPN 结合区分服务、流量工程等相关技术，将公共网络的可靠性、良好的扩展性和丰富的功能与专用网的安全性和灵活性高效地结合在一起，可以为用户提供高质量的服务。MPLS VPN 已超出了本章的范围，感兴趣的读者可以参阅人民邮电出版社出版的《MPLS 和 VPN 体系结构》(第 1 卷、第 2 卷)等图书。

2. 远程访问 VPN

站点到站点 VPN 连接技术只能满足公司站点之间的连接，也就是说客户必须要在公司内部才能使用这种技术来连接其他站点。如果客户出差在外，希望在一个提供 Internet 连接的咖啡馆、飞机场或者酒店连接到公司内部，那么站点到站点 VPN 连接技术就不再适用了。在这种场合下，需要用到远程访问 VPN 连接技术。远程访问 VPN 也称为远程用户或主机到网关 VPN，一般需要预先在客户计算机上安装 VPN 客户端(客户端依据具体采用的实现技术不同而有所不同)，并且通过这个客户端拨号到公司 VPN 网关。如果拨号成功，那么客户就像通过一根网线虚拟地连接到公司 VPN 网关，然后获取公司内部网络的一个地址，并且使用这个地址来访问公司的内部服务器，如图 8-2 所示。

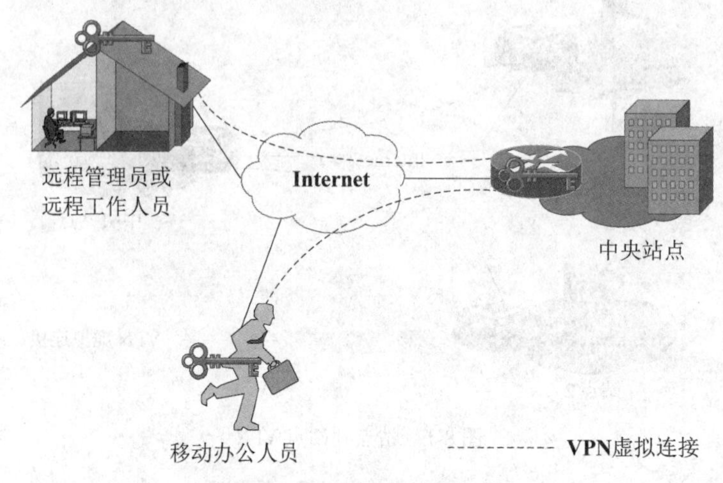

图 8-2　远程访问 VPN

远程访问 VPN 连接技术主要有以下几种：

(1) IPSec VPN。

IPSec VPN 是一种全面的技术，它不仅适用于站点到站点 VPN，也能够部署远程访问 VPN。

(2) VPDN。

VPDN(Virtual Private Dial-up Networks，虚拟私有拨号网络)是 VPN 业务的一种，具体的技术包括 PPTP、L2TP 和 PPPoE 等，是基于拨号用户的虚拟专用拨号网业务。用户以拨号接入方式联网，VPDN 会对传输的数据进行封装和加密，从而保障了传输数据的私密性，并使 VPN 达到私有网络的安全级别。VPDN 是利用 IP 网络的承载功能结合相应的认证和授权机制建立起来的一种安全和虚拟专用网，是一种比较传统的 VPN 技术。VPDN 技术已经超出了本章的内容，本章不对此技术进行详细介绍。

(3) SSL VPN。

SSL VPN 指的是基于安全套接层(Security Socket Layer，SSL)协议建立远程安全访问通道的 VPN 技术。它是近年来新兴的 VPN 技术，其应用随着 Web 的普及和电子商务、远程办公的兴起而迅速发展。SSL VPN 技术已超出了本章的内容，本章不对此技术进行详细介绍。

8.1.3　VPN 基本原理

VPN 的基本原理如图 8-3 所示。在该图中，假设某公司有两个网络，相距很远，通过两台 VPN 设备(这里是用路由器)建立 VPN 连接。

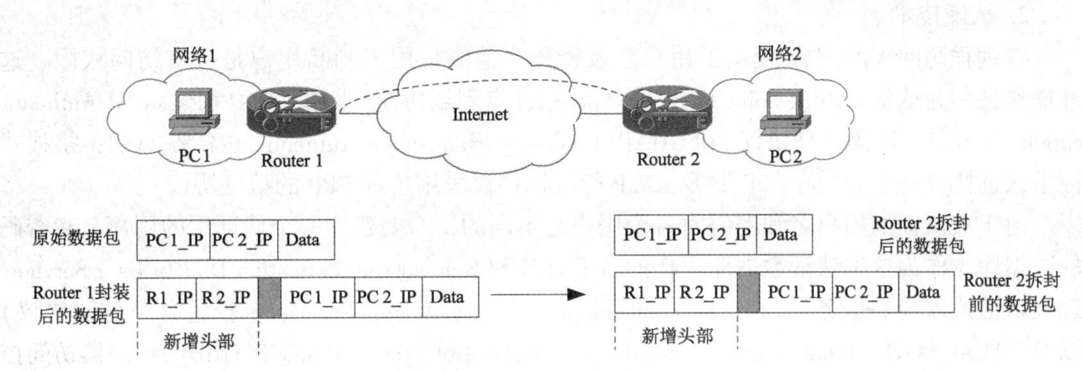

图 8-3 VPN 基本原理示意图

若网络 1 中的 PC1 要和网络 2 中的 PC2 通信，则数据的传输过程如下：

(1)PC1 建立数据包，将其 IP 地址作为源地址，将 PC2 的地址作为目的地址，然后将数据包发送到 Router1。

(2)数据包到达 Router1，Router1 在数据包中增加一新的头部。在此新头部中，数据包的源地址为 Router1 连接公网接口的 IP 地址，目标地址为 Router2 连接公网接口的 IP 地址，然后发送。

(3)数据包通过 Internet 到达 Router2，Router2 能够识别新增的头部，对其进行拆封后得到 PC1 发送的原始数据包。然后，根据数据包的 IP 地址信息进行正常的转发。

8.1.4 实现 VPN 的关键技术

实现 VPN 的关键技术有：

◇ 隧道技术；

◇ 认证技术；

◇ 加密技术。

1. 隧道技术

为了能够在公共网络中形成企业专用的链路网络，VPN 采用了所谓的隧道技术模拟点到点连接，依靠 ISP 和其他的网络服务提供商在公共网络中建立自己专用的隧道，让数据包通过隧道传输。

隧道技术指的是利用一种网络协议传输另一种网络协议，也就是将原始数据包进行再次封装，并在两个端点之间通过公共网络进行路由，从而保证数据包传输的安全性。它主要利用隧道协议来实现这种功能，具体包括第二层隧道协议和第三层隧道协议。

第二层隧道协议是在数据链路层进行的，先把各种网络协议封装到 PPP 包中，再把整个数据包封装到隧道协议中，这种经过两层封装的数据由第二层协议进行传输。第二层隧道协议有 PPTP(Point to Point Tunneling Protocol，点对点隧道协议)、L2F(Level 2 Forwarding，第二层转发)和 L2TP(Layer 2 Tunneling Protocol，第二层隧道协议)。这些第二层隧道协议主要用来构建远程访问 VPN。

第三层隧道协议是在网络层进行的，把各种网络协议直接装入隧道协议中，形成的数据包依靠第三层协议进行传输。第三层隧道协议主要有 GRE 协议和 IPSec 协议。

隧道技术包括了数据封装、传输和拆封在内的全过程。

2. 认证技术

在远程访问 VPN 中，使用了用户名及密码，他们被用来判断用户是否有访问权限。这种操作被称为认证。PPP(Point to Point Protocol，点到点协议)采用了 PAP(Password Authentication Protocol，密码认证协议)和 CHAP(Challenge Handshake Authentication Protocol，挑战式握手认证协议)进行认证。PPTP 及 L2TP 等隧道协议采用这种 PPP 的认证协议。

由于被认证的用户名和密码对各个用户是不同的，需要建立一个认证用的用户名和密码的数据库。作为这种认证数据库工作的有 RADIUS(Remote Authentication Dial In User Service，远程认证拨入用户服务)、LDAP(Lightweight Directory Access Protocol，轻量目录访问协议)以及 TACACS+(Terminal Access Controller Access Control System Plus，终端访问控制器访问控制系统)等方式。RADIUS 等数据库不仅提供认证用的用户名及密码，还能指令控制连接的强制切断时间、IP 地址或回叫(Call Back)等详细的属性。

3. 加密技术

加密技术由 IPSec 的 ESP(Encapsulating Security Payload，封装安全负载)实现。加密算法已经在本书第七章讲解，不在此详述。

8.2 GRE VPN

通用路由封装(Generic Routing Encapsulation，GRE)协议是网络中通过隧道将通信从一个专用网络传输到另一个专用网络常用到的一个协议。它最初由 Cisco 开发，用于在 Internet 上创建一条去往远端 Cisco 路由器的虚拟的点到点链路。GRE 被称为轻量级隧道协议，因为其头部较小，因此用它封装数据效率高。但 GRE 没有任何安全防护机制。

8.2.1 GRE

GRE 是一种典型的三层隧道封装技术，能够将各种网络协议(IP 协议与非 IP 协议)封装到 IP 隧道内，其封装结构如图 8-4 所示。

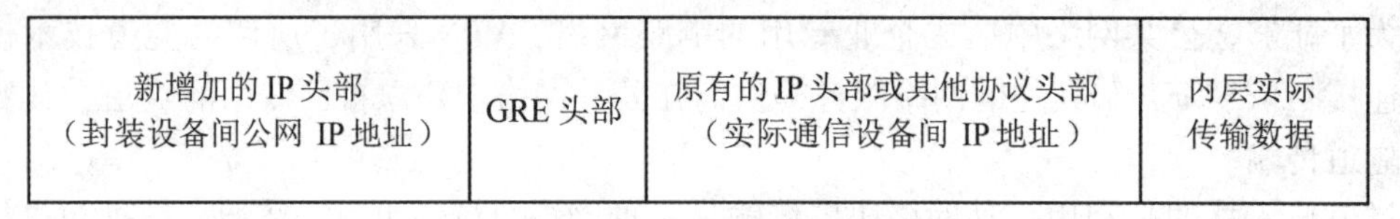

图 8-4　GRE 封装结构

GRE 封装后的数据主要由四个部分组成。其中，内层 IP 头部或其他协议头部和内层实际传输数据为封装负载(封装之前的数据包)。在内层 IP 头部或其他协议头部之间添加一个 GRE 头部，再在 GRE 头部之前添加一个全新的外层 IP 头部，从而实现 GRE 技术对原始数据包的封装。

GRE 技术的主要问题就是对封装负载不提供任何安全防护，在图 8-5 所示的 GRE 抓包实例中，可以清楚地看到 GRE 数据包的外层 IP 头部、4 个字节的 GRE 头部，以及内层 IP 头部和用户数据。其中，内层 IP 头部的源 IP 地址为 10.1.1.1，目的 IP 地址是 10.1.2.1，用户数据为 ICMP 数据包，这也证明了 GRE 技术不对它封装的数据进行加密。

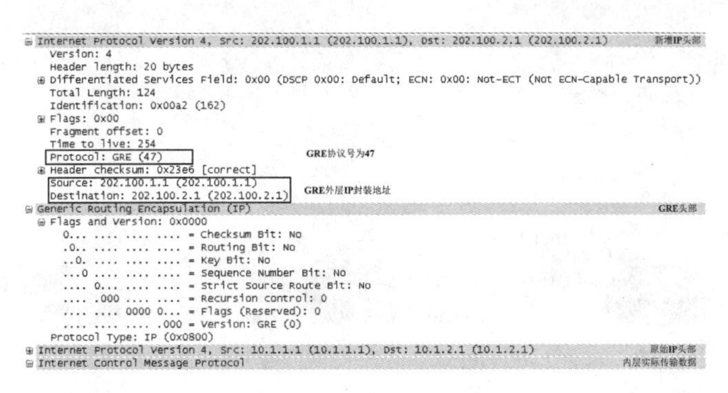

图 8-5　GRE 抓包实例分析

GRE 使用一个标准的 IP 头部和 GRE 头封装完整的原始的数据包，它允许 IP 协议与非 IP 协议在封装负载中被传输。使用标准 IP 头部的 GRE 分组被归入 IP 协议，类型号为 47。当 GRE 中封装的原始数据包是 IP 报文时，GRE 头部的协议类型域被设为 0x800。

GRE 的优势在于它可以将非 IP 流量以隧道方式在 IP 网络上传输。与只支持单播流量的 IPSec 不同，GRE 在隧道上支持组播和广播流量。因此，GRE 支持路由协议。

GRE 不提供加密，如果需要加密流量，则应使用 IPSec 来对 GRE 进行保护。

8.2.2　配置站点到站点的 GRE 隧道

配置一条 GRE 隧道包括以下五个步骤：

(1)使用命令 **interface tunnel** 创建一个隧道接口。

(2)为隧道接口分配一个 IP 地址。

(3)使用命令 **tunnel source** 标志源隧道接口。

(4)使用命令 **tunnel destination** 标志目的隧道接口。

(5)使用命令 **tunnel mode gre** 配置 GRE 所要封装的协议。

示例 8-1 显示了如何在一台路由器上配置 GRE 隧道。

示例 8-1　　**在路由器上配置 GRE 隧道**

```
Router(config)#interface tunnel 0
Router(config-if)#ip address 172.16.1.1 255.255.255.0
Router(config-if)#tunnel source 202.100.1.1
Router(config-if)#tunnel destination 202.100.2.1
Router(config-if)#tunnel mode gre ip
Router(config-if)#exit
```

8.2.3　GRE VPN 基本配置实验

1. 实验拓扑

图 8-6 为该实验的网络拓扑，图中有三台路由器，由左至右分别模拟企业站点一(Router1)、Internet 路由器(Internet)和企业站点二(Router2)。路由器 Router1 和 Router2 分别使用环回接口 Loopback0 模拟企业内部网络。

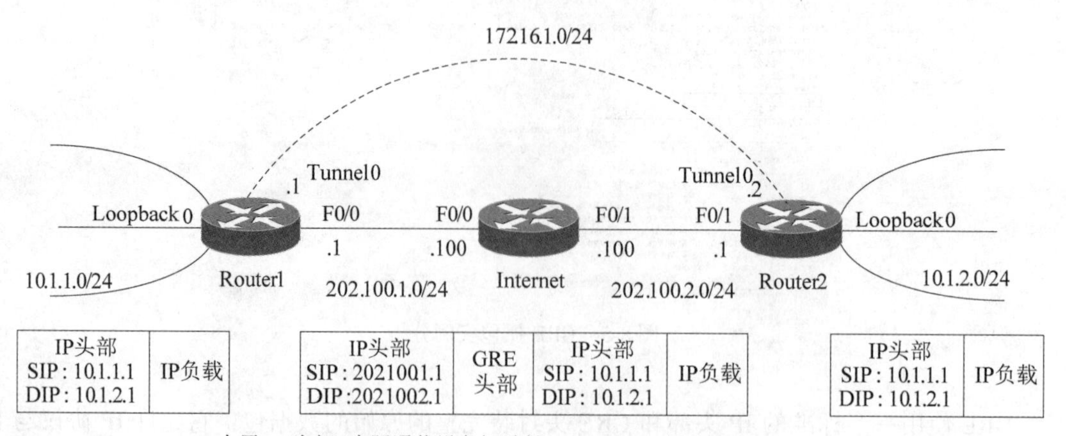

内层 IP 头部(实际通信设备间地址)：10.1.1.0/24与10.1.2.0/24

外层 IP 头部(封装设备间公网地址)：202.100.1.1/24 与 202.100.2.1/24

图 8-6 GRE 基本实验拓扑

2. 实验介绍

在图 8-6 中，路由器 Router1 和路由器 Router2 分别模拟企业的两个站点，10. 1. 1. 0/24 和 10. 1. 2. 0/24 分别模拟两个站点内部网络。路由器 Internet 模拟服务提供商路由器。本实验的目标就是通过 GRE 技术在路由器 Router1 和路由器 Router2 两个站点间建立一个点对点 GRE 隧道，并在 GRE 的隧道接口上运行动态路由协议(OSPF)，以学习彼此的内部网络路由。两个站点之间的流量通过 GRE 隧道封装穿越 Internet。

在图 8-6 下半部分所示为数据包在网络不通阶段的封装结构。在站点 Router1 内部网络，数据包还未被 GRE 封装，源 IP 地址为 10. 1. 1. 1(站点 Router1 内部主机)，目的地址为 10. 1. 2. 1(站点 Router2 内部主机)，紧接着是内层数据。由于数据包的源和目的地址是私有的 IP 地址，这样的数据包不能直接在 Internet 上传输。在路由器 Router1 和路由器 Router2 之间的传输链路上，对数据包进行 GRE 封装，即在原始数据包的外面增加一个 GRE 头部和一个外层 IP 头部，外层 IP 头部的源地址和目的地址分别为路由器 Router1 和路由器 Router2 的公网 IP 地址：202. 100. 1. 1 和 202. 100. 2. 1。GRE 封装后的数据包抵达路由器 Router2 后被拆封，在站点 Router2 网络内部为原始的数据包。

3. 基本网络配置

在配置 GRE 隧道之前，首先要配置路由器的 IP 地址和基本路由。示例 8-2、示例 8-3 和示例 8-4 分别显示了如何在 Router1、Internet 和 Router2 上执行基本的网络配置。

示例 8-2 **Router1 上的基本网络配置**

```
Router1(config)#interface fastEthernet 0/0
Router1(config-if)#ip address 202. 100. 1. 1 255. 255. 255. 0
Router1(config-if)#no shutdown
Router1(config-if)#exit
```

```
Router1(config)#interface loopback 0
Router1(config-if)#ip add10. 1. 1. 1 255. 255. 255. 0
Router1(config-if)#exit

Router1(config)#ip route0. 0. 0. 0 0. 0. 0. 0 202. 100. 1. 100
//配置企业站点访问 Internet 的默认路由
```

示例 8-3 **Internet 上的基本网络配置**

```
Internet(config)#interface fastEthernet 0/0
Internet(config-if)#ip add 202. 100. 1. 100 255. 255. 255. 0
Internet(config-if)#no shutdown
Internet(config-if)#exit

Internet(config)#interface fastEthernet 0/1
Internet(config-if)#ip address 202. 100. 2. 100 255. 255. 255. 0
Internet(config-if)#no shutdown
Internet(config-if)#exit
Internet(config)#
```

示例 8-4 **Router2 上的基本网络配置**

```
Router2(config)#interface fastEthernet 0/1
Router2(config-if)#ip add 202. 100. 2. 1 255. 255. 255. 0
Router2(config-if)#no shutdown
Router2(config-if)#exit

Router2(config)#interface loopback 0
Router2(config-if)#ip add10. 1. 2. 1 255. 255. 255. 0
Router2(config-if)#exit

Router2(config)#ip route0. 0. 0. 0 0. 0. 0. 0 202. 100. 2. 100
//配置企业站点访问 Internet 的默认路由
```

4. GRE 和动态路由协议 OSPF 配置

在三台路由器上完成基本网络配置之后，我们开始来配置点对点 GRE 隧道，这个隧道会将 Router1 和 Router2 虚拟地连接在一起。在该实验中 GRE 隧道的内部网络地址为 172. 16. 1. 0/24，站点 1 端隧道接口的地址为 172. 16. 1. 1，站点 2 端隧道接口的地址为 172. 16. 1. 2。在这个 GRE 隧道上配置 OSPF 路由协议，并将这两个站点的内部网络宣告到这个路由协议中。示例 8-5 和示例 8-6 分别为 Router1 和 Router2 上 GRE 和 OSPF 路由协议的配置。

示例 8-5 **Router1 上的 GRE 和 OSPF 配置**

```
Router1(config)#interface tunnel 0
Router1(config-if)#ip address 172.16.1.1 255.255.255.0
Router1(config-if)#tunnel source 202.100.1.1
Router1(config-if)#tunnel destination 202.100.2.1
Router1(config-if)#tunnel mode gre ip
Router1(config-if)#exit

Router1(config)#router ospf 100
Router1(config-router)#network10.1.1.0 0.0.0.255 area 0
Router1(config-router)#network 172.16.1.00.0.0.255 area 0
Router1(config-router)#exit
```

示例 8-6 **Router2 上的 GRE 和 OSPF 配置**

```
Router2(config)#interface tunnel 0
Router1(config-if)#ip address 172.16.1.2 255.255.255.0
Router2(config-if)#tunnel source 202.100.2.1
Router2(config-if)#tunnel destination 202.100.1.1
Router2(config-if)#tunnel mode gre ip
Router2(config-if)#exit

Router2(config)#router ospf 100
Router2(config-router)#network10.1.2.0 0.0.0.255 area 0
Router2(config-router)#network 172.16.1.00.0.0.255 area 0
```

5. 查看状态与测试

配置完成后，需要查看 Router1 是否通过 OSPF 路由协议学习到了 Router2 内部网络 10.1.2.0/24 的路由。示例 8-7 显示了在 Router1 上执行 show ip route ospf 命令后得到的结果。

示例 8-7 **查看 Router1 上通过 OSPF 学习到的路由**

```
Router1#show ip route ospf
     10.0.0.0/8 is variably subnetted, 2 subnets, 2 masks
     O          10.1.2.1/32 [110/11112] via 172.16.1.2, 00:03:47, Tunnel0
```

通过示例 8-7 可以看到，Router1 已经通过 OSPF 路由协议学习到了 Router2 背后内部网络的路由，且该路由的下一条为 Router2 端隧道口地址 172.16.1.2。

接下来在 Router1 上执行 ping 命令，测试两个内部网络连通性，如示例 8-8 所示。

示例 8-8 **Router1 上测试两个内部网络的连通性**

```
Router1#ping10. 1. 2. 1 source 10. 1. 1. 1

Type escape sequence to abort.
Sending 5, 100-byte ICMP Echos to10. 1. 2. 1, timeout is 2 seconds:
Packet sent with a source address of10. 1. 1. 1
!!!!!
  Success rate is 100 percent (5/5), round-trip min/avg/max = 284/337/412 ms
```

在 Router2 上查看路由与测试连通性的方法与 Router1 相同，如示例 8-9 和示例 8-10 所示。

示例 8-9 **查看 Router2 上通过 OSPF 学习到的路由**

```
Router2#show ip route ospf
     10. 0. 0. 0/8 is variably subnetted, 2 subnets, 2 masks
O        10. 1. 1. 1/32 [110/11112] via 172. 16. 1. 1, 00:06:01, Tunnel0
```

示例 8-10 **Router2 上测试两个内部网络的连通性**

```
Router2#ping10. 1. 1. 1 source 10. 1. 2. 1

Type escape sequence to abort.
Sending 5, 100-byte ICMP Echos to10. 1. 1. 1, timeout is 2 seconds:
Packet sent with a source address of10. 1. 2. 1
!!!!!
Success rate is 100 percent (5/5), round-trip min/avg/max = 244/286/332 ms
```

8.3 IPSec VPN

随着 Internet 上信息量的增长和在不安全媒介上传递数据量的增多，当敏感数据通过不安全的公共通道传输时，实现安全通信的意义尤为重大。

IPSec VPN 是互联网工程任务组(IETF)定义的标准，可以保障信息的机密性、完整性，并实现身份认证。该标准工作在网络层，用于保护 IP 流量。IPSec 是实现安全通信的必要构架之一。

8.3.1 IPSec 概述

IPSec 是一项标准的安全技术，它通过一组加密协议来保护 IP 流量，从而保护 IP 网络上的所有应用和通信。IPSec 不绑定任何具体的加密、认证、安全算法或密钥技术，它是开放标准的一个框架，阐明了安全通信的规则。IPSec 依赖现存的算法来实现加密、认证和密钥交换。

IPSec 框架主要包含以下五个组件：

(1) IPSec 的封装协议，如 ESP 或 AH。

(2) 加密算法，如 DES、3DES、AES 或 SEAL。可以根据所需要的安全等级进行选择。

(3) 散列函数，如 MD5 或 SHA。

(4) 建立共享密钥的方法，有两种：预共享或使用 RSA 的数字特征。

(5) DH 算法组。有四种 DH 密钥交换算法可以选择，包括 DH Group1（DH1）、DH Group2（DH2）、DH Group5（DH5）和 DH Group7（DH7），选择哪种类型的组取决于具体需求。

IPSec 提供一个框架性的结构，每一次 IPSec 会话所使用的具体算法都是通过协商来决定。如果 3DES 算法所提供的 168 位的加密强度能够满足当前的需要，那么我们就使用这个算法来加密数据。但是只要有一天 3DES 算法出现了严重漏洞，或者出现了一个更好的加密协议，那么我们可以马上更换加密协议。图 8-7 为 IPSec 框架示意图，从图中可以看出，不仅仅是加密算法、散列函数，而且还包括封装模式、密钥有效期等内容都可以通过协商决定，在两个 IPSec 对等体之间协商的协议叫做 IKE（Internet Key Exchange，Internet 密钥交换），该协议会在本章的后续部分进行详细介绍。

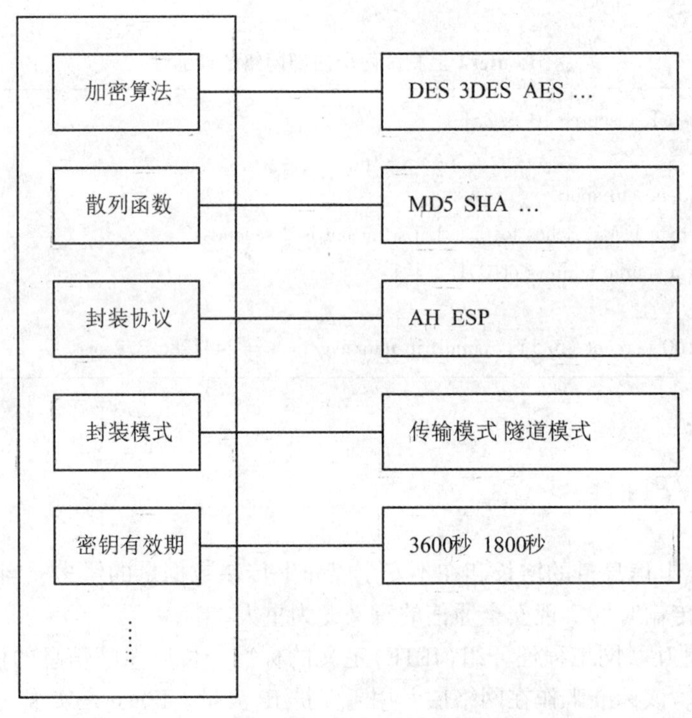

图 8-7　IPSec 框架示意图

8.3.2　IPSec 封装模式

对于 IPSec 隧道，数据包封装由 ESP 或 AH 或者它们二者一起处理。封装可以以两种方

式完成：

◇ 传输模式；

◇ 隧道模式。

1. 传输模式

传输模式用于在主机到主机或端到端的环境中保护数据，如图8-8所示的主机PC1和主机PC2通信的情况。传输模式实现起来简单，主要是在原始IP头部和IP负载之间插入一个IPSec头部，因此，在传输模式中，IPSec保护原始IP包中的负载而不包括IP头部。

只有在IPSec的两个终端就是原始数据包的源和目的的时候，才可以使用传输模式。传输模式通常在终端系统上保护个别上层流量，或在中间系统上保护已经处于隧道中的流量。

图8-8所示为IPSec隧道如何建立，以及在传输模式中数据包是如何封装的。

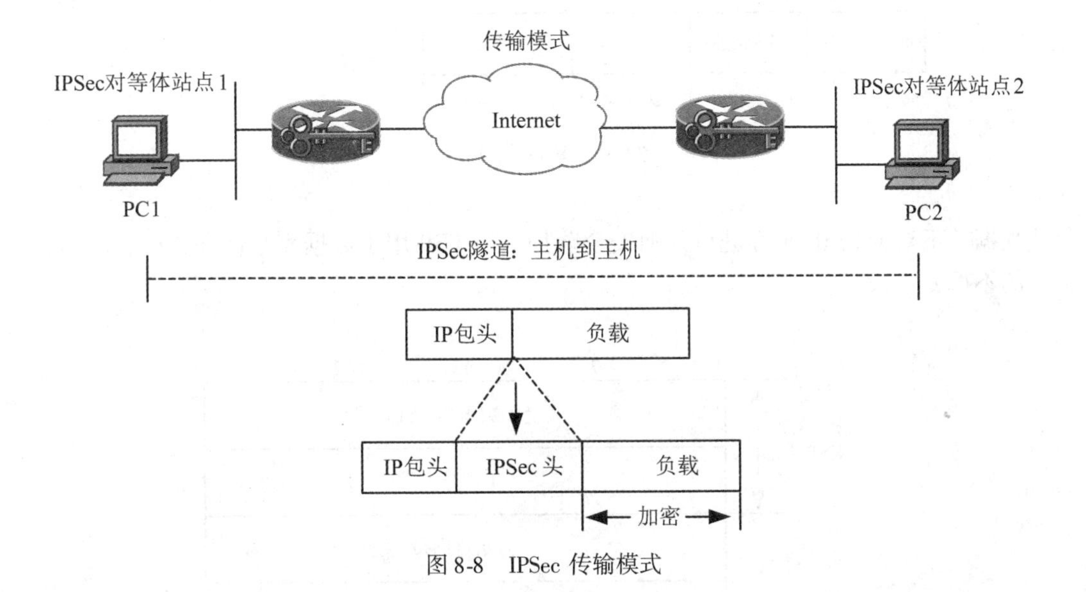

图8-8 IPSec传输模式

2. 隧道模式

隧道模式用于在网络到网络或站点到站点的环境中保护数据，如图8-9所示的网络1到网络2通信的情况。在隧道模式中，IPSec可以保护网络到网络的流量，也就是说加密的流量会穿过IPSec对等体。隧道模式为整个原始IP数据包提供安全性，原始IP数据包被加密，然后被封装进另一个IP数据包。新的IP包头中的IP地址用于在因特网中路由数据包。图8-9所示为IPSec隧道如何建立，以及在隧道模式中数据包是如何封装的。

8.3.3 IPSec封装协议

IPSec向所有的IP数据包添加IPSec头部，这个头部所包含的信息可以对原始的IP数据包进行保护。IPSec的封装协议有ESP(Encapsulating Security Payload，封装安全负载)和AH(Authentication Header，认证头)两种。

1. ESP

ESP是基于IP的协议，协议号为50，图8-10所示为ESP数据报的结构示意图。ESP用于实现机密性、完整性、身份验证，并提供反重放保护。如图8-11所示，ESP只能保护IP

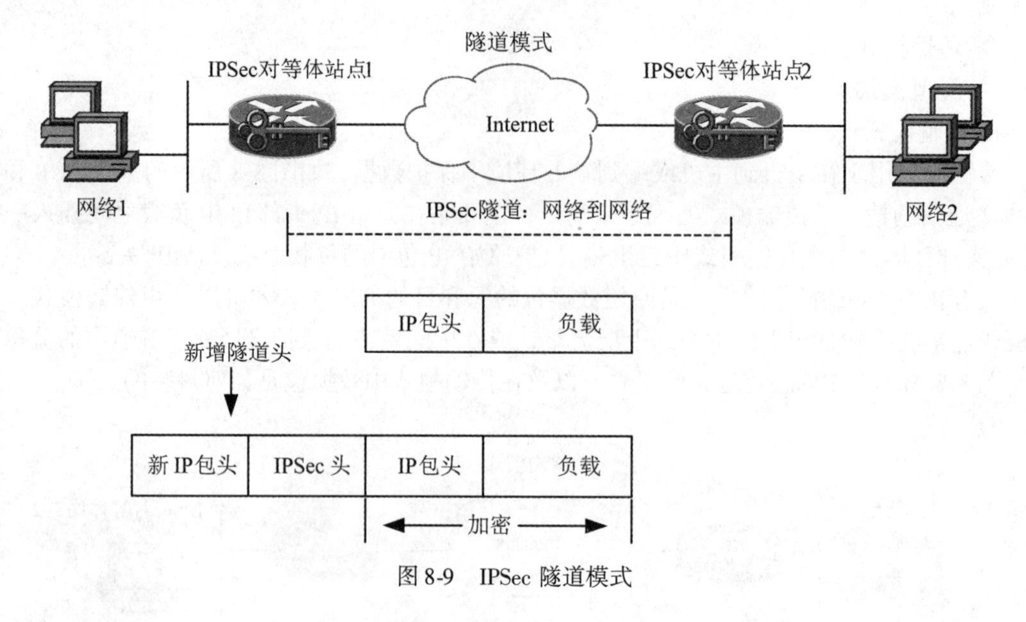

图 8-9 IPSec 隧道模式

负载数据，不对原始 IP 头部进行任何安全防护。当 ESP 用于数据完整性保护时，不包括 IP 头部的不可变字段。

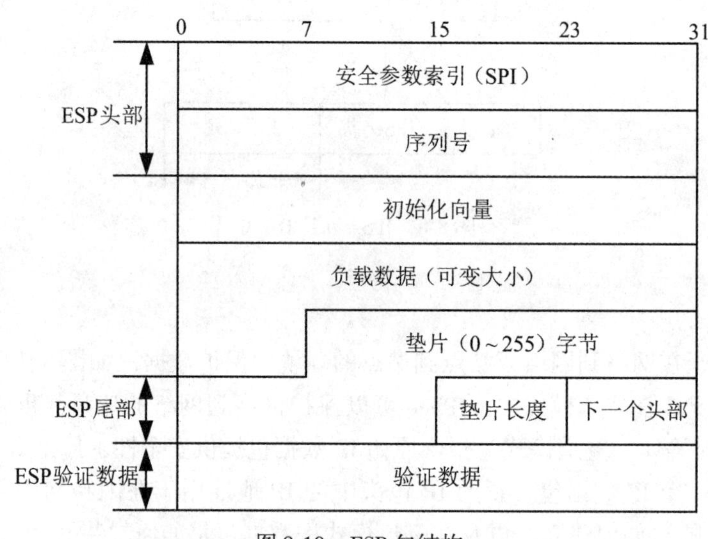

图 8-10 ESP 包结构

下面分别对图 8-10 所示的 ESP 包的各个字段逐一进行介绍：

(1)安全参数索引(SPI)。

一个 32 比特的字段，用来标志处理数据的安全关联(Security Association，SA)，关于安全关联相关的内容我们会在本章的后续部分进行介绍。

(2)序列号(SN)。

一个单调增长的序号，用来标志一个 ESP 数据包。例如，当前发送的 ESP 包序列号是 X，下一个传输的 ESP 包序列号就是 X+1，再下一个就是 X+2。接收方通过序列号来防止重

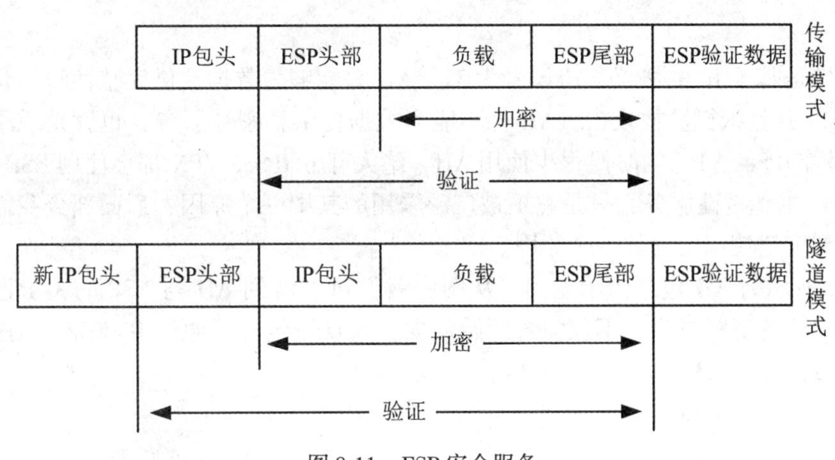

图 8-11 ESP 安全服务

放攻击，原理也很简单，当接收方收到序列号 X 的 ESP 包后，如果再次收到序列号为 X 的 ESP 包，就被视为重放攻击，采取丢弃处理。

(3)初始化向量(Initialization Vector)。

我们在前面介绍过 CBC 这种块加密方式，每一个需要使用 CBC 来加密的数据包都会产生一个随机数，用于加密时对数据进行扰乱，这个随机产生的数就叫做初始化向量(IV)。当然 IPSec VPN 也可以选择不加密(加密不是必须的，虽然我们一般都会采用)，如果不加密，就不存在 IV 字段。在图 8-10 中的 ESP 包中有 IV 字段表示加密。

(4)负载数据(Payload Data)。

负载数据就是 IPSec 加密所保护的数据，它很有可能就是 TCP 头部加相应的应用层数据。当然，封装模式的不同也会影响负载数据的内容。

(5)垫片(Padding)。

Cisco 的 IPSec VPN 都采用了 CRC 的块加密方式，既然采用块加密，就需要把数据补齐块边界。以 DES 为例，就需要补齐 64 比特的块边界，追加的补齐块边界的数据叫做垫片。如果不加密，就不存在垫片字段。

(6)垫片长度(Pad Length)。

垫片长度顾名思义就是告诉接收方，垫片数据有多长，接收方解密后就可以清除这部分多余数据。如果不加密，就不存在垫片长度字段。

(7)下一个头部(Next Header)。

下一个头部标志 IPSec 封装负载数据里边的下一个头部，根据封装模式的不同下一个头部也会发生变化，如果是传输模式，则下一个头部一般都是传输层头部(TCP/UDP)；如果是隧道模式，则下一个头部肯定是 IP。这里顺便提一下，从“下一个头部”这个字段中，我们可以看到 IPv6 的影子。IPv6 的头部就是使用很多个“下一个头部”串接在一起的，这也说明 IPSec 最初是为 IPv6 而设计的。

(8)认证数据(Authentication Data)。

ESP 会对从 ESP 头部到 ESP 尾部的所有数据进行验证，也就是做 HMAC 的散列计算，得到的散列值就会被放到认证数据部分，接收方可以通过这个认证数据部分对 ESP 数据包进行完整性和源认证的校验。

2. AH

AH同样是基于IP的协议，协议号为51，AH只能够为数据提供完整性和源认证两方面的安全服务，并且抵御重放攻击。AH并不能为数据提供私密性服务，也就是说不加密，所以在实际部署IPSec VPN的时候很少使用AH，绝大部分IPSec VPN都会使用ESP进行封装。当然AH不提供私密性服务，只是它不被广泛采用的其中一个原因，后面部分我们还会介绍AH没有得到广泛使用的另外一个原因。

图8-12所示为AH包结构示意图，从图中我们可以看到AH与ESP的关键性区别，即AH对数据验证的范围更广，不仅包含原始数据，而且还包含了原始IP头部，AH认证头部的名称就由此而得名。

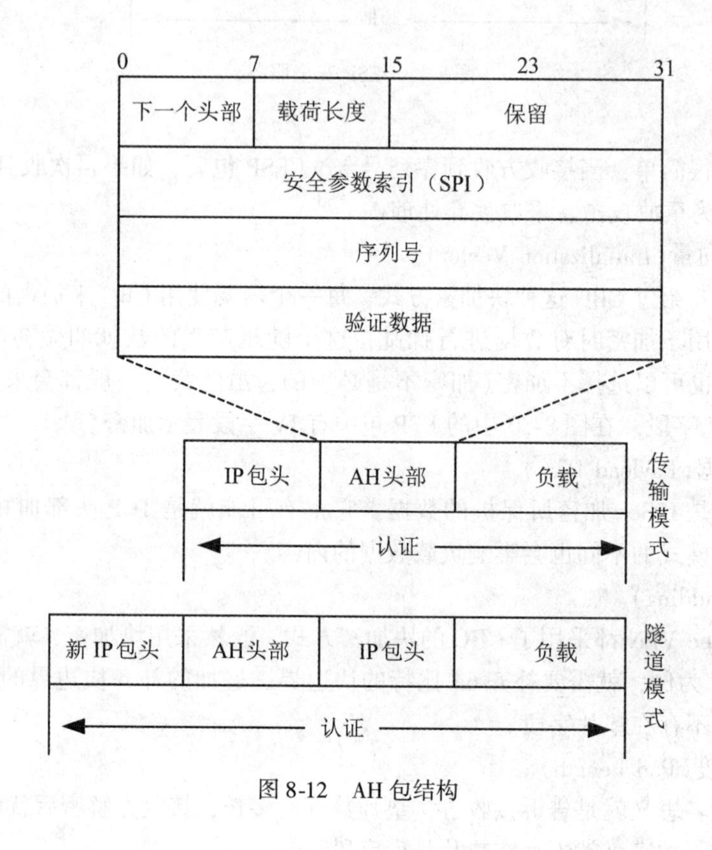

图8-12　AH包结构

虽然AH要验证原始IP头部，但并不是IP头部的每一个字段都要进行完整性验证。AH只会对IP头部中的版本、首部长度、总长度、标志、协议、源IP地址和目的IP地址字段进行完整性校验。可以看到IP地址字段是需要验证的，因而不能被修改。AH这么选择也有它自身的原因。IPSec的AH封装最初是为IPv6设计的。而在IPv6的网络中，地址不改变非常正常，但是我们现在使用的主要是IPv4的网络，网络地址转换(NAT)技术经常被采用。一旦AH封装的IPSec数据包穿越NAT，地址就会改变，抵达目的地之后就不能通过验证，所以AH协议封装的IPSec数据包不能穿越NAT，这就是AH现在没有得到大量部署的第二大原因。

8.3.4 IPSec 安全关联

安全关联(Security Association，SA)是 IPSec 最基本的概念之一，是两个对等体或主机之间就如何保证通信安全达成的一个协定，它包括协议、算法、密钥等内容，具体确定了如何对 IP 数据包进行处理。IPSec 对数据流提供的安全服务通过 SA 来实现。

IPSec SA 是单向的。一个 SA 就是两个 IPSec 对等体或主机之间的一个单向逻辑连接，入站数据流和出站数据流分别由入站 SA 与出站 SA 处理。图 8-13 显示了 SA 的概念。图中的路由器使用 IPSec 来保护网络 1 和网络 2 之间的流量。因此，每台路由器需要两个 SA，描述双向的流量保护。

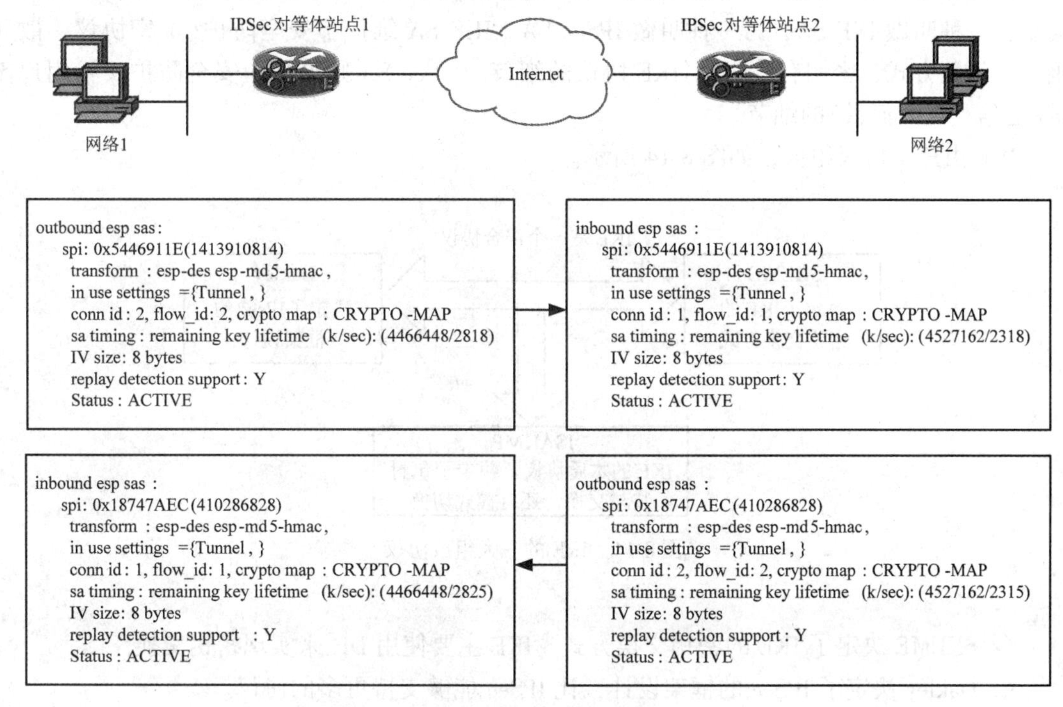

图 8-13 SA 安全关联实例

建立 SA 是 IPSec 进行流量保护工作的前提。当相关的 SA 建立后，IPSec 通过建立的 SA 获得保护特定流量所需要的所有参数。

VPN 设备将全部活跃 SA 存放在一个被称为 SA 数据库(SA Database，SADB)的本地数据库中。一个 SA 在 SADB 中有一条记录相对应，它由一个三元组(SPI，IP 目的地址，安全协议标志符)唯一标志。其中，SPI 是一个 32 比特的数值，用来标志每个已经建立的 SA，在每一个 IPSec 报文中都携带该值；IP 目的地址是 IPSec 协议对方的地址；安全协议标志符是 AH 或 ESP。

8.3.5 Internet 密钥交换协议

IPSec 使用共享密钥执行数据验证以及机密性保障任务，为数据传输提供安全服务。对 IP 数据包使用 IPSec 保护之前，必须建立一个 SA，SA 可以通过手工配置或者动态协商两种方式建立。采用手工配置的方式需要网络管理员在对等体两端设置一些参数，扩展能力大大降低。利用 Internet 密钥交换(Internet Key Exchange，IKE)可以在 IPSec 通信双方之间动态地建立安全关联。

IKE 主要完成如下三个方面的任务：

◇ 对试图建立 IPSec 隧道的双方进行认证(需要预先协商认证方式)。注意，这被称为设备认证而不是用户认证。设备认证有预共享密钥、数字签名和加密临时值三种机制。

◇ 通过密钥交换，产生用于加密和 HMAC 的随机密钥。

◇ 协商协议参数(加密协议、散列函数、封装协议、封装模式和密钥有效期)。

协商完成后的结果就叫做安全关联 SA，也可以说 IKE 建立了安全关联。SA 一共有两种类型：一种叫做 IKE SA，另一种叫做 IPSec SA。IKE SA 维护了安全防护(加密协议、散列函数、认证方式、密钥有效期等)IKE 协议的细节。IPSec SA 则维护了安全防护实际用户流量(通信点之间流量)的细节。

IKE 由三个协议组成，如图 8-14 所示。

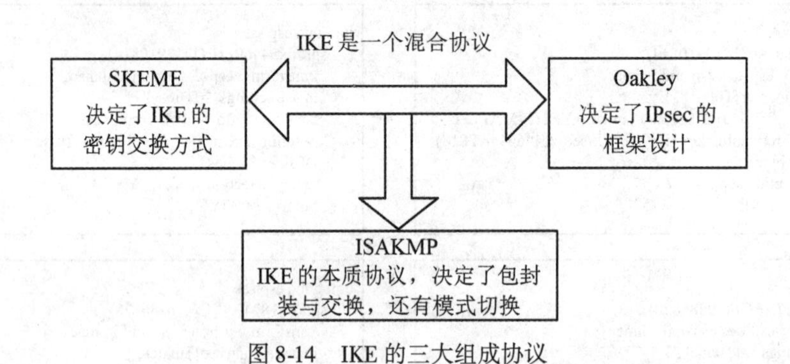

图 8-14　IKE 的三大组成协议

◇ SKEME 决定了 IKE 的密钥交换方式，IKE 主要使用 DH 来实现密钥交换。

◇ Oakley 决定了 IPSec 的框架设计，让 IPSec 能够支持更多的协议。

◇ ISAKMP(Internet Security Association Key Management Protocol，Internet 安全联盟密钥管理协议)是 IKE 的本质协议，它决定了 IKE 协商包的封装格式，交换过程和模式的切换。

IKE 协商分为两个不同的阶段：第一阶段和第二阶段。第一阶段协商分别可以使用六个包交换的主模式或者三个包交换的主动模式来完成，第一阶段协商的主要目的就是对建立 IPSec 的双方进行认证，以确保只有合法的对等体(peer)才能够建立 IPSec VPN，协商得到的结果就是 IKE SA。第二阶段总是使用三个包交换的快速模式来完成，第二阶段的主要目的就是根据需要加密的实际流量(感兴趣流)，来协商保护这些流量的策略。协商的结果就是 IPSec SA。图 8-15 总结了 IKE 的两个不同阶段和三种不同的模式。

IKE 第一阶段有主模式和主动模式。主模式在很多部署环境中都是缺省模式，定义了六条消息的交互，如图 8-16 所示；主动模式定义了三条消息的交互，因此比主模式协商速度更快。主动模式虽然速度快，但却不如主模式安全，携带的协商特性少于主模式，而且也不提供对等体认证。

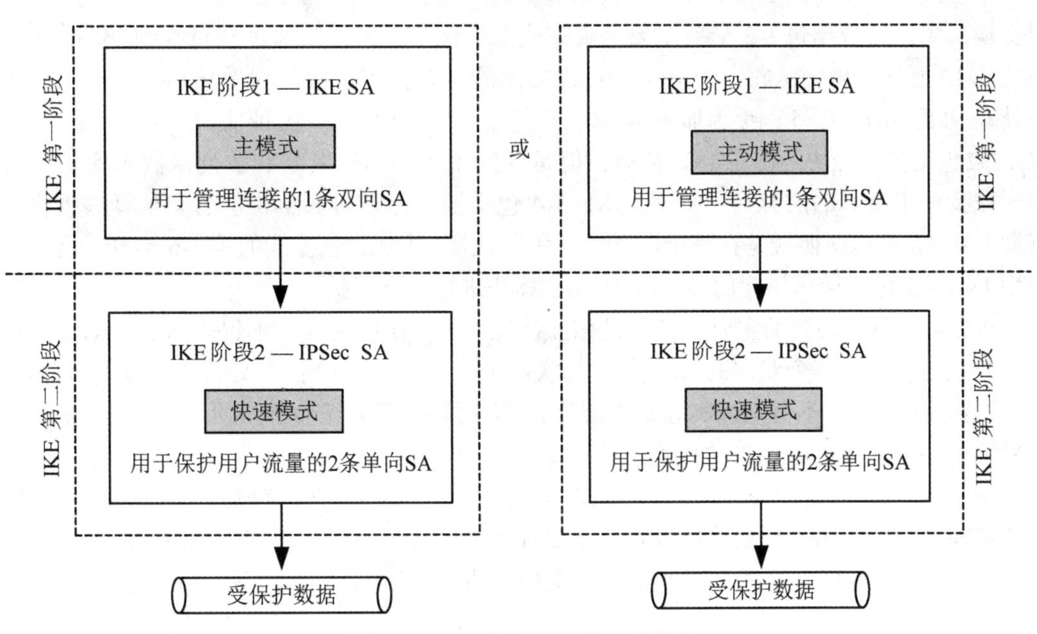

图 8-15　IKE 的两个阶段三种模式

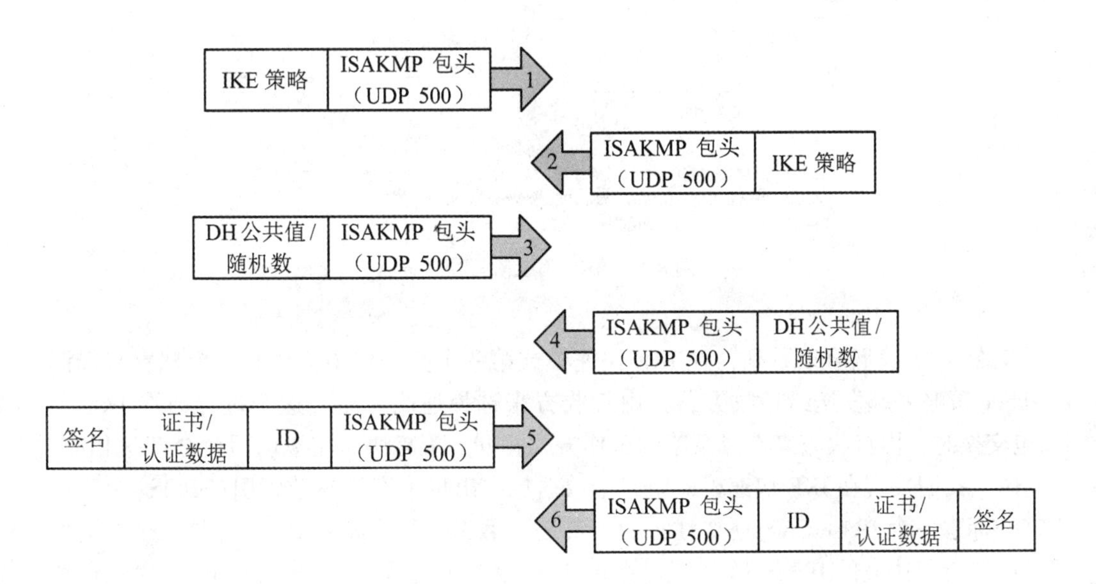

MSG 1：发起者发送可用的 IKE 策略，包括加密策略、散列函数、DH组和认证方式等。
MSG 2：响应者接受（或拒绝）发动者的提议。
MSG 3：发起者的 Diffle-Hellman 公共值和随机值
MSG 4：响应者的 Diffle-Hellman 公共值和随机值
MSG 5：发起者的签名、ID（主机名或 IP 地址）、证书或认证数据
MSG 6：响应者的签名、ID（主机名或 IP 地址）、证书或认证数据

图 8-16　IKE 第一阶段主模式

主模式一共要交换6个ISAKMP数据包，这个过程可以分为1-2、3-4和5-6这三次数据包交换。主模式数据包1-2交换主要负责完成两个任务：第一是通过核对收到ISAKMP数据包的源IP地址，来确认收到的ISAKMP数据包是否源自于合法的对等体(peer)；第二个任务就是协商IKE策略(包括加密策略、散列函数、DH组、认证方式和密钥有效期)。IKE 1-2包交换已经协商出了IKE策略，但是要使用这些加密策略和散列函数来保护IKE数据还缺少一个重要的内容——密钥，IKE 3-4包交换为保护IKE 5-6包的安全算法提供密钥资源。IKE 5-6包交换就是在安全的环境下进行认证(从IKE主模式的第5-6包开始往后，都使用IKE 1-2包交换所协商的加密与HMAC算法进行安全保护)。

IKE第一阶段协商的主要任务就是相互认证。第一阶段完成，不仅表示收发双方认证通过，并且还会建立一个双向的IKE安全关联(SA)，这个SA维护了处理IKE流量的相关策略(注意：这些策略不会处理实际感兴趣流)，而对等体双方还会继续使用这个SA来安全保护后续的IKE第二阶段的参数协商。

IKE第二阶段只有一种模式——快速模式。图8-17为IKE快速模式三个包交换示意图。在快速模式中，三个包交换的主要目的就是在安全的环境下，基于感兴趣流协商处理这个感兴趣流的IPSec策略，这些策略包括感兴趣流、加密策略、封装协议、封装模式和密钥有效期。

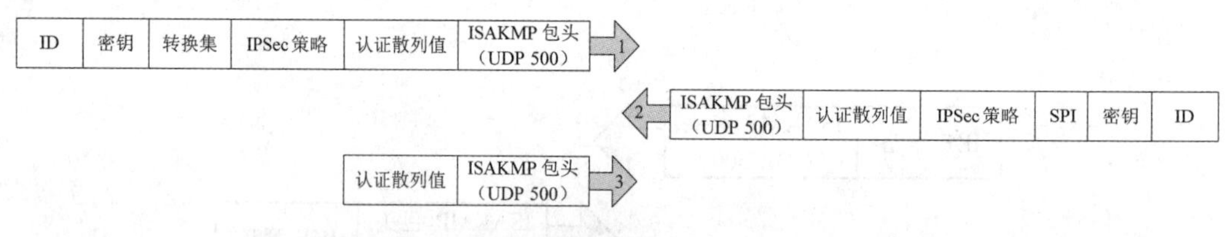

图8-17　IKE第二阶段快速模式

从图8-17我们可以看到，在IKE快速模式第一个数据包中，发起方会把感兴趣流相关的IPSec策略一起发送给接收方，并由接收方来选择适当策略。这个过程与在IKE主模式1-2包交换时，由接收方来选择策略的工作方式相同。策略协商完毕以后就会产生相应的IPSec SA，我们发现在IKE快速模式第二个数据包中出现了安全参数索引(SPI)这个字段，用于唯一标志一个IPSec SA。还要注意的一点是，第一阶段协商的IKE SA是一个双向的SA。但是第二阶段协商的IPSec SA则是一个单向的SA，也就是存在一个IPSec SA用于保护发起方到接收方的流量，标志这个IPSec SA的SPI出现在快速模式的第二个数据包中。还存在另外一个IPSec SA用来保护接收方到发起方的流量。其实，我们还可以这样来看这个问题，那就是目的设备决定了SPI值。因为发起方到接收方IPSec SA的SPI是由接收方产生，并通过第二个包发送给发起方的，因此目的设备决定了SPI的说法就很容易理解了。

8.3.6　IPSec数据包处理流程

IPSec是一套灵活而严密的网络安全协议，可以根据用户的策略提供安全服务。IPSec设备把安全策略存放在安全策略数据库(Security Policy Database，SPD)中，这些策略定义了对

哪些 IP 数据包提供哪种保护，并以哪种方式实施保护。对于一个 IPSec 设备，入站数据包和出站数据包都需要参考 SPD。

1. 出站数据包处理流程

如图 8-18 所示，在出站数据包被路由器从某个配置了 IPSec 的端口转发出去之前，需要经过以下处理步骤：

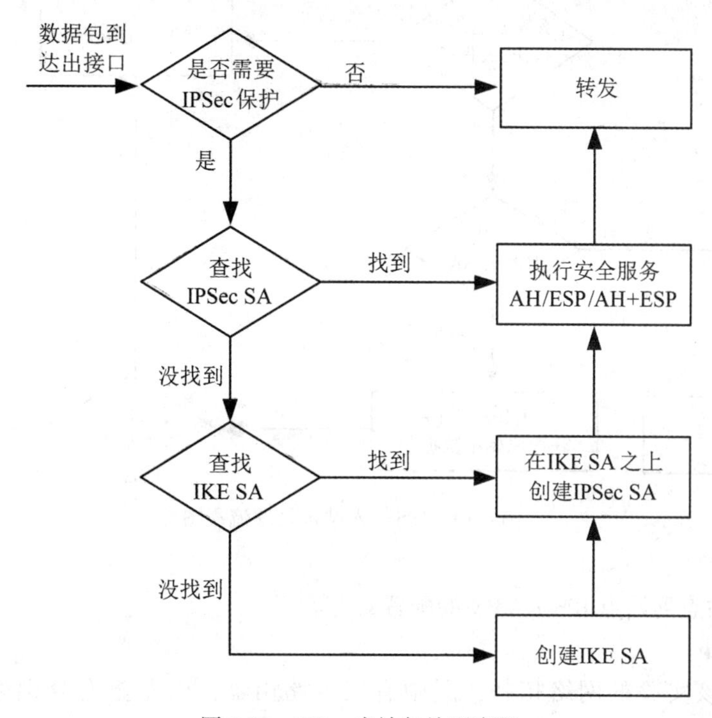

图 8-18　IPSec 出站包处理流程

(1)首先检查 SPD，查找数据包是否需要 IPSec 保护，如果不需要，则直接转发此数据包；如果需要，则系统会转下一步——查找 IPSec SA。

(2)系统从 SADB 中查找 IPSec SA。如果找到，则利用此 IPSec SA 的参数对此数据包提供安全服务，并进行转发；如果找不到相应的 SA，则系统就需要为其创建一个 IPSec SA。

(3)系统转向 IKE 协议数据库，试图寻找一个合适的 IKE SA，以便为 IPSec 协商 SA。如果找到，则利用此 IKE SA 协商 IPSec SA；否则，系统需要启动 IKE 协商进程，创建一个 IKE SA。

2. 入站数据包处理流程

对于一个入站并且目的地址为本地的 IPSec 数据包来说，系统会提取其 SPI、IP 地址和协议类型等信息，查找相应的 IPSec SA，然后根据 SA 的协议标志符选择合适的协议(AH 或 ESP)解封装，获得原始数据包，再进一步根据原始 IP 数据包的信息进行处理，如图 8-19 所示。

8.3.7　配置站点到站点的 IPSec VPN

站点到站点是 VPN 的一种主要连接方式，用于加密站点间流量。本节展示如何在 Cisco

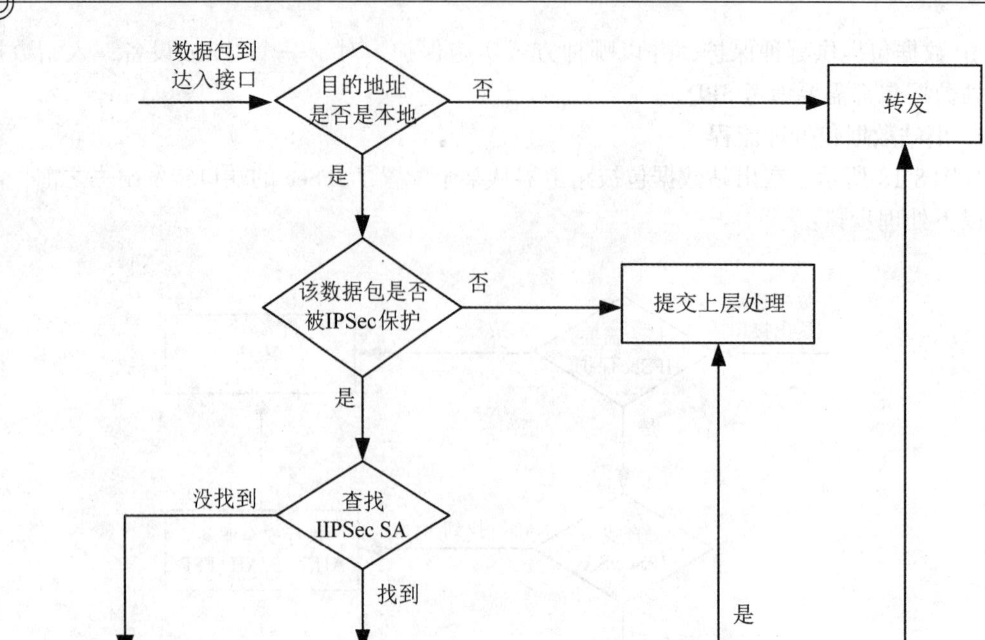

图 8-19 IPSec 入站包处理流程图

路由器上执行站点到站点 IPSec VPN 的配置。

1. 实验拓扑

图 8-20 为该实验的网络拓扑，图中有三台路由器，由左至右分别模拟企业站点一(Router 1)、Internet 路由器(Internet)和企业站点二(Router 2)。路由器 Router1 和 Router2 分别使用环回接口 Loopback0 模拟企业内部网络。

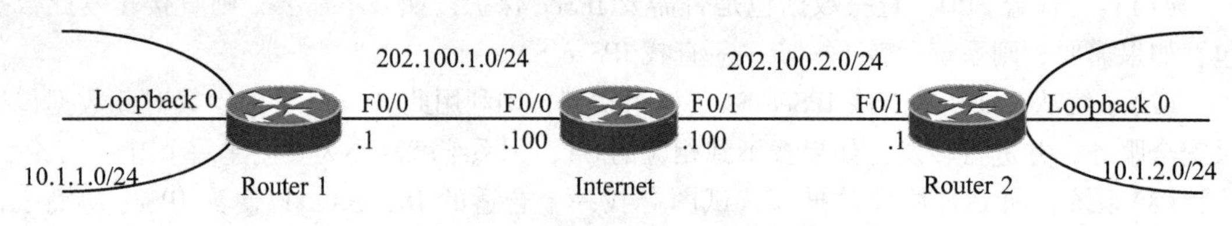

图 8-20 经典 IPSec VPN 实验拓扑

2. 实验介绍

在图 8-20 所示的经典 IPSec VPN 实验拓扑中，Router1(202.100.1.1)和 Router2(202.100.2.1)是两个 VPN 站点连接 Internet 的网关路由器，同时，它们也是 IPSec VPN 的加密设备。该实验的通信网络为 Router1 身后的 10.1.1.0/24 网络和 Router2 身后的 10.1.2.0/24 网络。本次实验需要在 Router1 和 Router2 之间建立隧道模式的 IPSec VPN，以保护通信网络之间的流量。

3. 基本网络配置

在配置 IPSec VPN 之前，首先要配置路由器的 IP 地址和基本路由。示例8-11、示例8-12

和示例 8-13 分别显示了如何在 Router1、Internet 和 Router2 上执行基本的网络配置。

示例 8-11 **Router1 上的基本网络配置**

```
Router1(config)#interface fastEthernet 0/0
Router1(config-if)#ip address 202.100.1.1 255.255.255.0
Router1(config-if)#no shutdown
Router1(config-if)#exit

Router1(config)#interface loopback 0
Router1(config-if)#ip add10.1.1.1 255.255.255.0
Router1(config-if)#exit

Router1(config)#ip route10.1.2.0 255.255.255.0 202.100.1.100
//配置访问远端通信点(10.1.2.0/24)的路由
Router1(config)#ip route202.100.2.0 255.255.255.0 202.100.1.100
//配置访问远端加密点(Router2 网关路由器)的路由
```

示例 8-12 **Internet 上的基本网络配置**

```
Internet(config)#interface fastEthernet 0/0
Internet(config-if)#ip add 202.100.1.100 255.255.255.0
Internet(config-if)#no shutdown
Internet(config-if)#exit

Internet(config)#interface fastEthernet 0/1
Internet(config-if)#ip address 202.100.2.100 255.255.255.0
Internet(config-if)#no shutdown
Internet(config-if)#exit
Internet(config)#
```

示例 8-13 **Router2 上的基本网络配置**

```
Router2(config)#interface fastEthernet 0/1
Router2(config-if)#ip add 202.100.2.1 255.255.255.0
Router2(config-if)#no shutdown
Router2(config-if)#exit

Router2(config)#interface loopback 0
Router2(config-if)#ip add10.1.2.1 255.255.255.0
```

```
Router2(config-if)#exit

Router2(config)#ip route 10. 1. 1. 0 255. 255. 255. 0 202. 100. 1. 100
//配置访问远端通信点(10. 1. 1. 0/24)的路由
Router2(config)#ip route 202. 100. 1. 0 255. 255. 255. 0 202. 100. 1. 100
//配置访问远端加密点(Router1 网关路由器)的路由
```

完成上述配置后，我们发现在 Router1 上去往 10. 1. 2. 0/24 网段的路由下一条是 202. 100. 1. 100。难道我们真的会把去往 10. 1. 2. 0/24 网段的数据包路由到 202. 100. 1. 100 (Internet)上吗？肯定不是的，因为源于10. 1. 1. 0/24 网段到10. 1. 2. 0/24 网段的数据包已经被加密重新封装了，在 Internet 路由器上不会出现去往 10. 1. 2. 0/24 网段的明文数据包。那么我们为什么要在站点一路由器 Router1 上配置 ip route 10. 1. 2. 0 255. 255. 255. 0 202. 100. 1. 100 这条路由呢？要理解这个问题，需要知道数据包在路由器内部的处理过程。该处理过程如图 8-21 所示。

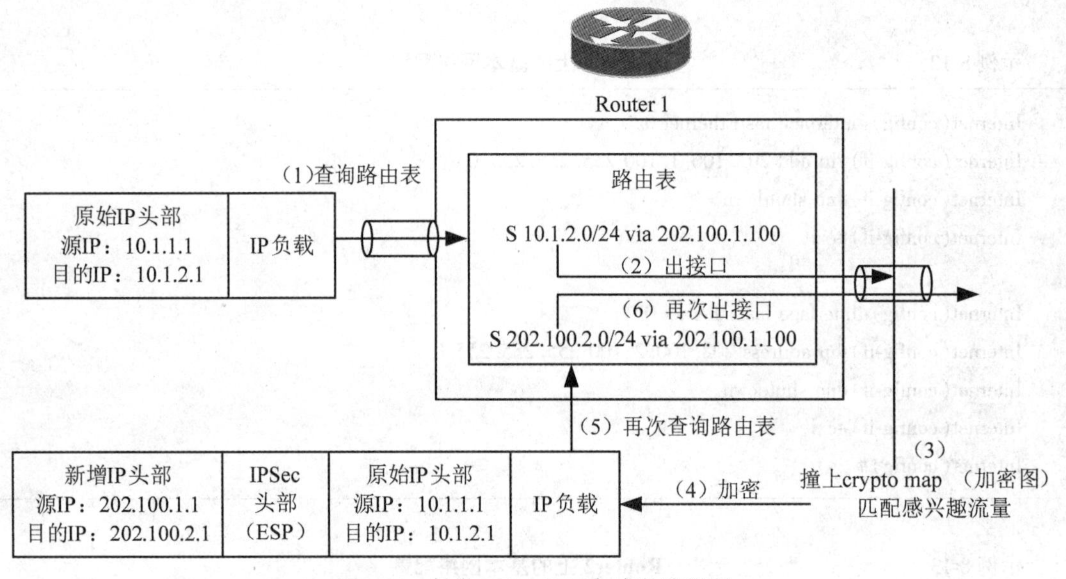

图 8-21　触发 IPSec VPN 加密的流程图

图 8-21 详细介绍了明文数据包进入路由器后出发加密的全过程，具体步骤如下：

(1)源 IP 地址为 10. 1. 1. 1 目的地址为 10. 1. 2. 1 的明文数据包从内部接口进入路由器 Router1。

(2)路由器 Router1 根据数据包的目的 IP 地址查询路由表，并找到这样一条路由：S 10. 1. 2. 0/24 via 202. 100. 1. 100，这就是在示例 8-11 中配置的静态路由。路由器会根据这个路由条目的下一条 IP 地址 202. 100. 1. 100 判断出出接口为互联网接口 Fa0/0。因此，如果没有这个条目，那么数据包就会由于没有找到路由而被路由器丢弃，更谈不上加密了，这也解释了为什么需要配置去往远端通信点 10. 1. 2. 0/24 的路由。

(3)明文数据包尝试通过互联网接口 Fa0/0(202.100.1.1)离开路由器，但却撞上了配置在互联网接口上的 crypto map。所谓撞上 crypto map，就是指匹配上了 crypto map 所定义的感兴趣流量(实际需要加密的流量，即网络 10.1.1.0/24 和网络 10.1.2.0/24 之间的通信流量)。

(4)匹配上感兴趣流量就会直接触发路由器的加密行为，加密产生新的数据包，数据包格式如图 8-21 所示。

(5)加密后产生的新数据包，目的 IP 地址为 202.100.2.1，因此路由器需要继续查询路由表(第二次查询路由表)，这时会匹配上 S 202.100.2.0/24 via 202.100.1.100 这个路由条目，并依此判断出出接口为互联网接口 Fa0/0(202.100.1.1)。

(6)站点一路由器 Router1 通过互联网接口转发数据包，虽然接口上配置了 crypto map，但由于加密后的数据包不匹配感兴趣流，因此，这个数据包会被直接发给 202.100.1.100(Internet)，并且通过它抵达最终目的地。

4. IPSec VPN 配置

首先激活 ISAKMP 并配置 IKE 第一阶段策略，如示例 8-14、示例 8-15 所示。

示例 8-14 **在 Router1 上激活 ISAKMP 并配置 IKE 第一阶段策略**

(1) 激活 ISAKMP 策略。

```
Router1(config)#crypto isakmp enable    // 默认已经激活
```

(2) 定义 IKE 第一阶段策略(ISAKMP 策略)。

```
Router1(config)#crypto isakmp policy 10
Router1(config-isakmp)#encryption 3des //IKE 数据包加密算法使用 3DES，默认为 DES。
Router1(config-isakmp)#hash md5 //IKE 数据包完整性校验的散列算法使用 MD5，默认为 SHA-1。
Router1(config-isakmp)#authentication pre-share//对等体使用预共享密钥进行设备认证，默认为数字签名证书。预共享密钥方法是在两个 IPSec 对等体上都定义同一密钥来进行认证。虽然该认证方法很容易配置，但扩展性不好。
Router1(config-isakmp)#group 2   //DH 交换使用 group 2，默认为 group 1
Router1(config-isakmp)#exit
```

(3) 配置预共享密钥。

```
Router1(config)#crypto isakmp key 0 SHAREKEY address 202.100.2.1
//配置预共享密钥认证的共享密钥为 SHAREKEY，这个密钥仅用于设备认证。
```

示例 8-15 **在 Router2 上激活 ISAKMP 并配置 IKE 第一阶段策略**

```
Router2(config)#crypto isakmp enable

Router2(config)#crypto isakmp policy 10
Router2(config-isakmp)#encryption 3des
Router2(config-isakmp)#hash md5
```

```
Router2(config-isakmp)#authentication pre-share
Router2(config-isakmp)#group 2
Router2(config-isakmp)#exit

Router2(config)#crypto isakmp key 0 SHAREKEY address 202.100.1.1
```

然后，配置 IKE 第二阶段策略，如示例 8-16、示例 8-17 所示。

示例 8-16　　　　**在 Router1 上配置 IKE 第二阶段策略**

(1) 配置感兴趣流量。

```
Router1(config)#ip access-list extended TRAFFIC
Router1(config-ext-nacl)#permit ip 10.1.1.0 0.0.0.255 10.1.2.0 0.0.0.255
//用访问控制列表定义感兴趣流量，满足感兴趣流量的数据会被加密。
Router1(config-ext-nacl)#exit
```

(2) 配置 IPSec 策略(转换集)。

```
Router1(config)#crypto ipsec transform-set TRANS esp-des esp-md5-hmac
//配置转换具体数据的策略，名字为 TRANS，封装使用 ESP，加密使用 DES，完整性校验使用 MD5-HMAC。
Router1(cfg-crypto-trans)#mode tunnel //配置封装模式为隧道模式
Router1(cfg-crypto-trans)#exit
```

(3) 配置 crypto map(第二阶段策略汇总)。

```
Router1(config)#crypto map CRYPTO-MAP 10 ipsec-isakmp
Router1(config-crypto-map)#match address TRAFFIC //匹配感兴趣流量。
Router1(config-crypto-map)#set transform-set TRANS //设置转换数据的策略。
Router1(config-crypto-map)#set peer 202.100.2.1 //设置和哪一个设备建立 VPN。
Router1(config-crypto-map)#exit
```

示例 8-17　　　　**在 Router2 上配置 IKE 第二阶段策略**

```
Router2(config)#ip access-list extended TRAFFIC
Router2(config-ext-nacl)#permit ip 10.1.2.0 0.0.0.255 10.1.1.0 0.0.0.255
Router2(config-ext-nacl)#exit

Router2(config)#crypto ipsec transform-set TRANS esp-des esp-md5-hmac
Router2(cfg-crypto-trans)#mode tunnel
Router2(cfg-crypto-trans)#exit

Router2(config)#crypto map CRYPTO-MAP 10 ipsec-isakmp
Router2(config-crypto-map)#match address TRAFFIC
Router2(config-crypto-map)#set trans
Router2(config-crypto-map)#set transform-set TRANS
Router2(config-crypto-map)#set peer 202.100.1.1
Router2(config-crypto-map)#exit
```

最后，将 crypto map 应用到接口，如示例 8-18 和示例 8-19 所示。

示例 8-18　**在 Router1 上将 crypto map 应用到接口**

```
Router1(config)#interface fastEthernet 0/0
Router1(config-if)#crypto map CRYPTO-MAP
```

示例 8-19　**在 Router2 上将 crypto map 应用到接口**

```
Router2(config)#interface fastEthernet 0/1
Router2(config-if)#crypto map CRYPTO-MAP
```

5. 测试 IPSec VPN

现在 IPSec VPN 已经配置完毕，我们可以在站点一路由器 Router1 上使用 ping 命令制造感兴趣流量来进行测试，如示例 8-20 所示。需要注意的是本次 ping 的源地址为 10. 1. 1. 1，目的地址为 10. 1. 2. 1，这就是 IPSec VPN 加密的感兴趣流量。

示例 8-20　**测试 IPSec VPN**

```
Router1#ping10. 1. 2. 1 source 10. 1. 1. 1

Type escape sequence to abort.
Sending 5, 100-byte ICMP Echos to10. 1. 2. 1, timeout is 2 seconds:
Packet sent with a source address of10. 1. 1. 1
.!!!!
Success rate is 80 percent (4/5), round-trip min/avg/max = 40/64/88 ms
```

6. 查看 IPSec VPN 的相关状态

在站点一路由器 Router1 上使用 show crypto isakmp sa 命令来查看 ISAKMP SA 的状态，如示例 8-21 所示。

示例 8-21　**查看 ISAKMP SA 的状态**

```
Router1#show crypto isakmp sa
IPv4 Crypto ISAKMP SA
dst            src            state         conn-id slot status
202. 100. 2. 1   202. 100. 1. 1   QM_ IDLE          1001    0 ACTIVE

IPv6 Crypto ISAKMP SA
```

```
Router1#show crypto isakmp sa detail
Codes: C - IKE configuration mode, D - Dead Peer Detection
       K - Keepalives, N - NAT-traversal
       X - IKE Extended Authentication
       psk - Preshared key, rsig - RSA signature
       renc - RSA encryption
IPv4 Crypto ISAKMP SA

C-id  Local   Remote      I-VRF Status Encr Hash Auth DH Lifetime Cap.

1001  202.100.1.1 202.100.2.1   ACTIVE 3des md5  psk  2  23:58:24
       Engine-id: Conn-id =  SW:1

IPv6 Crypto ISAKMP SA
```

在站点一路由器 Router1 上使用 show crypto ipsec sa 命令来查看 IPSec SA 的状态，如示例 8-22 所示。

示例 8-22　　**查看 IPSec SA 的状态**

```
Router1#show crypto ipsec sa

interface: FastEthernet0/0
    Crypto map tag: CRYPTO-MAP, local addr 202.100.1.1
    //本地加密点为 202.100.1.1
   protected vrf: (none)
   local  ident (addr/mask/prot/port): (10.1.1.0/255.255.255.0/0/0)
   remote ident (addr/mask/prot/port): (10.1.2.0/255.255.255.0/0/0)
   //感兴趣流量为 10.1.1.0/24 到 10.1.2.0/24 的 IP 流量
   current_ peer 202.100.2.1 port 500
   //远端加密点为 202.100.2.1，ISAKMP 的流量为 UDP/500
     PERMIT, flags={origin_ is_ acl,}
#pkts encaps: 9, #pkts encrypt: 9, #pkts digest: 9
#pkts decaps: 9, #pkts decrypt: 9, #pkts verify: 9
//加密 9 个包，解密 9 个包
    #pkts compressed: 0, #pkts decompressed: 0
    #pkts not compressed: 0, #pkts compr. failed: 0
    #pkts not decompressed: 0, #pkts decompress failed: 0
    #send errors 1, #recv errors 0
```

```
local crypto endpt. : 202. 100. 1. 1, remote crypto endpt. : 202. 100. 2. 1
path mtu 1500, ip mtu 1500, ip mtu idb FastEthernet0/0
current outbound spi: 0x5446911E(1413910814)

inbound esp sas:
  spi: 0x18747AEC(410286828)
  //ESP 入方向的 SPI，应该等于 Router2 上 ESP 出方向的 SPI
  transform: esp-des esp-md5-hmac ,
    //处理数据包的转换集为 esp-des esp-md5-hmac
    in use settings ={Tunnel, }
    //IPSec VPN 的封装模式为隧道模式
    conn id: 1, flow_ id: 1, crypto map: CRYPTO-MAP
    sa timing: remaining key lifetime (k/sec): (4466449/3303)
    IV size: 8 bytes
    replay detection support: Y
    Status: ACTIVE

inbound ah sas:

inbound pcp sas:

outbound esp sas:
  spi: 0x5446911E(1413910814)
//ESP 出方向的 SPI，应该等于 Router2 上 ESP 入方向的 SPI
  transform: esp-des esp-md5-hmac,
//处理数据包的转换集为 esp-des esp-md5-hmac
  in use settings ={Tunnel, }
//IPSec VPN 的封装模式为隧道模式
conn id: 2, flow_ id: 2, crypto map: CRYPTO-MAP
sa timing: remaining key lifetime (k/sec): (4466449/3299)
IV size: 8 bytes
replay detection support: Y
Status: ACTIVE

outbound ah sas:

outbound pcp sas:
```

在站点一路由器 Router1 上使用 show crypto session 命令来查看 IPSec VPN 的摘要信息，使用 show crypto engine connection active 命令，查看加解密状态，如示例 8-23 所示。

示例 8-23　　　　　　**查看 IPSec VPN 的摘要信息**

```
Router1#show crypto session
Crypto session current status

Interface: FastEthernet0/0
Session status: UP-ACTIVE
Peer: 202.100.2.1 port 500
  IKE SA: local 202.100.1.1/500 remote 202.100.2.1/500 Active
//一个建立在 202.100.1.1 和 202.100.2.1 之间的 IKE SA，封装协议为 UDP 500。
  IPSEC FLOW: permit ip 10.1.1.0/255.255.255.0 10.1.2.0/255.255.255.0
        Active SAs: 2, origin: crypto map
//两个 IPSec SA，感兴趣流量为网络 10.1.1.0/24 和 10.1.2.0/24 之间的 IP 流量。

Router1#show crypto engine connections active
Crypto Engine Connections

   ID Interface   Type   Algorithm          Encrypt   Decrypt IP-Address
    1 Fa0/0       IPsec  DES+MD5                  0        19    202.100.1.1
//IPSec VPN 处理数据包的算法与解密包的数量。
2 Fa0/0 IPsec DES+MD5                 19    0     202.100.1.1
// IPSec VPN 处理数据包的算法与加密包的数量。
1001 Fa0/0    IKE    MD5+3DES     0     0     202.100.1.1
```

8.4 GRE Over IPSec VPN

8.4.1 GRE Over IPSec VPN 原理

在图 8-22 所示的复杂网络环境中，经典的站点到站点的 IPSec VPN 配置无法解决如下问题：

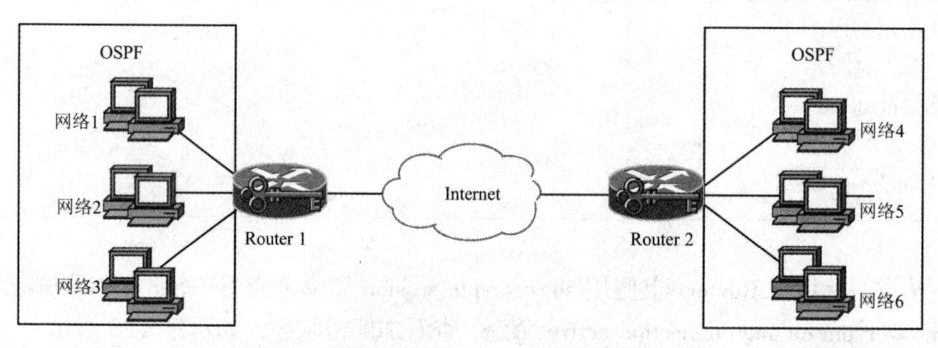

图 8-22　复杂的 VPN 网络拓扑

◇ 由于 IPSec VPN 不支持对广播和组播数据包的加密，因此，运行在两个对等体站点间的动态路由协议不能进行正常通告。

◇ 由于没有虚拟隧道接口，因此很难对通信点之间的明文流量进行控制。

◇ 感兴趣流量过多，是两个对等体站点间网络的组合数。

为了解决以上经典 IPSec VPN 配置存在的缺陷，Cisco IOS 提供了 GRE Over IPSec 和 SVTI(Static Virtual Tunnel Interface，静态虚拟隧道接口)两种解决方案。本章只介绍 GRE Over IPSec。

GRE Over IPSec 技术首先用 GRE 提供虚拟隧道，然后再使用 IPSec 来保护这个隧道，如图 8-23 所示。

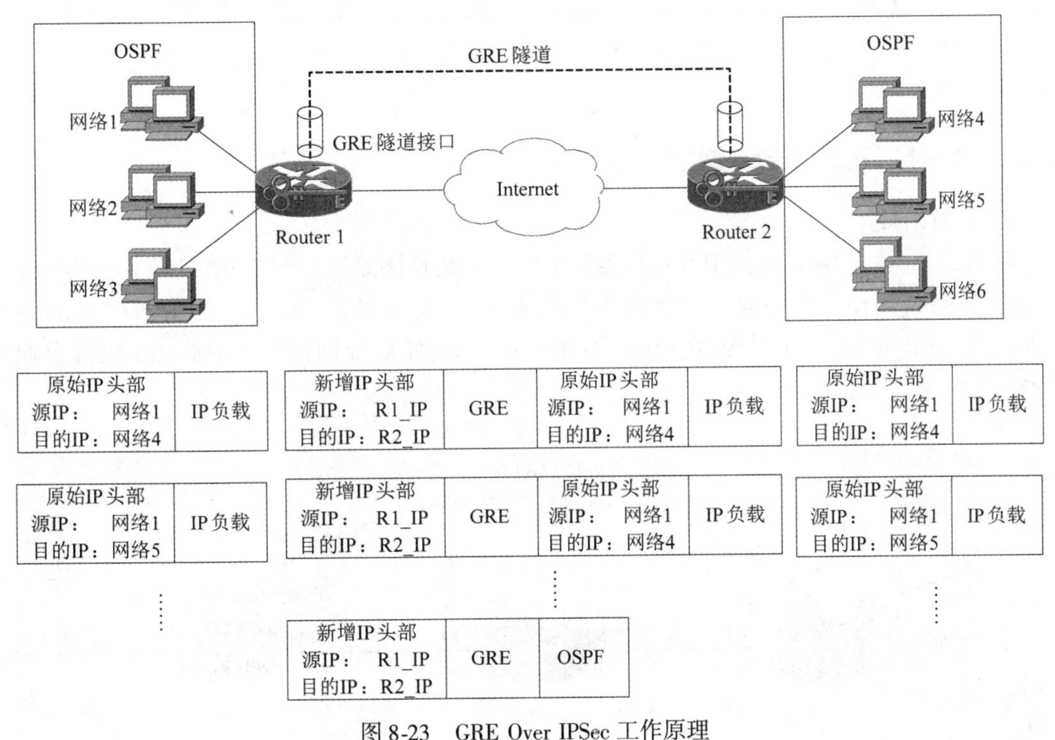

图 8-23 GRE Over IPSec 工作原理

在图 8-23 所示的拓扑图中，两个对等体站点之间首先配置了一个 GRE 隧道，并且在隧道接口上运行动态路由协议，这样两个对等体站点就能够通过隧道接口上运行的动态路由协议学习到远端站点身后网络的路由了。并且管理员还可以根据需要在 GRE 隧道接口上配置 ACL、QoS 等技术，进而对通信点之间的明文流量进行控制。

图 8-23 中的 R1_ IP 和 R2_ IP 分别表示两个对等体站点获取的公网 IP 地址。从该图中可以看到，不管被 GRE 封装之前的原始数据格式如何，被封装之后都会变成 R1_ IP 和 R2_ IP 这两个地址之间的 GRE 流量。因此，只需要在两个站点之间配置 IPSec VPN，感兴趣的流量为 R1_ IP 和 R2_ IP 之间的 GRE 流量，就能够把封装到 GRE 隧道里面的所有流量进行加密。

在 GRE Over IPSec 技术中，因为加密的感兴趣的流量是 R1_ IP 和 R2_ IP 之间的 GRE 流量，而感兴趣的流量在互联网中是可路由的，所以推荐使用传输模式。图 8-24 是 GRE Over IPSec 隧道和传输模式示意图，从该图中可以清楚地看到，与隧道模式相比，传输模式的每个数据包都节约了一个 IP 头部的开销，因此更加优化。

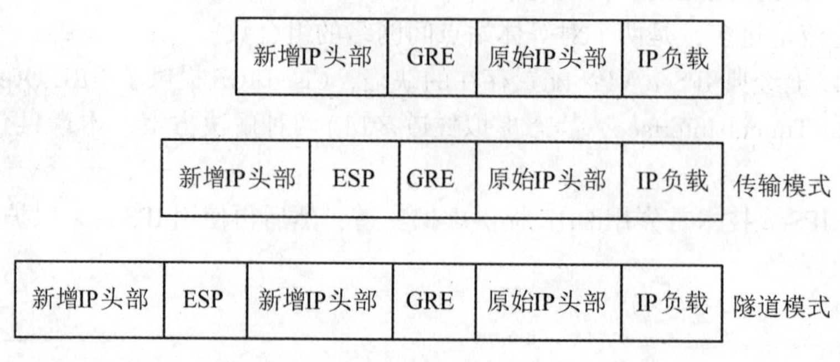

图 8-24 GRE Over IPSec 封装示意图

8.4.2 GRE Over IPSec 配置实验

1. 实验拓扑

图 8-25 所示为 GRE Over IPSec 的实验拓扑。该拓扑图是一个经典的 GRE Over IPSec 站点到站点 VPN 拓扑。由左至右分别模拟企业站点一(Router1)、Internet 路由器(Internet)和企业站点二(Router2)。路由器 Router1 和 Router2 分别使用环回接口 Loopback0 模拟企业内部网络。

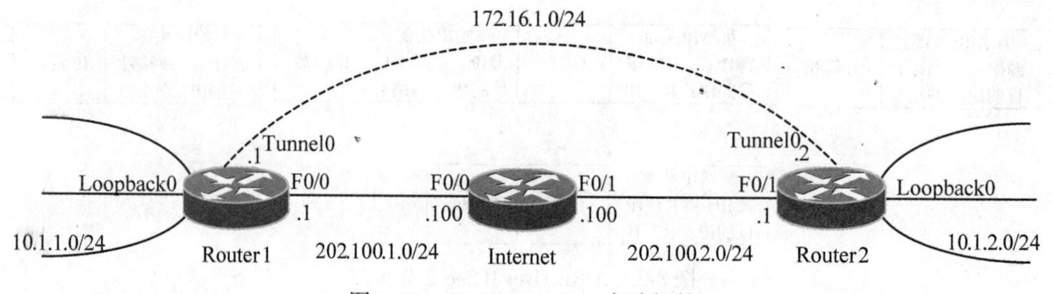

图 8-25 GRE Over IPSec 实验拓扑

2. 实验介绍

本次实验需要在两个 VPN 网关路由器 Router1 和 Router2 之间建立 GRE 隧道，隧道的网段为 172.16.1.0/24。另外，还需要在 GRE 隧道上运行动态路由协议 OSPF，使 Router1 和 Router2 通过 OSPF 路由协议学习到远端身后网络的路由。最后配置 IPSec VPN，以对两个站点间的 GRE 流量进行加密。

3. 基本网络配置

在配置 GRE Over IPSec 之前，首先需要配置路由器的 IP 地址与路由，即执行基本网络配置。示例 8-24、示例 8-25 和示例 8-26 分别介绍了如何在 Router1、Internet 和 Router2 上执行基本的网络配置。

示例 8-24 **Router1 上的基本网络配置**

```
Router1(config)#interface fastEthernet 0/0
Router1(config-if)#ip address 202.100.1.1 255.255.255.0
Router1(config-if)#no shutdown
Router1(config-if)#exit

Router1(config)#interface loopback 0
Router1(config-if)#ip add10.1.1.1 255.255.255.0
Router1(config-if)#exit

Router1(config)#ip route0.0.0.0 0.0.0.0 202.100.1.100
//配置企业站点访问 Internet 的默认路由
```

示例 8-25 **Internet 上的基本网络配置**

```
Internet(config)#interface fastEthernet 0/0
Internet(config-if)#ip add 202.100.1.100 255.255.255.0
Internet(config-if)#no shutdown
Internet(config-if)#exit

Internet(config)#interface fastEthernet 0/1
Internet(config-if)#ip address 202.100.2.100 255.255.255.0
Internet(config-if)#no shutdown
Internet(config-if)#exit
Internet(config)#
```

示例 8-26 **Router2 上的基本网络配置**

```
Router2(config)#interface fastEthernet 0/1
Router2(config-if)#ip add 202.100.2.1 255.255.255.0
Router2(config-if)#no shutdown
Router2(config-if)#exit

Router2(config)#interface loopback 0
Router2(config-if)#ip add10.1.2.1 255.255.255.0
Router2(config-if)#exit

Router2(config)#ip route0.0.0.0 0.0.0.0 202.100.2.100
//配置企业站点访问 Internet 的默认路由
```

4. 配置 GRE 隧道

基本网络配置完成之后，开始在站点一路由器 Router1 和站点二路由器 Router2 之间配置 GRE 隧道，如示例 8-27 和示例 8-28 所示。在配置完 GRE 隧道后，还需要对其进行测试，如示例 8-29 所示。

示例 8-27　　**Router1 上的 GRE 隧道配置**

```
Router1(config)#interface tunnel 0
Router1(config-if)#ip address 172. 16. 1. 1 255. 255. 255. 0
Router1(config-if)#tunnel source 202. 100. 1. 1
Router1(config-if)#tunnel destination 202. 100. 2. 1
Router1(config-if)#tunnel mode gre ip
Router1(config-if)#exit
```

示例 8-28　　**Router2 上的 GRE 隧道配置**

```
Router2(config)#interface tunnel 0
Router1(config-if)#ip address 172. 16. 1. 2 255. 255. 255. 0
Router2(config-if)#tunnel source 202. 100. 2. 1
Router2(config-if)#tunnel destination 202. 100. 1. 1
Router2(config-if)#tunnel mode gre ip
Router2(config-if)#exit
```

示例 8-29　　**Router1 上测试 GRE 隧道**

```
Router1#ping 172. 16. 1. 2

Type escape sequence to abort.
Sending 5, 100-byte ICMP Echos to 172. 16. 1. 2, timeout is 2 seconds:
!!!!!
Success rate is 100 percent (5/5), round-trip min/avg/max = 40/68/88 ms
```

5. 配置 OSPF 路由协议

分别在站点一路由器 Router1 和站点二路由器 Router2 上配置 OSPF 路由协议，如示例 8-30和 8-31 所示。

示例 8-30　　**Router1 上的 OSPF 配置**

```
Router1(config)#router ospf 100
Router1(config-router)#network10. 1. 1. 0 0. 0. 0. 255 area 0
Router1(config-router)#network 172. 16. 1. 00. 0. 0. 255 area 0
Router1(config-router)#exit
```

示例 8-31　　Router2 上的 OSPF 配置

```
Router2(config)#router ospf 100
Router2(config-router)#network10.1.2.0 0.0.0.255 area 0
Router2(config-router)#network 172.16.1.00.0.0.255 area 0
```

在站点一路由器 Router1 上查看 OSPF 路由协议的状态和学习到的路由，如示例 8-32 所示。

示例 8-32　　Router1 上查看动态路由协议状态及路由

```
Router1#show ip ospf neighbor

Neighbor IDPri   State      Dead Time    Address          Interface
10.1.2.1      0   FULL/  -    00:00:36     172.16.1.2        Tunnel0
Router1#show ip route ospf
     10.0.0.0/8 is variably subnetted, 3 subnets, 2 masks
O     10.1.2.1/32 [110/11112] via 172.16.1.2, 00:00:59, Tunnel0
```

6. 配置 IPSec VPN 保护站点间 GRE 流量

分别在站点一路由器 Router1 和站点二路由器 Router2 上配置 IPSec VPN，如示例 8-33 和示例 8-34 所示。

示例 8-33　　Router1 上配置 IPSec

```
Router1(config)#crypto isakmp policy 10
Router1(config-isakmp)#encryption 3des
Router1(config-isakmp)#hash md5
Router1(config-isakmp)#group 2
Router1(config-isakmp)#authentication pre-share
Router1(config-isakmp)#exit

Router1(config)#crypto isakmp key 0 SHAREKEY address 202.100.2.1

Router1(config)#ip access-list extended TRAFFIC
Router1(config-ext-nacl)#permit gre host 202.100.1.1 host 202.100.2.1
Router1(config-ext-nacl)#exit

Router1(config)#crypto ipsec transform-set TRANS esp-des esp-md5-hmac
Router1(cfg-crypto-trans)#mode transport
Router1(cfg-crypto-trans)#exit
```

```
Router1(config)#crypto map CRYPTO-MAP 10 ipsec-isakmp
Router1(config-crypto-map)#match address TRAFFIC
Router1(config-crypto-map)#set transform-set TRANS
Router1(config-crypto-map)#set peer 202.100.2.1
Router1(config-crypto-map)#exit

Router1(config)#int fastEthernet 0/0
Router1(config-if)#crypto map CRYPTO-MAP
```

示例 8-34　　**Router2 上配置 IPSec**

```
Router2(config)#crypto isakmp policy 10
Router2(config-isakmp)#encryption 3des
Router2(config-isakmp)#hash md5
Router2(config-isakmp)#group 2
Router2(config-isakmp)#authentication pre-share
Router2(config-isakmp)#exit

Router2(config)#crypto isakmp key 0 SHAREKEY address 202.100.1.1

Router2(config)#ip access-list extended TRAFFIC
Router2(config-ext-nacl)#permit gre host 202.100.2.1 host 202.100.1.1
Router2(config-ext-nacl)#exit

Router2(config)#crypto ipsec transform-set TRANS esp-des esp-md5-hmac
Router2(cfg-crypto-trans)#mode transport
Router2(cfg-crypto-trans)#exit

Router2(config)#crypto map CRYPTO-MAP 10 ipsec-isakmp
Router2(config-crypto-map)#match address TRAFFIC
Router2(config-crypto-map)#set transform-set TRANS
Router2(config-crypto-map)#set peer 202.100.1.1
Router2(config-crypto-map)#exit

Router2(config)#interface fastEthernet 0/1
Router2(config-if)#crypto map CRYPTO-MAP
```

7. 测试与查看 GRE Over IPSec

在站点一路由器 Router1 上执行 ping 10.1.2.1 source 10.1.1.1 命令，对 GRE Over IPSec 进行测试，如示例 8-35 所示。

示例 8-35 **Router1 上测试 GRE Over IPSec**

```
Router1#ping10. 1. 2. 1 source 10. 1. 1. 1

Type escape sequence to abort.
Sending 5, 100-byte ICMP Echos to 10. 1. 2. 1, timeout is 2 seconds:
Packet sent with a source address of 10. 1. 1. 1
!!!!!
```

在站点一路由器 Router1 上执行 show crypto engine connection active 命令，查看加解密状态，如示例 8-36 所示。

示例 8-36 **Router1 上查看加解密状态**

```
Router1#show crypto engine connections active
Crypto Engine Connections

   ID Interface      Type            AlgorithmEncrypt      Decrypt     IP-Address
    7 Fa0/0          IPsec DES+MD5   0                     58          202. 100. 1. 1
    8 Fa0/0          IPsec DES+MD5   59                    0           202. 100. 1. 1
1002 Fa0/0           IKE MD5+3DES    0                     0           202. 100. 1. 1
```

在站点一路由器 Router1 上使用 show crypto ipsec sa 命令来查看 IPSec SA 的状态，如示例 8-37 所示。

示例 8-37 **Router1 上查看 IPSec SA**

```
Router1#show crypto ipsec sa

interface: FastEthernet0/0
    Crypto map tag: CRYPTO-MAP, local addr 202. 100. 1. 1

  protected vrf: (none)
  local  ident (addr/mask/prot/port): (202. 100. 1. 1/255. 255. 255. 255/47/0)
  remote ident (addr/mask/prot/port): (202. 100. 2. 1/255. 255. 255. 255/47/0)
  current_ peer 202. 100. 2. 1 port 500
     PERMIT, flags={origin_ is_ acl,}
    #pkts encaps: 65, #pkts encrypt: 65, #pkts digest: 65
    #pkts decaps: 65, #pkts decrypt: 65, #pkts verify: 65
    #pkts compressed: 0, #pkts decompressed: 0
    #pkts not compressed: 0, #pkts compr. failed: 0
    #pkts not decompressed: 0, #pkts decompress failed: 0
    #send errors 47, #recv errors 0
```

```
local crypto endpt. : 202.100.1.1, remote crypto endpt. : 202.100.2.1
path mtu 1500, ip mtu 1500, ip mtu idb FastEthernet0/0
current outbound spi: 0x7969EED8(2036985560)

inbound esp sas:
  spi: 0x581F7D51(1478458705)
    transform: esp-des esp-md5-hmac,
    in use settings ={Transport, }
    conn id: 7, flow_ id: 7, crypto map: CRYPTO-MAP
    sa timing: remaining key lifetime (k/sec): (4493908/3282)
    IV size: 8 bytes
    replay detection support: Y
    Status: ACTIVE

inbound ah sas:

inbound pcp sas:

outbound esp sas:
  spi: 0x7969EED8(2036985560)
  transform: esp-des esp-md5-hmac,
  in use settings ={Transport, }
    conn id: 8, flow_ id: 8, crypto map: CRYPTO-MAP
    sa timing: remaining key lifetime (k/sec): (4493908/3269)
    IV size: 8 bytes
    replay detection support: Y
    Status: ACTIVE

  outbound ah sas:

  outbound pcp sas:
```

8.5 本章小结

VPN 是网络安全的最关键工具之一。本章定义了 VPN 并且列出了 VPN 的连接方式，讨论了 VPN 的基本原理和实现 VPN 的关键技术。

GRE 协议是一种在 IP 网络上传输那些以原始形式无法在网络上传输的数据包的有效机制。本章详细介绍了 GRE VPN 原理及配置步骤。

IPSec VPN 是一个标准体系，它可以通过提供完整性、真实性和机密性实现对信息的安全访问。它为流量提供 OSI 参考模型网络层的保护。本章概述了 IPSec VPN 组件。同时，给

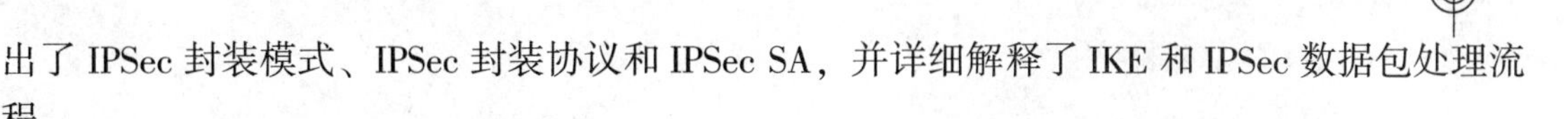

出了 IPSec 封装模式、IPSec 封装协议和 IPSec SA，并详细解释了 IKE 和 IPSec 数据包处理流程。

GRE 并不是在 IP 网络上传输数据的安全方式，传统的点对点的 IPSec VPN 配置方式存在无法传输组播和广播流量等缺陷，本章介绍了 IPSec 与 GRE 相结合构建 VPN 的例子，即 GRE Over IPSec，在这样一种形式中，IPSec 提供的安全性和 GRE 的一些有用特性可以有效地相互补充。

本章在理论的基础上给出了 GRE VPN、IPSec VPN 和 GRE Over IPSec 的详细配置方法。通过配置实验和配置步骤可以在获得实际操作经验，加深对理论的理解。

8.6 习题

1. 选择题

(1) ISAKMP 使用哪个 UDP 端口？

A. 500

B. 50

C. 51

D. 52

(2) 对于多协议或 IP 多播隧道，不能使用哪项隧道协议？

A. GRE

B. IPSec

C. L2F

D. L2TP

(3) IPSec 是用来在 OSI 哪一层保护数据的安全协议和算法框架？

A. 数据链路层

B. 网络层

C. 应用层

D. 传输层

(4) IPSec 包括以下哪两种协议？

A. GRE 和 L2TP

B. IKE 和 PPTP

C. ESP 和 AH

D. MD5 和 DH1

(5) 要查看安全关联使用的设置，使用以下哪条命令？

A. show crypto ipsec

B. show crypto isakmp sa

C. show crypto ipsec sa

D. show crypto sa

(6) 下列哪个 IPSec 配置组件可识别“关注”流量，即应该在 IPSec 隧道内部收到保护的流量？

A. 转换集

B. ISAKMP 策略

C. ACL

D. diffie-Hellman 群

(7)在下列哪种模式下输入 set peer ip-address 命令可指定 IPSec 对等体的 IP 地址?

A. 转换集配置模式

B. 保密图配置图

C. ISAKMP 配置模式

D. 接口配置模式

(8)下列哪种 IKE 模式可协商 IKE 第 2 阶段隧道?

A. 主模式

B. 快速模式

C. 主动模式

D. 混合模式

(9)下列哪种散列算法由于安全和速度优势被 Cisco 推荐为最佳实践?

A. 3DES

B. SHA

C. AES

D. MD5

(10)将保密图应用于下列何处可激活保密图?

A. 转换集

B. 接口

C. 虚拟样板

D. ISAKMP 建议

2. 问答题

(1)什么是 GRE?

(2)GRE 隧道可以连接多少对路由器?

(3)如何在嗅探路径上唯一标志出 GRE 分组?

(4)IPSec 由哪三个主要的协议组成?

(5)AH 和 ESP 在功能上的主要差别是什么?

(6)什么命令定义了要使用的加密方法?

第9章 入侵检测和防御系统

时下，病毒、蠕虫及其他恶意代码和程序在Internet上肆意扩散，网络整体环境日趋恶化，网络成了很容易实施攻击的目标。因此，为网络设计并装备先进的智能设备格外重要，唯有如此方能实时监测并缓解这些网络威胁。

入侵检测系统(Intrusion Detection System，IDS)，或者更具扩展性的入侵防御系统(Intrusion Prevention System，IPS)，提供了全网范围的保护和威胁缓解技术，它可以实时地精确检测、分析、分类并缓解恶意流量，为网络提供全面的保护，以应对形形色色的网络入侵和攻击。本章介绍了IDS和IPS的相关概念，并深入讨论了Cisco基于网络的IPS解决方案，包括Cisco的IDS和IPS设备、特征与特征引擎、事件和事件响应、部署场景等。最后，介绍了基于网络的IPS的基本配置方法。

学习完本章，要达到如下目标：

◇ 理解IDS和IPS的特性；
◇ 理解Cisco IPS设备；
◇ 理解Cisco IPS传感器OS软件系统设计；
◇ 理解基于网络的IPS的执行；
◇ 掌握基于网络的IPS的基本配置方法。

9.1 IDS和IPS概述

面对快速发展的Internet蠕虫和病毒，我们前面所讲的设备保护、ACL、AAA访问控制以及防火墙等特性仍然无法保护网络不受攻击。一个网络必须能够及时识别、消除蠕虫和病毒的威胁。

为了应对快速进化的攻击，网络系统结构必须包括性价比高的检测和防护系统。入侵检测系统(IDS)和入侵防御系统(IPS)可以智能地识别和防御恶意流量，包括网络病毒、蠕虫、间谍软件、广告软件以及应用程序的滥用，针对各种各样的网络入侵和攻击提供了全面的防御和保护。

9.1.1 IDS特性

对于网络管理员来说，防止蠕虫和病毒进入网络的一个方法，就是要不断地监视网络和分析由网络设备生成的日志文件。但这个解决方案不太容易扩展。手工分析日志文件信息需要消耗时间，并且对于已经开始的网络攻击的认识是有限的。因为在分析日志文件的时候，攻击早已经开始了。

入侵检测通过对计算机网络或者计算机系统中的若干关键点收集信息并进行分析，从中发现网络或系统中是否有违反安全策略的行为和被攻击的迹象。进行入侵检测的软件与硬件的组合就是入侵检测系统(IDS)。

入侵检测系统执行的主要任务包括：监视、分析用户及系统活动；审计系统构造和弱点；识别、反映已知攻击的活动模式，向相关人员报警；统计分析异常行为模式；评估重要系统和数据文件的完整性；审计、跟踪管理操作系统，识别用户违反安全策略的行为。

入侵检测一般分为三个步骤，依次为信息收集、数据分析和响应，其中数据分析是入侵检测的核心。

入侵检测系统被动地监控网络上的流量。一个启用了IDS的设备复制数据流，并且分析的是复制的数据，而不是真正转发的数据。它工作在离线模式，会将捕获的流量与已知的恶意软件的特征进行对比，这与检查病毒的软件相类似。IDS执行的离线模式也叫混杂模式。

IDS的一个主要优点是它是以混杂模式来部署的。由于IDS传感器不是在线工作，因此它不会影响到转发数据流的实际数据包流程，不会产生延迟、抖动或者其他流量问题。另外，如果传感器失效，它也不会影响网络功能，只会影响IDS分析数据的能力。

但是IDS以混杂模式部署时也有很多缺点。IDS传感器响应行为既不能停止触发数据包，也不能保证停止连接。它们对停止邮件病毒和自动攻击同样无能为力。因此，IDS经常需要其他网络设备(如路由器和防火墙)的协助，以对攻击作出反应。另外，因为IDS传感器不是在线工作的，所以当很多网络攻击采用了网络规避技术时，IDS的实施会有很多隐患。

9.1.2 IPS特性

入侵防御系统(IPS)是建立在IDS技术之上的。不像IDS，一个IPS设备是以在线模式实现的，这就意味着所有进入和流出的流量都要经过它来处理。IPS在数据包没有被分析前，不允许它进入网络的信任区域。但是它也可以按需检测和立即解决网络问题。

Cisco IPS平台使用组合的检测技术，包含了基于特征、基于配置文件(profile)以及协议分析的入侵检测。这些深入的分析让IPS识别、停止和阻塞攻击，这些攻击通常可能通过传统的防火墙设备。当一个数据包进入到IPS上的一个接口时，在它被分析完之前，数据包不能被发送到其他接口。

IPS在线运行方式的优点是可以立即响应并且拒绝恶意数据流通过。另外，IPS传感器还可以使用流标准化技术来降低或消除很多潜在的网络逃避行为。

IPS的缺点是使用IPS传感器会产生很多错误、失效和溢出的流量，对网络性能有负面的影响。这是因为IPS必须是在线部署，而流量必须要经过它。IPS传感器影响网络性能的形式是引起延时和抖动。IPS传感器对于那些时间敏感的应用，如VoIP，必须设计在适当的规模和正确地执行，才不会产生负面的影响。

9.1.3 IPS的分类

IPS大致可以分为以下三类：

◇ 基于主机的IPS；

◇ 基于网络的IPS；

◇ 应用入侵防御。

1. 基于主机的IPS

基于主机的IPS(Host-based Intrusion Prevention System，HIPS)通过在主机或服务器上安

装软件代理程序，防止网络攻击入侵操作系统以及应用程序。HIPS能够保护服务器的安全弱点不被不法分子所利用，因此，它们在防范蠕虫病毒的攻击中起到了很好的防御作用。HIPS可以根据自定义的安全策略以及分析学习机制来阻断对服务器、主机发起的恶意入侵。HIPS还可以阻断缓冲区溢出、改变登录密码、改写动态链接库以及其他试图从操作系统夺取控制权的入侵行为，整体提高主机的安全水平。

在技术上，基于主机的入侵防御系统采用独特的服务器保护途径，利用由包过滤、状态包检测和实时入侵检测组成的分层防御体系。这种体系能够在提供合理吞吐率的前提下，最大限度地保护服务器的敏感内容，以软件形式嵌入到应用程序对操作系统的调用当中。通过拦截针对操作系统的可疑调用，提供对主机的安全防御。HIPS也可以以更改操作系统内核程序的方式，提供比操作系统更加严谨的安全控制机制。

由于HIPS工作在受保护的主机或服务器上，它不仅能够利用特征和行为规则检测阻止诸如缓冲区溢出之类的已知攻击，而且还能够防范未知攻击，防止针对Web页面、应用和资源的未授权的任何非法访问。HIPS与具体的主机或服务器操作系统平台紧密相关，不同的平台需要不同的软件代理程序。

2. 基于网络的IPS

基于网络的IPS(Network-based Intrusion Prevention System，NIPS)通过检测流经的网络流量，提供对网络系统的安全保护。由于它采用在线连接方式，所以一旦辨识出入侵行为，NIPS就可以去除整个网络会话，而不仅仅是复位会话。同样，由于实时在线，NIPS需要具备很高的性能，以免成为网络的瓶颈，因此NIPS通常被设计成类似于交换机的网络设备，提供线速吞吐速率以及多个网络端口。

NIPS必须基于特定的硬件平台，才能实现千兆级网络流量的深度数据包检测和阻断功能。这种特定的硬件平台通常可以分为三类：网络处理器(网络芯片)、专用的FPGA编程芯片和专用的ASIC芯片。

在技术上，NIPS吸取了目前NIDS所有的成熟技术，包括特征匹配、协议分析和异常检测。特征匹配是最广泛应用的技术，具有准确率高、速度快的特点，因为它查找特定的、预先定义好的样本。基于状态的特征匹配不但检测攻击行为的特征，还要检查当前网络的会话状态，避免受到欺骗攻击。协议分析是一种较新的入侵检测技术，它充分利用网络协议的高度有序性，并结合高速数据包捕获和协议分析，来快速检测某种攻击特征。协议分析正在逐渐进入成熟应用阶段。协议分析能够理解不同协议的工作原理，以分析这些协议的数据包来寻找可疑或不正常的访问行为。协议分析不仅仅基于协议标准(如RFC)，而且还基于协议的具体实现，这是因为很多协议的实现偏离了协议标准。通过协议分析，IPS能够针对插入与规避攻击进行检测。异常检测，也称为基于配置文件的检测，它需要首先定义一个网络或主机的正常的配置文件。这个正常的配置文件可以通过在一段时间内经过监视网络或特殊应用的活动而学习到，也可以根据基于规范的定义，如RFC。在定义了正常的活动后，如果发生了超出正常配置文件中定义好的指定阈值的异常行为，那么特征将被触发。异常检测的误报率比较高，NIPS不将其作为主要技术。

3. 应用入侵防御

NIPS产品有一个特例，即应用入侵防御(Application Intrusion Prevention，AIP)，它把基于主机的入侵防御扩展成为位于应用服务器之前的网络设备。AIP被设计成一种高性能的设备，配置在应用数据的网络链路上，以确保用户遵守设定好的安全策略，保护服务器的安全。NIPS 在网络上工作，直接对数据包进行检测和阻断，与具体的主机或服务器操作系统平台无关。

9.2 Cisco 的 IDS 和 IPS 设备

9.2.1 Cisco 集成的解决方案

现如今，在网络的规模和复杂度都有所增长的同时，整体环境仍高度暴露在威胁面前，并且容易受到这些威胁的伤害。为现代网络的安全提供深度防御面临着以下挑战：

◇ 安全事故和进化了的威胁不断发生，并且呈指数增长；

◇ 复杂且先进的恶意代码和对网络漏洞的利用持续增加；

◇ 目前很多攻击造成的潜在影响是巨大的；

◇ 如今的网络安全部署不能靠单点产品完成，需要多种协议的协同工作。

因此，网络更需要一个贯穿全网的解决方案，它能与网络中的所有网络设备、服务器和终端设备相互协作，确保网络的安全。

Cisco 网络入侵防御解决方案是 Cisco 自防御网络战略中的一个完整部分，它可以智能地识别和防御恶意流量，包括网络病毒、蠕虫、间谍软件、广告软件以及应用程序的滥用。该解决方案针对形形色色的网络入侵和攻击提供了全面的防御和保护。

Cisco 基于网络的 IPS 解决方案通过对全网流量从第二层到第七层的精密监控，可以保护网络免受各类违背策略、利用漏洞和异常活动的危害。

表 9-1 列出了不同平台上可提供的不同 Cisco 基于网络的 IPS 解决方案。

表 9-1　　**Cisco 基于网络的 IPS 解决方案**

产　品	描　述
Cisco IPS 4200 系列传感器	专用的硬件设备平台
Cisco IDSM-2(IDS 服务模块)	安全模块，适用于 Cisco Catalyst 6500 系列交换机和 Cisco 7600 系列路由器
Cisco AIP-SSM(高级检测和防御安全服务模块)	安全模块，适用于 Cisco ASA 5500 系列自适应安全设备
Cisco IPS-AIM(IPS 高级集成模块)	安全模块，适用于 Cisco ISR(集成多业务路由器)，提供 IPS 功能
Cisco IOS IPS	集中的 IPS 功能，适用于使用 Cisco IOS 软件的路由器

9.2.2 Cisco IPS 4200 系列传感器

Cisco IPS 4200 系列传感器可提供众多解决方案，并且容易融入企业网和运营商网络

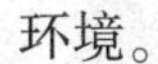

环境。

Cisco IPS 4200 系列传感器提供以下功能：

◇ 第二层到第七层流量的精密监控。
◇ 防御恶意流量，包括网络病毒、蠕虫、间谍软件、广告软件以及应用程序滥用。
◇ 提供在线入侵防御。
◇ 可同时运行在混杂模式和在线模式下。
◇ 通过支持多接口来监控多个子网。
◇ 基于特征和基于异常检测的能力。
◇ 广泛的处理性能选择和丰富的媒体性能选择。
◇ 传感器软件中内建了基于 Web 的管理解决方案。

Cisco IPS 4200 系列设备包括五种产品：Cisco IPS 4215、IPS 4240、IPS 4255、IPS 4260 和 IPS 4270 传感器。该产品线提供了丰富的解决方案，能方便地集成于多种环境，包括大型企业和电信运营商环境等。每种传感器都能以从每秒 65Mbps 到千兆传输间的一种速度，满足带宽要求。

9.2.3 Cisco IPS 传感器 OS 软件

Cisco IPS 传感器 OS 软件 6.0 版本运行在 Linux 操作系统上，提供了入侵检测和防御的功能，可以抵御多种威胁，并且可以在已知和未知的攻击影响网络之前对其进行阻止，实现对网络的保护。

Cisco IPS 传感器 OS 软件支持 IDS 和 IPS 的混合运行，可同时作为 IDS 传感器和 IPS 传感器使用。

Cisco IPS 传感器 OS 软件由多个应用组件组成，如图 9-1 所示，这些组件的功能如表 9-2 所示。

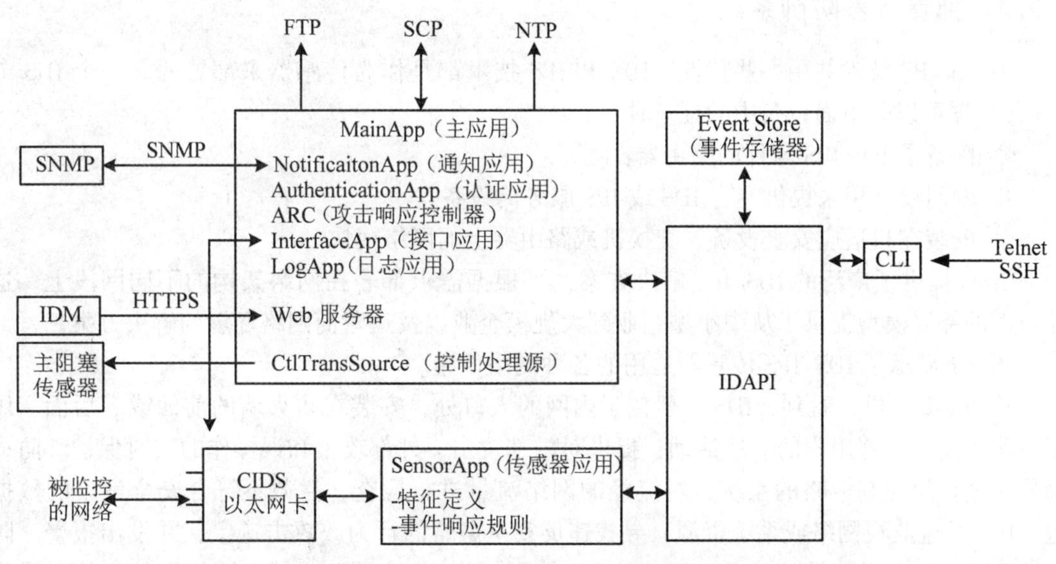

图 9-1 Cisco IPS 传感器 OS 软件系统设计

表 9-2 **Cisco 基于网络的 IPS 解决方案**

<table>
<tr><th colspan="2">组　件</th><th>功　能</th></tr>
<tr><td rowspan="7">主应用（MainApp）是传感器操作系统的核心引擎，负责所有主要的功能，包括管理系统进程、配置系统、启动或终止其他应用、执行例行维护</td><td>通知应用（NotificationApp）</td><td>负责发送由传感器告警、系统状态或错误所触发的 SNMP 消息</td></tr>
<tr><td>认证应用（AuthenticationApp）</td><td>负责验证用户证书，在用户执行不同的配置和管理任务时，确认授权状态</td></tr>
<tr><td>攻击响应控制器（ARC）</td><td>当触发特征时，作出 block 和 shun 的响应</td></tr>
<tr><td>接口应用（InterfaceApp）</td><td>负责管理传感器接口设置，如内嵌对、管理状态和旁路机制</td></tr>
<tr><td>日志应用（LogApp）</td><td>负责在传感器的日志文件中存储所有的应用日志，在 Event Store 中存储所有的错误消息</td></tr>
<tr><td>Web 服务器（Web Server）</td><td>基于 Web 的服务器引擎使用户可以通过 GUI 管理传感器</td></tr>
<tr><td>控制处理源（CtlTransSource）</td><td>负责发送激活 ARC 主阻塞传感器功能的控制处理</td></tr>
<tr><td colspan="2">事件存储器(Event Store)</td><td>存储所有传感器时间，包括系统消息、告警和错误</td></tr>
<tr><td colspan="2">传感器应用(SensorApp)</td><td>检测流量时，负责捕获和分析数据包</td></tr>
<tr><td colspan="2">命令行界面(CLI)</td><td>通过 CLI 可以管理和配置传感器。CLI 可以通过多种方法访问，包括通过传感器 Console 端口、Telnet 或 SSH 连接</td></tr>
</table>

9.2.4　部署入侵防御系统

IDS 和 IPS 技术共用一些特性。IDS 和 IPS 技术都是作为传感器来部署的。一个 IDS 或 IPS 传感器可以是下面设备中的任一种：

◇ 配备了 IOS IPS 软件的路由器；

◇ 专门设计用来提供专有 IDS 或 IPS 服务的设备；

◇ 安装在自适应安全设备、交换机或路由器上的网络模块。

Cisco 提供了广泛的 IDS/IPS 解决方案，可根据需求部署在网络架构的不同网段上。这种全面的部署模型提供了从中小型企业到大规模企业以及运营商网络环境的解决方案。

图 9-2 显示了 IDS/IPS 传感器适用的各种网络位置。

从图 9-2 中可以看到，IDS 一般位于内网的入口处，安装在防火墙的前面或者后面，用于检测入侵和内部用户的非法活动，提供对内部攻击、外部攻击和误操作的实时保护。防火墙是实施访问控制策略的系统，对流经的网络流量进行检查，拦截不符合安全策略的数据包。IDS 通过监视网络或系统资源，寻找违反安全策略的行为或攻击迹象，并发出报警。防火墙和 IDS 之间是互补的关系，两者联动，协同工作。IPS 同防火墙在网络中的连接方式基本相似，不过，也有其较为特殊的方式。通常情况下，依据 IPS 防护的区域不同，而将其连接至不同的位置。

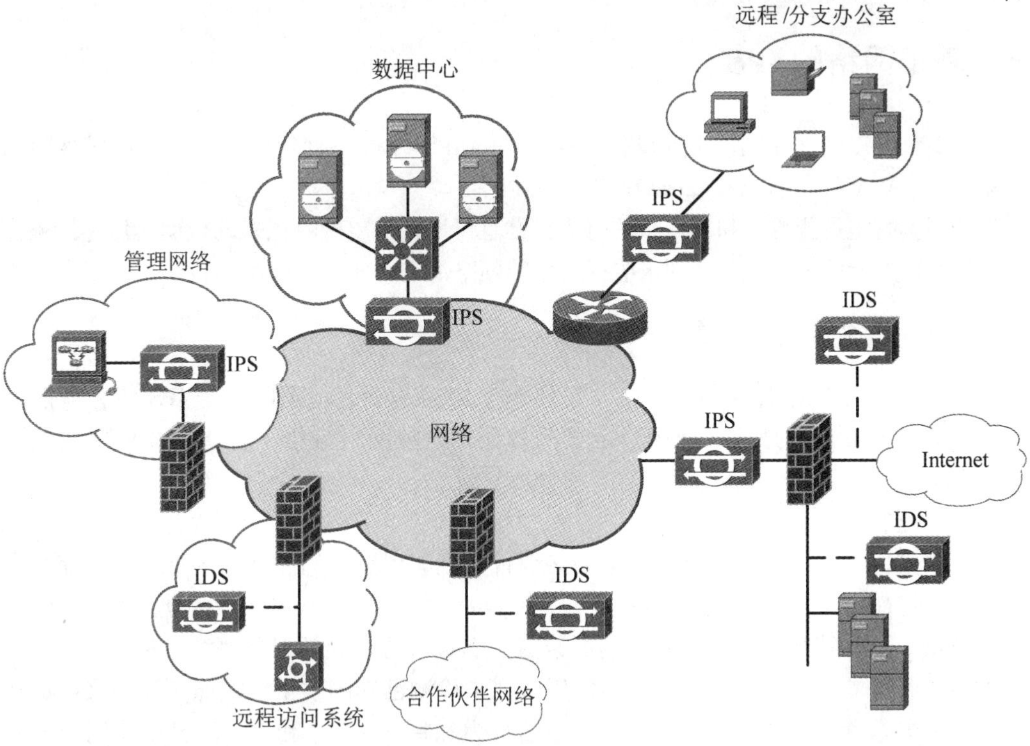

图 9-2　IDS/IPS 全网范围部署

表 9-3 对比了部署 IDS 和 IPS 的优缺点。

表 9-3　　**部署 IDS 和部署 IPS 的对比**

	优　点	缺　点
IDS 传感器（入侵检测系统）	传感器的部署对网络没有影响（延迟、抖动等）	IDS 的响应行为不能阻止问题数据包，不能保证终止问题连接
	传感器不是在线模式，因此传感器失效不会对网络功能构成影响	以带外方式运行，对使用逃避技术的网络攻击没有行之有效的对策
	以混杂模式对指定网段进行监控，可使用 SPAN、TAP、VACL 来捕获流量	不能提供在线监控，没有在线响应行为（即拒绝数据包）的能力
IPS 传感器（入侵防御系统）	支持在线监控，具备在线响应拒绝数据包的能力	对数据包有影响（延迟、抖动等），延迟造成的丢包对数据流有影响
	TCP/IP 流量规范检测	对网络有影响（带宽、连接速率等）
	透明地监控两个接口间的所有流量	由于成本的限制，IPS 通常不能放置在“任意位置”

9.3 基于网络的 IPS

网络 IPS 可以使用专门的 IPS 设备来执行，如 IPS 4200 系列传感器，或者可以被附加到 ISR 路由器、ASA 防火墙或 Catalyst 6500 交换机。

传感器实时地检测恶意和非授权的行为，并且可以在需要的时候采取行动。传感器被部署在指定的网络点上，启用安全管理来监视发生的网络活动，而不管攻击的目标位于哪个位置。

9.3.1 IPS 特征和特征引擎

特征和特征引擎是 Cisco IPS 解决方案技术架构的基础。基于网络的 IPS 传感器能够依据预定义的特征(内建的特征)和用户定义的特征来监控网络流量，这些特征可以归到不同的特征引擎中。

1. IPS 特征

为了制止进入网络的恶意流量，网络必须首先能够识别它们。幸运的是，恶意流量会显示出明显的特征(signature)。特征是一组规则，IDS 和 IPS 使用它来检测典型的入侵活动，如 DoS 攻击。这些特征唯一地识别专门的蠕虫、病毒、协议异常以及恶意流量。

当传感器扫描网络数据包时，它们使用特征来检测已知的攻击并按照预先定义好的行为来回应。一个恶意的数据包流具有特定类型的行为和特征。IDS 和 IPS 传感器使用很多不同的特征来检查数据流。当传感器匹配了一个数据流的特征，它就会采取行动，如记录这个事件或者发送警报给 IDS 或 IPS 管理软件。

Cisco IPS 传感器软件 6.0 内建的缺省特征超过了 1000 个。传感器软件也支持用户配置自定义特征。

2. IPS 特征引擎

特征引擎是相似特征集合的分类组，每个特征引擎监控一个指定的行为类型。传感器软件使用特征引擎检测网络流量，用相似的特点匹配入侵行为。例如，基于 TCP 的字符串引擎只负责检测 TCP 流量中指定的字符串。特征引擎可以执行各种功能，如样式匹配、状态样式匹配、协议解码、深层数据包检测和其他启发式分析。每个特征引擎有一个特定的参数集，包含了可用值的范围或集合。

表 9-4 列出了 IPS 传感器 OS 软件 6.0 中可用的 Cisco IPS 特征引擎。

表 9-4　**IPS 特征引擎**

特征引擎	特征引擎描述
AIC(应用检测和控制)引擎	对基于 Web 的流量进行彻底的分析。AIC 引擎为 HTTP 会话提供细粒度控制，来防止 HTTP 协议的滥用。AIC 引擎也用于检测 FTP 流量，并控制 FTP 会话中使用的命令。有两个主要的 AIC 引擎：AIC HTTP 和 AIC FTP
Atomic 引擎	Atomic 引擎现在结合为两个引擎和多层次选择来检测单个数据包。Atomic引擎可以把第三层和第四层属性结合在一个特征中，如 IP 和 TCP。Atomic 引擎有三个基本的子类型：Atomic ARP、Atomic IP 和 Atomic IPv6

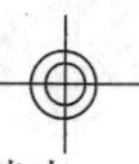

续表

特征引擎	特征引擎描述
Flood(泛洪)引擎	检测针对主机和网络的 ICMP 和 UDP 泛洪。泛洪引擎有两种类型：Flood Host 和 Flood Net
Meta 引擎	Meta 引擎可检测多个独立的特征，并且根据在一个可变动的时间段内发生的一系列有关联的行为来定义事件。Meta 引擎针对事件进行处理而不是数据包
Multistring(多字符串)引擎	检测第四层传输协议和负载，可将多个字符串匹配到一个特征。该引擎检测基于流的 TCP、单独的 UDP 和 ICMP 数据包
Normalizer(规范化)引擎	配置如何实现 IP 和 TCP 规范化功能，并为与 IP 和 TCP 规范化相关的特征事件提供配置。规范化引擎强制执行 RFC 遵从性
Service(服务)引擎	检测位于 OSI 第五、六、七层的服务，并对其进行精细的协议分析。能够检测所有标准系统和应用层协议。服务引擎可检测的协议类型非常广泛，如 DNS、FTP、HTTP、SSH、MSSQL 等
State(状态)引擎	检测协议中的字符串，如 SMTP。状态引擎现在有一个隐藏的配置文件，定义了状态的转换，所以可以通过特制的更新传递新的状态定义
String(字符串)引擎	使用正则表达式检查 ICMP、TCP 或 UDP 中的字符串。字符串引擎有三种类型：String ICMP、String TCP 和 String UDP
Sweep(扫描)引擎	检测网络中的侦查扫描行为，包括主机扫描、目标端口扫描、两节点间的 RPC 请求的多端口扫描。扫描引擎有两种类型：Sweep 和 Sweep Other TCP
Traffic Anomaly(流量异常)引擎	检测 TCP、UDP 和其他流量中的蠕虫
Traffic ICMP(流量 ICMP)引擎	分析非标准协议流量，如 TFN2K、LOKI 和 DoS。该引擎中只有两个特征拥有可配置的参数
Trojan(木马)引擎	分析非标准协议流量，如 BO2K 和 TFN2K。木马引擎有三种类型：BO2K、TFN2K 和 UDP。该引擎中没有用户可配置的参数

9.3.2 IPS 事件和事件响应

IPS 事件是由传感器操作系统内的应用实例按需产生的，用来报告一些触发了特性的行为。每个事件都以数据的形式展现，如由分析引擎产生的告警或由任何应用产生的错误。

IPS 事件可以分为以下五种基本类型：

◇ 告警(evAlert)：当一个特征受到触发时，就会产生告警事件消息。

◇ 状态(evStatus)：状态事件消息是为报告 IPS 应用的状态和行为而产生的。

◇ 错误(evError)：当设备试图做出响应动作时出现错误，就会产生错误事件消息。

◇ 日志处理(evLogTransaction)：日志处理消息是为报告每个传感器应用执行的控制处理而产生的。

◇ 阻塞请求(evShunRqst)：当向攻击响应控制器发出阻塞请求时，会产生阻塞请求消息。

当某事件与一个特征相匹配并且需要用相应的行为缓解威胁时，就触发了一个 IPS 事件响应。表 9-5 列出了传感器操作系统中可以使用的基本 IPS 事件响应，可以基于每一个单独的特性进行配置。下列大多数事情响应可以属于所有的特征引擎，除非特殊的引擎不支持或者事件响应不适合某个引擎，如 ICMP 特征引擎无法配置 TCP 重置行为。

表 9-5　**IPS 事件响应**

事件响应	事件响应描述
在线拒绝攻击者	拒绝传输当前数据包，并在指定时间段内拒绝传输源于攻击者地址的后续数据包。这是最严格的拒绝行为，拒绝了来自于一个单独攻击者地址的当前和将来的数据包 (仅于在线模式可用)
在线拒绝攻击者服务对	拒绝传输当前数据包，并在指定时间段内拒绝传输相同攻击者地址—受害者端口的后续数据包 (仅于在线模式可用)
在线拒绝攻击者受害者对	拒绝传输当前数据包，并在指定时间段内拒绝传输相同攻击者地址—受害者地址的后续数据包 (仅于在线模式可用)
在线拒绝连接	拒绝在 TCP 会话中传输当前数据包和后续数据包 (仅于在线模式可用)
在线拒绝数据包	拒绝传输当前数据包 (仅于在线模式可用)
记录攻击者数据包	启动 IP 记录功能，记录攻击者地址
记录对数据包	启动 IP 记录功能，记录攻击者—受害者地址对
记录受害者数据包	启动 IP 记录功能，记录受害者地址
在线修改数据包	修改数据包数据，将终端有可能对该数据包进行处理的歧义部分删除
产生告警	将事件作为一个告警写入事件存储器
产生冗长告警	包括告警中问题数据包的编码
请求阻塞连接	向攻击响应控制器发送阻塞当前连接的请求
请求阻塞主机	向攻击响应控制器发送阻塞当前攻击者主机的请求
请求速率限制	向攻击响应控制器发送限速请求来实施速率限制
请求 SNMP Trap	向通知应用发送请求来实施 SNMP 通告
重置 TCP 连接	发送 TCP 重置消息来劫持并终止 TCP 会话。重置 TCP 连接仅工作在基于 TCP 的特征上，它分析一个单独的连接。重置 TCP 连接并不为扫描和泛洪服务

9.3.3 IPS 接口

Cisco IPS 传感器支持以下两种主要的接口角色类型：

◇ 命令和控制接口(也称作管理接口)；

◇ 监控接口(也称做嗅探接口)。

1. 命令和控制接口

命令和控制接口用于对传感器进行管理和配置。该接口拥有一个 IP 地址，并永久处于启用状态。它会从传感器接收安全和状态事件，并向传感器询问统计数据。

命令和控制接口会根据传感器的不同型号，静态映射到特定的物理接口。这个映射不可更改，且被映射过去的接口也不能再用作监控接口。

2. 监控接口

监控接口是为特定目的而设计的，传感器用它来监控和分析网络流量。根据传感器的不同型号，每个传感器有一个或多个监控接口。

监控接口可以在混杂模式中分别进行配置，也可以在在线模式中组合在一起形成在线接口对。

9.3.4 IPS 接口模式

IPS 传感器 OS 软件将监控接口角色扩展到了不同的应用模式中。有以下四种基本的接口模式类型：

◇ 混杂模式(promiscuous mode)；

◇ 在线接口模式(inline interface mode)；

◇ 在线 VLAN 对模式(inline VLAN pair mode)；

◇ VLAN 组模式(VLAN group mode)。

1. 混杂模式

混杂模式中的数据包不穿越传感器。传感器根据接收到的镜像复制数据包进行检测。传感器分析复制的数据包，而不是分析线路中实际传输的数据包。可使用网络分解器(network tap)、流量镜像 SPAN 特性，或使用交换机上的 VACL 特性来有选择地复制数据包。

使用混杂模式监控流量的优点是：传感器并不会对数据流造成影响，因为它是对转发来的镜像复制数据包进行分析。但是，这样做的缺点是传感器不能在这种攻击类型的恶意流量到达被攻击目标之前进行阻止。

混杂模式传感器设备的 IPS 事件响应是在事件发生之后作出的，并且需要依靠网络中的其他的设备来执行(如防火墙、交换机、路由器)。这种响应行为对某些类型的攻击是有效的。然而，在遭到诸如 atomic 类攻击的情况下，带有攻击矢量的数据包有很大机会在混杂模式传感器作出响应之前到达目标系统。

图 9-3 所示为处于混杂模式的基于网络的 IDS 传感器。这是典型的 IDS 解决方案。

2. 在线接口模式

这是检测和防御网络入侵最有效的模式。在线接口模式将传感器直接置于流量必经的路径中。需要注意的是，在线模式会对数据包转发速率造成影响，会降低速率或增加延迟。

在线模式使 IPS 拥有了丢弃恶意流量和在攻击到达预定目标前将其阻止的能力，从而提供了具有前瞻性的保护服务。

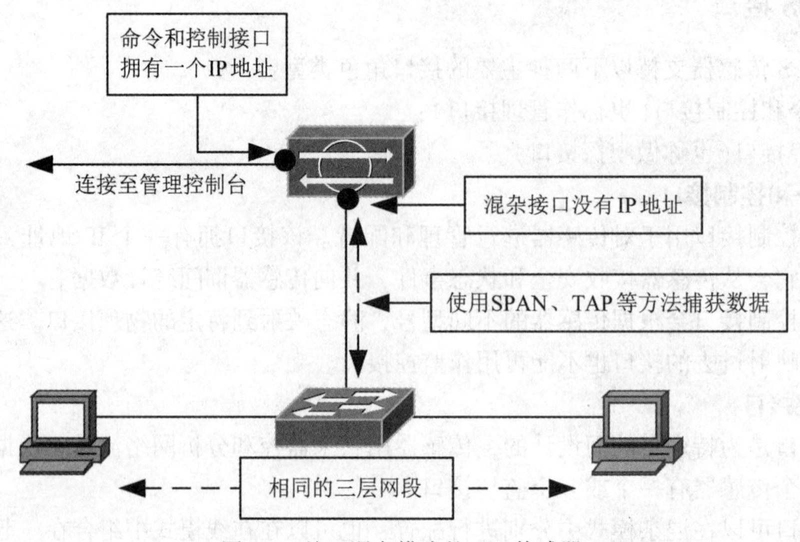

图 9-3　处于混杂模式的 IDS 传感器

在线模式不仅分析第三、四层的流量，它也会检测数据包负载中的上层信息，因此能够检测出更多复杂的嵌入式攻击。

在在线接口模式中，数据包会从接口对中的第一个接口进入，如果没有特征要拒绝或修改该数据包，那么它就会被发送到接口对中的第二个接口，并从该接口出去。

图 9-4 所示为处于在线模式的基于网络的 IPS 传感器。这是典型的 IPS 解决方案。需要注意的是，在线模式需要二层网络分段，即 IPS 传感器两端的用户需要在不同的 VLAN 中。但三层网络保持不变。

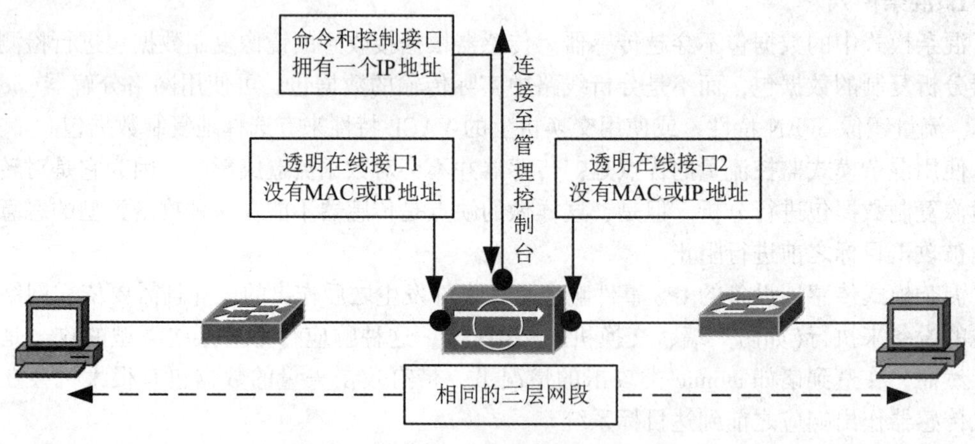

图 9-4　处于在线接口模式的 IPS 传感器

3. 在线 VLAN 对模式

在线 VLAN 对模式也称为“单臂在线模式”。这个模式类似于在线接口模式，它具有扩展的增强型功能，可以把 VLAN 对关联到一个物理接口上。

在线 VLAN 对模式中的监控接口充当 802.1q trunk 端口，传感器为 trunk 端口上的 VLAN

对进行 VLAN 桥接。从 VLAN 对中的一个 VLAN 接收到的数据包经过分析，会被转发到 VLAN 对中的另一个 VLAN。传感器通过创建子接口，将两个 VLAN 桥接在同一个物理接口上，从而使传感器可以接收从 VLAN X 发来的数据包，并将它转发至 VLAN Y，如图 9-5 所示。

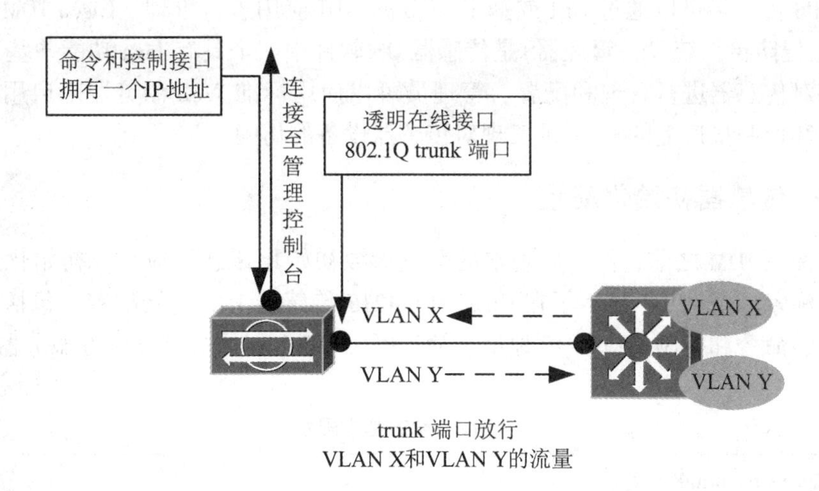

图 9-5　处于在线 VLAN 对模式的 IPS 传感器

传感器会检测从 VLAN 对中各个 VLAN 接收到的流量，并将这些流量转发至 VLAN 对中的另一个 VLAN，或者在检测到入侵尝试行为后丢弃数据包。IPS 最多可以在每个监控接口上同时配置 255 个 VLAN 对。

传感器可以修改数据包，它会将每个接收到的数据包的 802. 1q 头部中的 VLAN ID 替换为转发数据包的出口 VLAN ID，还会丢弃所有未分配在线 VLAN 对的 VLAN 流量。

在线 VLAN 对模式的优点是可以在每个物理接口关联多个 VLAN 对，这就减少了每台设备上多个物理接口的需求。

4. VLAN 组模式

在 VLAN 组模式中，每个物理接口或在线接口可以被划分到 VLAN 组子接口中，每个 VLAN 组子接口由特定接口上的一组 VLAN 组成。在 VLAN 组模式下，分析引擎支持多个虚拟的传感器(Virtual Sensor，VS)，每个虚拟的传感器可以监控一个或多个 VLAN 组子接口，这种特性可以实现在同一个传感器上配置不同的策略。如图 9-6 所示，网络中的多个 VLAN 被划分到两个 VLAN 组当中，并为两个 VLAN 组被指定两个不同的 VS，使策略配置更加灵活。

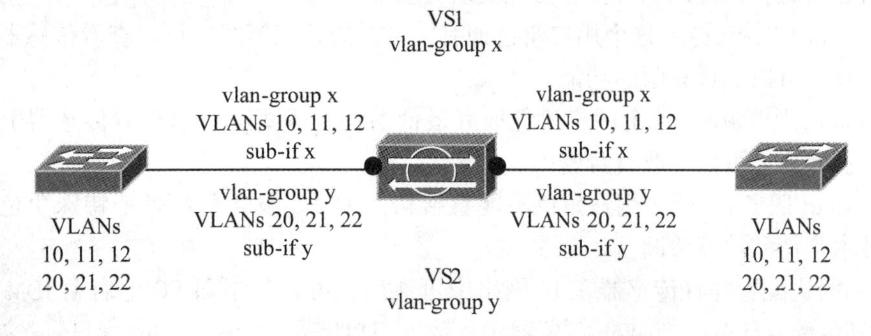

图 9-6 处于在 VLAN 组模式的 IPS 传感器

9.4 配置基于网络的 IPS

Cisco IPS 传感器可以通过 CLI 或基于 Web 的 GUI 应用进行管理。Cisco IDM(IPS Device Manager，入侵防御系统设备管理器)是传感器 OS 软件中一个具有 Java 功能并基于 Web 的应用，它能够对传感器进行管理和配置。管理员可以使用标准 Web 浏览器来启用 IDM，通过配置在命令和控制接口上的 IP 地址实现对传感器设备的访问。

9.4.1 IPS 传感器初始化配置

在可以使用 IDM 之前，需要以基本的配置参数初始化传感器应用。初始化工作可以通过 CLI 进行配置。示例 9-1 显示了在 Cisco IPS 4215 传感器上的初始配置，包括配置用户账户、主机名、命令和控制接口的 IP 地址、缺省网关、Telnet 服务器、Web 服务器、ACL 等。

示例 9-1　　**IPS 传感器的基本配置**

```
IPS#configure terminal
IPS(config)#username admin privilege administrator password admin! @ #   //配置管理用户名和
密码
IPS(config)#service host
IPS(config-hos)#network-settings
IPS(config-hos-net)#host-name IPS4215          //配置主机名
IPS(config-hos-net)#host-ip 192. 168. 1. 100/24, 192. 168. 1. 1 //配置管理 IP 地址
IPS(config-hos-net)#telnet-option enabled  //开启 Telnet 服务
IPS(config-hos-net)#access-list 192. 168. 1. 0/24 //配置 ACL
IPS(config-hos-net)# exit
IPS(config-hos)#
```

在示例 9-1 中，配置了一个名称为 admin、密码为 admin! @ #以及特权级别(也称为角色)为 administrator 的用户账户。传感器 OS 软件的 CLI 允许多个账户同时连接到传感器。CLI 支持以下四种用户角色：

- ◇ administrator(管理员)：这个用户角色拥有最高的特权等级，既可以查看传感器上的所有信息，也可以执行传感器上的所有功能。
- ◇ operator(操作员)：这个用户角色拥有第二高的特权等级，可以查看传感器上的所有信息，可以执行有限的功能。
- ◇ viewer(观察员)：这个用户角色拥有最低的特权等级，可以查看传感器上的配置和事件数据，可以修改自身密码。
- ◇ service(服务)：这个用户角色不能直接访问 CLI。服务角色是个特殊角色，仅用于技术支持和故障诊断。

完成初始化配置并且传感器在 IP 网络中可达后，可以从桌面 PC 上启动 IDM 来完成传感器上的其他配置任务。在 Web 浏览器中，输入 HTTPS：//sensor_ ip_ address 来启动 IDM 程序，而 HTTPS 协议在默认情况下是启用的，如图 9-7 所示。

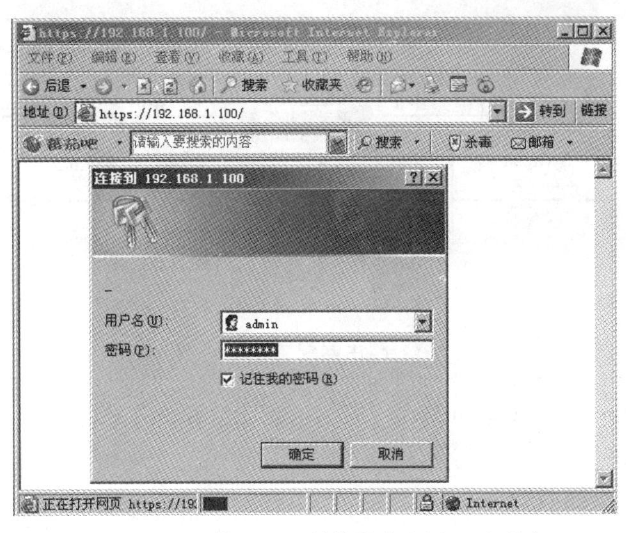

图 9-7(a) 利用 Web 浏览器来启用 IDM 程序

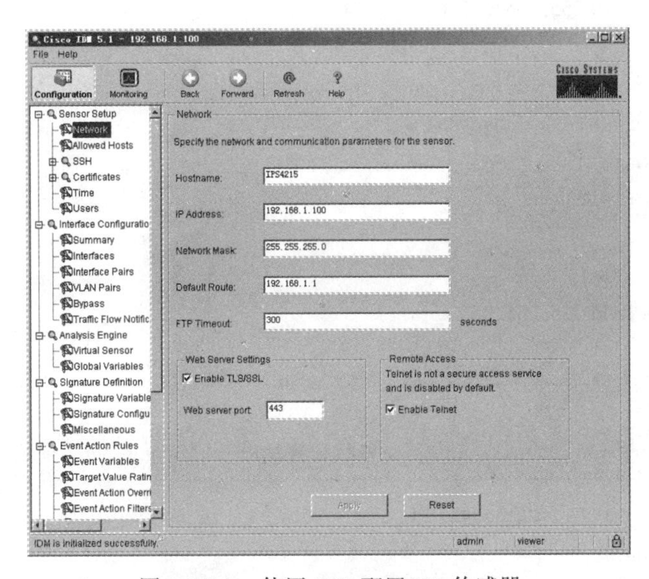

图 9-7(b) 使用 IDM 配置 IPS 传感器

9.4.2 配置 IPS 在线接口对模式

以图 9-8 所示的网络为例，来显示在传感器设备上实现在线接口模式的基本配置。在此案例中，IPS 传感器接口 GigabitEthernet0/1 和 GigabitEthernet0/2 用作监控接口，并被分隔到不同的 VLAN 中。在线接口对被分配到默认虚拟传感器 vs0。

需要注意的是，两台路由器都在相同的三层网段上，但被两个不同的二层 VLAN 所分离。本例省略了 IPS 初始化配置，相关参数信息可参考示例 9-1。

为实现 IPS 在线接口配置，两台路由器(Router1 和 Router2)的接口需在相同的三层网段中和不同的二层 VLAN 中，交换机的端口必须配置为 access 端口。示例 9-2 和示例 9-3 分别显示了两台路由器和两台交换机端口的配置输出。

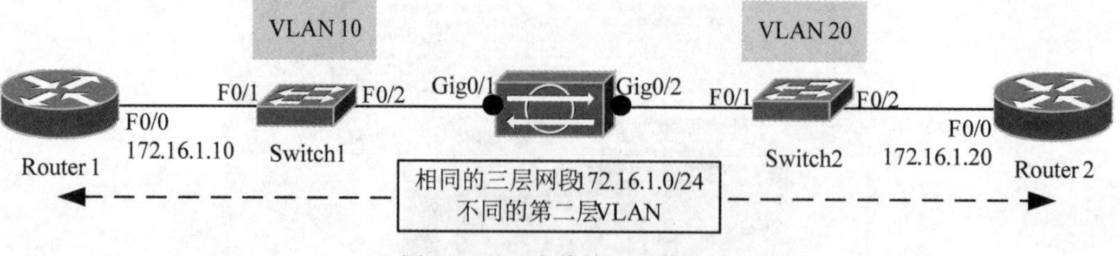

图 9-8　IPS 在线接口对模式

示例 9-2　　**路由器配置输出**

```
Router1#show run interface fastEthernet 0/0
Building configuration...
Current configuration : 96 bytes
!
interface FastEthernet0/0
ip address 172.16.1.10 255.255.255.0
End

Router2#show run interface fastEthernet 0/0
Building configuration...
Current configuration : 96 bytes
!
interface FastEthernet0/0
ip address 172.16.1.20 255.255.255.0
End
```

示例 9-3　　**交换机配置输出**

```
Switch1#show run interface fastEthernet 0/1
Building configuration...
Current configuration : 60 bytes
!
interface FastEthernet0/1
switchport access vlan 10
end

Switch1#show run interface fastEthernet 0/2
Building configuration...
Current configuration : 60 bytes
!
interface FastEthernet0/2
switchport access vlan 10
End
```

```
Switch2#show run interface fastEthernet 0/1
Building configuration...
Current configuration : 60 bytes
!
interface FastEthernet0/1
switchport access vlan 20
end

Switch2#show run interface fastEthernet 0/2
Building configuration...
Current configuration : 60 bytes
!
interface FastEthernet0/2
switchport access vlan 20
end
```

在本例中，IPS 传感器接口 GigabitEthernet0/1 和 GigabitEthernet0/2 用作接口对中的两个接口。可以使用 CLI 配置 IPS 在线接口对模式，也可以利用 IDM 配置 IPS 在线接口对模式。本例使用 IDM 实现 IPS 在线接口对模式的配置，具体步骤如下：

1. 开启 IPS 接口

（1）在 Interface Configuration 菜单中单击 Interfaces 选项，显示出如图 9-9 所示 Interfaces 窗口。

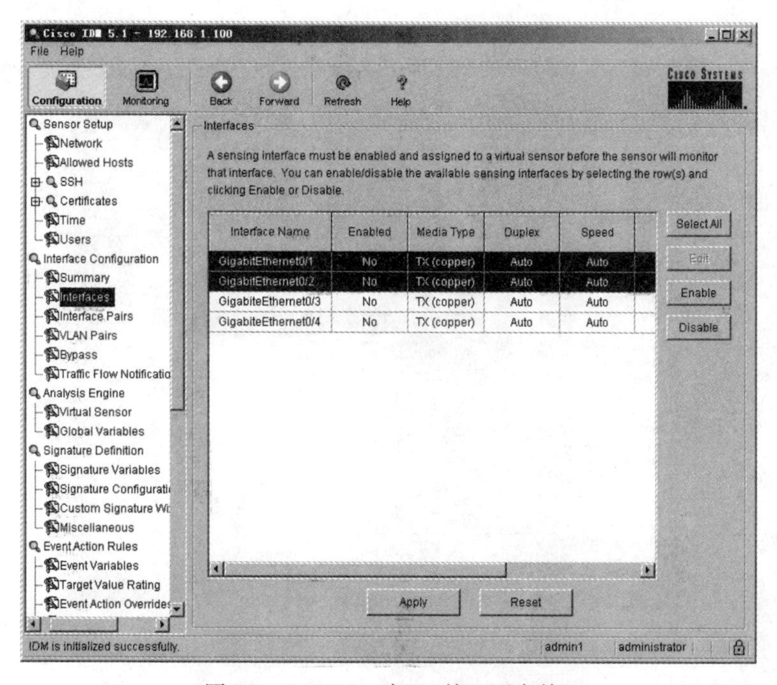

图 9-9 Interfaces 窗口(接口开启前)

(2) 在 Interfaces 窗口中同时选中接口 GigabitEthernet0/1 和 GigabitEthernet0/2，然后，依次单击该窗口上的 Enable 按钮和 Apply 按钮，开启 IPS 传感器的 GigabitEthernet0/1 和 GigabitEthernet0/2 接口，如图 9-10 所示。

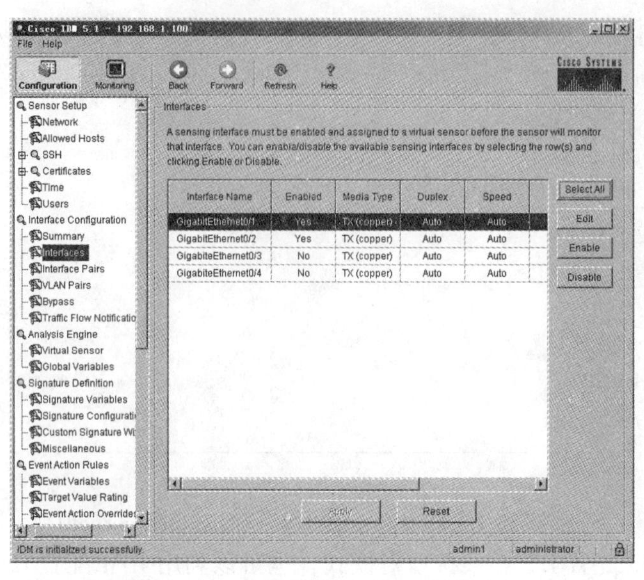

图 9-10　Interfaces 窗口(接口开启后)

2. 创建在线模式的接口对

(1)单击 Interface Configuration 菜单中的 Interface Pairs 选项，显示出 Interfaces Pairs 窗口。单击该窗口中的 Add 按钮，弹出 Add Interface Pair 窗口，如图 9-11 所示。

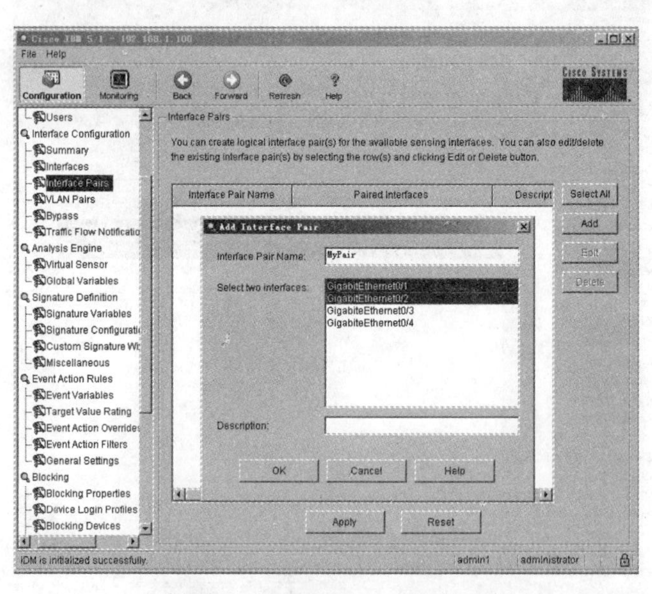

图 9-11　Add Interface Pair 窗口

(2)在 Add Interface Pair 窗口中的 Interface Pair Name 文本框中输入接口对的名称，如 MyPair，在 Select two interfaces 文本框中同时选中接口 GigabitEthernet0/1 和 GigabitEthernet0/2，然后，单击 OK 按钮返回到 Interfaces Pairs 窗口。

(3)在 Interfaces Pairs 窗口点击 Apply 按钮使配置生效，显示结果如图 9-12 所示。

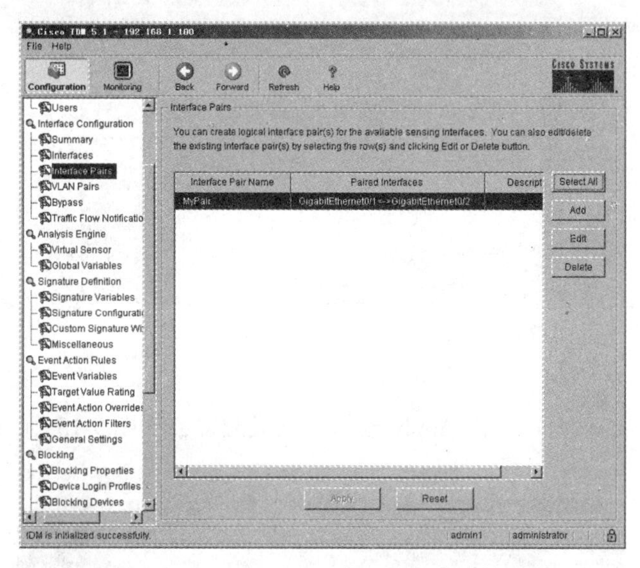

图 9-12 Interfaces Pairs 窗口中的在线接口对

3. 将在线接口对分配到默认虚拟传感器 vs0

(1)单击 Analysis Engine 菜单中的 Virtual Sensor 选项，显示出如图 9-13 所示的 Virtual Sensor 窗口。

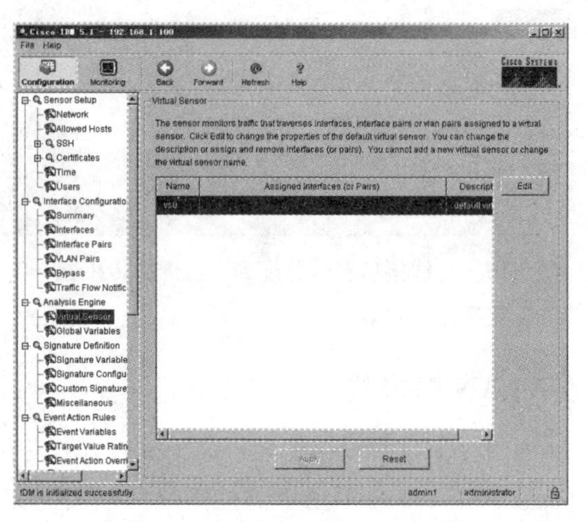

图 9-13 Virtual Sensor 窗口

(2)单击 Virtual Sensor 窗口中的 Edit 按钮，弹出如图 9-14 所示的 Edit Virtual Sensor 窗口。在该窗口中，选中列表框中的第三个列表项，然后依次单击 Assign 按钮和 OK 按钮，返回 Virtual Sensor 窗口。

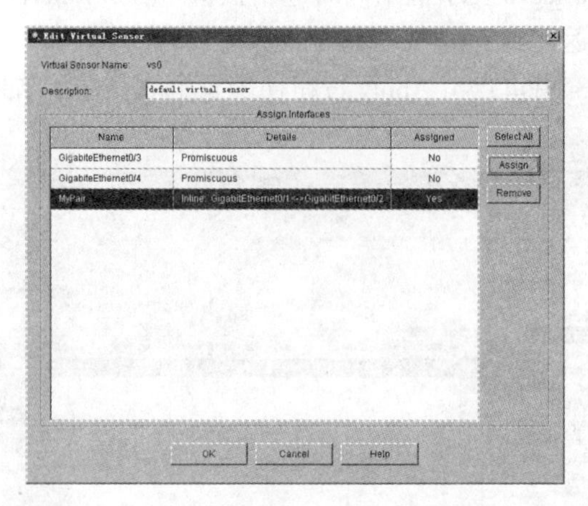

图 9-14　Edit Virtual Sensor 窗口

(3)在 Virtual Sensor 窗口单击 Apply 按钮，完成配置，如图 9-15 所示。

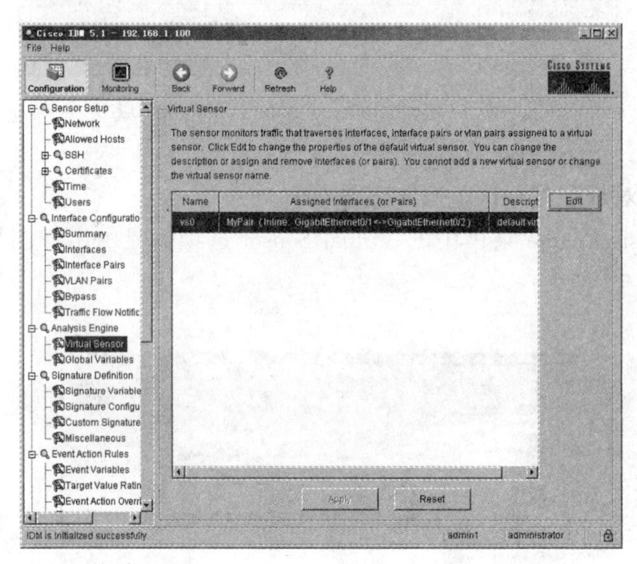

图 9-15　在线接口对被分配到默认虚拟传感器 vs0

9.4.3　配置 IPS 在线 VLAN 对模式

以图 9-16 所示的网络为例，来显示在传感器设备上实现在线 VLAN 对模式的基本配置。在图 9-16 中，IPS 接口 Gigabit Ethernet0/1 用于监控接口，连接到交换机的 Fast Ethernet0/1 接口。传感器在 trunk 端口上为 VLAN 对中的两个 VLAN 进行桥接。传感器会监控由 VLAN10 进入的流量，然后，将数据包的 VLAN TAG 标记为 TAG 20，并从相同的物理接口发送出去。在线 VLAN 对被分配到默认虚拟传感器 vs0。

根据图 9-16，示例 9-4 和示例 9-5 显示了在交换机和路由器上的基本配置。

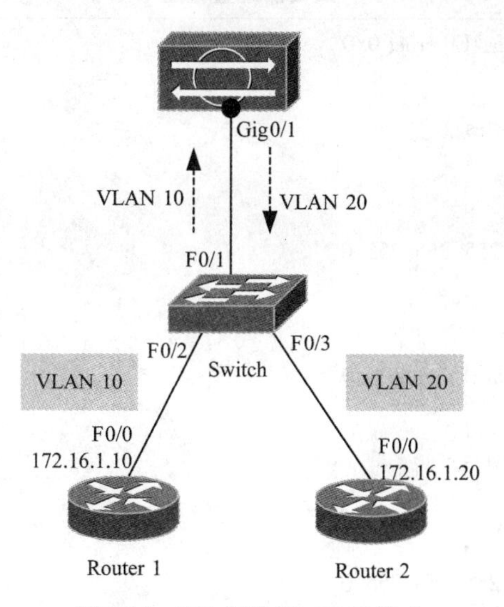

图 9-16　IPS 在线 VLAN 对模式

示例 9-4　**交换机配置输出**

```
Switch#show run interface fastEthernet 0/1
Building configuration...
Current configuration : 56 bytes
!
interface FastEthernet0/1
   switchport mode trunk
End

Switch#show run interface fastEthernet 0/2
Building configuration...
Current configuration : 60 bytes
!
interface FastEthernet0/2
   switchport access vlan 10
End

Switch#show run interface fastEthernet 0/3
Building configuration...
Current configuration : 60 bytes
!
interface FastEthernet0/3
   switchport access vlan20
End
```

示例 9-5　　　　路由器配置输出

```
Router1#show run interface fastEthernet 0/0
Building configuration...
Current configuration : 96 bytes
!
interface FastEthernet0/0
   ip address 172.16.1.10 255.255.255.0
End

Router2#show run interface fastEthernet 0/0
Building configuration...
Current configuration : 96 bytes
!
interface FastEthernet0/0
   ip address 172.16.1.20 255.255.255.0
End
```

可以使用 CLI 或 IDM 来配置 IPS 在线 VLAN 对模式，本例使用 CLI 实现 IPS 在线 VLAN 对模式的配置，如示例 9-6 所示。

示例 9-6　　　　配置 IPS 在线 VLAN 对模式

```
IPS# configure terminal
IPS(config)# service interface
IPS(config-int)# physical-interfaces gigabitEthernet0/1
IPS(config-int-phy)# admin-state enabled
IPS(config-int-phy)# subinterface-type inline-vlan-pair
IPS(config-int-phy-inl)# subinterface 1
IPS(config-int-phy-inl-sub)# vlan1 10
IPS(config-int-phy-inl-sub)# vlan2 20
IPS(config-int-phy-inl-sub)# exit
IPS(config-int-phy-inl)# exit
IPS(config-int-phy)# exit
IPS(config-int)# exit
IPS(config)# service analysis-engine
IPS(config-ana-vir)# physical-interface gigabitEthernet0/1 subinterface-number 1
IPS(config-ana-vir)# exit
IPS(config-ana)# exit
IPS(config)#
```

示例 9-7 显示了查看接口配置的 IPS 传感器输出。需要注意的是，接口功能是“sensing”，在线模式是 Inline-vlan-pair，表示这是一个在线 VLAN 对模式的配置。

示例 9-7 **查看 IPS 在线 VLAN 对配置**

```
IPS# show interfaces gigabitEthernet0/1
MAC statistics from interface GigabitEthernet0/1
   Statistics From Subinterface 1
      Statistics From Vlan 10
         Total Packets Received On This Vlan = 34
         Total Bytes Received On This Vlan = 3423
         Total Packets Transmitted On This Vlan = 4850
         Total Bytes Transmitted On This Vlan = 330684
      Statistics From Vlan 20
         Total Packets Received On This Vlan = 4855
         Total Bytes Received On This Vlan = 331274
         Total Packets Transmitted On This Vlan = 34
         Total Bytes Transmitted On This Vlan = 3423
         Interface function =Sensing interface
         Description =
   Media Type = TX
   Missed Packet Percentage = 0
   Inline Mode = Inline-vlan-pair
   Pair Status = N/A
   Link Status = Up
   Link Speed = Auto_ 1000
   Link Duplex = Auto_ Full
   Total Packets Received = 18361
   Total Bytes Received = 1338128
   Total Multicast Packets Received = 0
   Total Broadcast Packets Received = 0
   Total Jumbo Packets Received = 0
   Total Undersize Packets Received = 0
   Total Receive Errors = 0
   Total Receive FIFO Overruns = 0
   Total Packets Transmitted = 4884
   Total Bytes Transmitted = 353643
   Total Multicast Packets Transmitted = 0
   Total Broadcast Packets Transmitted = 0
   Total Jumbo Packets Transmitted = 0
   Total Undersize Packets Transmitted = 0
   Total Transmit Errors = 0
   Total Transmit FIFO Overruns = 0
   Dropped Packets From Vlans Not Mapped To Subinterfaces = 13472
   Dropped Bytes From Vlans Not Mapped To Subinterfaces = 930145
```

9.4.4 配置自定义特征和在线拒绝连接

结合图 9-16 和前文给出的示例 9-6 的配置，示例 9-8 显示了如何创建一个自定义特征和在线拒绝连接的配置，这样在检测到入侵行为后，可以在线拒绝在 TCP 会话中传输的当前数据包和后续数据包。

示例 9-8　　　　**配置自定义特征和 IPS 阻塞**

```
IPS# configure terminal
IPS(config)# service signature-definition sig0
IPS(config-sig)# signatures 60000 0
IPS(config-sig-sig)# sig-description
IPS(config-sig-sig-sig)# sig-name TEST
IPS(config-sig-sig-sig)# exit
IPS(config-sig-sig)# engine string-tcp
IPS(config-sig-sig-str)# event-action deny-connection-inline
IPS(config-sig-sig-str)# regex-string attack
IPS(config-sig-sig-str)# service-ports 23
IPS(config-sig-sig-str)# direction to-service
IPS(config-sig-sig-str)# exit
IPS(config-sig-sig)# status
IPS(config-sig-sig-sta)# enable true
IPS(config-sig-sig-sta)# exit
```

示例 9-8 配置显示，在 String TCP 引擎中创建一个自定义特征 SigID 60000，定义了 TCP 23 端口(Telnet)的流量，事件响应是 deny-connection-inline，也就是在线拒绝入侵的 TCP 数据包。

9.5 本章小结

随着网络威胁的增长，网络需要设计并配备先进的智能设备，以实时监测和缓解这些威胁。

IPS 可抵御多矢量威胁，并提供广泛的行为分析、异常检测、安全策略和实时威胁响应技术，为保护网络提供了自防御解决方案，同时，也为不断扩展的网络集成提供了威胁防护。

本章由 IDS 和 IPS 概述开始，主要介绍了 Cisco 基于网络的 IPS 解决方案，包括 IPS 硬件平台和 OS 软件系统设计、特征和特征引擎、事件和事件响应、接口以及接口模式。本章同时还讲解了在网络环境中部署 IPS 的基本部署指南，并提供了与之相关的配置案例。

9.6　习题

(1)简述 IDS 和 IPS 的特性。
(2)Cisco IPS 传感器支持哪两种主要的接口角色类型?
(3)简述 IPS 事件的类型。
(4)简述 IPS 接口模式。

第10章 网络操作系统安全

当大量的电脑或者服务器互联到一个企业范围的网络时，网络操作系统(NOS)的安全是至关重要的。目前，常用的网络操作系统有 FreeBSD、UNIX、Linux 和 Windows2003/2008 Server。这些操作系统都是符合 C2 以上安全级别的操作系统，但是都存在不少漏洞。如果对这些漏洞不了解，不采取相应的安全措施，就会使操作系统完全暴露给入侵者。

网络操作系统的安全就是要在开放和共享的环境中认证用户的身份，对系统资源执行访问控制和保护，保障整个计算机应用系统乃至网络系统的安全。本章主要介绍了 Windows Server 2008 和 Linux 的安全及一些基本的安全设置。

学习完本章，要达到如下目标：
◇ 理解 Windows Server 2008 活动目录安全；
◇ 理解 Windows Server 2008 用户账户安全；
◇ 理解 Windows Server 2008 组策略和文件系统安全；
◇ 理解 Linux 用户和组安全；
◇ 理解 Linux 文件系统安全；
◇ 理解 Linux 进程安全。

10.1 常用的网络操作系统概述

10.1.1 Windows Server 2003/2008

Windows Server 系列操作系统是微软公司开发的服务器操作系统，内核为 Microsoft Windows Server System(WSS)。而其中 Windows Server 2008 则是为强化网络、应用程序、Web 服务的功能设计的一个服务器操作系统平台。

Windows Server 2008 发行于 2008 年 2 月 27 日，而 Windows Server 2008 R2 则于 2009 年 10 月 22 日发行；总共 8 个版本，本章所介绍的 Windows Server 2008 Standard 是迄今最稳固的 Windows Server 操作系统，内置强化了 Web 和虚拟化功能，可较大的节约时间和降低成本。另外，还有比较流行的 Windows Server 2008 Enterprise，Windows Server 2008 Datacenter，Windows Web Server 2008 等平台分别有其不同的特点和功能，在此不一一介绍。

10.1.2 UNIX

UNIX 操作系统(UNIX)，是一个强大的多用户、多任务操作系统，支持多种处理器架构。

UNIX 系统自 1969 年踏入计算机世界以来已 40 多年。已是笔记本电脑、PC、PC 服务器、中小型机、工作站、大巨型机及群集、SMP、MPP上全系列通用的操作系统。而且以其为基础形成的开放系统标准(如POSIX)也是迄今为止唯一的操作系统标准。从此意义上讲，UNIX已不仅仅是一种操作系统的专用名称，而且成了当前开放系统的代名词。UNIX系统的转折点是1972年到1974年，因UNIX用C语言写成，把可移植性当成主要的设计目标。1988年开放软件基金会成立后，UNIX经历了一个辉煌的历程。成千上万的应用软件在UNIX系统上开发并施用于几乎每个应用领域。UNIX从此成为世界上用途最广的通用操作系统。UNIX不仅大大推动了计算机系统及软件技术的发展，而且从某种意义上说，UNIX的发展对推动整个社会的进步也起了重要的作用。

在Unix的发展过程中，形成了BSD Unix和Unix System Ⅴ两大主流。BSD Unix在发展中形成了不同的开发组织，分别产生了Free BSD、Net BSD、Open BSD等BSD Unix。与Net BSD、Open BSD相比，Free BSD的开发最活跃，用户数量最多。Net BSD可以用于包括Intel平台在内的多种硬件平台。Open BSD的特点是特别注重操作系统的安全性；

Free BSD是一种运行在X86平台下的类Unix系统。它以一个神话中的小精灵作为标志，它是由BSD Unix系统发展而来，由加州伯克利学校(Berkeley)编写，第一个版本由1993年正式推出。Free BSD作为网络服务器操作系统，可以提供稳定的、高效率的WWW、DNS、FTP、E-mail等服务，还可用来构建NAT服务器、路由器和防火墙。Free BSD有两个开发分支，Free BSD-CURRENT和Free BSD-STABLE。前者包括正在发展中的、实验中的程序，这是一个正在开发的版本，还不成熟，不适合生产使用。使用者多为Free BSD的开发测试人员及Free BSD爱好者。Free BSD-STABLE是一个稳定的版本，实验性的或是未测试过的功能不会出现在这个分支上。这个版本可用于生产服务器。目前，这个分支的最新版本是Free BSD 9. 2-RELEASE。

10. 1. 3 Linux

Linux是一套免费使用和自由传播的类Unix操作系统，它主要用于基于Inter X86系列CPU的计算机上。其目的是建立不受任何商业化软件的版权制约的、全世界都能自由使用的Unix兼容产品。

它诞生于1991年的10月5日(这是第一次正式向外公布的时间)，由一位名叫Linus Torvalds的计算机爱好者开发。其后的发展几乎都是由互联网上的Linux社团(Linux Community)互通交流而完成的。Linux不属于任何一家公司或个人，任何人都可以免费取得甚至修改它的源代码。

Linux以它的高效性和灵活性著称。它能够在个人计算机上实现全部的Unix特性，具有多任务、多用户的能力。Linux可在GNU(“不是UNIX”工程的缩写)公共许可权限下免费获得，是一个符合POSIX标准的操作系统。Linux操作系统软件包不仅包括完整的Linux操作系统，而且还包括了文本编辑器、高级语言编译器等应用软件。它还包括带有多个窗口管理器的X-Windows图形用户界面，如同我们使用Windows NT一样，允许我们使用窗口、图标和菜单对系统进行操作。Linux之所以受到广大计算机爱好者的喜爱，主要原因有两个：一是它属于自由软件，用户不用支付任何费用就可以获得它和它的源代码，并且可以根据自己的需要对它进行必要的修改和无约束地继续传播。二是它具有Unix的全部功能，任何使用Unix操作系统或想要学习Unix操作系统的人都可以从Linux中获益。

通常情况下，Linux被打包成供个人计算机和服务器使用的Linux发行版，一些流行的主流 Linux 发布版，包括 Debian(及其派生版本 Ubuntu，Linux Mint)，Fedora(及其相关版本 Red Hat Enterprise Linux，CentOS)和 openSUSE 等。Linux 发行版包含 Linux 内核和支撑内核的实用程序和库，通常还带有大量可以满足各类需求的应用程序。个人计算机使用的 Linux 发行版通常包括 X-Windows 和一个相应的桌面环境，如 GNOME 或 KDE。桌面 Linux 操作系统常用的应用程序，包括 Firefox 网页浏览器，Libre Office 办公软件，GIMP 图像处理工具等。由于 Linux 是自由软件，任何人都可以创建一个符合自己需求的 Linux 发行版。

Linux 一般有四个主要部分：内核、Shell、文件结构和使用工具。

内核是系统的心脏，是运行程序和管理硬件设备的核心程序，它从用户那里接收命令并把命令送给内核去执行。当前的 Linux 内核主要包括：存储管理、中断异常和系统调用、进程与进程调度、文件系统、进程间通信、设备驱动、多处理器系统结构、系统引导和初始化几大部分。

Shell 是系统的用户界面，提供了用户与内核进行交互操作的一种接口。它接收用户输入的命令并把它送入内核去执行。同 Linux 本身一样，Shell 也有很多不同的版本，目前主要有 Bourne Shell、Bash Shell、Korn Shell、C Shell 等。

文件结构是文件存放在磁盘等存储设备上的组织方式，主要体现在对文件和目录的组织上。用户可以设置目录和文件的权限、共享程度，以便允许或禁止其他人对其进行访问。

标准的 Linux 系统都有一套叫做实用工具的程序。它们用来辅助用户完成一些特定的任务，它们包括编辑器、过滤器、交互程序等。编辑器用于编辑文件，过滤器用于接收数据并过滤数据，交互程序帮助用户发送信息或接收来自其他用户的信息。

10.2 Windows Server 2008 操作系统安全

Windows Server 平台的安全十分重要，服务器的正常工作必须建立在系统平台安全的基础上，这包括了很多方面，本章主要介绍与用户账户、组策略、文件系统和活动目录等相关的安全知识。

10.2.1 活动目录安全

活动目录在 Windows Server 平台中处于一个核心地位，因此它的安全策略也十分的重要，本节主要介绍以下几个方面的安全策略：

1. 全局编录(Global Catalog，GC)

全局编录是域林中所有对象的集合，它包含了各个活动目录中所有对象的重要属性。默认情况下，活动目录中第一台域控制器为全局编录服务器，但为了实现负载均衡和冗余备份，其他域控制器也可以由管理员手动升级为全局编录服务器。

全局编录主要有以下功能：

◇ 为用户在全林中提供搜索；

◇ 用户在跨域(在同一林中)登录时，提供身份验证；

◇ 为全林内的对象引用提供身份验证。

很多时候，我们会添加一台全局编录服务器，以实现负载均衡和冗余备份，这时，我们可以选择一台域控制器，进行如下操作：

"开始"→"管理工具"→"Active Director 站点和服务"。在打开的"Active Director 站点和服务"窗口中，依次展开"Sites"→"Default-first-Site-Name"→"Servers"→"SERVER(需要添加的域控制器名)"→"NTDS Settings"，点击右键选择属性，在弹出的 NTDS Settings 属性对话框中勾选全局编录选项，按照提示完成全局编录服务器的指派，如图 10-1 所示。

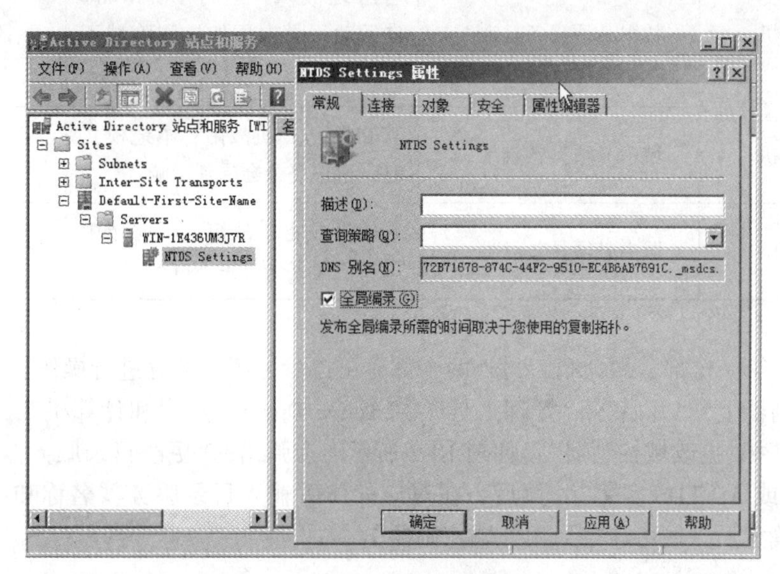

图 10-1　Active Director 站点和服务窗口

值得注意的是，全局编录指派完成之后，需要一段时间进行数据库的同步，直到数据库同步完之后，被指派的那台域控制器才有全局编录服务器的功能；而这个过程中，会对网络产生比较大的流量负载。

另外，林中至少有一台全局编录服务器；否则，用户账户的登录将发生错误，Active Director 也将无法正常工作。

2. 操作主机

操作主机有五种类型，分别为架构主机(Schema Master)、域命名主机(Domain Naming Master)、PDC 仿真机(PDC Emulator)、RID 主机(RID Master)和基础架构主机(Infrastructure Master)。其中，基础架构主机在域林中的作用有限，在此不多作介绍，另外四种操作主机的特性和作用如表 10-1 所示。

通常我们会将 PDC 仿真机和 RID 主机放置于同一台域控制器上，而将架构主机和域命名主机放置于同一台域控制器上，同时，这台域控制器还可以承担全局编录服务器的角色。然后用同一个控制台管理这些角色，并保证控制台的高可靠性。

3. 操作主机的转移

操作主机的功能十分重要，但有时也会不可避免地发生故障，因此，转移操作主机就十分重要了。操作主机的转移分为以下三个部分：

◇ 转移"Active Director 用户和计算机"中的操作主机角色；

◇ 转移"Active Director 域和信任关系"中的操作主机角色；

◇ 转移"Active Director 架构"中的操作主机角色。

表 10-1　　操作主机

操作主机类型	唯一性	主要功能	性能要求
架构主机	林中必须具备且唯一	更改架构时必须正常运行	高可用性
域命名主机	林中必须具备且唯一	若出现故障，运行 DCPROMO 向活动目录中添加或删除域不可用	高可用性
PDC 仿真机	域中必须具备且唯一	若 PDC 仿真机故障，本地模式时，用户登录会受到影响	高可用性 高性能
RID 主机	域中必须具备且唯一	若该操作主机故障，则向域中添加任何安全对象不可行	高可用性

这里只对第一个部分做介绍，另外两个部分可以参照第一部分进行操作。

主域控制器上，“开始”→“管理工具”→“Active Director 用户和计算机”，右键选择 example. org，选择“更改域控制器”，如图 10-2 所示。在弹出的“更改目录服务器”窗口中选择“此域控制器或 AD LDS 实例”，然后，在对应的位置输入目录服务器名称和端口号，如图 10-3 所示。确定后，便可连接到额外域控制器上。

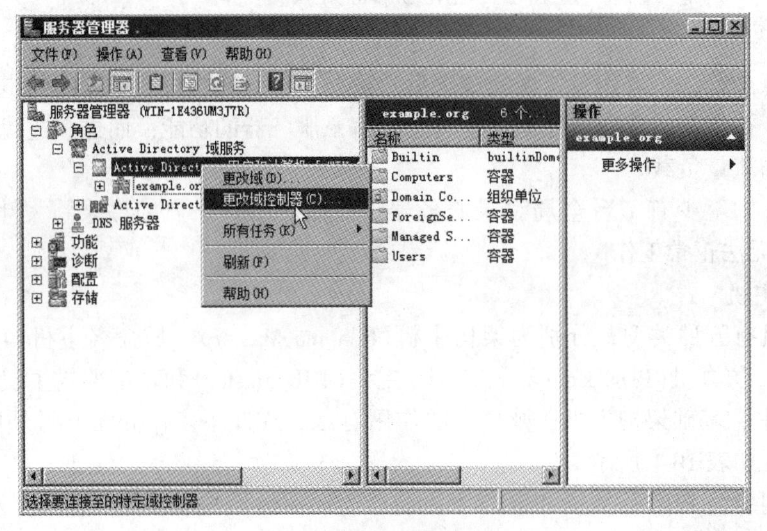

图 10-2　更改域控制器

此时，我们再次回到主域控制器上，右键选择“操作主机”，在弹出的操作主机对话框中(如图 10-4)，选择“更改”，并按照提示完成操作主机的转移。

值得注意的是，只有操作主机转移的三部分全部完成之后，操作主机的转移才算完整的完成，我们在执行这些操作时，也有必要注意网络和硬件环境，提前做好规划，尽量一次性完成整个过程。

4. 信任关系

域是网络中的安全边界，但是在实际中却经常遇到要在域之间进行资源共享，这时，建

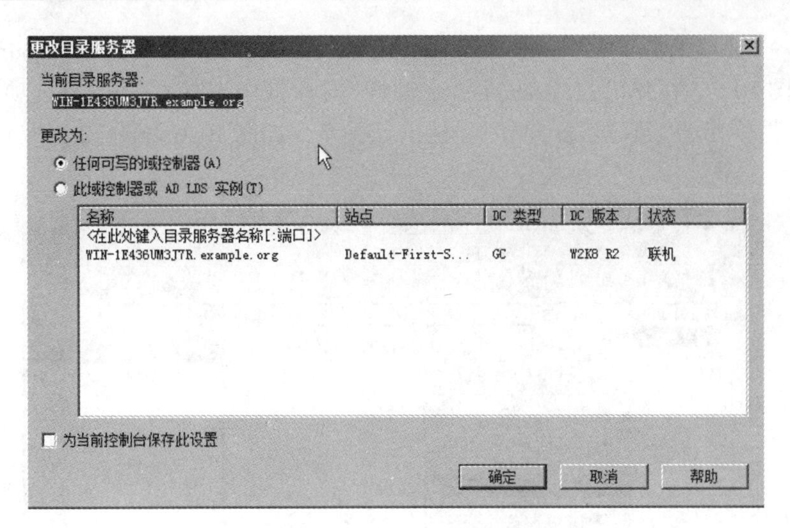

图 10-3　更改目录服务器

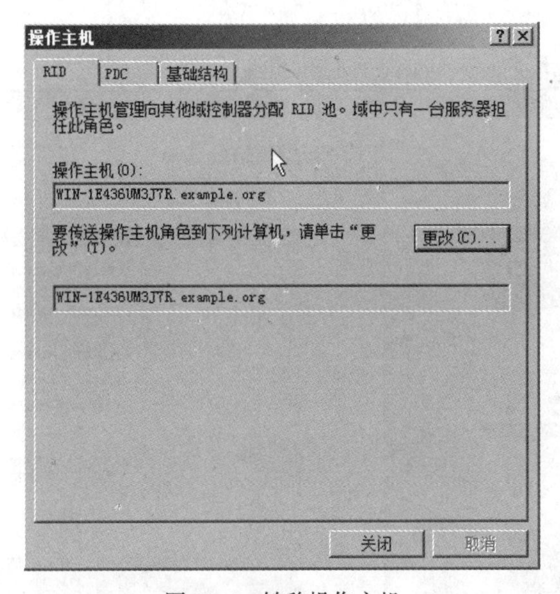

图 10-4　转移操作主机

立域之间的信任关系便可以方便地进行跨域的登录等其他操作。

信任关系有传递性和信任方向两个重要特性。

传递性指的是域和域之间的信任关系可以在林中传递，而默认情况下创建的信任关系都是这种，而我们可以手动创建带约束的信任关系，让两个域之间的信任仅在于这两个域之间。

信任方向决定“信任域”和“受信任域”之间的信任方式。单向信任时，受信任域中的用户账户可以使用信任域上的身份验证方式，并访问域中的资源，反之则不行；而双向信任则表示，两个域互为“信任域”和“受信任域”。

5. 创建信任关系

域间的信任关系的创建步骤比较多，在此只做简单的介绍。具体步骤如下：

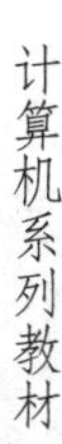

"开始"→"管理工具"→"Active Director 域和信任关系"，右击选择 example. org，点击"属性"，如图 10-5。在弹出的"example. org 属性"对话框中选择"信任"复选项卡，点击"新建信任"，根据弹出的"新建信任向导"新建信任关系，如图 10-6 和图 10-7 所示。

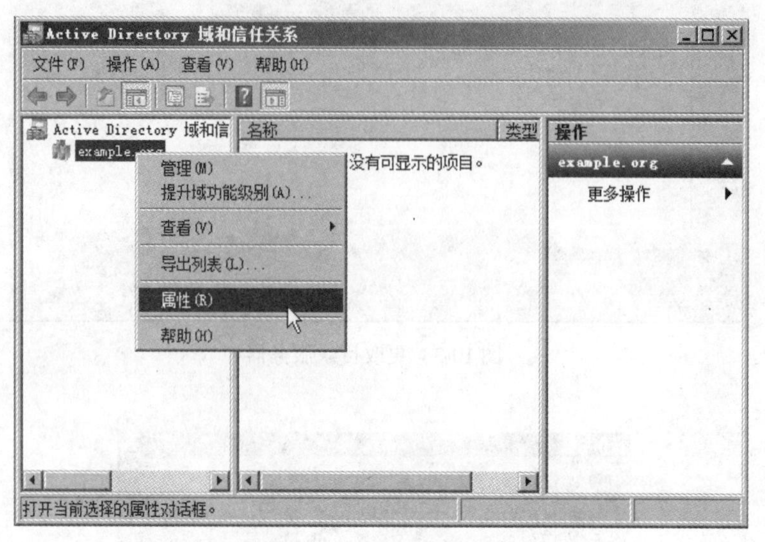

图 10-5　创建信任关系

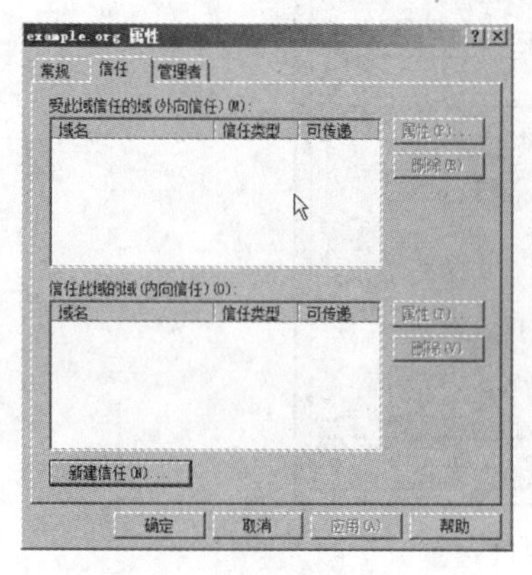

图 10-6 example. org 属性

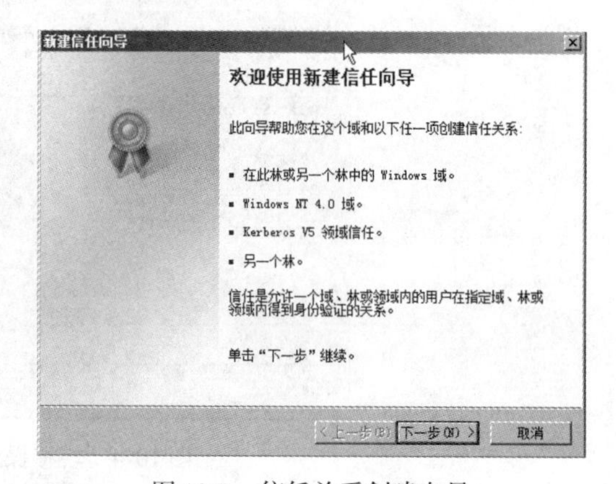

图 10-7　信任关系创建向导

如果我们创建的为双向信任关系，那么还需要在另外一个域上做验证，同样是在域的属性窗口中选择信任选项卡，点击验证，输入正确的用户名和口令即可。完成后两个域之间便建立好了信任关系。

6. 权限委派

权限委派是 Windows Server 中一个十分重要而又实用的安全策略。管理员可以通过创建组、用户或组织单元并赋予其相应的管理权限来实现对域林的权限管理。权限委派的对象一般为组织单元、域和站点。

权限委派的方式有两种：一种是安全组权限委派，另一种是用户权限委派向导。

安全组权限委派通常是新建一个安全组，然后将权限分配给该组，具体步骤如下：

"开始"→"管理工具"→"Active Director 用户和计算机"，右击 example. org，选择新建

组，在弹出的“新建对象 —组”窗口中做如图 10-8 的选项，点击确定，完成对该安全组的创建。

右击选择该安全组，点击属性，打开安全组属性对话框，选择“安全”复选项卡，如图 10-9(如果没有该选项卡，则请到菜单栏点击查看，勾选高级功能，再进行以上操作)。点击“高级”，在弹出的“安全组 1 高级安全设置”对话框中点击“添加”，选择你需要添加的对象，点击确定后依次点击确定，即可完成对权限的委派，如图 10-10 和图 10-11 所示。

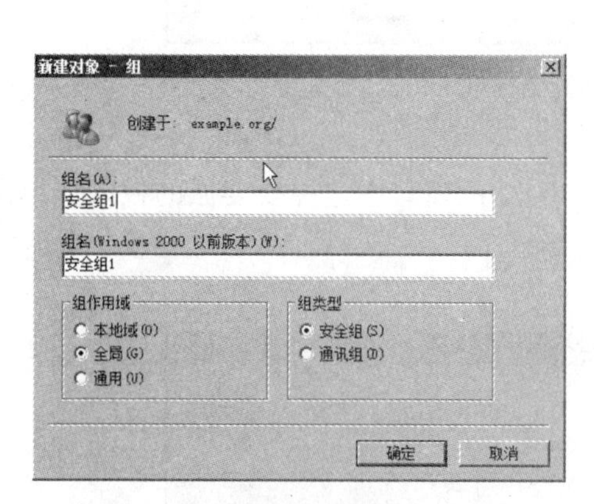

图 10-8　新建组

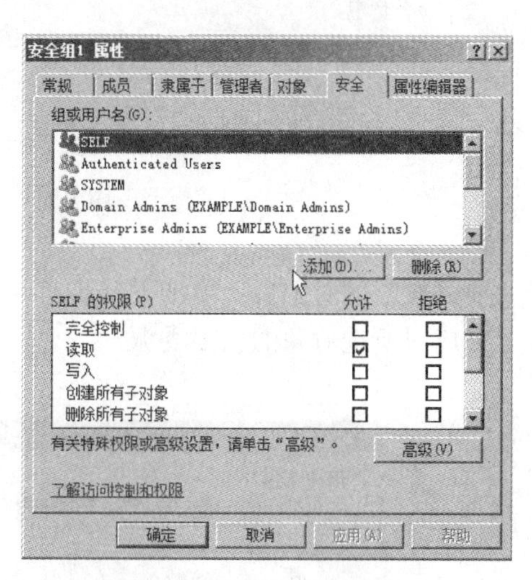

图 10-9　组的安全属性

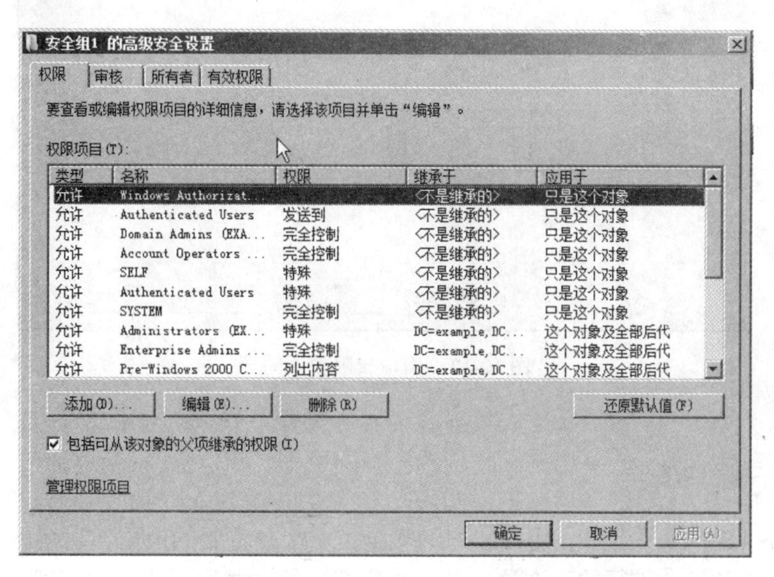

图 10-10　组的高级安全设置

7. 用户权限委派向导

用户权限委派向导是一种更加常用的权限委派方式，具体步骤如下：

右击选择用户所在 OU，单击委派控制，在弹出的“控制委派向导”窗口中单击下一步，

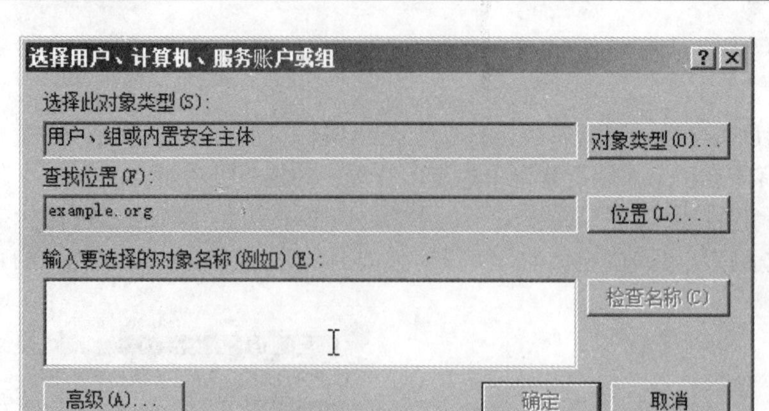

图 10-11　添加安全对象

选择要委派权限的对象后，单击下一步，在如图 10-12 的窗口中选择要委派的权限，单击下一步，完成对所选对象的权限委派。

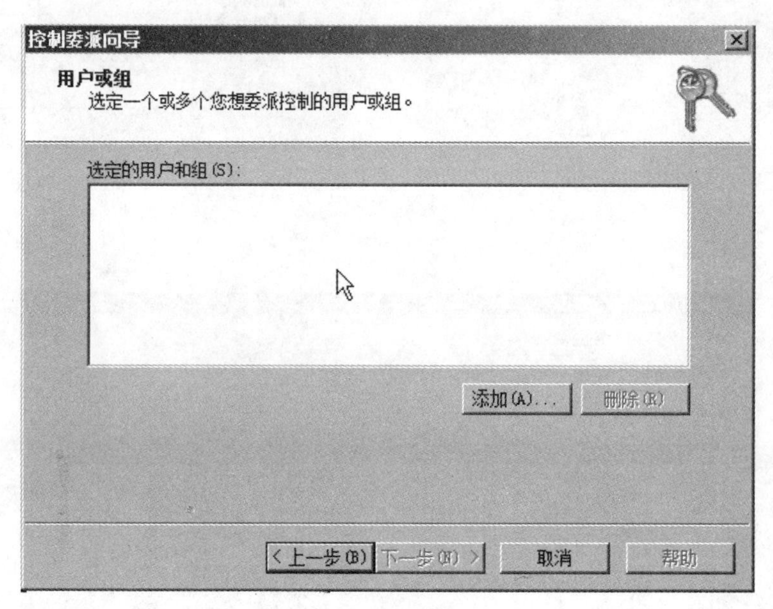

图 10-12　用户权限委派向导

10.2.2　用户账户安全

在 Windows Server 平台中，用户账户的安全占有十分重要的地位，很多网络上的攻击也是针对用户账户和口令进行的。在这一节，我们会介绍一些用户账户的管理和安全知识，对用户账户的合理管理，将大大提高 Windows Server 平台的安全性。

为提升用户账户的安全性，通常采用以下措施：

◇ 设置较为复杂的口令；

◇ 用户名和口令不要写在可能被发现的地方；

◇ 不定期更改口令；
◇ 用户首次登录自己修改密码；
◇ 限制用户可登录时间；
◇ 限制用户可以登录的工作站。

然而在实际的工作环境中，我们很少直接对用户设置权限，因为那样太过烦琐，而且，在用户数量较多时，很容易发生错误。因此，我们通常的做法是，针对不同类型的用户，建立用户组，将用户加入到对应的组中去，并委派给这些组相应的权限，就完成了对用户的权限管理。

1. 创建用户组

右击“example. org”，选择新建组，在弹出的“新建对象 —组”窗口中填入新建组组名(如 group1)，点击确定，完成对组 group1 的创建，如图 10-13 所示。

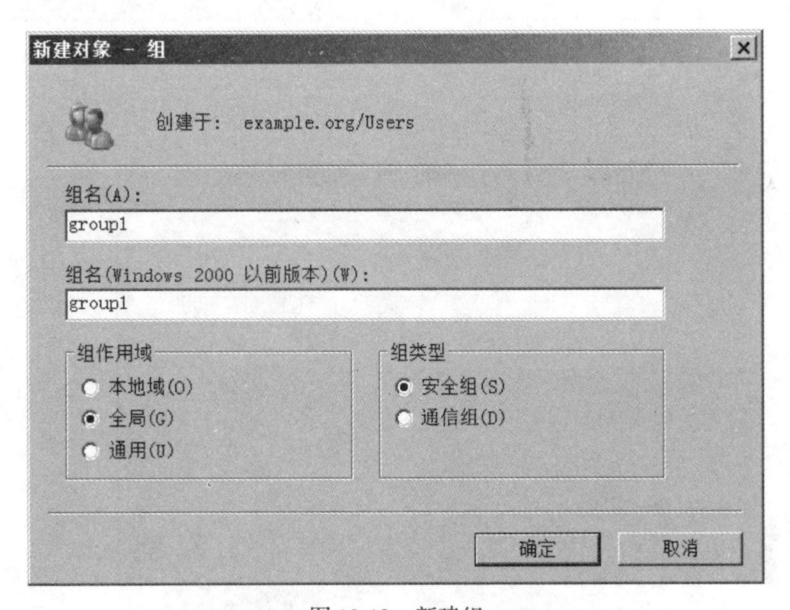

图 10-13 新建组

2. 添加成员至组中

这里有两种方式，一种是在需要添加的用户属性窗口中，选择“隶属于”选项卡，单击“添加”，选择要添加的组，点击确定后完成添加，如图 10-14 所示；另一种是在组的属性窗口中，点击“成员”选项卡，单击“添加”，选择要添加的用户，点击确定后完成添加，如图 10-15。两种方式达到的效果是完全一样的。

3. 指定组管理员

在将用户添加到组中之后，我们一般会将某一用户设为该组的管理员，将组成员管理、权限委派等权限指派给组管理员，让组管理员管理该组，实现分层管理，提高域林的管理效率。指定组管理员的具体步骤如下：

右键选择组“group1”，点击“属性”，选择“管理员”复选项卡，点击“更改”，在弹出的对话框中选择用户，点击确定，将该用户设为组管理员，如图 10-16 所示。

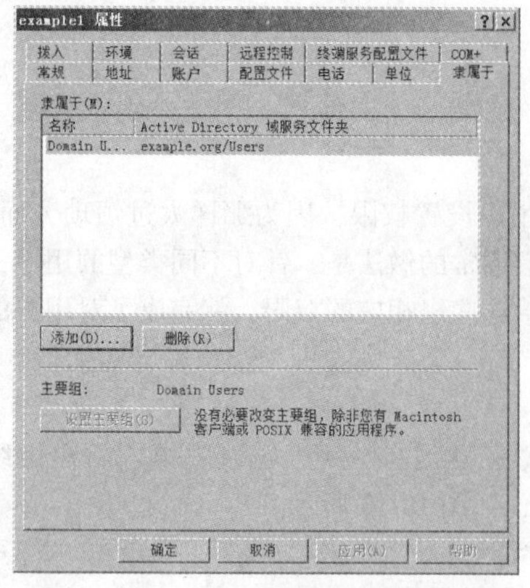

图 10-14　用户属性对话框

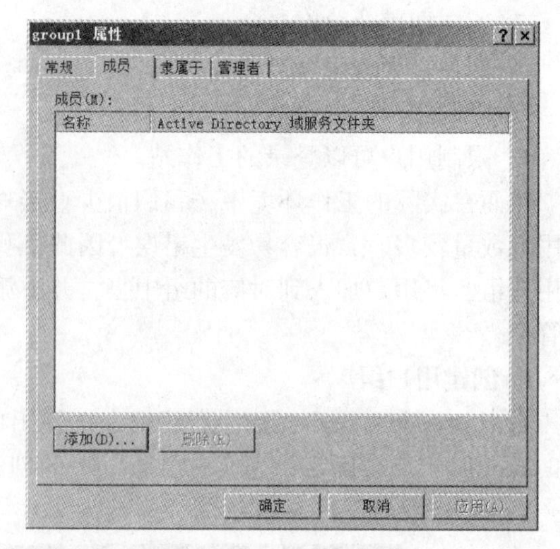

图 10-15　组成员对话框

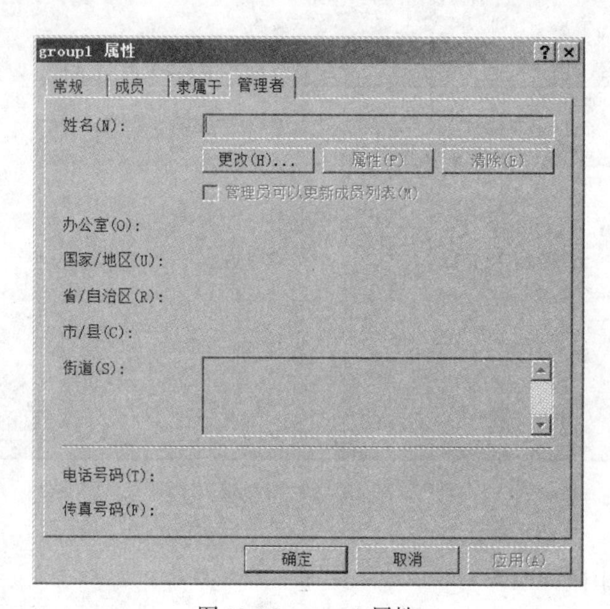

图 10-16　group1 属性

4. 将权限委派到组

指定了组的管理员之后，我们就可以将权限委派到组了，委派完成后，组内的所有成员就可以拥有这些权限，而其他组的成员则没有。这样，我们就完成了权限的精确委派和层次化分明的用户管理，这在管理域林时是十分重要的。

权限委派的具体步骤如下：

打开“开始”→“管理工具”→“本地安全策略”，在打开的窗口左侧依次展开“安全设置”→“本地策略”→“用户权限分配”，如图 10-17 所示，双击要分配给组的权限，在弹出的属性窗口中点击“添加到用户或组”，选择要委派的组，点击确定，即可完成权限的委派，如图 10-18 所示。

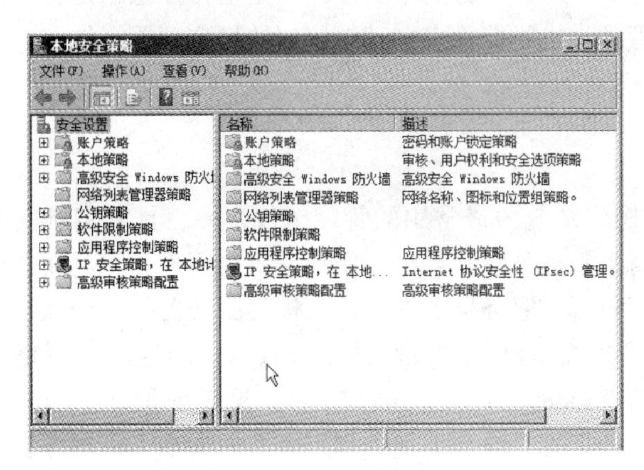

图 10-17 本地安全策略

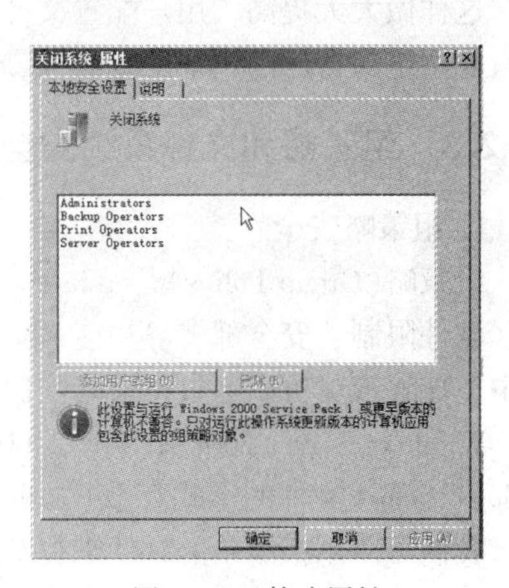

图 10-18 策略属性

用这种方法建立的用户和组，以及委派给它们的权限，就有了一定的安全性，但是我们还需要密切注意用户配置文件。

用户配置文件是每个用户在第一次登录域的时候，服务器为用户自动创建的一组包含很多用户个人设置的配置文件，这些文件包含了大量的用户信息，如果被恶意窃取或者意外丢失，也会对用户造成严重的影响。用户配置文件默认的存放路径为 C 盘下的“用户”文件夹内。

通常我们对这些文件进行重定向，即将重要的用户配置文件移动到一个不常用的目录下，以免黑客很容易地找到默认路径下的重要配置文件，从而获取信息。具体步骤如下：

右键选择文件夹，点击“属性”，在打开的属性窗口中选择“位置”复选项卡，如图 10-19 所示，点击“移动”，在打开的窗口中选择一个安全的路径，点击确定，完成重定向。

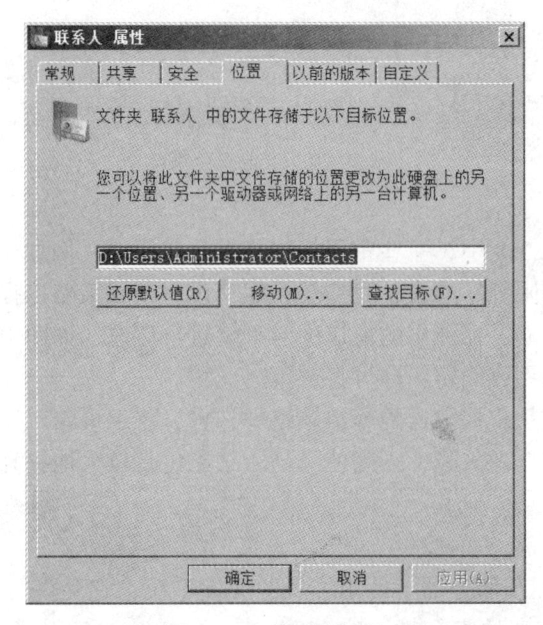

图 10-19 联系人属性

这样做大大提高了用户配置文件的安全性，十分简单实用，但是值得注意的是，一个用户只能重定向自己的用户配置文件，管理员也不能重定向其他用户的用户配置文件。

10.2.3 组策略和文件系统安全

1. 组策略安全

组策略(Group Policy)是 Windows 操作系统中最常用的管理组件之一，具有定制安全策略、软件限制、安全部署等功能，提高了管理员对计算机、用户、组的管理效率。而在域环境中，域管理员可以通过组策略限制用户可在服务器上的操作，提高服务器的安全性。

Windows Server 2008 中共有 2400 余条组策略，管理功能十分强大。而这些组策略的模板都以 .admx 文件的形式存放(之前的 Windows 中为 .adm 文件)，这是一种基于 xml 的文件，我们可以用很简单的软件来打开这些文件并进行编辑，如记事本、文本编辑器等。

组策略的功能十分强大，下面简要介绍它的关于用户的配置。

打开本地安全策略窗口，展开用户策略和本地策略，如图 10-20 所示。

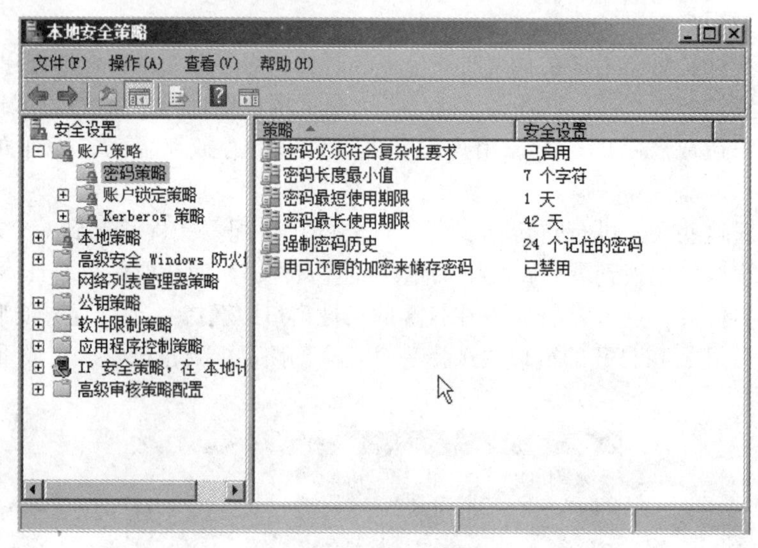

图 10-20　本地安全策略

在 Windows Server 2008 中，一些密码策略是默认启用的，例如，密码的复杂性要求、长度、最短和最长使用期限等。通常，我们会为账户设定密码策略以提高账户的安全性。

双击想要更改的策略，在弹出的窗口中对策略进行更改，如图 10-21 和图 10-22 所示。

修改完成后点击应用或确定，即可将该策略应用。

值得注意的是，在用户权限分配等组策略中，可以将组策略应用于组，这就大大方便了管理员对权限的管理和合理分配，正确使用这一功能也将较大地提高域林的安全性和服务器的工作效率。

2. 文件系统安全

NTFS 文件系统是目前服务器上使用最多的文件系统，它允许管理员为文件配置详细的访问权限，因此具有较高的安全性。Windows Server 2008 要求磁盘分区必须为 NTFS 文件系统。

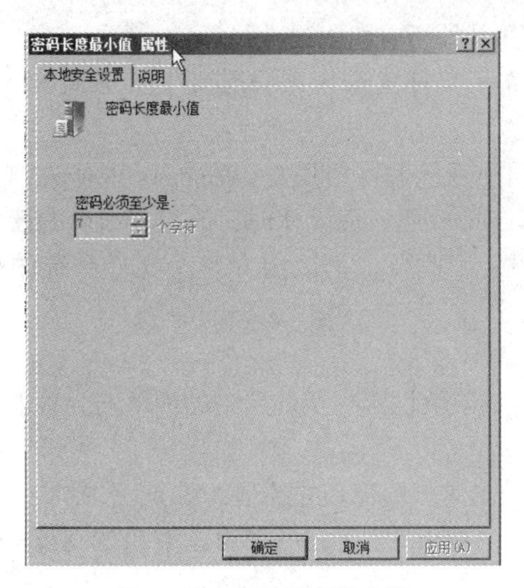

图 10-21 密码长度最小值

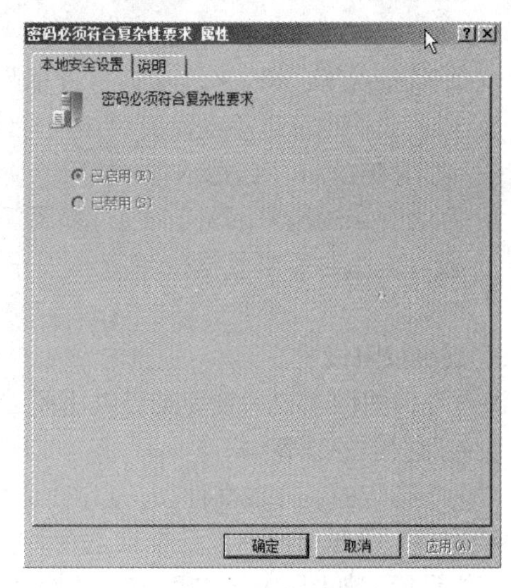

图 10-22 密码复杂性

NTFS 文件权限和 NTFS 文件夹的权限的设置十分接近，右键选择要设置权限的对象，点击“属性”，在弹出的窗口中选择“安全”复选项卡，点击编辑，即可在弹出的窗口中设置选中对象的权限，如图 10-23 和图 10-24 所示。

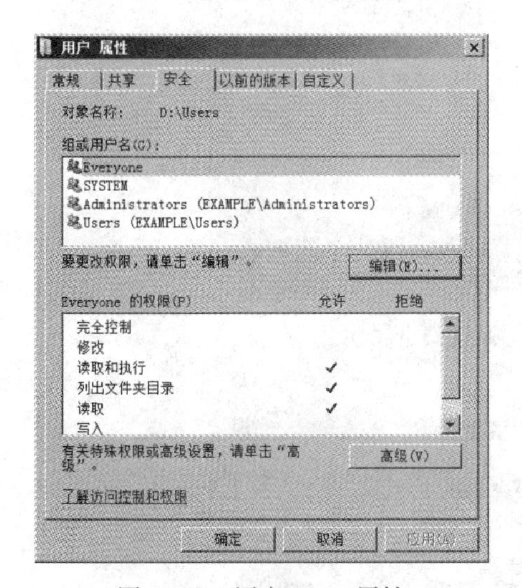

图 10-23 用户 NTFS 属性

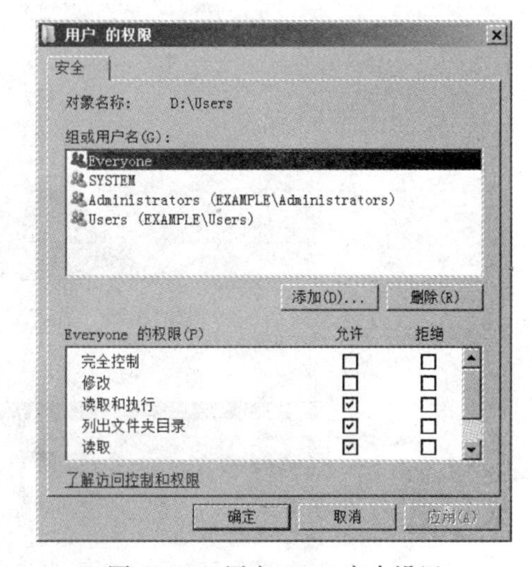

图 10-24 用户 NTFS 安全设置

在设置 NTFS 权限时我们需要注意以下几点：

◇ NTFS 权限可以委派给内置安全主体、用户、组和计算机，使得权限的委派十分的灵活和高效，我们需要根据不同的实际情况来给不同的对象委派权限。

◇ NTFS 有累积的特性，用户对一个资源的最终权限是为该用户指定的全部 NTFS 权限和为该用户所属组指定的所有 NTFS 权限之和。

◇ 文件权限优于文件夹权限，即当用户可以访问文件夹中的一个文件时，就有可以访问该文件夹的权限。

◇ 拒绝权限优先于其他权限，即一旦该用户或者该用户所属的组被拒绝访问某文件或文件夹，则该用户对这一文件或文件夹的其他所有权限失效。

◇ 默认情况下，NTFS 权限具有继承性，如子文件夹继承来自其父文件夹的 NTFS 权限；我们也可以手动设置禁止权限继承。

◇ 取消“Everyone”组的 NTFS 权限。所有当前系统和网络用户(Windows Server 2008 中匿名登录的用户不属于该组)都属于“Everyone”组，而默认时，改组有很少的读取权限，但是对重要数据依然存在安全隐患，因此要取消改组对整个文件系统的相应权限。

3. 高级权限设置

高级访问权限主要为管理员提供比较详细的权限值设定，实现严格的网络安全管理。指定高级访问权限的步骤如下：

右击要指定的文件或文件夹，点击“属性”，在弹出的窗口中选择“安全”选项卡，单击“高级”按钮，在弹出的高级安全设置窗口中点击“编辑”按钮，可以对该对象的 NTFS 权限进行高级设置，如图 10-25 和图 10-26 所示。

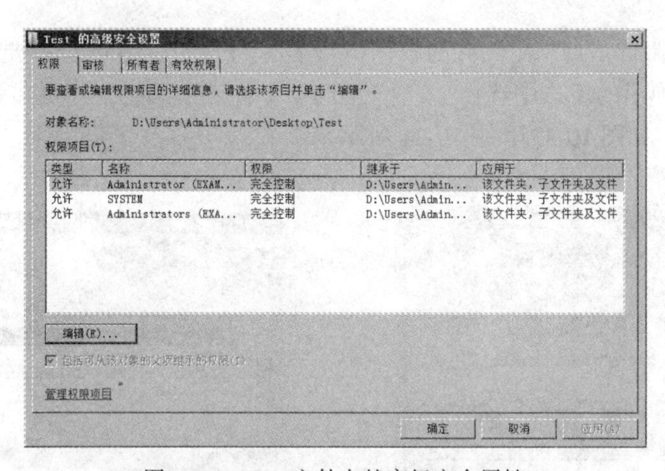

图 10-25　Test 文件夹的高级安全属性

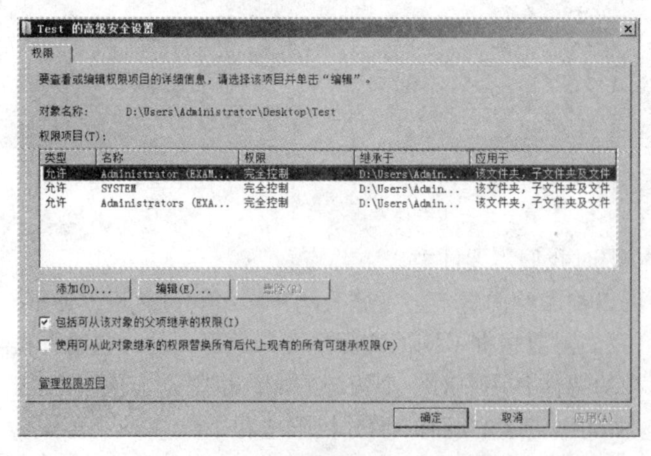

图 10-26　Test 文件夹的高级安全设置

这里我们可以看到，系统默认已经勾选“包括可从该对象的父项继承的权限”，这就是NTFS默认的继承性，取消勾选即可禁止其权限的继承。而勾选“使用可从此对象继承的权限替换所有后代上现有的所有课继承权限”后，该父对象上的权限将替换其子对象上的权限，若不勾选，则每个对象上的权限唯一。

点击“添加”按钮，即可添加用户或者组等对象，添加完成后选中，点击“编辑”，即可对该对象进行权限设置，如图10-27所示。

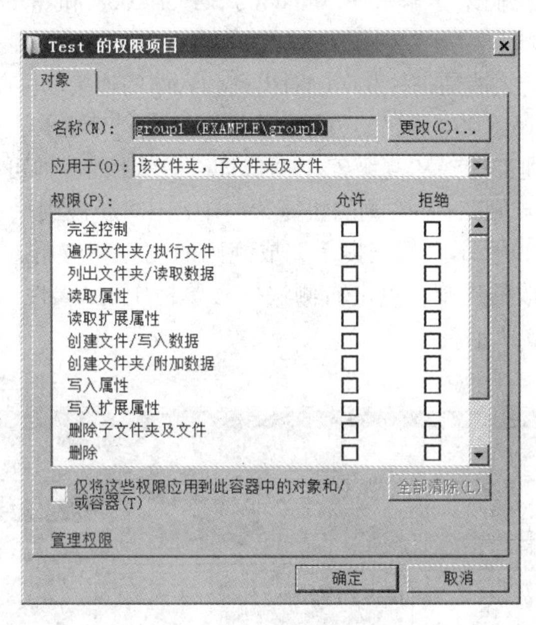

图10-27　Test的权限设置

值得注意的是，NTFS分区内和分区之间复制和移动文件及文件夹时，权限将会受到影响。主要有以下几种情况：

◇ 在NTFS分区内或分区之间复制文件或文件夹时，文件和文件夹的复制将继承目的文件夹的权限，而不是源文件的权限。

◇ 在NTFS分区内文件或文件夹复制到非NTFS文件系统内时，会丢失所有的NTFS权限。

◇ 在单个NTFS分区内移动文件或文件夹时，会保留其原本的NTFS权限。

◇ 在NTFS分区之间移动文件或文件夹时，该文件或文件夹会继承目的文件夹的权限。

◇ 在NTFS分区内文件或文件夹移动到非NTFS文件系统内时，会丢失所有的NTFS权限。

这些情况，我们在移动包含有重要数据的文件或文件夹时需要特别注意，很多时候，这些权限原本设置得很完善，但是因为移动了之后，权限受到影响，给了攻击者机会，会造成严重的安全隐患。

10.2.4　Windows Server 2008 安全工具

Windows Server 2008的安全工具种类多，功能强大，本节只介绍以下几种比较常用的，系统自带的安全组件：

1. Windows 防火墙

Windows Server 2008 的防火墙较之以前的版本有了很大的改进，它现在不仅是一款基于主机的状态防火墙，可以提供类似 IPSec 的功能，还可以帮助用户防御来自 Internet 和内部局域网的各种恶意攻击，很大程度上补充了网络边界防火墙的功能。

在默认情况下，Windows 防火墙是开启状态。它集成了 IPSec 的功能，可以针对程序、端口等进行自定义规则，同时，可以控制防火墙策略作用域。这些是之前版本的 Windows 系统中都有的功能，下面我们来了解一下 Windows Server 2008 和 Windows Vista 新增的功能，高级安全 Windows 防火墙。

高级安全 Windows 防火墙是一种双向的对出站和入站的连接都可以进行拦截的防火墙，它基于规则支持 IPv4 和 IPv6，比应用层的边界防火墙更安全同时继承了上述的 IPSec 的功能。

单击“开始”→“管理工具”→“高级安全 Windows 防火墙”，即可打开配置的窗口，如图 10-28 所示。点击“入站规则”，在右侧的快捷菜单中点击“新规则”，即可打开“新建入站规则向导”窗口，如图 10-29 所示，根据提示完成规则的创建和应用。若要对已有的规则进行修改，可以选中需要修改的规则，点击右侧快捷菜单栏中的“属性”，在弹出的窗口中对规则进行修改，如图 10-30 所示。

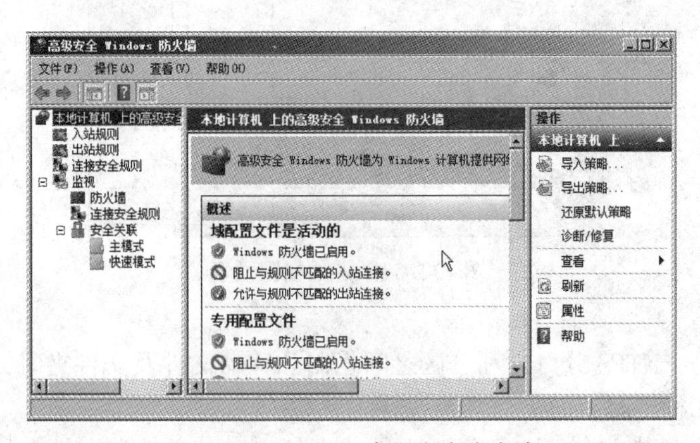

图 10-28　Windows 高级安全防火墙

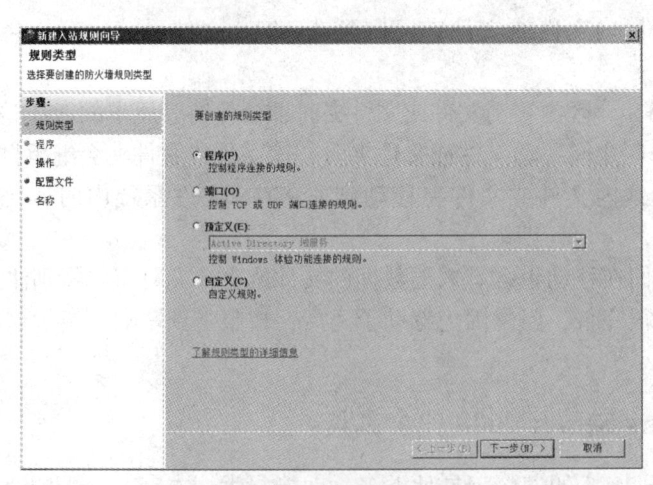

图 10-29　入站规则设置向导

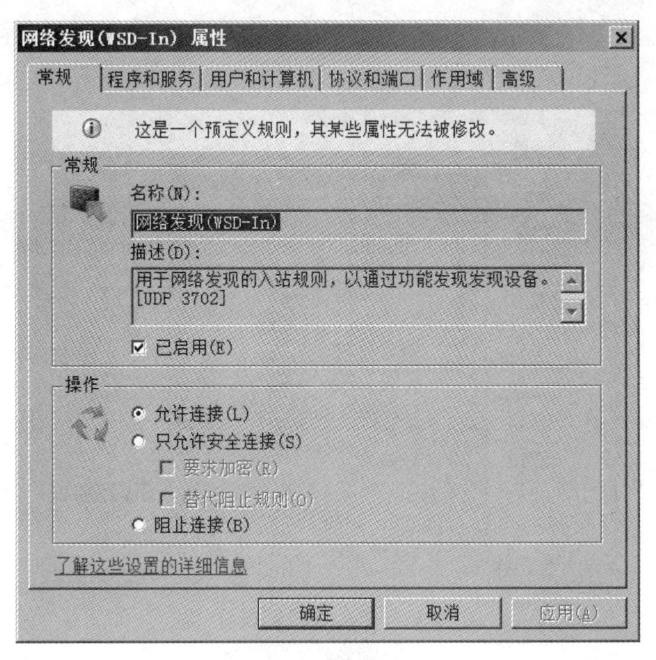

图 10-30　网络发现属性

高级安全 Windows 防火墙还有很多其他的十分强大的功能。防火墙的合理配置能够大大地降低攻击者的成功率，提高安全性，是服务器操作系统最重要的自我防护手段之一。

2. 事件查看器和日志

Windows 事件查看器用于浏览和管理事件日志，是监视系统运行状况和出现问题时解决问题的重要工具，甚至可以记录攻击者的行为，对于系统的安全性十分重要。

点击“开始”→“管理工具”→“事件查看器”，即可打开事件查看器窗口。如图 10-31 所示。

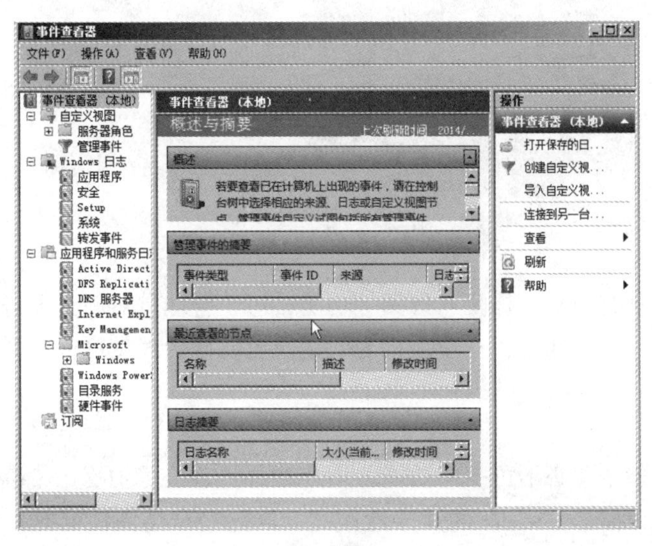

图 10-31　事件查看器

展开“Windows 日志”，单击“安全”，即可查看该项日志的概要，如图 10-32 所示。

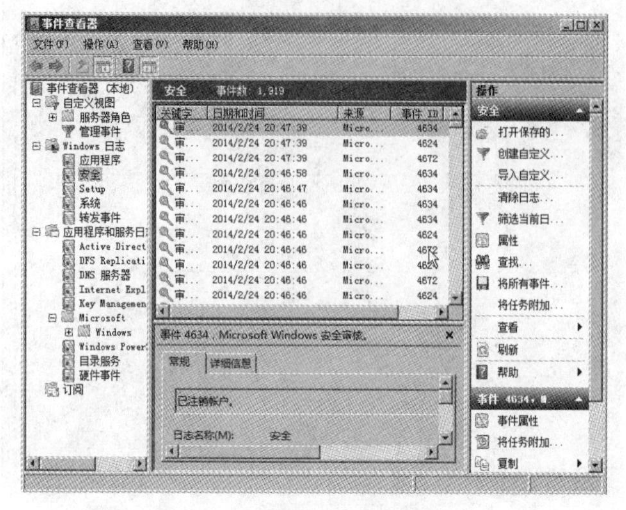

图 10-32 事件查看器查看日志

双击其中任何一个日志，即可查看详细信息，包括事件发生的时间、源、事件的种类和 ID 等，如图 10-33 所示，这对管理员解决服务器出现的问题有十分重要的参考价值。

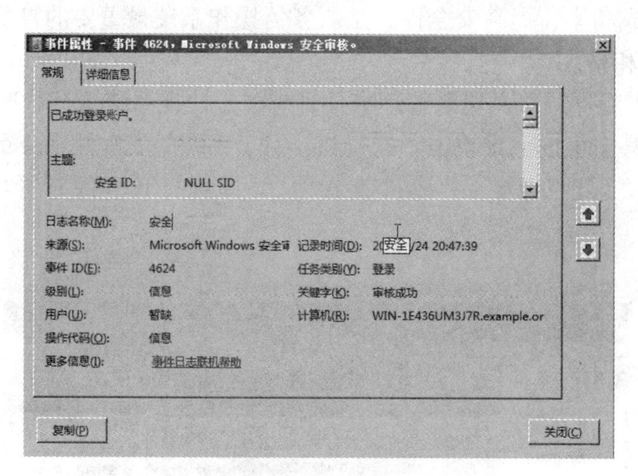

图 10-33 日志详细信息

事件查看器还具有通知、提醒、订阅等功能，对于管理员对服务器进行监视和解决问题提供了十分方便的环境，同时，对攻击行为的记录也使得管理员可以及时修补系统漏洞，增强系统的安全性。

3. VPN

远程访问是大型企业必不可少的功能，用户在外或者在家办公，都需要通过 Internet 访问公司内部局域网，但是 Internet 的开放性很高，因此安全性无法满足企业级的要求，VPN (Virtual Private Network，虚拟专用网)技术解决了这一难题。Windows Server 2008 支持 3 种远程访问 VPN 技术。

◇ 点对点隧道协议(PPTP)。PPTP 为用户级身份验证使用点对点协议的身份验证，为数据加密使用 Microsoft 点对点加密(MPPE)。
◇ 使用 Internet 安全协议的第二层隧道协议(L2TP/IPSec)。L2TP/IPSec 为用户级身份验证使用 PPP 验证方法，为计算机级身份验证、数据身份验证等使用 IPSec。
◇ 安全套接字隧道协议(SSTP)。SSTP 为用户级身份验证使用 PPP 身份验证，为数据传输、身份验证提供更实用的 SSL 通道。

基于 Windows 的远程访问 VPN 需要以下组件：
◇ VPN 客户端；
◇ VPN 服务器；
◇ RADIUS 服务器；
◇ 活动目录域控制器；
◇ 证书颁发机构(CA)。

10.3 Linux 网络操作系统安全

10.3.1 用户和组安全

用户和组是 Linux 操作系统里进行操作、文件管理和资源使用的主体。在 Linux 操作系统中，每一个文件和程序都归属于一个特定的用户，每一个用户都有一个唯一标志 UID(User ID)。并且每一个用户都至少属于一个用户分组，每一个用户分组也都有一个唯一标志 GID(Group ID)。

用户分为超级用户和普通用户。超级用户拥有最高权限，承担了系统管理的一切任务，包括系统的启动、停止，安装新软件，增加、删除用户，保证系统正常运行等，可以不受限制地进行任何操作。组是具有相同特性用户的逻辑集合，使用组有利于系统管理员按照用户的特性组织和管理用户，提高工作效率。一个用户至少要属于一个组，一个组可以包含多个用户。

1. 用户和组的相关文件

用户信息文件，/etc/passwd 文件存放用户账户及其他相关信息(密码除外)，用 Vim 打开/etc/passwd，如图 10-34 所示，每一行代表一个用户。每个用户信息包括七个选项：用户

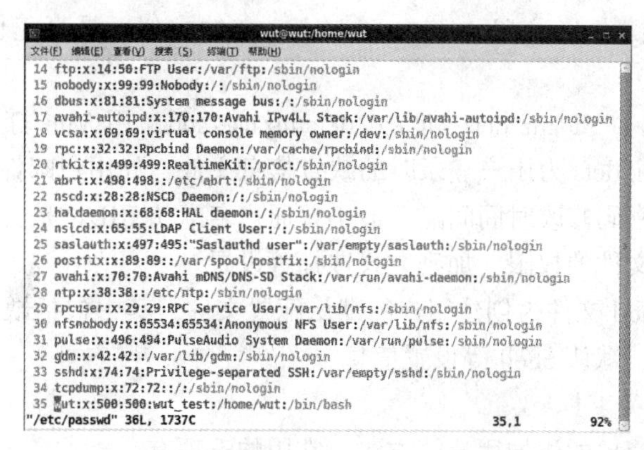
```
wut@wut:/home/wut
文件(F) 编辑(E) 查看(V) 搜索(S) 终端(T) 帮助(H)
14 ftp:x:14:50:FTP User:/var/ftp:/sbin/nologin
15 nobody:x:99:99:Nobody:/:/sbin/nologin
16 dbus:x:81:81:System message bus:/:/sbin/nologin
17 avahi-autoipd:x:170:170:Avahi IPv4LL Stack:/var/lib/avahi-autoipd:/sbin/nologin
18 vcsa:x:69:69:virtual console memory owner:/dev:/sbin/nologin
19 rpc:x:32:32:Rpcbind Daemon:/var/cache/rpcbind:/sbin/nologin
20 rtkit:x:499:499:RealtimeKit:/proc:/sbin/nologin
21 abrt:x:498:498::/etc/abrt:/sbin/nologin
22 nscd:x:28:28:NSCD Daemon:/:/sbin/nologin
23 haldaemon:x:68:68:HAL daemon:/:/sbin/nologin
24 nslcd:x:65:55:LDAP Client User:/:/sbin/nologin
25 saslauth:x:497:495:"Saslauthd user":/var/empty/saslauth:/sbin/nologin
26 postfix:x:89:89::/var/spool/postfix:/sbin/nologin
27 avahi:x:70:70:Avahi mDNS/DNS-SD Stack:/var/run/avahi-daemon:/sbin/nologin
28 ntp:x:38:38::/etc/ntp:/sbin/nologin
29 rpcuser:x:29:29:RPC Service User:/var/lib/nfs:/sbin/nologin
30 nfsnobody:x:65534:65534:Anonymous NFS User:/var/lib/nfs:/sbin/nologin
31 pulse:x:496:494:PulseAudio System Daemon:/var/run/pulse:/sbin/nologin
32 gdm:x:42:42::/var/lib/gdm:/sbin/nologin
33 sshd:x:74:74:Privilege-separated SSH:/var/empty/sshd:/sbin/nologin
34 tcpdump:x:72:72::/:/sbin/nologin
35 wut:x:500:500:wut_test:/home/wut:/bin/bash
"/etc/passwd" 36L, 1737C                                35,1          92%
```

图 10-34 用户信息文件

名、密码位、UID、GID、注释性描述、宿主目录、命令解释器，每个选项间用冒号分割。用户名为用户登录的名称，区分大小写；密码位在早期的 Linux 版本中用于存放密码，现在的 Linux 此位用小写字母 x 填充；UID 和 GID 分别为用户唯一标志和用户所属缺省组唯一标志，UID 为 0 的为超级用户，其他为普通用户或者伪用户(伪用户通常不需要或者无法登录系统)；注释性描述常用于对用户名的补充描述；宿主目录可以为用户登录后的缺省目录；命令解释器为用户使用的 Shell，默认为 bash。

密码文件：/etc/shadow 是真正保存用户密码的文件，又称用户影子文件，用 Vim 打开/etc/shadow，如图 10-35 所示，每一行也代表一个用户，每个用户信息包括九个选项：用户名、密码、最后一次密码修改时间、最小时间间隔、最大时间间隔、警告时间、账号闲置时间、失效时间、标志。重要的有用户名和密码，密码是加密之后的密码，后面的相关选项可以通过命令 man 5 shadow 来查看。

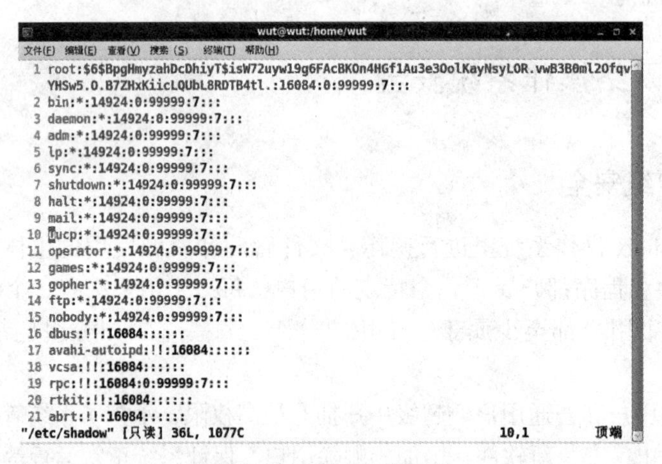

图 10-35 用户密码文件

用户组文件：/etc/group 存放了用户组的相关信息，也是每一行代表一个用户组，每行包括四项信息：用户组名、密码位、GID、用户清单(多个用户间用逗号间隔)。用 Vim 打开/etc/group，如图 10-36 所示，以第 5 行为例，adm 为用户组名，x 为密码为，GID 为 4，该组有 adm，daemon 两个用户。

用户组密码文件：/etc/gshadow 与/etc/shadow 文件类似，是真正保存用户组的密码的文件

用户配置文件：/etc/login. defs 和/etc/default/useradd，用 Vim 打开，如图 10-37 和图 10-38 所示。/etc/login. defs 为用户登录时的缺省信息文件，如用户邮件存放目录、最大密码修改时间间隔、最小密码修改时间间隔、最小普通户名默认 UID、是否默认创建用户宿主目录、缺省创建目录和文件的权限、加密方式选择等设置。

/etc/default/useradd 文件为创建用户的默认配置文件，其中包括缺省所属组、宿主目录位置、用户失效时间、默认 Shell 等设置信息。

2. 用户和组的相关工具

(1) useradd 是最简单的添加用户的方法，常用的选项有：

◇ -u：指定 UID；

```
wut@wut:/home/wut
文件(F) 编辑(E) 查看(V) 搜索(S) 终端(T) 帮助(H)
 1 root:x:0:root
 2 bin:x:1:root,bin,daemon
 3 daemon:x:2:root,bin,daemon
 4 sys:x:3:root,bin,adm
 5 adm:x:4:root,adm,daemon
 6 tty:x:5:
 7 disk:x:6:root
 8 lp:x:7:daemon,lp
 9 mem:x:8:
10 kmem:x:9:
11 wheel:x:10:root
12 mail:x:12:mail,postfix
13 uucp:x:14:uucp
14 man:x:15:
15 games:x:20:
16 gopher:x:30:
17 video:x:39:
18 dip:x:40:
19 ftp:x:50:
20 lock:x:54:
21 audio:x:63:
22 nobody:x:99:
"/etc/group" 58L, 833C                              1,1          顶端
```

图 10-36 用户组信息文件

```
wut@wut:/home/wut
文件(F) 编辑(E) 查看(V) 搜索(S) 终端(T) 帮助(H)
 1 # *REQUIRED*
 2 #   Directory where mailboxes reside, _or_ name of file, relative to the
 3 #   home directory.  If you _do_ define both, MAIL_DIR takes precedence.
 4 #   QMAIL_DIR is for Qmail
 5 #
 6 #QMAIL_DIR      Maildir
 7 MAIL_DIR        /var/spool/mail
 8 #MAIL_FILE      .mail
 9
10 # Password aging controls:
11 #
12 #       PASS_MAX_DAYS   Maximum number of days a password may be used.
13 #       PASS_MIN_DAYS   Minimum number of days allowed between password changes.
14 #       PASS_MIN_LEN    Minimum acceptable password length.
15 #       PASS_WARN_AGE   Number of days warning given before a password expires.
16 #
17 PASS_MAX_DAYS   99999
18 PASS_MIN_DAYS   0
19 PASS_MIN_LEN    5
20 PASS_WARN_AGE   7
21
22 #
"/etc/login.defs" 58L, 1475C                        1,1          顶端
```

图 10-37 用户登录缺省信息文件

```
wut@wut:/home/wut
文件(F) 编辑(E) 查看(V) 搜索(S) 终端(T) 帮助(H)
 1 # useradd defaults file
 2 GROUP=100
 3 HOME=/home
 4 INACTIVE=-1
 5 EXPIRE=
 6 SHELL=/bin/bash
 7 SKEL=/etc/skel
 8 CREATE_MAIL_SPOOL=yes
 9
~
~
~
"/etc/default/useradd" 9L, 119C                     1,1          全部
```

图 10-38 创建用户的默认配置文件

◇ -g：缺省所属组 GID；

◇ -G：指定用户所属多个组；

◇ -d：指定宿主目录；

◇ -s：命令解释器 Shell；

◇ -c：相关描述；

◇ -e：指定用户失效时间(具体时间格式或者其他选项可通过 man 查看，下同)。

(2)passwd 是设置和更改用户密码的工具，另外常用的选项还有-S，用于查看用户密码状态。

(3)usermod 是常用的更改用户信息的工具，使用起来相对简单，基本与 useradd 相同，比较特殊的选项有修改用户名 －l。

(4)groupadd 是用于新建用户组的工具，有以下常用的选项：

◇ -g：设置 GID。

◇ -o：配合-g 使用，可以设置不唯一的 GID。

◇ -r：用于建立系统账号。

(5)gpasswd 是 Linux 系统中的修改用户管理工具，既可以给组设置修改密码，也可以用于管理用户组成员，常用选项有：

◇ -a：添加用户到用户组；

◇ -d：从用户组删除用户；

◇ -A：设置用户组的管理员；

◇ -r：删除用户组密码；

◇ -R：禁止用户切换为改组。

(6)userdel 和 groupdel 分别为删除用户和用户组的工具。

3. 与用户和组相关的其他安全机制

Linux 操作系统除了以上与用户和组相关的工具外，还提供了用户和组文件的验证工具 pwck、grpc。

pwck 用于验证用户账号文件(/etc/passwd)和影子文件(/etc/shadow)的一致性和正确性，其验证文件中的每一个数据项中每个域的格式以及数据的完整性，如果发现错误，则该命令将会提示用户对出现错误的数据项进行删除。该命令主要验证每个数据项中的以下属性：正确的域数目、唯一的用户名、合法的用户和组标志、合法的主要组群、合法的主目录、合法的登录 Shell 等。

grpck 与 pwck 命令相类似，其用于验证用户组账号文件(/etc/group)和影子文件(/etc/gshadow)的一致性和正确性。其验证文件中的每一个数据项中每个域的格式以及数据的完整性，如果发现错误，则该命令将会提示用户对出现错误的数据项进行删除。该命令主要验证每个数据项中的以下属性：正确的域数目、唯一的群组标志、合法的成员和管理员列表等。

最后，设定密码也是一项非常重要的安全措施，如果用户的密码设定不合适，就很容易被破译，尤其是拥有超级用户权限的用户，如果没有良好的密码，则将给系统造成很大的漏洞。目前密码破解程序大多采用字典攻击以及暴力攻击的手段，所以建议用户设定密码的过程中，应尽量使用非字典中出现的组合字符，并且采用数字与字符相结合、大小写相结合的密码设置方式，增加密码被破译的难度。而且，应当使用定期修改密码、使密码定期作废的方式来保护自己的密码。

10.3.2　Linux 文件系统安全

Linux 支持的文件系统种类繁多，它们为用户的数据存储和管理提供良好的操作和使用界面，在文件系统中，存在着文件/目录访问权限管理和控制、加密文件系统等安全机制和问题需要考虑。

1. 文件访问权限

文件或目录的访问权限分为只读、只写和可执行三种。以文件为例，只读权限表示只允许读其内容、而禁止对其做任何的更改操作；只写权限允许对文件进行任何的修改操作；可执行权限表示允许将该文件作为一个程序执行。在文件被创建时，文件所有者自动拥有对该文件的读、写和可执行权限，以便于对文件的阅读和修改。用户也可根据需要把访问权限设置为需要的任何组合。

对文件访问的用户也分为三种：文件所有者、同组用户、其他用户。所有者一般是文件的创建者，他可以允许同组用户有权访问文件，还可以将文件的访问权限赋予系统中的其他用户，在这种情况下，系统中的每一位用户都能访问该用户拥有的文件或目录。

因此，每一个文件或目录的访问权限都有三组，每组用 3 位表示，分别为文件属主的读、写和执行权限；与属主同组的用户的读、写和执行权限；系统中其他用户的读、写和执行权限。当用 ls -l 命令显示文件或目录的详细信息时，最前面的第 2 ~ 10 个字符是用来表示权限。第一个字符一般用来区分文件类型，如“d”表示是一个目录，“–”表示这是一个普通的文件；第 2 ~ 10 个字符当中的每 3 个为一组，左边三个字符表示所有者权限，中间 3 个字符表示与所有者同组用户的权限，右边 3 个字符是其他用户的权限。

一般权限分为 r(读取)、w(写入)、x(执行)，“-”表示不具有该项权限，此外，Linux 系统中还有三种特殊的权限：setuid、setgid、sticky bit。setuid 设置使文件在执行阶段具有文件所有者的权限；setgid 权限只对目录有效，目录被设置该位后，任何用户在此目录下创建的文件都具有和该目录所属的组相同的组；sticky bit 可以理解为防删除位，设置该位后，即使用户对目录具有写权限，也不能删除该文件。设置或更改一般权限和特殊权限都可以使用 chmod 命令实现。

2. 文件系统加密

数据加密也是一种强而有力的安全手段，它能在各种环境下很好地保护数据的机密性。下面介绍利用 dm-crypt 来创建加密文件系统的方法。与其他创建加密文件系统的方法相比，dm-crypt 系统有着无可比拟的优越性：它的速度更快，易用性更强。除此之外，它的适用面也很广，能够运行在各种块设备上，即使这些设备使用了 RAID 和 LVM 也毫无障碍。

dm -crypt 利用内核的密码应用编程接口来完成密码操作。一般说来，内核通常将各种加密程序以模块的形式加载。对于 256-bit AES 来说，其安全强度已经非常之高，即便用来保护绝密级的数据也足够了。为了保证内核已经加载 AES 密码模块，可利用 cat /proc/crypto 命令进行检查。

如果看到类似图 10-39 的内容的话，则说明 AES 模块已经加载；否则，我们需要手工加载 AES 模块。具体步骤如下：

步骤 1：# modprobe aes：加载 AES 模块；

步骤 2：# yum install dmsetup cryptsetup：安装包含配置 device-mapper 所需的工具；

步骤 3：# ls -l /dev/mapper/control：检查是否已经建立了设备映像程序；

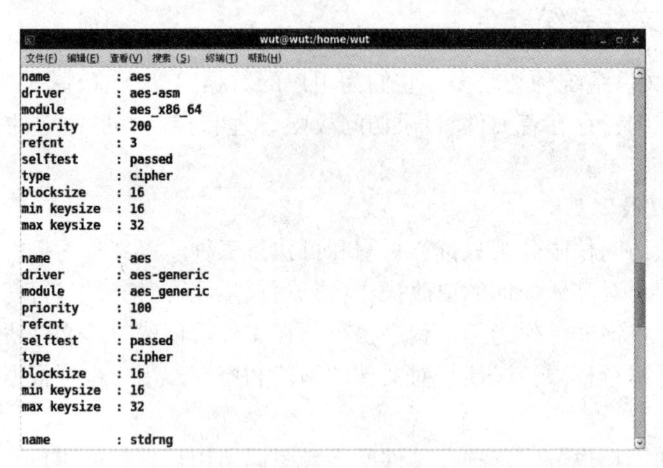

图 10-39 查看 AES 模块是否加载

步骤 4：# modprobe dm-crypt：加载 dm-crypt 内核模块。

当系统已经为装载加密设备做好准备后，我们需要建立一个加密设备。作为加密设备装载的文件系统，一是建立一个磁盘映像，然后作为回送设备加载；二是使用物理设备。除了建立和捆绑回送设备外，两种情况的其他操作过程都是相似的。如果你没有用来加密的物理设备(如存储盘或另外的磁盘分区)，作为替换，则你可以利用命令 dd 来建立一个空磁盘映像，然后将该映像作为回送设备来装载。下面我们以实例来加以介绍：

步骤 1：# dd if=/dev/zero of= ~/virtual. img bs=1M count=100 这里我们新建了一个大小为 100 MB 的磁盘映像，该映像名字为 secret. img。要想改变其大小，可以改变 count 的值。

步骤 2：# losetup /dev/loop0 ~/virtual. img 将映像和一个回送设备联系起来。

现在，我们已经得到了一个虚拟的块设备，其位于/dev/loop0，并且我们能够如同使用其他设备那样来使用它。

准备好了物理块设备(如/dev/sda1)，或者是虚拟块设备(像前面那样建立了回送映像，并利用 device-mapper 将其作为加密的逻辑卷加载)，我们就可以进行块设备配置了。设置步骤如下：

步骤 1：# cryptsetup -y create ly_ EFS /dev/loop0 使用前面建立的回送映像作为虚拟块设备，无论是使用物理块设备还是虚拟块设备，程序都会要你输入逻辑卷的口令，-y 的作用在于要输入两次口令以确保无误。这一点很重要，因为一旦口令弄错，你就会把自己的数据锁住；

步骤 2：# dmsetup ls 确认逻辑卷是否已经建立，如图 10-40 所示。

device-mapper 会把它的虚拟设备装载到/dev/mapper 下面，所以，你的虚拟块设备应该是/dev/mapper/ly_ EFS，尽管用起来它和其他块设备没什么不同，实际上它却是经过透明加密的。

步骤 3：# mkfs. ext4 /dev/mapper/ ly_ EFS 在虚拟设备上创建文件系统；

步骤 4：# mkdir /mnt/ly_ EFS 为新的虚拟块设备建立一个装载点；

步骤 5：# mount /dev/mapper/ly_ EFS /mnt/ly_ EFS，将其装载；

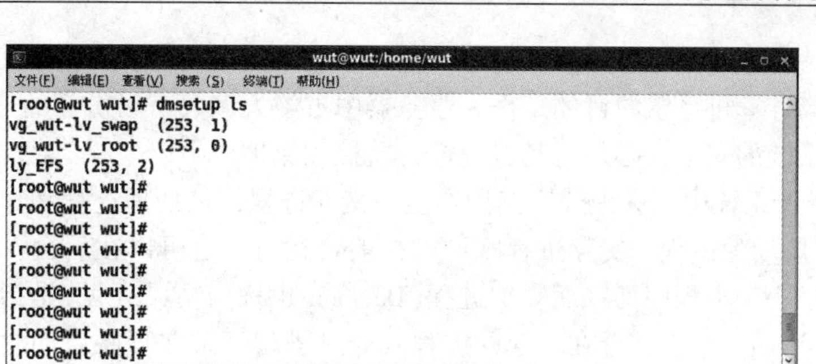

图 10-40 确认逻辑卷是否已经建立

步骤6：# df － h /mnt/ly_ EFS 查看其装载后的情况，如图 10-41 所示。

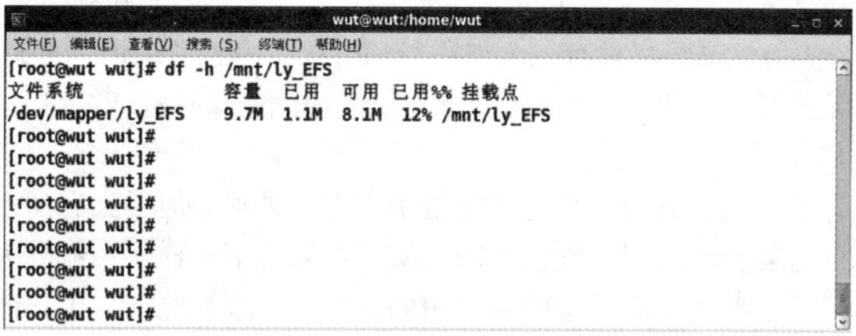

```
wut@wut:/home/wut
文件(F) 编辑(E) 查看(V) 搜索(S) 终端(T) 帮助(H)
[root@wut wut]# df -h /mnt/ly_EFS
文件系统              容量  已用  可用  已用%% 挂载点
/dev/mapper/ly_EFS    9.7M  1.1M  8.1M  12% /mnt/ly_EFS
[root@wut wut]#
[root@wut wut]#
[root@wut wut]#
[root@wut wut]#
[root@wut wut]#
[root@wut wut]#
[root@wut wut]#
[root@wut wut]#
[root@wut wut]#
```

图 10-41 查看块设备装载情况

我们看到装载的文件系统，尽管看起来与其他文件系统无异，但实际上写到/mnt/ly_ EFS/下的所有数据，在数据写入之前都是经过透明的加密处理后才写入磁盘的，因此，从该处读取的数据都是些密文。

前面介绍了加密文件系统的加载，其实，卸载加密文件系统和平常的方法也没什么两样，只不过在 umount 之后，为了避免机器上其他用户不需口令就能重新装载该设备，我们需要在卸载设备后从 dm-crypt 中显式地删除该设备，命令如下：

cryptsetup remove ly_ EFS

此后，它将彻底清除，要想再次装载的话，你必须再次输入口令。

在卸载加密设备后，我们很可能还需作为普通用户来装载它们。为了简化该工作，我们需要在/etc/fstab 文件中添加下列内容：

/dev/mapper/ly_ EFS /mnt/ ly_ EFS ext4 noauto，noatime 0 0

10.3.3 Linux 进程安全

Linux 是一个多用户、多任务的操作系统。在这样的系统中，各种计算机资源(如文件，内存、CPU 等)的分配和管理都以进程为单位。为了协调多个进程对这些共享资源的访问，操作系统要跟踪所有进程的活动，以及它们对系统资源的使用情况，从而实施对进程和资源的动态管理。进程在一定条件下可以对诸如文件、数据库等客体进行操作。如果进程用做其他不法用途，则将给系统带来重大危害。在现实生活当中，许多网络黑客都是通过种植"木马"的办法来达到破坏计算机系统和入侵的目的，而这些"木马"程序无一例外都是通过进程这一方式在机器上运行发挥作用的。另外，许多破坏程序和攻击手段都需要通过破坏目标计算机系统的合法进程尤其是重要系统进程，使得系统不能完成正常的工作甚至无法工作，从而达到摧毁目标计算机系统的目的。作为服务器中占绝大多数市场份额的 Linux 系统，要切实保证计算机系统的安全，必须对其进程进行监控和保护。

在 Linux 操作系统中，进程分为三种类型：交互进程、批处理进程和守护进程。交互进程由一个 Shell 启动的进程，交互进程既可以在前台运行，也可以在后台；批处理进程和终端没有联系，是一个进程序列；而守护进程(Daemon 也称为精灵进程)是指在后台运行而又没有终端或登录 Shell 与之结合在一起的进程。守护进程经常在程序启动时开始运行，在系统结束时停止。这些进程没有控制终端，所以称为在后台运行。Linux 系统有许多标准的守护进程，其中一些周期性地运行来完成特定的任务(如 crond)，而其余的则连续地运行，等待处理系统中发生的某些特定的事件(如 xinetd 和 lpd)。

1. 启用进程

在系统中，键入需要运行的程序的程序名，执行一个程序，其实也就是启动了一个进程。在 Linux 系统中每个进程都具有一个进程号(PID)，用于系统识别和调度进程。启动一个进程有两个主要途径：手工启动和调度启动。与前者不同的是：后者是事先进行设置，根据用户要求自行启动。

由用户输入命令，直接启动一个进程便是手工启动进程。但手工启动进程又可以分为很多种，根据启动的进程类型不同、性质不同，实际结果也不一样，一般分为前台运行和后台运行。前台运行是手工启动一个进程的最常用的方式。一般情况下，用户键入一个命令“ls -l”，这就已经启动了一个进程，而且是一个前台的进程；对于后台进程来说，直接从后台手工启动一个进程用得比较少，除非是该进程甚为耗时，且用户也不急着要看到处理结果的时候。假设用户要启动一个要长时间运行的格式化文本文件的进程，为了不使整个 Shell 在格式化过程中都处于“瘫痪”状态(长时间看不到任何运行结果)，因此，这个时候选择从后台启动进程是明智的选择。从后台启动进程其实就是在命令结尾加上一个 & 号。如图 10-42 所示，键入命令后会出现一个数字，该个数字就是该进程的编号，即 PID，然后就出现了提示符，用户可以继续其他工作，其特点就是无须等待该进程结束，就可以进行其他操作了。

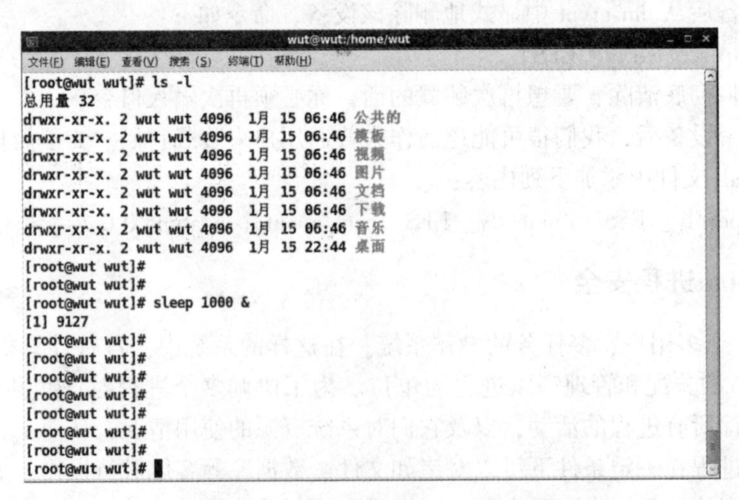

图 10-42　前台进程和后台进程

另一种启动进程的方法是调度启动。有时候需要对系统进行一些比较费时而且比较占资源的维护工作，这些工作适合在深夜进行，这时候用户就可以事先进行调度安排，指定任务运行的时间或者场合，到时候系统会自动完成这一切工作。需要注意的是，指定时间有个系统判别问题，例如，用户现在指定了一个执行时间为凌晨2：30的计划任务，而发出at命令的时间是前一天晚上，这将会产生两种执行情况：如果用户在2：30以前仍然在工作，则该命令将在这个时候完成；否则，该命令将在第二天凌晨才得到执行。如图10-43所示，为两个简单的示例，分别为5分钟后关闭apache服务和在凌晨5：30的时候开启该服务。

```
wut@wut:/home/wut
文件(F) 编辑(E) 查看(V) 搜索(S) 终端(T) 帮助(H)
[root@wut wut]# at now + 5 minutes
at> service httpd stop
at> <EOT>
job 7 at 2014-01-16 03:12
[root@wut wut]#
[root@wut wut]#
[root@wut wut]# at 05:30
at> service httpd start
at> <EOT>
job 8 at 2014-01-16 05:30
[root@wut wut]#
[root@wut wut]#
[root@wut wut]#
[root@wut wut]#
[root@wut wut]#
[root@wut wut]#
[root@wut wut]#
[root@wut wut]#
[root@wut wut]#
[root@wut wut]#
[root@wut wut]#
[root@wut wut]#
```

图10-43　两个简单的计划任务

与at命令类似的还有batch，其功能几乎完全相同，唯一的区别在于：at命令是在很准确的时刻执行命令；而batch却是在系统负载较低，资源比较空闲的时候执行，主要由系统来决定执行的，因而用户的干预权力很小，该命令适合于执行占用资源较多的命令。另外，值得注意的是：batch和at命令都将自动转入后台，所以启动的时候并不需要手工添加&符号。

以上介绍的at和batch都会在一定的时间内完成一定的任务，但是它们都只能执行一次，然而，在现实需求中，我们往往需要不断重复一些命令，这时候就需要使用cron命令来完成任务了。cron命令在系统启动时就由一个Shell脚本自动启动，进入后台运行，并会搜索/var/spool/cron目录，寻找以/etc/passwd文件中的以用户名命名的crontab文件，被找到的这种文件将载入内存。cron启动以后，将首先检查是否有用户设置了crontab文件，如果没有，就转入"休眠"状态，释放系统资源。所以该后台进程占用资源极少。它每分钟"醒"过来一次，查看当前是否有需要运行的命令。命令执行结束后，任何输出都将作为邮件发送给crontab的所有者，或者是/etc/crontab文件中MAILTO环境变量中指定的用户。

在/var/spool/cron下的crontab文件不可以直接创建或者修改，需要通过crontab命令来得到。该文件中每行都包括六个域，其中，前五个域是指定指令被执行的时间，最后一个域是要执行的命令。每个域直接使用空格或者制表符分隔。格式为：

分钟 小时 日 月 星期 要执行的命令

这些项都不能为空，如果不需要指定其中的几项，可以使用"＊"代替，例如：

crontab ＊ ＊ ＊ ＊ ＊ date >> /root/work. log

表示每分钟向/root/work. log文件写入一条当前时间，5分钟后查看/root/work. log文件，如图10-44所示。

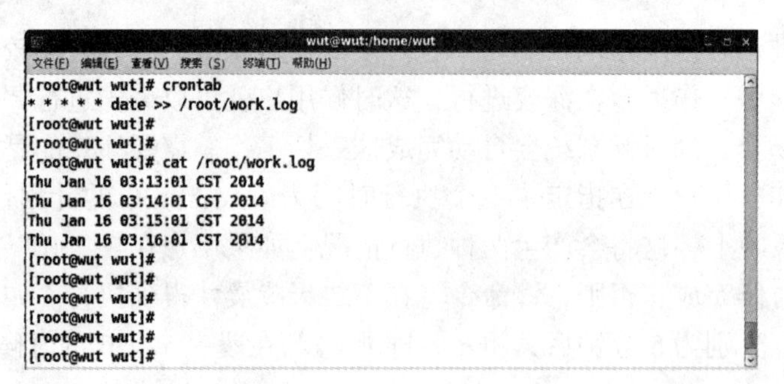

图 10-44　crontab 的使用

2. 查看进程

进程启动后，我们往往需要随时查看进程的运行状态，并对其进行相关操作，下面将要详细介绍几个进程管理的命令。使用这些命令，用户可以实时、全面、准确地了解系统中运行进程的相关信息，从而对这些进程进行相应的挂起、中止等操作。

ps 命令是查看进程状态的最常用的命令，可以提供关于进程的许多信息。根据显示的信息可以确定哪个进程正在运行、哪个进程被挂起、进程已运行了多久、进程正在使用的资源、进程的相对优先级，以及进程的标志号(PID)等信息。ps 命令常用的选项有：

◇ a：显示终端上所有的进程，包括其他用户的进程；

◇ u：按用户名和启动时间的顺序来显示进程；

◇ x：显示没有控制终端的进程；

◇ l：长格式输出；

◇ e：显示所有进程的信息；

◇ r：只显示正在运行的进程。

参数 aux 组合是管理员最常用的参数组合，如图 10-45 所示，ps aux 的输出从左向右依次为：USER(进程属主的用户名)、PID(进程号)、% CPU(进程占用 CPU 的百分比)、% MEM(进程占用内存百分比)、VSZ(进程虚拟大小)、RSS(驻留中页的数量)、TTY(终端 ID)、STAT(进程状态)、START(进程启动的时间)、TIME(进程消耗 CPU 的时间)、COMMAND(进程命令名及参数)。

```
wut@wut:/home/wut
文件(F) 编辑(E) 查看(V) 搜索(S) 终端(T) 帮助(H)
[root@wut wut]# ps aux
USER       PID %CPU %MEM    VSZ   RSS TTY      STAT START   TIME COMMAND
root         1  0.0  0.0  19248  1420 ?        Ss   Jan15   0:01 /sbin/init
root         2  0.0  0.0      0     0 ?        S    Jan15   0:00 [kthreadd]
root         3  0.0  0.0      0     0 ?        S    Jan15   0:00 [migration/0]
root         4  0.0  0.0      0     0 ?        S    Jan15   0:00 [ksoftirqd/0]
root         5  0.0  0.0      0     0 ?        S    Jan15   0:00 [watchdog/0]
root         6  0.0  0.0      0     0 ?        S    Jan15   0:00 [migration/1]
root         7  0.0  0.0      0     0 ?        S    Jan15   0:00 [ksoftirqd/1]
root         8  0.0  0.0      0     0 ?        S    Jan15   0:00 [watchdog/1]
root         9  0.0  0.0      0     0 ?        S    Jan15   0:00 [migration/2]
root        10  0.0  0.0      0     0 ?        S    Jan15   0:00 [ksoftirqd/2]
root        11  0.0  0.0      0     0 ?        S    Jan15   0:00 [watchdog/2]
root        12  0.0  0.0      0     0 ?        S    Jan15   0:00 [migration/3]
root        13  0.0  0.0      0     0 ?        S    Jan15   0:00 [ksoftirqd/3]
root        14  0.0  0.0      0     0 ?        S    Jan15   0:00 [watchdog/3]
root        15  0.0  0.0      0     0 ?        S    Jan15   0:00 [events/0]
root        16  0.0  0.0      0     0 ?        S    Jan15   0:00 [events/1]
root        17  0.0  0.0      0     0 ?        S    Jan15   0:00 [events/2]
root        18  0.0  0.0      0     0 ?        S    Jan15   0:00 [events/3]
root        19  0.0  0.0      0     0 ?        S    Jan15   0:00 [cpuset]
```

图 10-45　进程信息列表

pstree 命令通过 ASCLL 字符以树状结构来显示进程，能清楚地表达程序间的相互关系，如果不指定程序识别码或用户名称，则会把系统启动时的第一个进程视为基层，并显示之后的所有程序。若指定用户名称，则会以隶属该用户的第一个程序作为基层，然后显示该用户的所有进程。如图 10-46 所示。

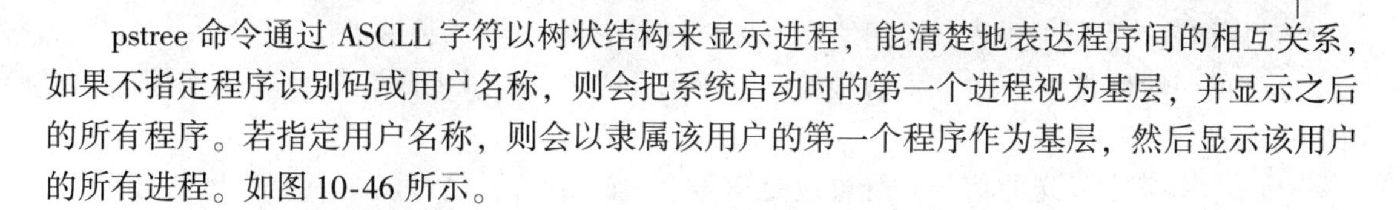

图 10-46　进程信息树状图

top 命令动态监视系统任务的工具，top 输出的结果是动态的，显示的是系统的即时信息。top 常用的参数有：

◇ i：禁止显示空闲进程或僵尸进程；

◇ -p PID：仅监视指定的进程 ID；

◇ -n NUM：显示更新次数，然后退出。

如图 10-47 所示，为 top 命令监视的进程信息。

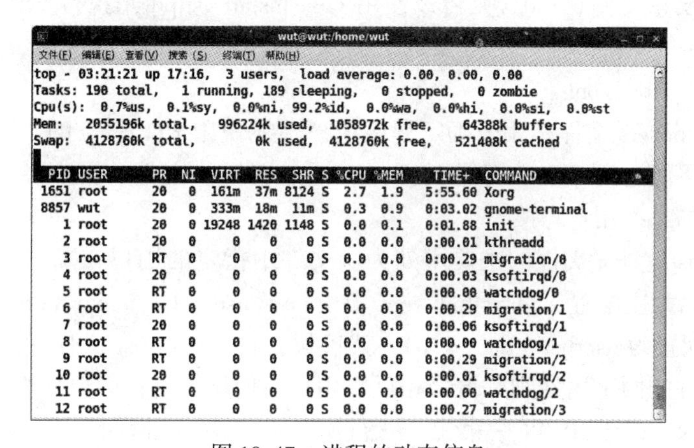

图 10-47　进程的动态信息

3. 终止进程

通常终止一个前台进程可以使用 Ctrl+C 组合键，但是对于一个后台运行的进程就必须用 kill 命令来终止了。kill 命令是通过向进程发送指定的信号来结束相应进程的。在默认情况下，采用编号为 15 的 TERM 信号。TERM 信号将终止所有不能捕获该信号的进程，对于那些可以捕获该信号的进程就要用编号为9的kill信号，强行杀掉该进程。

kill的一般格式为：kill [-s 信号 | -p] 进程号或者 kill -l [信号]，其中选项的含义如下：

◇ s：指定要发送的信号，既可以是信号名(如 kill)，也可以是对应信号的号码(如9)；

◇ p：指定kill命令只是显示进程的pid(进程标志号)，并不真正发出结束信号；

◇ l：显示信号名称列表，这也可以在/usr/include/linux/signal.h文件中找到。

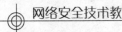

在日常维护中，我们除了使用kill命令来终止相关进程外，还会用到killall / pkill命令，killall / pkill命令会直接杀死指定程序的所有进程，只要给出进程名即可。除此之外，xkill是在桌面用的杀死图形界面的程序。比如，当firefox出现崩溃不能退出时，点鼠标就能杀死firefox。当xkill运行时，出来一个图标，哪个图形程序崩溃一点就OK了。如果您想终止xkill，就按右键取消。

10.3.4 Linux常见网络服务安全

Linux是一种优秀的网络操作系统，它提供了包括FTP、HTTP、SMTP等多种网络服务，可以说，用户所需要的网络服务在Linux系统中都能找到相应的软件包。由于多种多样的网络服务的存在，对于它们的管理也是一项非常艰巨的任务。高效、全面、方便地管理网络服务是保证Linux网络安全的前提。在此，我们只对两种较为常见的服务作一个简单的介绍。

1. FTP服务安全

FTP服务是Internet上老牌的网络服务。虽然随着P2P技术的发展，FTP这种文件共享方法已经逐渐被取代并且走向没落，但是该服务仍然受到许多用户和企业的青睐，因此占有一定的市场份额。FTP的问题是如何实现安全和高效，Linux中使用vsftpd来达到用户的需求。

如果系统中没有安装vsftpd，则可以使用yum install vsftpd来执行安装，并用service vsftpd start启动服务。vsftpd有三个重要的配置文件：/etc/vsftpd/ftpusers、/etc/vsftpd/user_list和/etc/vsftpd/vsftpd.conf。

/etc/vsftpd/ftpusers文件是用来确定哪些用户不能使用FTP服务的，也就是说：在该文件中出现的用户不能进行FTP服务器的登录，通过编辑该文件，用户可以根据实际情况添加或者删除其中的某些用户。

/etc/vsftpd/user_ list文件的主要用处为：文件中指定的用户在默认情况下是不能访问FTP服务器的，因为主配置文件vsftpd.conf中设置了userlist_ deny=YES。而如果配置文件vsftpd.conf中的配置为userlist_ deny=NO，就仅仅允许user_ list文件中的用户访问FTP服务器，所以该文件的两个用处刚好恰恰相反，用户在使用的过程中要仔细斟酌，否则将会出现完全相反的结果。如图10-48中第二、三行所示，如果uselist_ dray=NO，则仅仅允许本文件中的用户访问FTP服务器；如果userlist_ deny=YES(默认情况)，则不允许本文件中的用户访问服务器，甚至都不会提供输入密码的登录提示过程。

主配置文件的路径为/etc/vsftpd/vsftpd.conf，和Linux系统中的大多数配置文件一样，vsftpd的配置文件中以#开始表示注释。该文件中包括：是否允许匿名访问，是否允许匿名上传文件，是否允许匿名建立目录，是否允许匿名用户删除或改名操作，是否允许本地用户登录，是否将本地用户锁定在主目录，最高传输速度，是否允许通常的写操作，是否激活日

```
 1 # vsftpd userlist
 2 # If userlist_deny=NO, only allow users in this file
 3 # If userlist_deny=YES (default), never allow users in this file, and
 4 # do not even prompt for a password.
 5 # Note that the default vsftpd pam config also checks /etc/vsftpd/ftpusers
 6 # for users that are denied.
 7 root
 8 bin
 9 daemon
10 adm
11 lp
12 sync
13 shutdown
14 halt
15 mail
16 news
17 uucp
18 operator
19 games
20 nobody
"/etc/vsftpd/user_list" 20L, 361C                              1,1          全部
```

图 10-48 /etc/vsftpd/user_ list 文件

志功能，无操作超时时间，数据连接超时时间，工作模式等设置。因此，合理地使用配置文件是保证 FTP 安全传物的重要前提。

2. Web 服务安全

Web 服务是 Internet 上最热门的服务。构建安全稳定的 Web 服务器是非常重要的。Linux 系统上默认的 Web 服务器软件是 Apache，它也是目前市场占有率最高的服务器组件。

Apache 的安装与 vsftpd 类似，也只需要执行 yum install httpd 即可安装 apache 服务器。其相关的目录有：/etc/httpd（包含了 apache 所有的配置文件），/var/log/httpd/（存放了 apache的日志文件），/var/www/html/（是默认的根文档目录）等。

httpd. coaf 文件是 Apache 的主配置文件，其中包含大量的 Apache 的配置选项，而这些选项设置的正确与否都在很大程度上关系到 Apache 服务器的安全和性能，因此，用户必须对它们有全面的认识和深入的掌握。用 vim 打开/etc/httpd/conf/httpd. conf 文件，相关信息如图 10-49 所示，其中比较常用的配置选项如下：

```
 1 #
 2 # This is the main Apache server configuration file.  It contains the
 3 # configuration directives that give the server its instructions.
 4 # See <URL:http://httpd.apache.org/docs/2.2/> for detailed information.
 5 # In particular, see
 6 # <URL:http://httpd.apache.org/docs/2.2/mod/directives.html>
 7 # for a discussion of each configuration directive.
 8 #
 9 #
10 # Do NOT simply read the instructions in here without understanding
11 # what they do.  They're here only as hints or reminders.  If you are unsur
   e
12 # consult the online docs. You have been warned.
13 #
14 # The configuration directives are grouped into three basic sections:
15 #  1. Directives that control the operation of the Apache server process as
    a
16 #     whole (the 'global environment').
17 #  2. Directives that define the parameters of the 'main' or 'default' serv
   er,
"/etc/httpd/conf/httpd.conf" 1009L, 34418C                     1,1          顶端
```

图 10-49 apache 主配置文件

◇ Listen 172. 16. 253. 36：80：配置监听的端口；

◇ StartServers 8：服务启动后默认开启的进程数 ；

◇ MaxClients 256：每个进程最多用户链接数；

◇ MaxRequestsPerChild 4000：长连接时每个用户最多请求数；

◇ StartServers 4：服务启动默认开启的进程数；

◇ MaxClients 300：最多同时客户连接数；

◇ KeepAlive {On | Off}：是否支持长连接；

◇ KeepAliveTimeout 2：长连接超时时间；

◇ MaxKeepAliveRequests 50：超时时间内允许请求的次数；

◇ DocumentRoot "/var/www/html：指定网站的主目录；

◇ Allow from all：所有人可以访问；

◇ Alias /test/ "/www/test/"：配置路径别名，用于隐藏网站的真实目录。

当网站或者站点的某个路径只想让授权的用户访问时，还可以使用基于用户的访问控制，这里使用 htpasswd 命令建立用户账号文件，常用的选项有：

◇ c：第一次使用-c 创建新文件，不是第一次不要使用此选项；

◇ m：用户密码使用 MD5 加密后存放；

◇ s：用户密码使用 SHA 加密后存放；

◇ p：用户密码不加密；

◇ d：禁用一个账户；

◇ e：启用一个账户。

例如：通过# htpasswd -c -m /etc/httpd/conf/. htpass wut 添加了用户账号文件，查看/etc/httpd/conf/. htpass 为如图 10-50 所示。

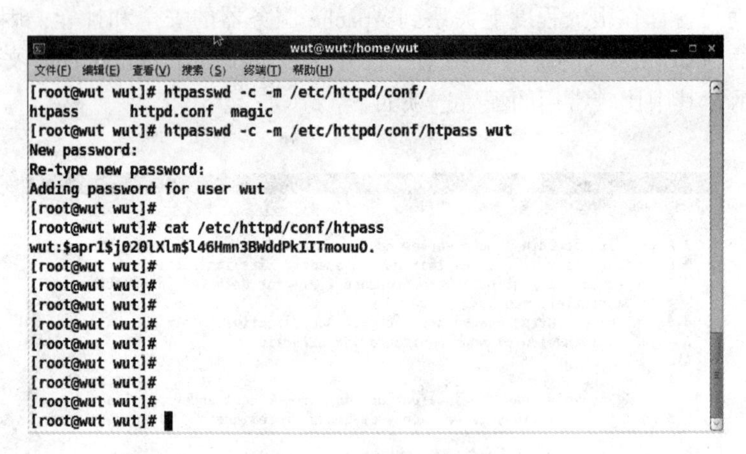

图 10-50　用户账号文件

然后我们需要修改主配置文件：

vim /etc/httpd/conf/httpd. conf

AuthUserFile /etc/httpd/conf/. htpass #用户账号文件

Require valid-user #允许的用户

Require 指定可以访问的用户，可以指定单个用户，直接写用户名就可以了，用户名可

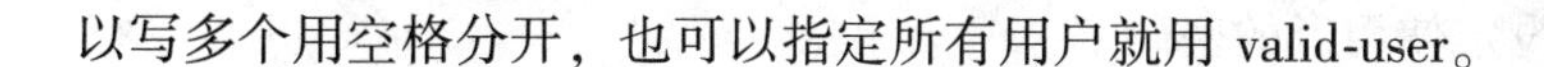

以写多个用空格分开，也可以指定所有用户就用 valid-user。

10.4 本章小结

本章简要介绍了常用的网络操作系统，讲述了 Windows Server 2008 操作系统和 Linux 操作系统安全配置基础。

基于 Windows 和 Linux 的操作系统都存在需要处理的安全问题。虽然这些操作系统有很多相似的组件，但这些特性的使用和用于确保它们安全的措施却是不同的。网络管理员必须彻底地了解他所使用的操作系统，这样才能够设计并实施一个有效的安全策略。

10.5 习题

1. 选择题

(1)下列哪一项不属于操作主机?

A. 架构主机

B. 域命名主机

C. RID 主机

D. 域控制器

(2)用户账户的安全策略不包括以下哪项?

A. 口令要有一定的复杂度

B. 定期更改口令

C. 用户首次登录更改密码

D. 限制用户可以登录的工作站

(3)基于 Windows 的远程访问 VPN 不需要的组件是哪一项?

A. VPN 客户端

B. VPN 服务器

C. Windows 防火墙

D. 活动目录域控制器

(4)下列说法错误的是哪项?

A. NTFS 权限可以委派给多种对象，包括用户、组和计算机

B. Windows Server 2008 的密码策略是默认启用的，包括密码复杂度，最长和最短等策略

C. 林中至少有一台全局编录服务器

D. 我们创建的信任关系默认情况下不会在域和域之间传递

(5)我们在转移操作主机时需要分别转移 AD 用户和计算机，AD 域和信任关系以及 AD 架构三个部分，在哪种情况下，操作主机的转移全部完成?

A. 三个部分全部完成

B. AD 用户和计算机以及 AD 架构完成即可

C. AD 域和信任关系以及 AD 架构完成即可

D. AD 用户和计算机以及 AD 域和信任关系完成即可

(6)下列哪一个指令可以设定使用者的密码?

A. pwd

B. passwd

C. newpwd

D. password

(7)一个文件的权限是-rw-rw-r--，这个文件所有者的权限是以下哪项?

A. 只读

B. 可执行

C. 读写

D. 只写

(8)在配置 vsftpd 服务时，若希望禁用位于 user_ list 列表文件中的 ftp 用户账号，则在 vsftpd. conf 主配置文件中应包括以下哪项配置?

A. userlist_ enable=YES　userlist_ deny=YES

B. userlist_ enable=YES　userlist_ deny=NO

C. userlist_ enable=NO　userlist_ deny=YES

D. userlist_ enable=NO　userlist_ deny=NO

(9)在 httpd 服务的配置文件中，使用以下哪项配置项设置网页文件的根目录?

A. serverRoot

B. DocumentRoot

C. DirectoryIndex

D. ServerName

(10)以下哪条命令在创建一个 xp 用户的时候将用户加入到 root 组中?

A. useradd -g xp root

B. useradd -r root xp

C. useradd -g root xp

D. useradd root xp

2. 问答题

(1)简述全局编录服务器的功能。

(2)在设置 NTFS 权限时，Everyone 组需要如何设置才能有较高的安全性?

(3)简单介绍信任关系的两个特性。

(4)介绍用户配置文件。

(5)在/etc/passwd 文件中，每一行用户记录包括哪些信息? 彼此如何分开?

(6)如何查看 sshd 的进程号?

(7)kill 跟 xkill 命令有什么区别? 各适用于哪些情况?

第 11 章　无线局域网安全

无线 LAN(WLAN)网络部署的需求正在不断扩大，部署无线网络也变得越来越流行。与传统有线传输方式不同，只要处于无线网络的覆盖之内，就可以接收到无线网络信号，目前，在某些主要城市甚至已经实现全城区覆盖。无线网络部署简单、经济实惠、扩展性良好，而且可以享受到移动性带来的便利，用户可以自由地移动而不会受到有线工作站的束缚。但最常见的 WLAN 部署缺乏安全性方面的保障，因此一些网络服务经常受到非法访问的侵扰。无线技术在安全性方面缺少信任保障的弊病，导致很多企业单位在部署 WLAN 网络时不得不思虑再三。

学习完本章，要达到如下目标：

◇ 理解 WLAN 工作原理；
◇ 理解 IEEE802.11 协议标准；
◇ 了解常用保护 WLAN 网络的各种特性和技术；
◇ 了解 WLAN 安全策略；
◇ 了解 WLAN 安全系统的设计。

11.1　WLAN 简介

WLAN 是使用无线通信的局域网，它在保持有线网络连通性的基础上，为网络用户提供良好的移动性。IEEE 为无线网络的安全性制定了标准：传输加密和身份认证。

11.1.1　WLAN 工作原理

1. 无线电波

WLAN 是在客户端和接入点(AP)之间利用无线电波实现网络传输的局域网。

WLAN 使用基于无线电波的扩频(Spread Spectrum)技术，在一个有限的区域内实现通信，这个有限的区域也称为标准服务集。扩频技术既可以增加数据速率，也可以提高其抵抗有害干扰的容错能力。扩频表示数据的传输是在不同频率上完成的，因此用户能够避免受到其他无线设备的干扰。

无线电波信号的接收端和发送端无需在对方的视线范围之内，即使它们中间隔着墙、天花板、地板等障碍物也一样可以实现信号的传递。也就是说，这种广播会使一些其他的信号接收设备也能收到信号。因此，必须实施强有力的安全保护措施来确保无线网络拥有与有线网络同级别的安全性。

2. 通信方式——无线频率(RF)

我们在前面的内容中说过，WLAN 是通过空气传播数据的局域网，它利用无线频率在启用了无线功能的设备之间实现通信功能。WLAN 的传输频率依照使用的 IEEE 协议标准而定。

无线标准利用了 ISM 频段(工业、科技和医疗)无线频谱,ISM 是公众可以使用的频段。802.11 标准具体使用了以下的 RF 频段。

◇ 2.4GHz 频段用于 802.11 和 802.11b 网络,分别提供 1~2Mbit/s 和 11Mbit/s 的数据速率。

◇ 2.4GHz 频段也可用于 802.11g 网络,可提供最高可达 54Mbit/s 的数据速率。

◇ 5.8GHz 频段用于 802.11a 网络,可提供 5Mbit/s、11Mbit/s、最高可达 54Mbit/s 的数据速率。

◇ 新的 802.11n 标准同样会使用 2.4GHz 或 5.8GHz 频段,可提供最高 540Mbit/s 的数据速率。802.11n 标准的速率比 802.11b 标准的速率快 50 倍,比 802.11a 或 802.11g 标准也要快近 10 倍。

使用这些频段无须经过许可(但是官方会制定相关规则),只要遵守相关的条例就可以随意使用而没有任何限制。

11.1.2 WLAN 技术

随着人们对无线网络的需求的不断增长,各种无线网络技术应运而生,例如,蓝牙、HomeRF、IrDA、UWB 和 IEEE802.11 等。但在众多的无线技术中 IEEE802.11 系列的 WLAN 应用是最广泛的。

1. 蓝牙

蓝牙(Bluetooth)是一种近距离的无线数字通信的技术标准。能在包括移动电话、PDA、无线耳机、笔记本电脑、相关外设等众多设备之间进行无线信息交换。透过芯片上的无线接收器,配有蓝牙技术的电子产品能够在十米的距离内彼此相通,传输速度可以达到 1Mbit/s。不过 Bluetooth 产品致命的缺陷是任何产品都离不开 Bluetooth 芯片,Bluetooth 模块较难生产,Bluetooth 难以全面测试。这三点是蓝牙发展的瓶颈。

2. HomeRF

HomeRF(家庭射频技术)是由 HomeRF 工作组开发的,是在家庭区域范围内的任何地方,在 PC 机和用户电子设备之间实现无线数字通信的开放性工业标准。作为无线技术方案,它代替了需要铺设昂贵传输线的有线家庭网络,为网络中的设备,如笔记本电脑和 Internet 应用提供了漫游功能。HomeRF 工作频段是 2.4GHz,支持数据和音频。该协议的网络是对等网,也就是说,网上的每一个节点都是相对独立的,不受中央节点的控制。因此,任何一个节点离开网络都不会影响到网络上其他节点的正常工作。它的另外一个特点是低功耗,很适合笔记本电脑。但是 HomeRF 在功能上过于局限家庭应用,再考虑到 IEEE 802.11 已取得的地位,恐怕在今后难以有较大的作为。

3. IrDA

IrDA(Infra-red Data Association,红外线数据标准协会)是一种利用红外线进行点对点通信的技术,其相应的软件和硬件技术都已比较成熟。它无须专门申请特定频率的使用执照,具有移动通信设备所必需的体积小、功率低的特点,由于采用点到点的连接,数据传输所受到的干扰较少,速率可达 16Mbit/s。但是 IrDA 要求两个具有 IrDA 端口的设备之间在传输数据时中间不能有阻挡物,这在两个设备之间是容易实现的,但在多个电子设备间就必须彼此调整位置和角度等;另外,IrDA 设备中的红外线 LED 对于不经常使用的扫描仪、数码相机等设备虽然游

刃有余，但如果用来手机上网，则可能很快就不堪重负了。这些特点制约了它的发展。

4. UWB

UWB(Ultra Wide Band，超宽带)是一种无载波通信技术，它具有系统容量大，发射功率小，抗干扰性能强，传输速率高等特点。通过在较宽的频谱上传送极低功率的信号，UWB能在10米左右的范围内实现数百Mbit/s至数Gbit/s的数据传输速率，低发射功率大大延长系统电源工作时间，较小发射功率使得其电磁波辐射对人体的影响也会很小。

UWB技术最初是被作为军用雷达技术开发的，早期主要用于雷达技术领域。自从2002年被批准用于民用，UWB的发展步伐开始逐步加快。但是由于长距离通信时需要的传输能量相当大，而UWB所占频谱很宽，输出能量过高会对其他无线系统造成严重干扰。这也是美国联邦通信委员会对于UWB采取严格限制的原因。

5. IEEE802.11连接技术

在1990年，IEEE标准委员会建立了一个小组来为无线通信设备制定相关的标准。目的是在OSI模型的数据层(第2层)和物理层(第1层)实施无线LAN网络(无线局域网是一个上层特性)，其原因是它们在IP层(第3层)中使用了标准接口。解决方案在没有对上层进行修改的基础上，对现有的操作系统进行了扩展，把应用集成到了WLAN设备中，并且提供如下在空气中传播的调制技术：

◇ IEEE 802.11(于1997年定义的最初标准)。

◇ IEEE 802.11a (于1999年定义)。

◇ IEEE 802.11b(于1999年定义)。

◇ IEEE 802.11g (于2003年定义)。

◇ IEEE 802.11n(于2009年定义)。

到目前为止，虽然网络设备厂商都推出了支持IEEE 802.11n的无线接入点，但是PC机和笔记本电脑等终端设备的标配无线网卡并不是IEEE 802.11n的，因此该技术目前在实际应用中未获普及。不过，随着4G时代的来临，人们对无线网络的速度有更高的要求，IEEE 802.11n技术的全面应用应该是大势所趋。

Wi-Fi联盟(Wi-Fi Alliance)是一个非盈利性且独立于厂商之外的组织，它们将基于802.11的技术品牌化，这就是我们今天所知的Wi-Fi。一台基于802.11的设备要想获得Wi-Fi联盟的证明，需要经历严格的功能性与操作性方面的测试，通过检测后才能被认证为符合标准的设备，所有获得Wi-Fi证明的设备之间可以进行交互，不管它们是不是由同一家厂商生产的。

11.1.3 WLAN网络结构

1. WLAN的组成

◇ 无线接入点(WAP或AP)：接入点通常是一个硬件设备(但也可以是基于软件的)，它会和无线通信设备建立连接。WAP通常用来在无线和有线网络设备之间，以及无线和其他有线网络资源之间传递数据。AP是一个双向收发设备，它可以在一个特定频率范围内传播数据。AP还可以执行一些安全功能，比如，它可以为无线客户端及通过无线网络传输的数据进行认证和加密。

◇ 无线网卡(NIC)：像工作站或笔记本电脑这样的设备都需要NIC来通过无线电波连接无线网络。NIC会扫描可以使用的连接频段，并使用这个频段连接AP。

◇ 无线网桥：无线网桥并不是在 MAC 层连接各类(有线的和无线的)局域网所必不可少的组成部分。无线网桥可以用来部署楼宇到楼宇的无线网络，因为它们能够覆盖的范围大于普通 AP。根据 802.11i 标准，没有无线网桥的普通 AP 最多可以覆盖 1 里的范围。而如果使用了无线网桥，则覆盖的范围就会增大。

◇ 天线：天线的功能是通过空气辐射调制信号，这样无线客户端才可以实现收发传输。AP 和无线客户端上都需要使用天线，并且 AP 和诸如笔记本电脑这样的客户端一般使用的都是内置天线。无线设备的信号传输范围取决于天线的形状和类型，并且天线可以根据特殊应用来订制。

图 11-1 是一个包含了有线和无线局域网连接结构示意图。

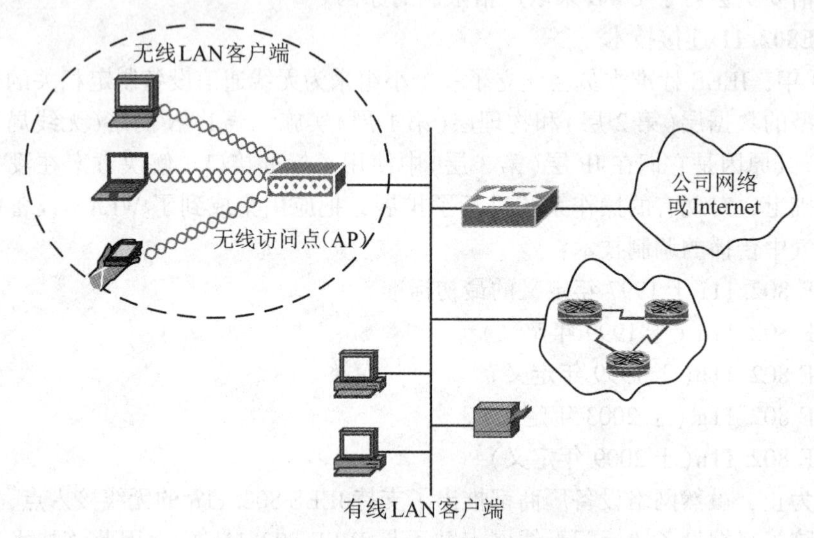

图 11-1　与客户端相连的有线和无线 LAN

2. WLAN 布局

有线信号和无线信号的转换是通过无线 AP 中转的，所以它的位置不但决定无线局域网的信号传输速度和通信信号的强弱，还能影响无线网络的通信安全。因此，一定要在了解无线信号的覆盖范围后，将无线 AP 摆放在一个合适的位置。最好将无线网络节点放置在该空间的中央，同时，将其他网络终端分散在无线网络节点的四周，如图 11-2 所示。

图 11-2　WLAN 布局

11.2 WLAN 安全

WLAN 通过无线电波在大气中传输数据，它的数据传输链路也是在大气之中，所以在数据发射覆盖区域内的几乎任何一个无线用户都能接触到这些数据，无论用户是在另外一个房间、另一层楼或是在本建筑之外。虽然我们可以采取物理屏蔽的方式对 WLAN 网络的覆盖区域进行限定，但这样做的成本非常高。如果想要将无线局域网发射的数据仅仅传送给一名目标接收者，则几乎是不可能的。这样一来，它的安全相对有线网络来说，显得更加严峻，更加重要。WLAN 网络安全可以分为以下两个主要组件：

◇ 认证：强大的认证机制有助于执行访问控制策略，使授权用户连接进无线网络中。

◇ 加密：数据加密可以确保只有合法的信号接收设备才能理解网络中传输的数据。

11.2.1 WLAN 面临的主要安全问题

WLAN 网络目前得到了广泛的部署，因此无线也就成为了非法访问内部网络最常用的途径。如果不对用户进行认证，对数据进行加密，那么只要使用抓包软件就可以轻而易举地拦截空中传输的数据，并对数据进行浏览。甚至还可以非法访问内部网络或免费访问 Internet。

目前，多数厂商都为无线产品制订了“公开访问”策略，在默认情况下，这些无线设备不启用任何安全特性。公开访问策略主要适用于一些公共场所，但是对于私人网络和企业网络，这种策略就并不适用。在这种情况下，就应该启用无线安全特性来对网络进行保护，使其不会遭到非法访问和无线网络威胁或无线攻击的影响。

WLAN 面临的主要安全威胁有窃听(数据泄露)、截获和修改传输数据、哄骗、拒绝服务(DoS)、资源盗用、偶然威胁、恶意 WLAN 等。许多单位综合考虑了这些安全性因素后，宁愿放弃无线网络能给他们带来的种种便利，也不愿意部署 WLAN 网络。其实，只要安全解决方案选择得当、应用到位，保护无线网络也并不是件难事。现在，IEEE 及其他标准机构和团体也一直在致力于重新定义和改进无线安全标准，在他们的努力下，部署和使用 WLAN 时已经完全不必担心 WLAN 的安全性。

常用保护 WLAN 网络的特性和技术有：

◇ SSID(服务集标志)；

◇ MAC 地址过滤；

◇ 客户端认证(开放和共识的密钥)；

◇ WEP；

◇ WAP、WPA2 和 802.11i；

◇ 802.1x 和 EAP；

◇ WLAN NAC；

◇ WLAN IPS；

◇ VPN IPsec。

11.2.2 SSID

SSID(Service Set Identifier，服务集标志)可以说是一个密码，也可以说是一个类似于有线网络中的工作组的名称。它最多可以有 32 个字符，在配备无线网卡、无线路由器时都必须配置 SSID。它从逻辑上为 WLAN 网络划分系统，能够实现基本的访问控制机制。位于同一个特定子系统中的所有无线设备都需要一个 SSID 附件与 WLAN 网络绑定。尽管 SSID 的设计初衷并不是为了满足安全性方面的需求，它也无法实现数据私密性或身份认证，但是它可以阻止没有有效 SSID 的客户端连接 WLAN 网络，因此可以防止非法访问网络的行为。

在默认情况下，AP 会在频段内用明文的方式向所有无线设备广播自己的 SSID。然而，网络抓包软件可以窃听在空中传输的信息，它可以捕获到 SSID 信号消息并判断这个 SSID 是否被使用在网络中。因此，对一般用户来说，当自己有较重要的资料需要安全保障时，还是选择不广播 SSID 比较好，这样其他用户想自动进入你的无线接入点，就要先手动输入正确的 SSID 才能进入网络，这在一定程度上保证了 WLAN 的使用安全。但是做到这一点还是不够的，禁用 SSID 同样破坏了 Windows 无线网络零配置管理特性。而且，部分非法用户依然可以对网络进行访问，因为有些抓包软件可以监视在空中传输的数据，最终仍可以发现并获悉网络中正在使用的正确 SSID。

在 SSID 技术中还有两个概念，那就是 BSSID(Basic SSID，基础服务设置标志)和 ESSID(Extended SSID，扩展服务设置标志)。BSSID 用来对较小 BSS 区域进行标志，每个主机在这个较小的区域里面进行通信，ESSID 可以让不同的 BSS 扩展到 ESS。每个 BSS 都有一个 AP，如果 ESSID 相同就可以相互通信。如果你的网络较大，最少拥有两个 BSSID AP，那么多个 BSSID AP 就构成了一个 ESS 区域，如图 11-3 所示。

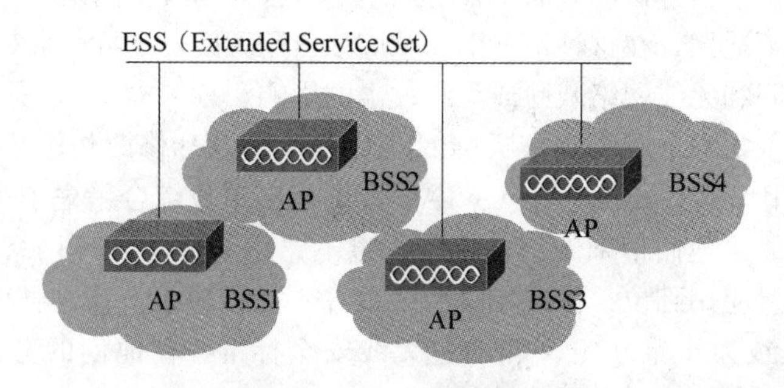

图 11-3　ESS 区域的组成

11.2.3　MAC 地址过滤

MAC 地址过滤功能在有线网络中曾经常使用，它可以允许或者禁止部分主机与局域网的连接。WLAN 的 MAC 地址过滤功能也可以对 MAC 地址进行过滤，灵活地允许或者禁止部分 MAC 地址主机接入对应的 WLAN 网络。基于 MAC 的认证允许已知的 MAC 地址访问网络。AP 会使用本地认证服务器或外部认证服务器上的列表，来查看客户端的 MAC 地址是否在允许的地址之列。可以在 AP 维护的 MAC 地址表中预配置好所有客户端的 MAC 地址。当客户端请求与 AP 建立连接时，AP 会查看 MAC 地址表，如果客户端的 MAC 地址与其匹配，那么认证就会通过。这时客户端便可以连接到 AP，并且通过 AP 传输数据。

基于 MAC 的地址过滤配置起来非常简单，大多数无线厂商都支持这个特性。不过，这项功能在早期的 AP 中比较少，通常是在支持 IEEE 11. g 标准以上的设备中出现。但是在实际运用中，使用 MAC 欺骗技术可以很容易绕过 MAC 地址过滤，所谓 MAC 欺骗是指黑客通过抓包软件捕获当前关联的 MAC 地址，然后通过修改自己的 MAC 地址来获取连接信息，从

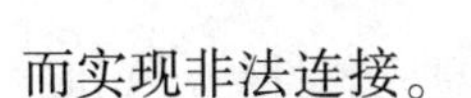

而实现非法连接。

11.2.4 客户端认证

IEEE 802.11 标准支持以下的客户端认证机制，它们可以提供基本的访问控制功能。

1. 开放认证

除了 SSID，还可以实施开放认证来为 AP 提供另一个层面的访问控制。开放认证可以使用 WEP(有线等效保密)密钥，只有拥有正确密钥的合法客户端才能和 AP 建立连接并通过它传输和接收数据。

2. 共享密钥认证

共享密钥认证与开放认证类似，但在这种情况下，AP 会向客户端发送复核数据包。客户端会通过将复核数据包加密的方式对复核数据包作出响应，如果 WEP 密钥是正确的，那么 AP 就可以解密这个数据包，继而客户端就可以和 AP 建立连接并通过它传输和接收数据。如果没有正确的 WEP 密钥，那么认证就会失败，客户端就不能和 AP 建立连接。共享密钥认证并不是非常保险，因为入侵者可以捕获到明文的复核数据包和通过 WEP 密钥加密后的复核数据包响应信息，因此也就可以破解 WEP 密钥。

11.2.5 WEP

WEP(Wired Equivalent Privacy，有线对等保密)协议是专门用来为 IEEE 802.11x 系列标准 WLAN 网络进行帧数据流加密和结点认证的安全技术。因为它在开发之初是想为 WLAN 无线网络提供与有线 LAN 一样的安全级别，所以称之为“有线对等保密”。不过，现在的事实已经证明，WEP 技术并不能达到这个安全级别，WEP 密钥可以使用抓包软件轻易捕获，目前基本上已经被淘汰了，所以现在新的 WLAN 设备基本上不再采用这种落后的技术。总体来说，WEP 的不足主要体现在以下几个方面：

◇ 早期密钥过于简单。

◇ IV(Initialization Vector，初始化矢量)允许重复使用。

◇ RC4 算法的先天不足。

◇ 无共享密钥动态修改机制。

11.2.6 WPA 和 WPA2

1. WPA

由于 WEP 加密技术在安全保护方面存在明显的缺陷，对于熟练的入侵者来说，往往只需要很短的时间便可以攻破。于是就出现了新的 WLAN 加密技术。

WPA(Wi-Fi Protected Access，Wi-Fi 保护访问)是一个 Wi-Fi 联盟制定的标准安全解决方案，它能够解决最初 IEEE 802.11 安全环境中所知的 WEP 脆弱性问题，并且能够对已知的 WLAN 攻击提供防护。Wi-Fi 联盟给出的 WPA 定义为：WPA = 802.1x + EAP + TKIP + MIC。

◇ 802.1x 是指 IEEE 的 802.1x 身份认证标准。

◇ EAP(Extensible Authentication Protocol)是一种扩展身份认证协议。

◇ TKIP(Temporal Key Integrity Protocol，暂时密钥集成协议)是 IEEE 802.11i 标准定义的加密协议，为 WEP 使用基于 RC4 的加密算法提供了软件增强。TKIP 通过添加以下措施增加了 WEP 的安全性，如 PPK(单一封包密钥)、MIC(消息完整性编码)和广播密钥循环，它们可以解决已知的 WEP 问题。

◇ MIC(Message Integrity Code，消息完整性编码)对消息进行完整性检查，用来防止攻击者拦截、篡改甚至重发数据封包。

由此可见，WPA 已不再是单一的链路加密，还包括身份认证和完整性检查两个重要方面。

2. WPA2

WPA2 是 WPA 的第二个版本，是对 WPA 在安全方面的改进版本，需要采用高级加密标准(AES)的芯片组来支持，加密性能更好，安全性更高。与 WPA 相比，主要改进是所采用的加密标准不同——从 WPA 的 TKIP/MIC 改为 AES-CCMP。所以可认为：WPA2 = IEEE802.1x/EAP + AES-CCMP。早在 2006 年 3 月，WPA2 已经成为一种强制性的标准。

AES-CCMP(Advanced Encryption Standard—Counter mode with Cipher-block chaining Message authentication code Protocol，高级加密标准——计数器模式密码区块链接消息身份验证代码协议)是一种加密性更好，安全性更高的加密技术，它定义在 IEEE 802.11i 标准中。其中，CCM 可以提供数据隐私，CCMP 的组件 CBC-MAC(密码块链消息认证码)可以提供完整性和身份认证。由于 WPA 中的 TKIP 保留了 RC4 算法和基本架构，它仍存在 RC4 本身所隐含的弱点，而 CCMP 加密技术中采用的是 AES 加密模块，所以 AES 是 RC4 算法更强健的替代者。

WPA2 与 WPA 一样有两种风格：个人版和企业版，它们用于满足不同类型的市场需求。两个版本的对比如表 11-1 所示。

表 11-1　**WPA 与 WPA2 的比较**

	WAP	WAP2
SOHO/个人应用模式	认证：PSK 加密：TKIP/MIC	认证：PSK 加密：AES-CCMP
企业应用模式	认证：IEEE 802.1x/EAP 加密：TKIP/MIC	认证：IEEE 802.1x/EAP 加密：AES-CCMP

11.2.7　IEEE 802.11i

虽然 WPA 和 WPA2 对最初的 WEP 协议改进了许多，但它们仍只是临时性的安全协议，并没有形成正式的标准。2004 年 6 月，由 IEEE 正式颁布的 IEEE 802.11i 才是真正的 WLAN 安全标准。

IEEE 802.11i 标准是把 WPA 和 WPA2 当做它的子集的，其实最终是与 WPA2 最接近，可以说是 WPA2 改进版的标准化。它也是基于强大的 AES-CCMP 加密算法，避免了 WEP 中 IV(初始化矢量)和 MIC(信息完整性检查)的错误。通过使用 AES-CCMP，802.11i 不仅能加密数据包的有效负载，还可以保护被选中数据包的头字段。

IEEE 802.11i 规定了在下层的数据链路加密，定义了 TKIP、CCMP 和 WRAP 三种加密机制。比 WAP2 多了一个 WRAP 机制。其中，TKIP 采用的是 WEP 机制里的 RC4 作为核心

加密算法；CCMP机制基于AES加密算法和CCM认证方式；WRAP机制基于AES加密算法和OCB(Offset Code Book，码本偏移)，是一种可选的加密机制。在中、上层中，IEEE 802.11使用了基于端口的访问控制技术和802.1x认证、EAP扩展认证协议和密钥管理方式。由此可见，它是一个立体的安全保护架构，如图11-4所示。

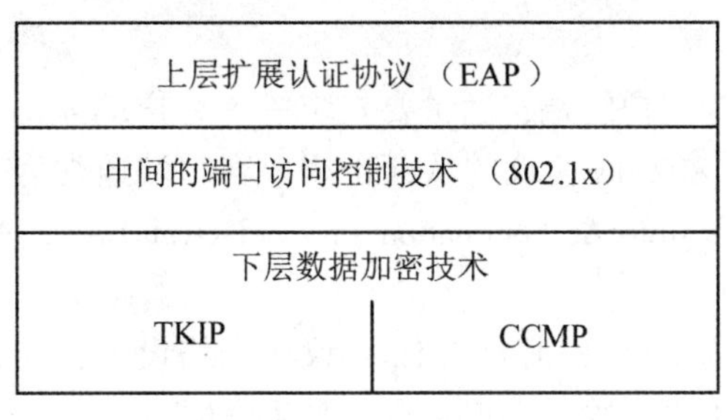

图11-4　IEEE 802.11i协议结构

IEEE 802.11i之所以要采用这么多安全机制，其根本目的就是为了与以前的WLAN设备所支持的安全认证方式兼容，这也就不可避免地使得这一安全标准本身仍存在极大的安全风险，并不是采用了IEEE 802.11i标准都具有高安全性。

WRAP(Wireless Robust Authenticated Protocol，无线强壮认证协议)是一种128比特AES OCB模式的加密算法。总体来说，包括以下三个部分：

◇ 密钥产生进程：通过802.1x协议建立链接，构建临时密钥，然后，由IEEE 802.11媒体访问控制(MAC)层的连接请求、应答和临时密钥K一起通过密钥产生算法生成加密密钥。OCB加密算法使用128位的AES块加密，利用一个临时密钥K和一个随机数(Nonce)完成对数据的保密和完整性检验。

◇ 数据封装进程：一旦加密密钥被生成，连接状态初始化后，IEEE 802.11 MAC就会使用WRAP数据封装算法，利用加密密钥对所有即将发送的单MSDU(MAC Service Data Unit，MAC服务数据单元)进行保护。

◇ 数据解封进程：同样，在数据解封进程中，一旦加密密钥被生成，连接状态初始化后，802.11 MAC层就会使用WRAP数据解封算法，利用加密密钥对所有接收来的单播MSDU进行解封，丢弃任何发送端接收来的未经过数据封装算法保护的MSDU。

11.2.8　IEEE 802.1x

WPA和WPA2均是以IEEE 802.1x协议和EAP作为其用户身份认证机制的基础。这样，用户在接入无线网络前，需要首先提供相应的身份证明，通过与对应网络上合法的用户数据库进行比对检查，以确认是否具备加入权限。

IEEE 802.1x是一种为了适应宽带接入不断发展需要而推出的一种身份认证协议，是基于端口的访问控制协议(Port Based Network Access Control Protocol)，但它并不是专门为WLAN设计的。当无线工作站(STA)与无线访问点(AP)关联后，是否可以使用AP的服务要取决于802.1x的认证结果。它包括三个重要的组成部分：Supplicant System(应用系统)、Authenticator System(认证系统)和Authentication Server System(认证服务器)。架构如图11-5所示。

图 11-5　IEEE 802.1x 体系架构

◇ 应用系统：一般为用户终端，通常要安装一个客户端软件，用户通过启动这个客户端软件发起 IEEE 802.1x 协议的认证过程。客户端通常为一个用户终端设备，必须支持 EAPOL(Extensible Authentication Protocol Over LAN，基于局域网的扩展身份认证协议)。

◇ 认证系统：通常为支持 IEEE 802.1x 协议的网络设备，它为客户端提供接入局域网的端口，该端口可以是物理端口也可以是逻辑端口。

◇ 认证服务器：通常为 RADIUS(Remote Authentication Dial In User Service，远程用户拨号认证系统)服务器，为设备端提供认证服务的实例。它用于实现对用户进行认证、授权和计费。

802.1x 认证系统使用 EAP 来实现客户端、设备端和认证服务器之间认证信息的交换。

11.2.9　EAP

EAP(Extensible Authentication Protocol，可扩展认证协议)是一个通用的认证框架，而不是一个具体的认证机制，它可以用于 LAN 和 WLAN 环境，但更多用于 WLAN 中。它为具体的认证机制提供了通用功能和通信的说明，这些不同的机制叫做 EAP 认证方式，目前约有 40 种不同的 EAP 认证方式。以下为访问控制解决方案中使用的一些常见 EAP 认证方式：

◇ EAP 消息摘要 5(EAP-MD5)。

◇ EAP 传输层安全(EAP-TLS)。

◇ EAP 基于隧道的传输层安全(EAP-TTLS)。

◇ 通过安全隧道的 EAP 灵活认证协议(EAP-FAST)。

◇ 受保护的 EAP(PEAP)。

◇ Cisco 轻量级可扩展认证协议(Cisco-LEAP)。

1. EAP 消息摘要 5(EAP-MD5)

EAP-MD5 是 IETF 的公开标准之一，是非私有的 EAP 类型。因为它部署起来比较容易，因此非常流行。但是，它却不是最安全的 EAP 类型。因为 MD5 散列函数对于很多攻击都比较敏感。EAP-MD5 不支持相互认证(mutual authentication)或密钥生成(key generation)，所以 EAP-MD5 不适用于动态 WEP、WPA 或 WPA2 环境。EAP 定义在 RFC 3748 中(取代了原来在 RFC2284 中的定义)，MD5 定义在 RFC 1321 中。

2. EAP 传输层安全(EAP-TLS)

EAP-TLS 是 IETF 的另一个公开标准。它由 Microsoft 公司开发，能够对 PPP(点到点协议)进行扩展，使其具备认证功能，同时，通过 TLS 提供完整性协商与密钥交换功能。由于使用了 TLS，EAP-TLS 可以提供更高的安全性，TLS 一般被人们看成是接替 SSL 标准的协议，因此 EAP-TLS 也是 EAP 最安全的类型之一。

EAP-TLS 可以基于每个数据包提供机密性和完整性，并能够以此来保护密钥交换中的身

份识别和标准化机制。EAP-TLS 使用了 X.509 PKI 体系，提供基于证书的 802.1x 端口访问。但由于 EAP-TLS 需要相互认证，协商加密方式，还要求在客户端和服务器上安装证书，所以它的部署相对要困难一些。EAP-TLS 定义在 RFC 2716 中。

3. EAP 基于隧道的传输层安全(EAP-TTLS)

EAP-TTLS 是由 Funk Software 和 Certicom 共同开发的。它在各类无线平台上获得了广泛的支持，因为它能够提供和 EAP-TLS 相同级别的安全性和完整性保护，并且不需要没完没了地在客户端上安装证书，只需要在认证服务器上安装一个服务器端的证书就可以了。不过，虽然 EAP-TTLS 只需要在服务器端安装证书，但是服务器仍然能够在安全隧道建立之后对客户端进行认证。

4. 通过安全隧道的 EAP 灵活认证协议(EAP-FAST)

EAP-FAST 是由 Cisco 开发的，它的设计初衷是为了解决 LEAP 存在的缺陷。由于它使用 TLS 隧道，因此可以提供强大的加密功能。与其他使用 TLS 的 EAP 认证方式相似的是，它也可以为用户的身份认证提供机密性和完整性保护。

尽管从概念上讲，它和其他使用 TLS 的 EAP 认证方式十分相似，但是它们之间的最大区别是 EAP-FAST 不通过利用 PKI 体系识别用户(服务器证书是可选的)来建立隧道。它的客户端/服务器架构基于强大的共享加密密钥，每个客户端的加密密钥都是不同的。这些共享加密密钥叫做受保护的访问证书(PAC)。共享加密密钥可以通过带内的方式自动分发给客户端设备，或通过带外的方式在客户端设备上手动添加。

EAP-FAST 的速度非常快，因为 PAC 体系可以加速隧道的建立，使用共享加密密钥建立隧道要比使用基于 PKI 体系的交换方式快得多，和其他可以提供加密 EAP 交互功能的 EAP 解决方案相比，EAP-FAST 一直是最受欢迎的一种方式。EAP-FAST 协商分为两个阶段：

◇ 阶段一：用户接入设备和认证服务器使用 PAC 相互认证，并建立 TLS 隧道。

◇ 阶段二：客户端使用加密隧道来交换用户证书。

5. 受保护的 EAP(PEAP)

PEAP 是另一个公开标准的 EAP 类型，它是由 Cisco、Microsoft 和 RSA Security 联合开发的。它是一个混合认证协议，可以创建一个安全的 TLS 隧道和一个与 EAP-TTLS 类似的设计体系。要建立 TLS 隧道，PEAP 和 EAP-TTLS 都只需要在服务器端安装证书。它的与众不同之处在于各种类型的 EAP 认证方式都可以被封装进 TLS 隧道，实现服务器和客户端之间的安全连接。

PEAP 有两种子类型，带有 EAP-MSCHAPv2 的 PEAPv0 和带有 EAP-GTC 的 PEAPv1，现在，它们都已经获得了 WPA 和 WPA2 标准的认可。

6. Cisco 轻量级可扩展认证协议(Cisco-LEAP)

Cisco-LEAP 是一个 Cisco 私有的 EAP 认证方式。它是一种使用登录密码作为共享加密密钥的相互认证算法，客户端知道共享加密密钥的内容，并用这个加密密钥回应它与认证服务器之间的复核消息。它可以为每个用户每个会话，提供动态的加密密钥。

大多数基于密码的认证算法都对于字典攻击比较敏感，而应对字典攻击最有效的方式就是采用强健的密码策略。由于 Cisco-LEAP 使用了基于密码的认证，它也和其他使用复核响应的 EAP 认证一样，对离线字典攻击非常敏感。为了缓解 Cisco-LEAP 使用 MS-CHAP 受到离线字典攻击的问题，Cisco 倡导建立了 EAP-FAST 这种新的 EAP 认证方式。而更新的协议，如 EAP-TTLS 和 PEAP，则不存在这个问题，因为他们把复核响应消息也封装在了安全的加密 TLS 隧道中。

11.2.10 WLAN NAC 和 WLAN IPS

WLAN 的网络准入控制(NAC)是一系列技术和解决方案，它们用来在所有试图访问网络和网络资源的设备上实施安全策略，以降低发生安全威胁时有可能造成的损失。NAC 是在 Cisco 倡议下建立的行业标准，是 Cisco 自防御网络计划的一个组成部分，它可以使网络能够自动识别、阻止和适应网络威胁。

Cisco 接入点还可以为 WLAN 提供入侵防御系统(IPS)，它可以为空中传输的数据提供实时入侵检测。这个 IPS 特性使 AP 可以实时监控无线数据，扫描针对网络设备的潜在安全威胁。WLAN IPS 也是 Cisco 自防御网络计划的一个组成部分。

11.2.11 VPN IPsec

IPsec 是一种安全验证身份并加密网络 IP 数据包的解决方案，目前，很多 VPN 解决方案使用 IPsec。VPN IPsec(虚拟专用网络 IP 安全)是一个开放标准的框架与体系，该标准可以用来确保 IP 网络中私人通信的安全性，可以为穿越共享或公共网络的数据通信提供机密性、完整性和身份认证功能。

IPsec 可以使两个对待网络能够安全地进行相互身份验证，并对单个网络数据包进行身份验证或加密。还可用于安全地通过一个网络在另一个网络中建立隧道，或仅用于保护在两个公司之间传输的 IP 数据包。

IPsec 隧道通常用于客户端访问或用于站点到站点的 VPN 连接，它是通过将 IP 数据包封装到受保护的 IPsec 数据包中进行工作。与其他 VPN 解决方案一样，这也增加了通信的开销。

11.3 WLAN 安全系统设计

对于 WLAN 网络，特别是安全性要求较高的 WLAN，并不是在 WLAN 网络配置属性对话框中配置了相应的身份验证方式或共享密钥就可以了，实际上，现在的 WLAN 网络可以使用的安全技术与有线 LAN 一样，非常复杂。

11.3.1 WLAN 安全策略的决策

Microsoft 提供了两种 WLAN 安全解决方案，这两个解决方案基本体系结构是相似的，这些技术的使用反映它们更可能适用的组织类型：

◇ 使用证书服务确保无线 LAN 安全：使用公钥证书来对 WLAN 的用户和计算机进行身份验证，是针对具有相对复杂的 IT 环境的大型组织而言的。

◇ 使用 PEAP 和密码确保无线 LAN 安全：使用简单的用户名和密码来对它们进行身份验证，大多数小型组织即可轻松部署。

这两种方案均基于 Windows Server 2003 基础结构和运行 Windows XP 和 Microsoft Pocket PC2003 的客户端计算机。解决方案决策树如图 11-6 所示。

从决策树中可以看出，预共享密钥方案的安全性最差，除非万不得已，而且是个人或 SOHO 办公室使用，一般不选择这种 WLAN 安全方案。在密码身份验证方案已足够强健时，

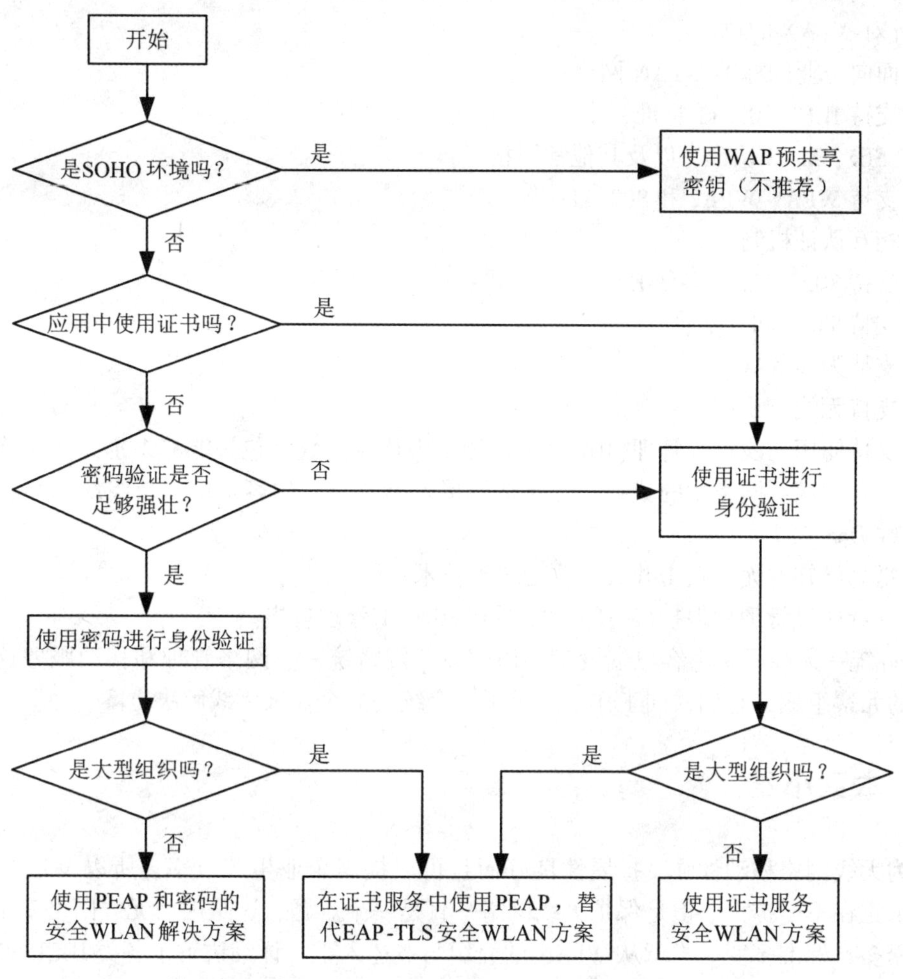

图 11-6 用于 Microsoft 两个无线 LAN 解决方案的决策树

可以考虑 PEAP(Protected Extensible Authentication Protocol，受保护的可扩展的身份验证协议)加密码身份验证安全方案；否则，强烈建议采用证书安全方案。如果不想采用高安全级别的 TLS 证书方案，则可在证书安全方案中采用折中以密码为基础的 PEAP 身份验证方案。

可实施 WLAN 安全性的三种主要技术选项如下所示：

◇ 使用 Wi-Fi 保护访问(WPA)预共享密钥(PSK)(适用于很小的企事业和家庭办公室)。

◇ 使用基于密码的 WLAN 安全性(适用于不想使用证书的组织)。

◇ 使用基于证书的 WLAN 安全性(适用于想使用证书的组织)。

11.3.2 Cisco 统一无线网络解决方案

在使用了 802.1x、EAP 认证方式、TKIP 和 AES 的情况下，WPA 和 WPA2 设备可以防御很多针对 WLAN 网络的攻击。而 Cisco 统一无线网络解决方案则通过将最好的无线标准与所有可以满足扩展性、可靠性、安全性要求的无线连接及安全服务标准结合起来，提供了更安全的 WLAN 解决方案。它还可以为 WLAN 网络提供与其他有线 LAN 网络解决方案同等级别的安全性、扩展性、可靠性以及部署和管理的简便性。它利用以下常用安全特性，可以全面防御针对 WLAN 的攻击：

◇ 面向企业的标准 WLAN 网络；
◇ 支持 IEEE 802.11 标准；
◇ SSID、MAC 认证，以及其他常用技术；
◇ 支持 WPA、WPA2 和 802.11i；
◇ 相互认证机制；
◇ 支持 802.11ix 与多种 EAP 认证方式；
◇ 支持 TKIP 和 AES；
◇ 支持无线 NAC；
◇ 支持无线 IPS；
◇ 支持使用无线资源管理(RRM)来监测空中传输的数据包，能够识别并向网络管理控制台发送不同类型的威胁，如异常的接入点、异常的客户端、自组织网络，以及无线 DoS 攻击；
◇ 抵御已知的无线攻击并具有攻击缓解技术；
◇ 支持通过管理帧保护(MFP)功能缓解 802.11 管理攻击。

Cisco 统一无线网络由客户端设备、访问点、网络统一、网络管理和移动服务这五个相互连接的元素组成，它们共同工作，组成了一个统一的企业级无线解决方案。

11.4 本章小结

因为无线网络移动性强、扩展性良好而且可以提高企业生产效率，所以 WLAN 的网络部署需求正在不断扩大。但是保护无线网络一直是一个难题，这是因为无线网络安全解决方案种类繁多，标准多变。本章从 WLAN 的介绍与概述入手，详细讲解了各类 IEEE 802.11 协议标准及 WLAN 网络的组成元素。

本章用主要篇幅讲述了用于保护 WLAN 网络的各种 WLAN 安全特性。这些特性包括 SSID、MAC 地址过滤、客户端认证、WEP、WPA、WPA2、802.1x、EAP、WLAN NAC、WLAN IPS 和 VPN IPsec。

最后简要地讲解了 WLAN 安全系统设计的策略决策和 Cisco 提供的统一无线网络解决方案。

11.5 习题

1. 选择题

(1)无线局域网 WLAN 的传输介质是以下哪项?

A. 红外线
B. 载波电流
C. 无线电波
D. 卫星通信

(2)下列哪种认证方式是属于硬件认证而非用户认证?

A. 共享密钥认证

B. EAP 认证

C. MAC 认证

D. SSID 匹配

(3) WPA 是 IEEE802. 11i 的一个子集，其核心内容是以下哪项？

A. 802. 1x

B. TKIP

C. EAP

D. MIC

(4) STA 以 WPA 模式与 AP 建立关联后，如果网络中有 RADIUS 认证服务器，则 STA 使用下列哪种方式进行认证？

A. IEEE802. 1x

B. EAP

C. PSK

D. 开放系统认证

(5) 基于端口的网络访问控制协议是以下哪项？

A. IEEE802. 16

B. LEAP

C. EAP

D. WAP

(6) IEEE802. 11i 标准中新增加了以下哪种加密算法？

A. DES

B. PTK

C. GTK

D. AES

(7) 下列哪项是 WLAN 最常用的上网认证方式？

A. SIM 认证

B. 宽带拨号认证

C. WPA2 认证

D. PPPoE 认证

(8) WLAN 适用于以下哪种网络环境？

A. 城域网

B. 广域网

C. 因特网

D. 局域网

(9) 802. 11b 最大的数据传输速率可以达到以下哪项？

A. 11Mbps

B. 108Mbps

C. 54Mbps

D. 24Mbps

(10)WPA 和 WPA2 的个人应用模式采取下列哪种认证方式?

A. DES

B. GTK

C. PSK

D. AES

2. 问答题

(1)简述 WLAN 的特点。

(2)简述 IEEE802. 11 的连接技术。

(3)简述 WPA 和 WPA2 的联系和区别。

(4)什么是 EAP 认证方式? 请列举常用的 EAP 认证方式。

(5)简述 WRAP 的认证过程。

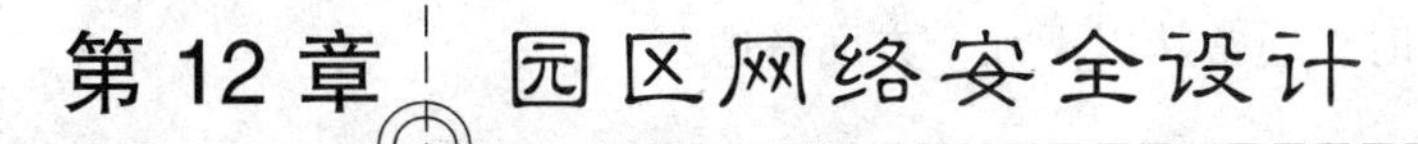

第12章　园区网络安全设计

网络安全设计就是要根据用户的安全需求，用户的网络现状，制定适合用户的安全策略，围绕安全策略综合利用各种安全技术来保护网络。本章介绍了园区网络的概念、园区网络安全设计的通用考虑和原则，重点讨论了园区网络安全设计的几个示例，包括小型园区网络安全设计、中型园区网络安全设计和大型园区网络安全设计。

学习完本章，要达到如下目标：

◇ 理解园区网络安全设计考虑；
◇ 理解小型园区网络安全设计因素；
◇ 理解中型园区网络安全设计因素；
◇ 理解大型园区网络安全设计因素。

12.1　园区网络安全设计概述

12.1.1　园区网络概念

园区网络是一个由众多 LAN 组成的企业网，这些 LAN 位于一幢或多幢建筑物内，它们彼此相连且位于同一个地方。整个园区网络及物理线路通常由一家单位拥有。园区网络通常由以太网、802.11 无线局域网、快速以太网、快速 Ether Channel 和吉比特以太网组成，有些园区网络还包含令牌环网和 FDDI。大多数园区网络中包含以下组成部分：

◇ 客户端主机：终端用户的 PC、工作站等。
◇ 部门服务器：只允许园区内一组有限用户访问的服务器和应用程序，例如，记账系统、人力资源、部门文件服务器等。
◇ 中央服务器：所有用户可以访问的服务器和应用程序，例如，电子邮件、DNS、内部 Web 应用程序、中央文件存储等。
◇ 管理设备：监控其他系统的设备，例如，SNMP 管理器、AAA 服务器、syslog 服务器、安全事件监视器等。
◇ 可交换和可路由的网络基础设施：路由器、以太网交换机及其他使园区网络内部、边界网络以及与外部网络能够通信的基础设施。

园区网络面临的大多数威胁是从边界引入或是用户不小心引入的攻击。例如，如果一个用户接入了一个不安全的无线局域网接入点，那么，这不算故意攻击。用户只是设法在工作区域获得 WLAN 访问而已。但是，其结果是外部攻击者可以对设备发起拨号式扫描攻击，以发现这一无线局域网接入点，并获得对网络的访问。

12.1.2 园区网络安全设计考虑

安全是一个复杂的综合性的工程，不仅要考虑安全技术，而且还要考虑网络安全管理。对于一个企业在设计安全园区网络时，通常从以下几个方面考虑：

1. 第二层考虑

园区网络中很多特殊的安全需求源于大量的网络资源可以在第二层相连接而不需要经过路由设备。为了合理设计园区网络，管理员应该对第四章介绍的局域网二层安全相当熟悉。

2. 身份识别考虑

对园区网络内主要组成部分的身份识别的考虑如下：

◇ 客户端主机：用户使用用户名和密码向系统认证自己的身份。一些高安全环境对于特定 PC 使用 OTP，管理员也可以选择智能卡甚至生物识别技术。

◇ 部门服务器：部门服务器也可以使用用户名和密码，然而对一些高风险系统，最好采用更高级的身份识别服务。使用何种身份识别服务需要以安全策略为准。

◇ 中央服务器：中央服务器也使用用户名和密码进行认证，因为它们必须能被所有用户访问。在这种模式中，可以采用第 5 章介绍的 AAA 认证。

◇ 管理设备：管理系统应视为网络的关键资源。身份检查应该在用户访问管理网络之前进行。

◇ 可交换和可路由的网络基础设施：802.1x 提供了对网络基础设施认证用户的机制。现在，管理员可以将这项技术部署于 WLAN，在某些特定情况下，也可部署于有线局域网。路由网络的基础设施可以通过路由选择协议认证来互相认证，这可减少欺骗路由对网络带来的影响。

3. 防火墙考虑

在大多数情况下，园区网络内部的安全控制点不必是状态防火墙。相反，管理员可以在路由器或三层交换机上使用无状态访问控制列表(ACL)。这种 ACL 可以在第三层和第四层实现数据过滤。四层过滤在第四层信息易于表示时(如对于使用固定端口的应用程序)实施，但三层过滤只有在必要时(如应用程序动态协商端口)才实施。

在某些情况下，部署状态防火墙很关键。例如，当需要保护管理网络不受园区网络其他部分危害时，推荐使用状态防火墙。

另外，管理员需要注意，如果园区网络中部署了高可用性(HA)和路由选择协议，则靠近核心的防火墙可能会对它们造成破坏性影响。

4. 入侵检测系统

入侵检测系统是增加园区网络系统安全而对网络设计干扰最少的方式。如果有监控日志的资源，则管理员可在园区网络的很多地方使用 IDS(基于主机的或基于网络的)来检测网络流量，而根本无须调整网络设计或是访问控制策略。IDS 无须安全控制点就可以安装。但是，当与防火墙配对使用时，网络 IDS(NIDS)允许防火墙根据 NIDS 的指导加强其策略。

5. WLAN 考虑

WLAN 访问包含在每个设计中，并使用某种形式的 802.11 安全扩展(如 WPA、802.11i 或厂商专利)。关于 WLAN 安全设计的信息参考第 11 章。

6. 网络管理

园区网络应包含网络管理系统。安全网络管理的方法请参考相关技术文档，本书将不作讨论。

12.1.3　园区网络安全设计的原则

网络安全建设是一项系统工程，网络系统安全体系建设应按照“统一规划、统筹安排，统一标准、相互配套”的原则进行，避免重复投入、重复建设，充分考虑整体和局部的利益，坚持近期目标与远期目标相结合。

在进行园区网络安全设计时，不同安全服务企业有不同的设计原则和设计方法，但通常遵循原则有以下几点：

1. 整体安全原则

应用系统工程的观点和方法，分析网络的安全及具体措施，主要包括：行政法律手段、各种管理制度以及专业措施（如认证技术、密码、防病毒、容错等）。一个较好的安全措施往往是多种方法适当综合应用的结果。计算机网络安全应遵循整体安全性原则，根据规定的安全策略制定出合理的网络安全体系结构。

2. 积极防御原则

随着网络威胁的增长，对网络安全也提出更高的要求，所以应尽量选用智能化、高度自动化、响应速度快的网络安全产品，配置技术力量雄厚、响应及时的本地化服务队伍，才能做好各种预防检测工作，达到防患于未然。

3. 多重保护原则

任何安全措施都不是绝对安全的，都可能被攻破。但是建立一个多重保护系统，各层保护相互补充，当一层保护被攻破时，其他层保护仍可保护信息安全。

4. 一致性原则

一致性原则主要是指网络安全问题应与整个网络的工作周期（或生命周期）同时存在，制定的安全体系结构必须与网络的安全需求相一致。安全的网络系统设计（包括初步或详细设计）及实施计划、网络验证、验收、运行等，都要有安全的内容及措施。实际上，在网络建设的开始就考虑网络安全对策，比在网络建设好后再考虑安全措施要经济很多。

5. 易操作原则

安全措施需要人去完成，如果措施过于复杂，对人的要求过高，那么本身就降低了安全性；其次，措施的采用不能影响系统的正常运行。

6. 可扩展原则

由于网络系统及其应用扩展范围广阔，随着网络规模的扩大及应用的增加，网络脆弱性也会不断增加，一劳永逸地解决网络安全问题是不现实的；同时，由于实施信息安全措施需要相当的费用支出，因此充分考虑系统的可扩展性，根据资金情况分步实施，既可满足网络系统及信息安全的基本需求，亦可节省费用开支。

12.2　小型园区网络安全设计

在小型园区网络中没有太多需要设计的因素。这里可以用单台交换机将服务器和主机资源相互连接起来。因为网络规模小，实际操作可能无须强健的网络控制。例如，在一个只有一台二层交换机的园区网络中，管理员可以很轻易地判断出是否有一台欺骗 AP 或者其他设备。本设计是在二层环境中实现一些安全控制。如果不需要这些安全控制，则只要将交换机连接到边界路由器上就大功告成了。

12.2.1 设计需求

小型网络设计必须以经济的方式为少量服务器和客户提供联通性。大多数小型园区网络都会在费用限制内尽力缓解身份欺骗、病毒、蠕虫和特洛伊木马等攻击。

12.2.2 整体设计

图12-1显示了支持上述要求的小型园区网络的基本设计。在该设计中，单台二层交换机在所有园区资源和边界之间提供连通性。WLAN AP通过802.11安全增强与有线用户连接在同一网络中。内部服务器和用户PC通过这台交换机互相连接。使用私有VLAN来限制数据流的影响。

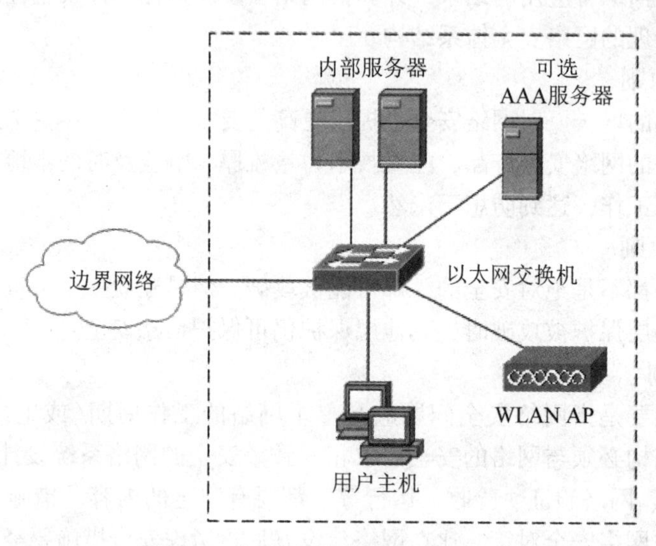

图12-1 小型园区网络安全设计方案

12.2.3 园区网络设备及其安全功能

本节概述了小型园区网络设计中出现的设备以及每台设备上的安全技术配置。

1. 以太网交换机

以太网交换机上配置的关键安全技术如下：

◇ 网络设备安全化加强：管理员应该根据第2章的最佳做法对网络设备配置进行安全强化。

◇ 二层控制协议最佳算法：这些设计中至少包括在所有连接PC的端口上设置STP BP-DU防护，以防止有意或无意产生的生成树问题。只要禁止用生成树就可奏效，但是如果攻击者(或用户错误操作)引入了一个环路，就可能会造成严重的广播风暴。

◇ 端口安全：限制交换机上每个端口MAC地址的数量，是控制能够连接到端口的系统数量的好方法，通过使用端口安全，设备能够检测有额外主机连接到集线器或交换机。因为网络规模小，如果交换机不能实现端口安全，则管理员使用可视检测也是一个可

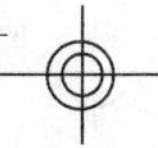

行的替代选项。

◇ VLAN 跳转最佳算法：虽然在该交换机上不需要配置 VLAN 来支持生产流量，但支持设备安全管理时仍然很可能需要使用 VLAN。

◇ ARP 最佳做法：如果网络该区域中使用的交换机提供地址解析协议(ARP)检测功能，则管理员应该启用 ARP 检测。因为网络规模小，也可以使用像 ARPwatch 这样的工具从管理站观察 ARP 表。

◇ DHCP 最佳做法：如果 DHCP 可用，则管理员可以部署 DHCP 监听或 VLAN ACL 以阻止大多数 DHCP 攻击。此外，像 ARP 检测一样，因为网络规模小，因此即使没有这些控制，管理员也容易发现这些攻击并将其限制在一定范围内。

2. 内部服务器

在小型园区网络设计中，没有 ACL 和 IDS，因为使用它们是不太经济的设计。因此，充分保护内部服务器的任务几乎全部落在服务器自己身上。本设计中最常见的内部服务器是文件/打印服务器、电子邮件服务器，以及 DNS 服务器。电子邮件和 DNS 可以使用外包。内部服务器上配置的关键安全技术如下：

◇ 可复用密码：在这样规模的网络中，可以完全只使用用户名/密码对来进行内部认证。

◇ 会话—应用加密：从客户到服务器的任何连接都认为是敏感的(取决于安全策略)，管理员应该对他们采用会话—应用加密法进行加密保护。自签名证书在这里就足够了，因为所连接的服务器可能位于走路就能到达的距离内。

◇ OS/应用程序安全强化：为 OS 和任何应用程序适当安全强化，这可能是目前为止安全地部署内部服务器最重要的步骤。内部蠕虫或远程控制软件攻击最可能紧跟本地服务器。因而，要求管理员对本地服务器进行充分强化，这样做，即使自己的用户也不可能直接攻击内部资源。

◇ 文件系统完整性检查：这也应在每台服务器上进行，因为即使在小型网络中，它涉及的费用都应该在计划中。

◇ 主机防病毒：主机防病毒是应该在园区每个系统上(服务器或客户)部署的最小主机安全控制。

3. 用户主机

如果内部系统出现攻击，则最常见的攻击者通常以某种方式获得了对用户 PC 的访问。电子邮件病毒/蠕虫或其他恶意应用程序可获得对用户 PC 的远程控制，并使得它们攻击自己的网络或其他网络。此外，便携式计算机可能会在本地园区网络保护范围之外运行相当长的时间。当远程工作者旅行或者在家工作时，这些系统可能会受到破坏，当他们回到公司网络时这又可能导致进一步的攻击。用户主机上配置的关键安全技术如下：

◇ 可复用密码：用户通过用户名/密码向系统进行认证。

◇ OS/应用程序安全强化：当 OS 及其核心应用程序安全补丁发布时，现在的 OS 有自动给用户系统打补丁的机制。

◇ 主机防病毒：主机防病毒是应该在园区每个系统上(服务器或客户端)部署的最小主机安全控制。

4. WLAN AP

管理员应该使用第 11 章所描述的技术来安全强化和部署 WLAN AP。对无线流量使用单独 VLAN 只是一个建议，因为在小型园区网络设计中没有三层分段能力，因此不可能做到这一点。WLAN 必须与其他设备处在同样的网络中。

5. 可选的 AAA 服务器

根据边界 VPN 的选择和内部 WLAN 的安全选择，园区网可能需要一个 AAA 服务器来为这些服务集中用户证书。第 5 章介绍了 AAA 部署的更多详细信息。AAA 部署应该遵循前面介绍的部署内部服务器的最佳做法。下面是设备上配置的一个额外关键安全技术：

◇ RADIUS/TACACS+：本服务器为边界 VPN、园区 WLAN、网络管理，以及其他应用功能提供集中的用户证书存储场所。

12.2.4 设计替代选项

以下是关于小型园区网络设计的几个设计替代选项的例子。在实际的应用中可以根据企业安全策略的需要设计其他的方案。

1. 增加安全性的替代选项

在无须修改基本的基础设施的情况下，可以采用以下方法来增加设计的安全性。

◇ IDS：在网络或主机层增加 IDS 将对检测和阻止攻击有明显帮助。

◇ 三层转发：将二层交换机转换成三层交换机，将使得过滤粒度明显增强。

图 12-2 显示了本设计中实现的这些选项。

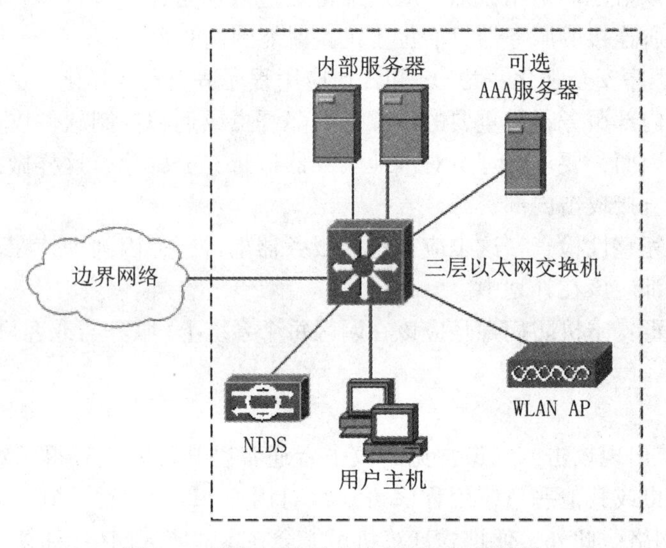

图 12-2 增加安全性的小型园区网络设计

2. 降低安全性的替代选项

降低本设计安全性的唯一方法是使用集线器来代替交换机，而且不针对主机进行安全强化，那么不推荐这么做。

12.3 中型园区网络安全设计

中型网络设计可支持大多数骨干设计不强的企业。该设计同时使用二层和三层交换机为

用户提供服务，并将为网络提供一个整体安全。本设计可有数百个用户并且使用不同类型的应用程序。在本设计可能有几个不同的信任域。

12.3.1 设计需求

中型网络设计必须为中等数量的服务器和客户提供连通性，并在必须时允许它们互相分割。管理员要能够缓解排在最前面的针对园区网络的攻击，因为这类网络可能覆盖在同一地点的几栋大楼中。小型网络园区中的严格物理控制在此不再适用。

12.3.2 整体设计

图 12-3 显示了支持前述要求的中型园区网络的基本设计。

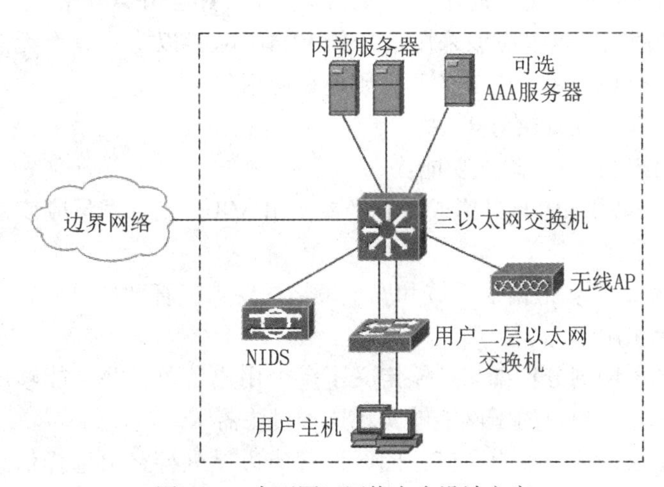

图 12-3 中型园区网络安全设计方案

本设计的核心是给关键设备提供二层和三层服务的单台三层以太网交换机。根据需要，它可以划分尽可能多的子网，以满足流量分离需求。管理员应该至少创建服务器、客户、无线和管理子网。因为大多数园区流量必须经过该交换机，因此可以用 NIDS 来监控该交换机上的流量。要确保不要超限使用 NIDS 设备，否则就有可能丢失警报数据。在该设计中，三层交换机既作为核心层又作为分布层。用户的接入层由一组二层交换机来提供，这些交换机可利用 VLAN 来支持用户级别的不同信任域。管理员要确保在所有交换机部署 VLAN 跳转最佳算法。此外，如果物理电缆布线不可扩展，则可通过相同的访问交换机连接 WLAN AP，同时，要确保对 WLAN 流量使用单独的 VLAN。

这里需要一台 AAA 服务器来为边界、园区 WLAN 以及对不同设备的管理访问提供身份识别。如果需要使用 802.1x，则该服务器也可为它提供认证。

12.3.3 园区网络设备及其安全功能

本节概述了中型园区网络设计中出现的设备以及每台设备上的安全技术配置。

1. 以太网交换机(全部)

园区中所有以太网交换机上应该启用如下功能：

◇ 网络设备安全强化：管理员应该根据第 2 章的最佳做法对网络设备配置进行安全

强化。

◇ 二层控制协议最佳做法：管理员应该在所有的以太网交换机上部署二层控制协议最佳做法。这至少包括在所有 PC 端口上设置 STP BPDU 防护，以防止有意或无意产生的生成树问题。

◇ 端口安全：使用端口安全来限制交换机每个端口的 MAC 地址数量以防止 MAC 地址表泛洪，以及由于这类泛洪产生 VLAN 范围的嗅探攻击。

◇ VALN 跳转最佳做法：因为用户和管理流量均可使用 VLAN，因此要求管理员配置这些交换机，以使用合适的 VLAN 跳转最佳做法。

◇ ARP 最佳做法：如果网络中该区域使用的交换机具备 ARP 检测功能，则管理员应该启用它。是否采用支持该功能的交换机，应该基于成本/收益进行分析。

◇ 私用 VLAN：管理员可以使用私用 VLAN 将系统相互分离开来。

◇ DHCP 最佳做法：这里应该采用最少的 VLAN ACL 以防止有意无意地欺骗 DHCP 服务器。如果可以使用 DHCP 监听，则应该使用它。

2. 以太网交换机(三层核心)

核心交换机应该启用以下附加功能：

◇ uRPF 过滤：如果 uRPF 可用或者有必要使用 ACL，则管理员应该在此实现 RFC 2827 过滤。

◇ 带 ACL 的路由器：根据信任域和安全策略的要求，管理员可以在该交换机上配置三层或四层流量阻塞。

◇ 基于角色的子网划分：如果策略定义了多个用户角色，并且能够用子网将这些角色分段，那么基于角色的子网能够实现这种过滤需求。

◇ 路由选择协议认证：如果和其他园区设备或边界进行路由选择信息交换，则应该使用认证。

3. 内部服务器

应该像对边界路由器一样安全强化和保护内部服务器，只是其重点和警戒稍低。园区网中可能有许多内部服务器，其中的一些在控制之中，而另外的一些则没有。从可操作性和财务上来说，也许不可能实现所有以下控制，但是至少要对系统进行安全强化，设计一个测试新安全补丁的流程，并尽快在产生系统中部署它们。内部服务器上配置的关键安全技术如下：

◇ 可复用密码：用户名/密码对或许就构成了身份信息的大部分。

◇ 会话—应用加密：从客户到服务器到任何通信都认为是敏感的(根据安全策略)，应该使用会话—应用加密对它们进行加密保护。在这里可能使用自签名证书就足够了，然而也可以考虑对关键 HR 和会计系统采用适度的 PKI。

◇ OS/应用程序安全强化：这可能是目前为止安全地部署内部服务器最重要的步骤。管理员要对 OS 和任何应用程序进行适当安全强化。然而，不要在每个补丁一开始发布时就直接采用它，在将它们应用到生产系统之前，需要有一些机制至少做一些关于更新的基本测试。

◇ 文件系统完整性检查：这也应在每台关键生产服务器上进行。

◇ 主机防病毒：主机防病毒是应该在园区每个系统(服务器或客户)部署的最小附加主机安全控制。

◇ 主机 IDS：关键内部服务器都应该部署主机 IDS，以帮助缓解本地攻击。

◇ 电子邮件过滤：因为电子邮件是最普通的病毒载体，因此推荐管理员将网络防病毒软件应用于电子邮件(方式是基于服务器进行电子邮件过滤)。通过在内部过滤电子邮件消息中的病毒，防止了同一园区中一个用户向另一个用户发送邮件，来传递已知病毒。

4. 用户主机

如果内部系统发生攻击，那么最常见的攻击者通常以某种方式获得了对用户 PC 的访问。通过电子邮件病毒/蠕虫或其他恶意应用程序可获得对用户 PC 的远程控制，并使得它们攻击自己的网络或其他网络。此外，便携式计算机可能会在本地园区网络保护界限外工作相当长的时间。远程工作者旅行或者在家工作时，这些系统可能会受到破坏，当他们回到园区网络时，这又可能导致进一步攻击。用户主机上配置的关键安全技术如下：

◇ 可复用密码：用户将通过用户名/密码向系统进行认证。

◇ OS/应用程序安全强化：当 OS 及其核心应用程序的安全补丁发布时，现在的 OS 有自动给用户系统打补丁的机制。数百个内部系统都存在潜在感染危险，如果没有其他选择可以使用这些补丁，但是在将这些补丁部署到终端系统之前，则应该先对其进行测试。

◇ 主机防病毒：主机防病毒是应该在园区每个系统上(服务器或客户)部署的最小主机安全机制。

◇ 主机防火墙：管理员可有选择地在用户工作站上部署主机防火墙。

◇ 文件系统加密：如果 OS 支持它，那么对于可能外出到公司域控制之外相当长一段时间的便携式计算机来说，使用文件系统加密是一个好办法。

5. NIDS

管理员应该在核心三层交换机之外部署基于特征的 NIDS 设备，这使 NIDS 能够监控所有域间园区流量(因为所有安全控制点都在交换机上)。NIDS 上配置的关键安全技术如下：

◇ 网络设备安全强化：管理员应该根据第 2 章的最佳做法对网络设备的配置进行安全强化。

◇ 基于特征的 NIDS：管理员应该调整该设备，使它能够检测网络区域中最普遍的攻击。

6. AAA 服务器

边界和园区网络可以通过 AAA 服务器，为可以应用的系统(WLAN、管理和 VPN 等)提供集中的身份存储。下面是设备上配置的一个额外关键安全技术：

◇ RADIUS/TACACS+：本服务器为边界 VPN、园区 WLAN、网络管理以及其他应用功能提供集中的用户证书存储场所。

7. WLAN AP

管理员应该像第 11 章所描述的那样安全强化和部署 WLAN AP。确保将它们部署在与其他用户流量分开的 VLAN 中，并以此作为额外的安全机制，而且如果可能的话，那么直接在物理上将上行连接到三层交换机，如图 12-3 所示。

12.3.4　设计替代选项

1. 增加安全性的替代选项

对于本设计能做的最有意义的补充是用状态化防火墙来代替基本 ACL，为关键服务器提供保护，其拓扑如图 12-4 所示。管理员可以根据需要来决定用这种方式保护哪个系统。可以用防火墙保护的系统包括不安全的私有应用、高价值目标(人力资源、会计)以及受到高度怀疑会受到攻击的系统等。状态化防火墙可以给这些关键资源增加一层额外的保护。

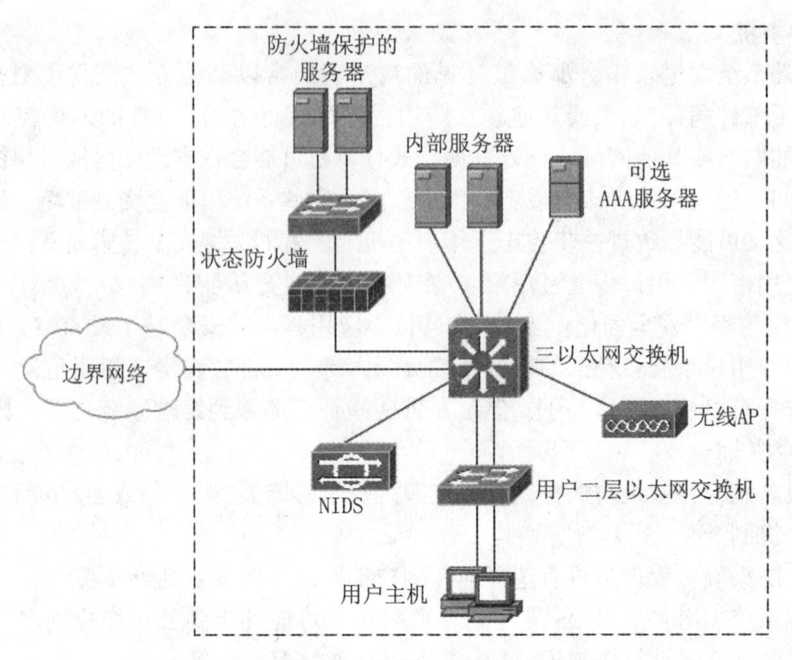

图 12-4　增加安全性的中型园区网络设计

另外，可以在被保护网段使用 NIDS。其他增加安全性的方法包括强调主机安全强化和其他安全控制。

2. 降低安全性的替代选项

在核心使用二层交换机显然降低了安全级别，并提供了一个与小型园区网络设计十分相像的设计。此外，通过实施较少主机控制来降低安全性，还会节省开销。如果在本设计中必须省钱，则应该首先去除 NIDS，其次是主机附加安全机制。要确保主机和应用程序安全强化是最后才考虑去除的东西。

12.4　大型园区网络安全设计

与中型园区网络设计相比，大型园区网络设计在联网方式上改变了更多，而不是安全需求有太大的改变。这种设计中添加了多条路径、拥有包括核心层、分布层和接入层在内的完全三层模型，但是安全范围没有必要改变。本设计适用于同一地理区域拥有几栋大楼和数千名用户的园区网络。虽然网络在用户级别没有弹性，但从交换机到网络其余部分，每层的单点失效都不会影响整体的联通性。

12.4.1　设计需求

大型园区网络设计必须为大量服务器和若干个数据中心提供联通性，可能还拥有访问这

些服务器的几个离散客户信任域。大多数用户子网基于物理位置进行划分，但并不总是这样。某些子网可能需要对网络的特定区域拥有访问优先级。

12.4.2　整体设计

图 12-5 显示了支持前述要求的大型园区网络的基本设计。考虑到大型网络，本设计对园区网络采用了完整的核心层、分布层和接入层。核心交换机可以由几个大楼分布交换机组成，其中每个连接十个或更多的用户二层交换机。根据要求，还可部署大量数据中心。高端设计提供的弹性保证即使多层发生了失效，网络仍具有高可用性。

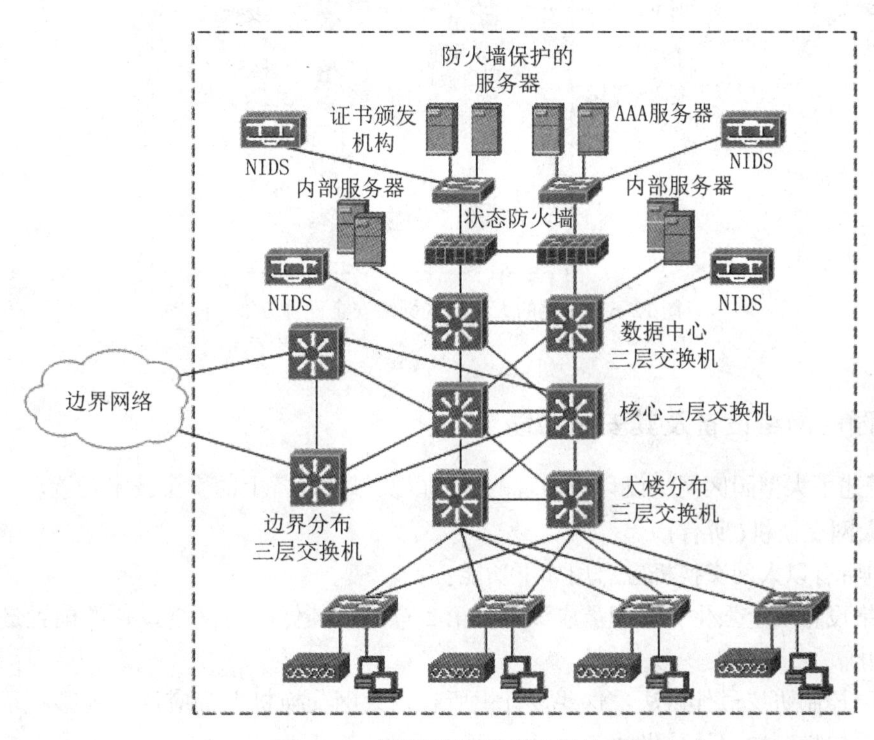

图 12-5　大型园区网络安全设计方案

数据中心交换机直接与一些服务器连接，并通过一对防火墙与其他服务器连接。如图 12-5 所示，这些防火墙只有一个受保护的接口，但是根据信任域和策略的要求，管理员可以配置多个受保护接口。在两个数据中心层都部署 NIDS，为服务器提供攻击检测。直接与数据中心三层交换机连接的服务器安全要求较低，防火墙后的服务器会获得更好的保护。这些防火墙的性能要求非常高，这样才可以匹配高速园区网络的其他部分。如果交换机中集成的防火墙或 NIDS 能够满足要求，则管理员也可以考虑使用它们。

园区网络通过对一边界分布交换机连接边界。根据边界网络的扩展范围，管理员可能不需要这一层，或者可将其与边界的第一个路由选择层合并。本设计中不同三层交换机的安全角色根据其位置而有所不同。图 12-6 通过去除弹性而简化了拓扑。这使得读者更容易看清设计中的特定流。

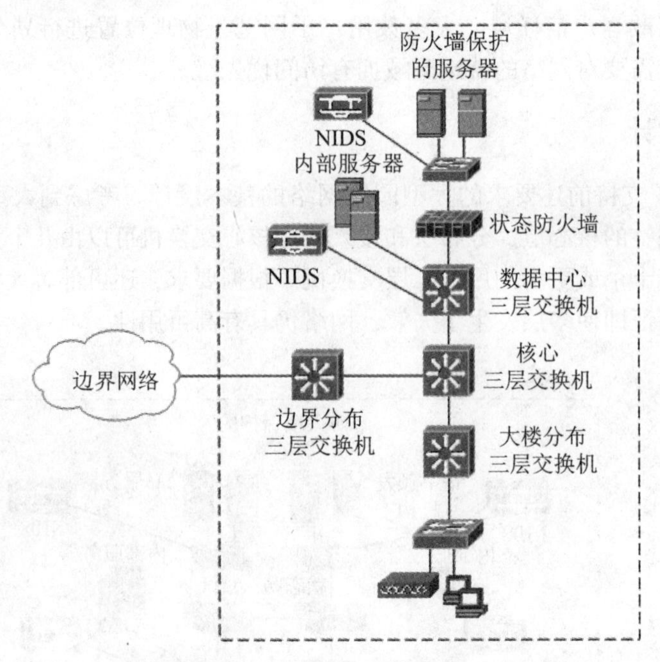

图 12-6 简化的大型园区网络安全设计方案

12.4.3 园区网络设备及其安全功能

本节概述了大型园区网络设计中出现的设备以及每台设备上的安全技术配置。

1. 以太网交换机(所有)

园区中所有以太网交换机应启用如下功能：

◇ 网络设备安全强化：管理员应该根据第 2 章的最佳做法对网络设备的配置进行安全强化。

◇ 二层控制协议最佳做法：这些设计中所有以太网交换机上都应该实施第 4 章中介绍的二层控制协议最佳做法。

◇ VLAN 跳转最佳做法：因为 VLAN 可为用户和管理流量提供服务，要求管理员使用合适的 VLAN 跳转最佳做法配置这些交换机。

2. 以太网交换机(用户)

除了在所有交换机上都应启用的功能以外，用户二层交换机上还应配置以下额外功能。这些交换机通常至少有两个 VLAN(管理 VLAN 不计在内)：一个用于有线；另一个用于无线。如果园区网络中发生了任何二层攻击的话，那么这些交换机可以检测到其中大部分攻击。用户以太网交换机中配置的额外关键技术如下：

◇ 端口安全：通过使用端口安全来限制交换机每个端口 MAC 地址的数量，这样做可以防止 MAC 地址表泛洪以及由该泛洪引起的 VLAN 范围内的嗅探。

◇ ARP 最佳做法：如果网络中使用的交换机具备 ARP 检测功能，则管理员应该启用它。管理员应该根据成本/效益分析，决定是否选择支持这一功能的交换机。

◇ DHCP 最佳做法：这里应该部署最少的 VLAN ACL，以防止有意或无意的欺骗 DHCP 服务器。如果 DHCP 服务器监听可用，则应该用它替代 VLAN ACL。

3. 以太网交换机(三层分布)

分布层是用户第一个三层访问点；因此在此实现子网 ACL、RFC 2827 过滤或其他三层控制。对于边界分布交换机，这是过滤入站边界网络流量的最后一个机会。三层分布以太网交换机中配置的额外关键安全技术如下：

◇ uRPF 过滤：如果 uRPF 可用或者有必要使用 ACL，则管理员应该在此实现 RFC 2827 过滤。

◇ 带 ACL 的路由器：管理员应该根据信任域和安全策略的要求来配置交换机，以在第三层或第四层阻塞流量。

◇ 基于角色的子网划分：如果策略定义了多个用户角色，并且能够用子网将这些角色分段，那么可以通过基于角色的子网来实现该过滤。最好在第三层进行该过滤，因为在那里它最容易实现和管理。

◇ 路由选择协议认证：因为这些设备与其他三层设备进行路由选择信息交换，管理员应该使用路由选择协议认证。

4. 以太网交换机(数据中心)

防火墙之前或之后的数据中心交换机都应启用以下额外功能。三层功能只应在三层交换机上实现。交换机集成的防火墙可以提供增强的性能，但是也会有特殊的部署挑战。管理员应该向厂商查询部署的细节问题。数据中心以太网交换机上配置的额外关键安全技术如下：

◇ uRPF 过滤：如果 uRPF 可用或者有必要使用 ACL，则管理员应该在此实现 RFC 2827 过滤。

◇ 带 ACL 的路由器：管理员应该根据信任域和安全策略的要求来配置交换机，以在第三层或第四层阻塞流量。

◇ 服务器子网：根据需要，可将服务器放在分离子网中以提高安全性。

◇ 私用 VLAN：管理员应使用私用 VLAN 来将系统相互分割开来。

◇ 路由选择协议认证：因为这些设备与其他三层设备进行路由选择信息交换，管理员应该使用路由选择协议认证。

5. 以太网交换机(核心)

核心三交换机上应用以下额外功能。为了保持核心的传统角色，它几乎不配置安全功能。核心以太网交换机上配置的额外关键安全技术如下：

◇ uRPF 过滤：如果 uRPF 可用或者有必要使用 ACL，则管理员应该在此实现 RFC 2827 过滤。

◇ 路由选择协议认证：因为这些设备与其他 L3 设备进行路由选择信息交换，管理员应该使用路由选择协议认证。

6. 内部服务器

管理员应该像对边界服务器一样安全强化和保护内部服务器，只是重点和警戒稍低。网络中可能有许多内部服务器，其中的一些在控制之中，而另外的一些则没有。从可操作性和财务上来说，管理员也许不可能部署以下所有控制，但是至少要强化之，管理员自己的策略无疑要胜过这些推荐的做法。通常将服务器放在防火墙后面，因为它们有更高的安全要求。同样，主机控制也应该更强。一个例外是用防火墙特别保护起来的系统，因为该系统不能够进行充分安全强化(因为它的软件过期或者其他什么原因)。在这种情况下，防火墙可作为一个有限的隔离检疫系统。这些系统应该通过专用防火墙接口，与用防火墙保护起来的其他系统分离。内部服务器上配置的关键安全技术如下：

◇ 可重用的密码：用户名/密码对构成了身份信息的大部分内容。

◇ 会话—应用加密：从客户到服务器的任何通信都认为是敏感的(取决于策略)，应该采用会话—应用加密法对其进行加密保护。考虑到这种规模网络中的服务器数量，管理员可能需要对内部服务器使用某种形式的 PKI 技术。

◇ OS/应用程序安全强化：这可能是目前为止安全部署内部服务器最重要的步骤。要对 OS 和应用进行适当安全强化。然而，不要在每个补丁一发布时就直接采用它，在将它们应用到生产系统之前，需要至少通过某些机制进行基本测试。

◇ 文件系统完整性检查：这应该在每台关键生产服务器上进行。

◇ 主机防病毒：主机防病毒是应该在园区每个系统上(服务器或客户)采用最少的附加主机安全控制。

◇ 主机 IDS：应该在关键内部服务器以及其他服务器(如果可以的话)部署主机 IDS 以帮助缓解本地攻击。

◇ 电子邮件过滤：因为电子邮件是最普通的病毒载体，因此推荐管理员将网络防病毒软件应用于电子邮件(方式是基于服务器进行电子邮件过滤)。通过在内部过滤电子邮件消息中的病毒，防止了同一园区中一个用户向另一个用户发送邮件，来传递已知病毒。

7. 用户主机

如果内部系统中发生攻击，则最常见的攻击者以某种方式获得了对用户 PC 的访问。电子邮件病毒/蠕虫或其他恶意应用程序可获得对用户 PC 的远程控制，并使得它们攻击自己的网络或其他网络。此外，便携式计算机可能在本地园区网络保护界限之外工作相当长的时间。当远程工作者旅行或者在家工作时，这些系统可能会受到破坏；当他们回到园区网络时，这又可能导致进一步的攻击。用户主机上配置的关键安全技术如下：

◇ 可复用密码：用户很可能通过用户名/密码向系统进行认证。

◇ OS/应用程序安全强化：当 OS 及其核心应用程序的安全补丁发布时，现在的 OS 有自动给用户系统打补丁的机制。因为数千个内部系统可能被感染，管理员应该部署自己的内部软件管理系统，这使得在桌面支持小组测试之后才部署这些更新。

◇ 主机防病毒：主机防病毒是应该在园区每个系统上(服务器或客户端)部署的最小主机安全机制。

◇ 主机防火墙：主机防火墙可以有选择地部署在用户工作站上。

◇ 文件系统加密：如果 OS 支持它，那么对于可能离开公司域控制相当长时间的便携式计算机来说，使用文件系统加密是一个好办法。

8. NIDS

基于特征的 NIDS 设备部署在主流数据中心交换机对之外。这允许 NIDS 监控从网络其他任何地方到这些服务器的流量。NIDS 的性能考虑在这里变得极为重要。如第 7 章所讨论的，通常有必要结合调整和过滤。因为这些系统只为内部系统部署，因此一旦调整合适，就可用它们主动阻止某些攻击。然而，对于这种规模的网络，可能非常难以对流量有足够精确的了解，以启用相应的攻击保护。NIDS 上配置的关键安全技术如下：

◇ 网络设备安全强化：管理员应该根据第 2 章的最佳做法对网络设备的配置进行安全强化。

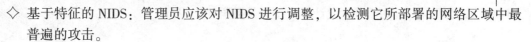

◇ 基于特征的 NIDS：管理员应该对 NIDS 进行调整，以检测它所部署的网络区域中最普遍的攻击。

9. 状态化防火墙

数据中心的一对状态化防火墙为需要的系统提供了额外保护。通常，与 Internet 边界防火墙上配置的规则相比，这些防火墙设置的规则渗透性更强。比如，不像对 Internet 边界设计那样，ICMP 最佳做法在此不是强制实施的。状态化防火墙上配置的关键安全技术如下：

◇ 状态化防火墙：这些设备应该实现状态化访问控制。这些状态化信息必须在两个防火墙之间传输，以保证其中一个防火墙失效时，最大限度地保持现有会话连接。

◇ 网络设备安全强化：管理员应该根据第 2 章的最佳做法对网络设备的配置进行安全强化。

◇ uRPF 过滤：如果 uRPF 可用或者有必要使用 ACL，则管理员应该在此实现 RFC 2827 过滤。

◇ 路由选择协议认证：如果在防火墙上进行路由选择，并使其参与内部路由选择协议，则应该使用路由选择协议认证，因为错误路由选择的安全风险被引入到了防火墙中。要记住，路由选择会影响 HA 设计，这取决于它是如何部署的。更多细节信息可查询防火墙厂商 HA 文档。

◇ TCP SYN 最佳做法：应该在防火墙上为那些没有本地强健 TCP SYN 防范的主机缓解 TCP SYN 泛洪的影响。

10. AAA 服务器

本服务器可在边界和园区内，为那些可以利用它的系统（WLAN、管理、VPN 等）提供集中身份存储。对于这样规模的网络，可能需要多于一台服务器以提供弹性。AAA 服务器部署在第 5 章中进行了更详细的讨论。任何 AAA 部署应该遵循前面介绍的其他内部服务器的最佳做法。下面是 AAA 服务器上配置的一个关键安全技术：

◇ RADIUS/TACACS：本服务器提供存储关于边界 VPN、园区 WLAN、网络管理以及其他应用功能用户证书的集中场所。

11. 证书颁发机构

在这样规模的网络中，管理员可能会需要某种类型的证书颁发机构（CA）来为需要它们的设备管理分发证书。应用程序和 VPN 站点到站点设备是最常用的部署。管理员可以使用第三方的 PKI 服务来替代。下面是 CA 上配置的一个额外关键安全技术。

◇ PKI：本设备创建和发布数字证书。

12. WLAN 访问点

管理员应该像第 11 章所描述的那样安全强化和部署 WLAN AP。要确保将它们部署在与其他用户流量分开的 VLAN 中以作为额外安全机制。

12.4.4 设计替代选项

对于大型的园区网络，总是有多种替代选项。替代选项设计的焦点在于使设计更加安全或不安全的组件上。

1. 增加安全性的替代选项

潜在的安全性增加可来自在整个网络更加坚定地使用 NIDS，以及对用户主机和服务器更强的主机安全控制应用程序。如果有非常敏感的内部应用程序，那么一个潜在的选择是采

用如图 12-7 所示的与电子商务设计非常接近的数据中心设计。

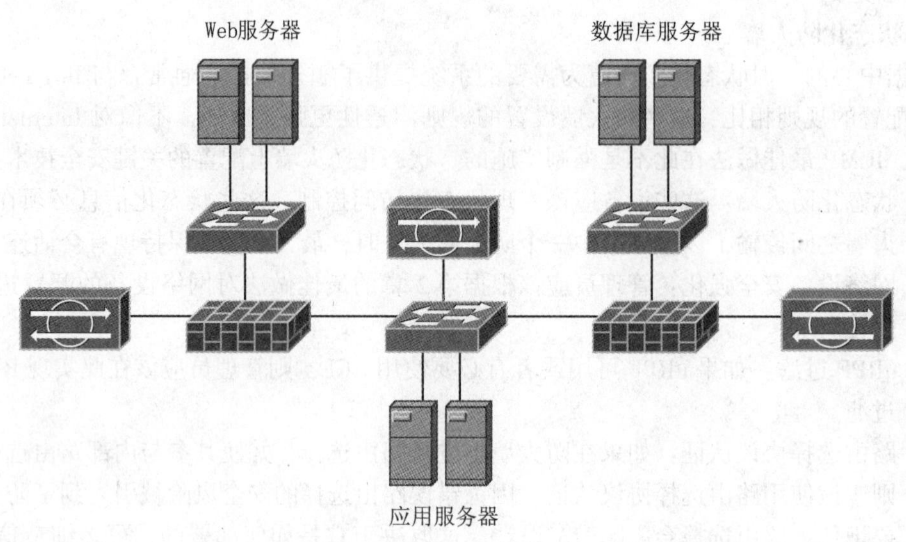

图 12-7　增强的数据中心安全设计

2. 降低安全性的替代选项

一个降低安全的选项是去掉防火墙和 NIDS 设备，这降低了园区网络的安全性，但是不会导致整个设计无效。但是，由于去掉了这两种安全设备，保护每个网络本地服务器的要求显著增加，需要更加依赖于主机控制。

另一个降低安全的选项是降低交换层交给较少的设备。相对于安全来说，这一改变的最终结果与性能的关系更大。

12.5　园区网络安全设计实例

前面介绍了针对三种不同规模园区网络而提出的设计样例，为网络工程师设计方案提供了模板。然而，园区网络安全设计没有一成不变的模式，工程师可以根据用户需求和网络现状，选择在以上设计的基础上进行修改，也可以从零开始设计自己的园区网络。下面提供了一个企业园区网络安全设计案例。

12.5.1　园区网络安全需求

该企业网络有两个站点：总部和分支机构，以及通过 Internet 相连的远程接入用户。为了节省费用，企业希望使用 VPN 将分支机构和远程用户连接到公司总部。

企业总部有五个网段，其中，有三台公共服务器(包括 E-mail 服务器、DNS 服务器和 HTTP 服务器)和五台内部服务器(包括应用服务器、数据库服务器、系统日志服务器、AAA 服务器和财物服务器)，这些服务器都分配一个私有地址。为了让来自 Internet 的用户可以到达公共服务器，需要在边界设备上执行地址转换。内部应用服务器用做企业应用的一种存储区，企业职员使用的重要应用都放在这台服务器上。财物服务器的信息非常敏感，因此必须很小心地指定谁能访问该服务器。在财物服务器上运行的应用对网络访问应使用一个非标

准端口。系统日志服务器用来处理设备的远程日志记录，AAA 服务器用来处理网络中所有的 AAA 功能。

所有内部用户都应该可以访问公共服务器和 Internet。但是，企业关注网络冲浪行为，因此应监控内部用户活动，限制访问不健康的内容和网站。同时，要部署防病毒系统，以进行病毒防范。

12.5.2 园区网络安全设计

图 12-8 显示了满足上述需求的网络安全设计。在该设计中，通过在边界路由器上部署一台内容过滤服务器来对 Web 流量实施过滤，公共服务器处于防火墙的 DMZ 区，NIDS 用来监控三层交换机上的流量，并与防火墙联动，无线 AP 的部署便于内部用户的无线接入。

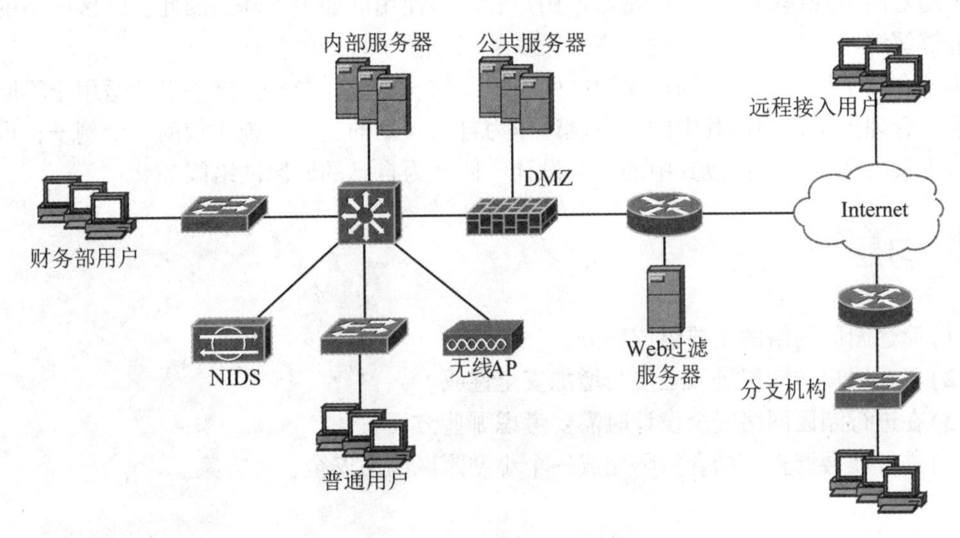

图 12-8 园区网络安全设计案例

12.5.3 园区网络安全技术配置

以下列出了将被整合到该网络安全设计中的安全技术配置：

◇ 在所有设备上关闭不必要的服务，这需要手动完成。对所有设备的访问使用 SSH(阻塞 Telnet 服务)。只允许网络管理员访问 EXEC。

◇ 每个管理员有一个单独的账号来访问网络设备。使用 AAA 设置对网络设备的访问认证。所有被执行的命令和系统事件应该被记录，在每台设备上建立一个后门账号，以防万一 AAA 服务器无法到达时使用。AAA 服务器将使用 Cisco Secure ACS，以 TACACS+作为安全协议。即使是分支机构的路由器上也设置 AAA 功能。

◇ 在交换机上开启端口安全来防止 MAC 地址表泛洪攻击。

◇ 在核心交换机上配置标准的扩展 ACL，限制对财物服务器的访问。

◇ 在核心交换机上配置 SAPN，把流量复制到 IDS，以实现对内部流量的监控。

◇ 在防火墙上需要配置地址转换，对 DMZ 设备需要静态地址转换，对所有其他要访问 Internet 的内部设备实施端口地址转换。对 VPN 连接，应该关闭地址转换。

◇ 使用防火墙来阻止连接攻击，包括 TCP SYN 泛洪攻击。

◇ 用标准的扩展 ACL 在总部和分支机构的路由器上执行策略限制。
◇ 在边界路由器上通过 Websense 服务器对 Web 流量实施过滤。
◇ 使用站点到站点的 IPSec VPN 来保护分支机构和总部之间的流量。
◇ 实施 SSL VPN 来使远程接入用户接入到企业总部网络。
◇ 所有用户主机上安装防火墙软件，内部服务器上除了安装防火墙软件外还部署主机 IDS，以缓解各种攻击。

12.6 本章小结

虽然现在大多数攻击来自网络外部，但是成功的攻击在园区网络中可产生严重的破坏。而且，随着网络规模的增长，严密监控用户和网络使用的能力下降。因此，园区网络的安全设计能够缓解网络风险，并仍然允许给大多数用户授予合理的信任。

本章介绍了针对三种不同规模园区网络提出的安全设计样例。这些设计适用于不同规模的企业。管理员可以使用其中的一个设计作为自己计划的安全系统比较的一个例子，也可以通过考虑策略和需求，修改其中的一个设计，使其为自己的园区网络服务。

12.7 习题

(1)简述园区网络的主要组成部分。
(2)不在用户访问层进入三层会增加安全性吗？
(3)在进行园区网络安全设计时需要考虑哪些方面？
(4)进行社会调查，结合实际完成一个小型园区网络安全设计方案。

附录A 课后习题参考答案

第1章 网络安全概述

1. 选择题

(1)B

(2)A

(3)D

(4)D

(5)D

(6)C

(7)A

(8)D

(9)B

(10)B

2. 问答题

(1)简述网络安全的目标。

答：网络安全的目标是保护信息的机密性、完整性和可用性。

(2)许可性的安全策略和限制性安全策略的不同之处是什么？

答：许可性意味着只要不是明确禁止的都是允许的。限制性意味着只要不是明确允许的就是禁止的。一般来讲，一个安全策略会选择其中之一。但是，倾向于限制性的策略较好。

(3)网络安全的威胁主要有哪几种？

答：网络安全的威胁主要有外部威胁、内部威胁、有组织的威胁和无组织的威胁四种。

(4)简述拒绝服务攻击和分布式拒绝服务攻击的特点。

答：DoS攻击试图阻止某种服务的合法用户使用该服务，这种攻击是从某个单一的主机或者网点发起的。而分布式拒绝服务攻击(Distributed Denial of Service，DDoS)所带来的是一种更为严重的网络威胁。在DDoS攻击中，攻击者可以募集遍及整个互联网的大量主机，在同一时间或者以协同发射方式对目标站点发起进攻。DDoS攻击与DoS攻击的目的类似，区别在于DDoS攻击源自多个协调一致的源，运行范围更大。

(5)简述常用的网络安全组件和技术。

答：常用的网络安全组件和技术有以下几种：

◇ 数据加密技术；

◇ 访问控制技术；

◇ 防火墙技术；

◇ 信任与身份技术；

◇ 入侵检测技术；

◇ VPN 技术等。

第 2 章　网络设备安全

1. 选择题

(1)C

(2)A

(3)A

(4)B

(5)C

(6)D

(7)A

(8)C

(9)D

(10)B

2. 问答题

(1)将密码存储在路由器上推荐使用哪种加密算法？

答：MD5。

(2)访问路由器的方法有哪些？

答：console 接口、Telnet、SSH 和 HTTP/HTTPS。

(3)NTP 协议的作用是什么？

答：NTP 用于同步网络设备的时钟，让所有网络设备(服务器、工作站、路由器等)具有一致的时间。

(4)使用什么命令可以启用路由器自动安全特性？

答：使用特权模式命令 auto secure 启用路由器自动安全特性配置。

(5)路由器可将系统日志发送到什么地方？

答：控制台、VTY 线路、缓冲区、SNMP 服务器和系统日志服务器。

第 3 章　访问控制列表

1. 选择题

(1)A

(2)A

(3)B

(4)C

(5)B

(6)C

(7)A

(8)C

(9)A

(10)C

2. 问答题

(1)在路由器上通常以什么顺序处理 ACL?

答：路由器以自顶向下的顺序检查访问控制列表来发现匹配。

(2)简述标准 IP 访问控制列表和扩展 IP 访问控制列表的特点。

答：标准 IP 访问控制列表只能根据数据包的源 IP 地址定义规则，进行数据包的过滤。扩展 IP 访问控制列表可以根据数据包的源 IP 地址、目的 IP 地址、源端口、目的端口以及协议等来定义规则，进行数据包的过滤。

(3)什么是 smurf 攻击?

答：smurf 攻击是使用 IP 定向广播创建的 ICMP 泛洪。

(4)什么样的 ACL 可用于检测 SYN 泛洪?

答：Router(config)#access-list 100 permit tcp any any established

Router(config)#access-list 100 permit tcp any any

Router(config)#access-list 100 permit ip any any

(5)在下图所示的网络中，为了防止一些黑客之类的非法用户通过 VTY 线路远程登录到路由器，请配置 ACL 来限制 VTY 的访问，该 ACL 只允许两个管理员的主机 Telnet 到路由器。

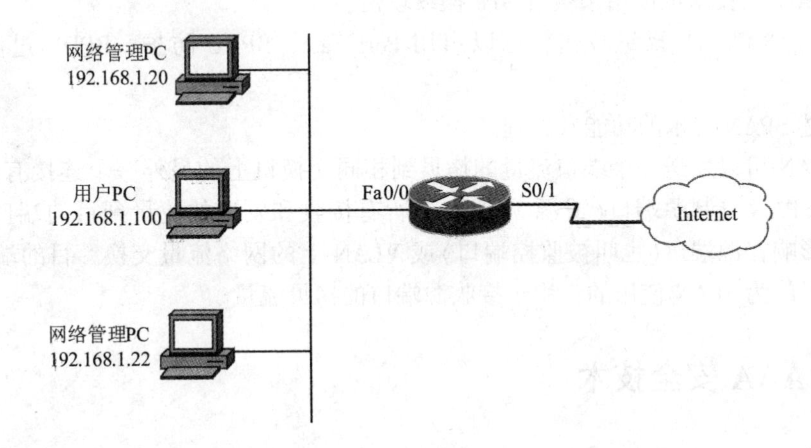

答：Router(config)#access-list 1 permit host 192. 168. 1. 20

Router(config)#access-list 1 permit host 192. 168. 1. 22

Router(config)#line vty 0 4

Router(config-line)#ip access-class1 in

第 4 章　局域网交换机安全

1. 选择题

(1)A

(2)A

(3) A

(4) B

(5) C

(6) D

(7) B

2. 问答题

(1) 局域网交换机面临的主要攻击有哪些？

答：局域网交换机面临如下主要攻击：

◇ MAC 地址表溢出攻击；

◇ MAC 地址欺骗攻击；

◇ VLAN 攻击；

◇ STP 操纵攻击；

◇ LAN 风暴攻击；

◇ DHCP 攻击；

◇ ARP 攻击。

(2) 简述交换机端口安全的功能。

答：端口安全允许管理员来静态地指定 MAC 地址到对应的端口上，或者允许交换机动态地学习有限的 MAC 地址数量。可以用来预防 MAC 地址表溢出攻击和 MAC 地址欺骗攻击。

(3) 什么安全技术可以用来缓解 STP 操纵攻击？

答：为了缓解 STP 操纵攻击，可以启用 Port Fast、BPDU 防护、BPDU 过滤和根防护技术。

(4) 简述 SPAN 技术的功能及原理。

答：SPAN 可以发送一个端口流量的拷贝到相同交换机上的另外一个连接有网络分析设备的端口。SPAN 复制源端口(或源 VLAN)上所有接收和发送的流量到目的端口进行分析。SPAN 不会影响在源端口(也叫被监控端口)或 VLAN 上的网络流量交换。目的端口(也叫监控端口)是专门为 SPAN 使用的，用于接收源端口的拷贝流量。

第 5 章　AAA 安全技术

1. 选择题

(1) B

(2) A

(3) D

(4) C

(5) B

(6) A

(7) B

(8) B

(9) C

(10) B

2. 问答题

(1)路由器上的AAA可以认证的服务有哪些?

答:ARAP、enable、login和PPP。

(2)与下面的命令相关的任务是什么?

aaa authentication login default group radius none

答:如果使用RADIUS进行的认证返回一个错误的话,就不再对用户进行另一次认证,允许用户进行登录。

(3)RADIUS协议在认证过程中使用什么类型的数据包?

答:RADIUS协议在认证过程中使用四种类型的数据包:访问—请求、访问—接受、访问—拒绝和访问—质询。

(4)TACACS+使用什么算法进行加密?

答:TACACS+使用XOR算法和MD5算法相结合来计算密文。

(5)AAA服务器是如何提供授权信息到NAS的。

答:它使用包含授权属性的授权响应数据包。

第6章 防火墙技术

1. 选择题

(1)D

(2)A

(3)A

(4)D

(5)B

(6)B

2. 问答题

(1)防火墙中的DMZ是指什么?

答:DMZ是为了解决安装防火墙后外部网络不能访问内部网络服务器的问题,而设立的一个非安全系统与安全系统之间的缓冲区,这个缓冲区位于企业内部网络和外部网络之间的小网络区域内,在这个小网络区域内可以放置一些必须公开的服务器设施,如企业Web服务器、FTP服务器和论坛等。另外,通过这样一个DMZ区域,更加有效地保护了内部网络,因为这种网络部署,比起一般的防火墙方案,对攻击者来说又多了一道关卡。

(2)从防火墙系统结构出发简述防火墙的类型。

答:从防火墙系统机构上分类,防火墙有以下三种类型:

◇ 静态包过滤防火墙:具有过滤数据包功能的防火墙或路由器,表现形式为ACL,工作在3/4层。

◇ 状态防火墙:跟踪连接状态,构建相关状态表项,以允许特定流量的返回,工作在3/4/5层。

◇ 代理服务器防火墙:一般使用软件来完成,首先截取用户初始化连接请求并发送给用户一个认证信息的请求,认证通过后允许流量通过,存储合法用户的信息,工作在3/4/5/7层。

(3)IOS 防火墙怎样保护网络以使其免遭 TCP SYN 泛洪?

答：IOS 防火墙通过检测所有半打开的 TCP 连接的数量和每分钟打开的新 TCP 连接来阻止 TCP SYN 泛洪。如果这些数量到达了可配置的阈值，那么它就开始拆除半打开的连接。

(4)简述 CBAC 的功能。

答：CBAC 提供四个重要功能：流量过滤、流量检测、入侵检测及产生审计和警告信息。

(5)ASA 防火墙是怎样支持分区的?

答：ASA 防火墙为它的接口使用安全级别的概念，它基于位于这些接口上的设备的安全需求而将它们置于不同的区中。

第 7 章　密码学与信息加密

1. 选择题

(1)B

(2)D

(3)B

(4)D

(5)B

(6)A

(7)B

(8)A

(9)B

(10)A

2. 问答题

(1)简述对称加密算法的基本原理。

答：对称加密算法使用相同的密钥加密和解密，通信的双方需要共享这个密钥。

(2)简述非对称加密算法的基本原理。

答：非对称加密算法使用一个密钥对(公钥/私钥对)，一个用来加密明文，另一个用来解密密文。

(3)简述数字签名的概念以及功能。

答：数字签名基于公钥加密算法和散列算法的组合，是追加到一份文档的加密散列值，用于确认发送者的身份以及文档的完整性。

(4)散列算法的功能和特点是什么?

答：散列算法主要用来验证数据的完整性，确保数据在传输过程中没有遭到篡改。散列算法具有以下四个特点：

◇ 固定长度输出：散列函数可以接收任意长度的信息，并输出固定长度的散列值。

◇ 雪崩效应：原始信息哪怕修改一个比特，计算得到的散列值就会发生巨大的变化。

◇ 单向：只能从原始信息计算得到散列值，不可能从散列值恢复原始信息。

◇ 冲突避免：不可能有不同的原始信息经过同一个散列函数计算出相同的散列值，即不同的输入值通过散列函数计算将得到不同的散列值。因此散列算法能够确保信息的唯一性。

(5)简述 X.509 v3 证书的结构。

答：X.509 v3 数字证书的格式包含以下元素：

◇ 版本号：该域用来区分各连续版本的证书，如版本 1、版本 2 和版本 3。版本号同样允许包含将来可能的版本。

◇ 证书序列号：用于唯一标志每一个证书的整数值，它是由认证机构产生。

◇ 签名算法 ID：用来说明签发证书所使用的算法以及相关的参数。

◇ 签发者：用于标志生成和签发该证书的认证机构的唯一名。

◇ 有效期：该域有两个日期/时间值："Not Valid Before"和"Not Valid After"，它们定义了该证书可以被看做有效的时间段，除非该证书被撤销。

◇ 拥有者：标志该证书拥有者的唯一名，也就是拥有与证书中公钥所对应的私钥的主题。此域必须非空。

◇ 拥有者公钥信息：该域含有证书拥有者的公钥，算法标志符以及算法所使用的任何相关参数，该域必须有且仅有一个条目。

第 8 章　VPN 技术

1. 选择题

(1)A

(2)B

(3)B

(4)C

(5)C

(6)C

(7)B

(8)B

(9)B

(10)B

2. 问答题

(1)什么是 GRE？

答：GRE 是通用路由封装协议。

(2)GRE 隧道可以连接多少对路由器？

答：1 对。

(3)如何在嗅探路径上唯一标志出 GRE 分组？

答：通过寻找 IP 协议 47，这是 GRE 的协议号。

(4)IPSec 由哪三个主要的协议组成？

答：ESP、AH 和 IKE。

(5)AH 和 ESP 在功能上的主要差别是什么？

答：ESP 提供数据加密和数据完整性，而 AH 仅为整个分组提供数据完整性。

(6)什么命令定义了要使用的加密方法？

答：crypto ipsec transform-set。

第9章　入侵检测和防御系统

1. 问答题

(1)简述IDS和IPS的特性。

答：IDS工作在离线模式，被动地监控网络上的流量。一个启用了IDS的设备复制数据流，并且分析的是复制的数据，而不是真正转发的数据。它会将捕获的流量与已知的恶意软件的特征进行对比，这与检查病毒的软件相类似。

IPS工作在在线模式，这就意味着所有进入和流出的流量都要经过它来处理。IPS在数据包没有被分析前，不允许它进入网络的信任区域。

(2)Cisco IPS传感器支持哪两种主要的接口角色类型？

答：Cisco IPS传感器支持管理接口和监控接口，其中管理接口拥有一个IP地址，并永久处于启用状态。它会从传感器接收安全和状态事件，并向传感器询问统计数据；监控接口用来监控和分析网络流量。

(3)简述IPS事件的类型。

答：IPS事件可以分为以下五种基本类型：

◇ 告警(evAlert)：当一个特征受到触发时，就会产生告警事件消息。

◇ 状态(evStatus)：状态事件消息是为报告IPS应用的状态和行为而产生的。

◇ 错误(evError)：当设备试图做出响应动作时出现错误，就会产生错误事件消息。

◇ 日志处理(evLogTransaction)：日志处理消息是为报告每个传感器应用执行的控制处理而产生的。

◇ 阻塞请求(evShunRqst)：当向攻击响应控制器发出阻塞请求时，会产生阻塞请求消息。

(4)简述IPS接口模式。

答：IPS传感器接口有以下四种基本的接口模式类型：

◇ 混杂模式(promiscuous mode)；

◇ 在线接口模式(inline interface mode)；

◇ 在线VLAN对模式(inline VLAN pair mode)；

◇ VLAN组模式(VLAN group mode)。

第10章　操作系统安全

1. 选择题

(1)D

(2)B

(3)C

(4)D

(5)A

(6)B

(7)C

(8)A

(9)B

(10)C

2. 问答题

(1)简述全局编录服务器的功能。

答：全局编录是域林中所有对象的集合，它包含了各个活动目录中所有对象的重要属性。它主要为用户在全林中提供搜索，当用户跨域(在同一林中)登录时，提供身份验证以及为全林内的对象引用提供身份验证。

(2)在设置 NTFS 权限时，Everyone 组需要如何设置才能有较高的安全性？

答：所有当前系统和网络用户(Windows Server 2008 中匿名登录的用户不属于该组)都属于"Everyone"组，而在默认时，改组有很少的读取权限，但是对重要数据依然存在安全隐患，因此要取消改组对整个文件系统的相应权限。

(3)简单介绍信任关系的两个特性。

答：信任关系的特性为传递性和方向性：传递性指的是域和域之间的信任关系可以在林中传递，而默认情况下创建的信任关系都是这种，但是我们可以手动消除这种传递；信任方向决定"信任域"和"受信任域"之间的信任方式。在单向信任时，受信任域中的用户账户可以使用信任域上的身份验证方式，并访问域中的资源，反之不行；而双向信任则表示，两个域互为"信任域"和"受信任域"。

(4)介绍用户配置文件。

答：用户配置文件是每个用户在第一次登录域的时候，服务器为用户自动创建的一组包含很多用户个人设置的配置文件，这些文件包含了大量的用户信息，默认的存放路径为 C 盘下的"用户"文件夹内。

(5)在/etc/passwd 文件中，每一行用户记录包括哪些信息？彼此如何分开？

答：每一行用户记录包括信息：注册名，密码，用户标志号，组标志号，用户名，用户主目录，命令解释程序。每个信息之间用":"来分开。

(6)如何查看 sshd 的进程号。

答：ps | greb sshd。

(7)kill 跟 xkill 命令有什么区别？各适用于哪些情况？

答：kill 一般用于在终端结束进程，xkill 是在桌面用的结束图形界面的程序。例如，若要结束 httpd，则可先找到 httpd 的进程号，然后，用 kill 接进程号的方式关闭该进程；若需关闭 firefox，则也可以先找到 firefox 的进程号，然后，用 kill 结束，或者可以用 xkill，然后，点击 firefox 的窗体来结束。

第 11 章　无线局域网安全

1. 选择题

(1)C

(2)C

(3)B

(4)A

(5)B

(6)D

(7)C

(8)D

(9)A

(10)C

2. 问答题

(1)简述 WLAN 的特点。

答：WLAN 是在客户端和接入点(AP)之间利用无线电波实现网络传输的局域网，它在保持有线网络连通性的基础上，为网络用户提供良好的移动性。只要处于无线网络的覆盖之内，就可以接收到无线网络信号，无线网络部署简单、经济实惠、扩展性良好而且可以享受到移动性带来的便利，用户可以自由地移动而不会受到有线工作站的束缚。

(2)简述 IEEE802.11 连接技术。

答：在 1990 年，IEEE 标准委员会建立了一个小组来为无线通信设备制定相关的标准。目的是在 OSI 模型的数据层(第 2 层)和物理层(第 1 层)实施无线 LAN 网络(无线局域网是一个上层特性)，其原因是它们在 IP 层(第 3 层)中使用了标准接口。解决方案在没有对上层进行修改的基础上，对现有的操作系统进行了扩展，把应用集成到了 WLAN 设备中，并且提供如下在空气中传播的调制技术。

◇ IEEE 802.11(于 1997 年定义的最初标准)。

◇ IEEE802.11a (于 1999 年定义)。

◇ IEEE 802.11b(于 1999 年定义)。

◇ IEEE802.11g (于 2003 年定义)。

◇ IEEE 802.11n(于 2009 年定义)。

(3)简述 WPA 和 WPA2 的联系和区别。

答：WPA(Wi-Fi Protected Access，Wi-Fi 保护访问)是一个 Wi-Fi 联盟制定的标准安全解决方案，它能够解决最初 IEEE 802.11 安全环境中所知的 WEP 脆弱性问题，并且能够对已知的 WLAN 攻击提供防护。Wi-Fi 联盟给出的 WPA 定义为：WPA = 802.1x + EAP + TKIP + MIC。

WPA2 是 WPA 的第二个版本，是对 WPA 在安全方面的改进版本，需要采用高级加密标准(AES)的芯片组来支持，加密性能更好，安全性更高。与 WPA 相比，主要改进是所采用的加密标准不同——从 WPA 的 TKIP/MIC 改为 AES-CCMP。所以可认为：WPA2 = IEEE802.1x/EAP + AES-CCMP 。

(4)什么是 EAP 认证方式，并列举常用 EAP 认证方式。

答：EAP(Extensible Authentication Protocol，可扩展认证协议)是一个通用的认证框架，而不是一个具体的认证机制，它可以用于 LAN 和 WLAN 环境，但更多用于 WLAN 中。它为具体的认证机制提供了通用功能和通信的说明，这些不同的机制叫做 EAP 认证方式，目前约有 40 种不同的 EAP 认证方式。以下为访问控制解决方案中使用的一些常见 EAP 认证方式：

◇ EAP 消息摘要 5(EAP-MD5)。

◇ EAP 传输层安全(EAP-TLS)。

◇ EAP 基于隧道的传输层安全(EAP-TTLS)。

◇ 通过安全隧道的 EAP 灵活认证协议(EAP-FAST)。

◇ 受保护的 EAP(PEAP)。

◇ Cisco 轻量级可扩展认证协议(Cisco-LEAP)。

(5)简述 WRAP 的认证过程。

答：WRAP(Wireless Robust Authenticated Protocol，无线强壮认证协议)是一种 128 比特 AES OCB 模式的加密算法。总体来说，包括以下三个部分：

◇ 密钥产生进程：通过 802.1x 协议建立链接，构建临时密钥，然后，由 IEEE 802.11 媒体访问控制(MAC)层的连接请求、应答和临时密钥 K 一起通过密钥产生算法生成加密密钥。OCB 加密算法使用 128 位的 AES 块加密，利用一个临时密钥 K 和一个随机数(Nonce)完成对数据的保密和完整性检验。

◇ 数据封装进程：一旦加密密钥被生成，连接状态初始化后，IEEE 802.11 MAC 就会使用 WRAP 数据封装算法，利用加密密钥对所有即将发送的单 MSDU(MAC Service Data Unit,MAC 服务数据单元)进行保护。

数据解封进程：同样，在数据解封进程中，一旦加密密钥被生成，连接状态初始化后，802.11 MAC 层就会使用 WRAP 数据解封算法，利用加密密钥对所有接收来的单播 MSDU 进行解封，丢弃任何发送端接收来的未经过数据封装算法保护的 MSDU。

第 12 章　园区网络安全设计

(略)。

附录B 本书中的命令语法规范

本书命令语法的表示习惯与Cisco IOS命令参考中的表示方法是相同的。命令手册中采用如下表示方法：

◇ **粗体字** 表示按照原样输入的命令和关键字。在实际配置的示例和输出中，粗体字表示由用户手工输入的命令，如show命令；

◇ *斜体字* 表示用户应当输入具体值的参数；

◇ 竖线(|) 用于分开可选择的、互斥的选项；

◇ 方括号([ ]) 表示可选性；

◇ 大括号({ }) 表示必选项；

◇ 方括号中的大括号([{ }]) 表示可选项中的必选项。

附录C 本书使用的图标

本书中所使用的图标示例如下所示：

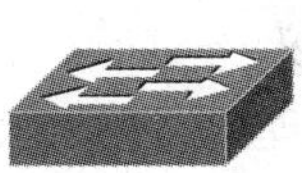

接入交换机

多层交换机

路由器

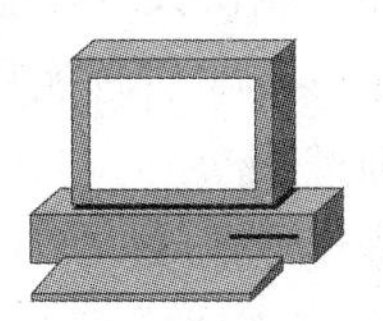
PC

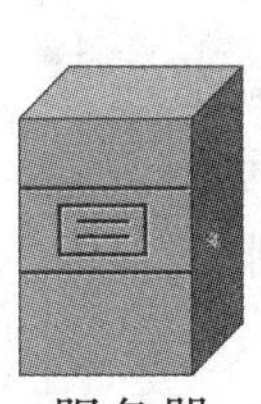
服务器

通用防火墙

Cisco ASA

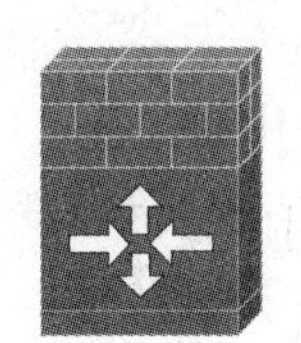
Cisco IOS 防火墙

CA

Cisco 安全管理器

IDS/IPS

密钥

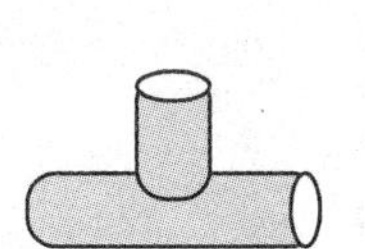
加密/解密算法

终端用户

移动办公用户

家庭办公室

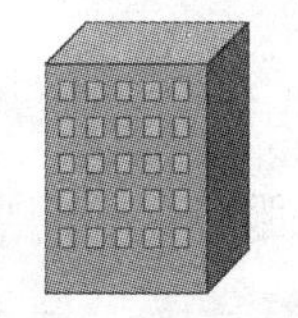
企业办公场所

网络云

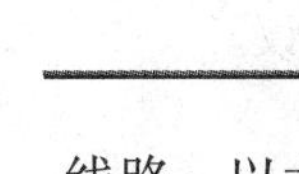
线路：以太网

线路：串行

附录D 常用端口表

1 传输控制协议端口服务多路开关选择器
2 compressnet 管理实用程序
3 压缩进程
5 远程作业登录
7 回显(Echo)
9 丢弃
11 在线用户
13 时间
15 netstat
17 每日引用
18 消息发送协议
19 字符发生器
20 文件传输协议(默认数据口)
21 文件传输协议(控制)
22 SSH 远程登录协议
23 telnet 终端仿真协议
24 预留给个人用邮件系统
25 smtp 简单邮件发送协议
27 NSW 用户系统现场工程师
29 MSG ICP
31 MSG 验证
33 显示支持协议
35 预留给个人打印机服务
37 时间
38 路由访问协议
39 资源定位协议
41 图形
42 WINS 主机名服务
43 “绰号” who is 服务
44 MPM(消息处理模块)标志协议
45 消息处理模块
46 消息处理模块(默认发送口)
47 NI FTP
48 数码音频后台服务
49 TACACS 登录主机协议
50 远程邮件检查协议
51 IMP(接口信息处理机)逻辑地址维护
52 施乐网络服务系统时间协议
53 域名服务器
54 施乐网络服务系统票据交换
55 ISI 图形语言
56 施乐网络服务系统验证
57 预留个人用终端访问
58 施乐网络服务系统邮件
59 预留个人文件服务
60 未定义
61 NI 邮件
62 异步通信适配器服务
63 WHOIS+
64 通信接口
65 TACACS 数据库服务
66 Oracle SQLNET
67 引导程序协议服务端
68 引导程序协议客户端
69 小型文件传输协议
70 信息检索协议
71 远程作业服务
72 远程作业服务
73 远程作业服务
74 远程作业服务
75 预留给个人拨出服务
76 分布式外部对象存储
77 预留给个人远程作业输入服务
78 修正 TCP
79 Finger(查询远程主机在线用户等信息)
80 全球信息网超文本传输协议(www)

81 HOST2 名称服务
82 传输实用程序
83 模块化智能终端 ML 设备
84 公用追踪设备
85 模块化智能终端 ML 设备
86 Micro Focus Cobol 编程语言
87 预留给个人终端连接
88 Kerberros 安全认证系统
89 SU/MIT 终端仿真网关
90 DNSIX 安全属性标记图
91 MIT Dover 假脱机
92 网络打印协议
93 设备控制协议
94 Tivoli 对象调度
95 SUPDUP
96 DIXIE 协议规范
97 快速远程虚拟文件协议
98 TAC(东京大学自动计算机)新闻协议
101 usually from sri-nic
102 iso-tsap
103 ISO Mail
104 x400-snd
105 csnet-ns
109 Post Office
110 Pop3 服务器(邮箱发送服务器)
111 portmap 或 sunrpc
113 身份查询
115 sftp
117 path 或 uucp-path
119 新闻服务器
121 BO jammerkillah
123 network time protocol (exp)
135 查询服务 DNS
137 NetBIOS 数据报(UDP)
138 NetBIOS-DGN
139 共享资源端口(NetBIOS-SSN)
143 IMAP 电子邮件
144 NEWS
153 sgmp
158 PCMAIL
161 远程管理设备(SNMP)
162 snmp-trap
170 network PostScript
175 vmnet
194 Irc
315 load
400 vmnet0
443 安全服务
445 NT 的共享资源新端口(139)
456 Hackers Paradise
500 sytek
512 exec
513 login
514 shell-cmd
515 printer-spooler
517 talk
518 ntalk
520 efs
526 tempo-newdate
530 courier-rpc
531 conference-chat
532 netnews-readnews
533 netwall
540 uucp-uucpd
543 klogin
544 kshell
550 new-rwho - new-who
555 Stealth Spy(Phase)
556 remotefs - rfs_ server
600 garcon
666 Attack FTP
750 kerberos-kdc
751 kerberos_ master
754 krb_ prop
888 erlogin
1001 Silencer 或 WebEx
1010 Doly trojan v1.35
1011 Doly Trojan
1024 NetSpy.698 (YAI)
1025 Windows2000

1026 Windows2000 的 Internet 信息服务
1033 Netspy
1042 Bla1. 1
1047 GateCrasher
1080 Wingate
1109 kpop
1114 SQL
1243 Sub-7 木马
1245 Vodoo
1269 Mavericks Matrix
1433 Microsoft SQL Server 数据库服务
1492 FTP99CMP（BackOriffice，FTP）
1509 Streaming Server
1524 ingreslock
1600 Shiv
1807 SpySender
1981 ShockRave
1999 Backdoor
2000 黑洞(木马) 默认端口
2001 黑洞(木马) 默认端口
2023 Pass Ripper
2053 knetd
2140 DeepThroat. 10 或 Invasor
2283 Rat
2565 Striker
2583 Wincrash2
2801 Phineas
3129 MastersParadise. 92
3150 Deep Throat 1. 0
3210 SchoolBus
3306 mysql 的端口
3389 Win2000 远程登录端口
4000 OICQ Client
4567 FileNail
4950 IcqTrojan
5000 WindowsXP 默认启动的 UPNP 服务
5190 ICQ Query
5321 Firehotcker
5400 BackConstruction1. 2 或 BladeRunner
5550 Xtcp
5555 rmt-rmtd
5556 mtb-mtbd
5569 RoboHack
5714 Wincrash3
5742 Wincrash
6400 The Thing
6669 Vampire
6670 Deep Throat
6711 SubSeven
6713 SubSeven
6767 NT Remote Control
6771 Deep Throat 3
6776 SubSeven
6883 DeltaSource
6939 Indoctrination
6969 Gatecrasher. a
7306 网络精灵(木马)
7307 ProcSpy
7308 X Spy
7626 冰河(木马)默认端口
7789 ICQKiller
8000 OICQ Server
9400 InCommand
9401 InCommand
9402 InCommand
9535 man
9536 w
9537 mantst
9872 Portal of Doom
9875 Portal of Doom
9989 InIkiller
10000 bnews
10001 queue
10002 poker
10167 Portal Of Doom
10607 Coma
11000 Senna Spy Trojans
11223 ProgenicTrojan
12076 Gjamer 或 MSH. 104b
12223 木马 Hack'99 KeyLogger

12345	netbus 木马 默认端口
12346	netbus 木马 默认端口
12631	WhackJob. NB1. 7
16969	Priotrity
17300	Kuang2
20000	Millenium II (GrilFriend)
20001	Millenium II (GrilFriend)
20034	NetBus Pro
20331	Bla
21554	GirlFriend 或 Schwindler 1. 82
22222	Prosiak
23456	Evil FTP 或 UglyFtp 或 WhackJob
27374	Sub-7 木马
29891	The Unexplained
30029	AOLTrojan
30100	NetSphere 木马
30303	Socket23
30999	Kuang
31337	BackOriffice
31339	NetSpy
31666	BO Whackmole
31789	Hack a tack 木马
33333	Prosiak
33911	Trojan Spirit 2001 a
34324	TN 或 Tiny Telnet Server
40412	TheSpy
40421	MastersParadise. 96
40423	Master Paradise. 97
47878	BirdSpy2
50766	Fore 或 Schwindler
53001	Remote Shutdown
54320	Back Orifice 2000
54321	SchoolBus 1. 6
61466	Telecommando
65000	Devil
65000	Devil

附录E 术语表

802.1x IEEE的基于端口网络管理的控制标准，802.1x是IEEE802(802.1)协议组的一部分。它提供对连接到LAN端口的设备进行验证，建立点到点的连接，禁止端口验证的失败的访问。它的使用非常像基于EAP的无线接入点及可扩展的验证协议。

访问控制 Access Control 限制只有在网络中授权的人或系统的信息流量才能访问系统资源。

访问控制项 Access Control Element (ACE) 根据一个访问控制列表的内容来匹配的一些值。

访问控制列表 Access Control Lists (ACLs) 路由器中保持的列表，用来控制进入或者离开路由器的服务数量。通常用于安全的目的，如通过一个确定的IP地址，通过确定的商品，或者通过其他的上层协议来禁止一台主机的访问。

适应性安全算法 Adaptive Security Algorithm(ASA) Cisco专有的算法，提供有状态检查防火墙服务，通过跟踪所有授权的网络通信和防止非授权网络访问的状态来实现。

地址解析协议 Address resolution Protocol (ARP) 是当只知道一个主机的IP地址时，用来获得它的主机MAC地址的方法。发送者广播一个包含对方主机IP地址的ARP数据包，然后等待携带MAC地址中以供以后使用。

不规则检测 Anomaly Detection 一个基于不规则入侵检测的系统是通过监视系统来检测计算机入侵和误用的系统，它始终处于活动状态并把电脑分类成正常和异常。分类是基于探测和规则，比模仿和签字要好，并且可以检测到任何外面正常系统运行的错误。与之相对比的基于签名的系统，只能检测到试图创建已用过签名的攻击。为了排定是什么样的攻击流量，系统必须被训练能认识正常系统的活动状态。这可以通过几种方法来实现，多数采用人工智能类型的技术。系统使用神经系统网络会有很好的效果。其他的方法如定义什么是系统的正常使用状态，其中包含严格的数学模型来标示任何背离的行为属于攻击。

非对称加密 Asymmetric Encryption 术语非对称密钥加密系统在大多数情况下是公共密钥加密系统的同义词。它可以使用相同的或者不同的算法来打乱和恢复数据。所需的公用密钥和私用密钥是不同的，但是是相关联的。

攻击守卫 Attack Guards PIX安全应用的一种特殊技术，可以用来防止很多围绕类似于Email和DNS等公用服务的问题。

验证头 Authentication Header(AH) IPSec是用来加密/验证所有IP数据包的安全IP通信的标准。IPSec通过了网路层的安全。IPSec是加密系统协议对于(1)安全数据包流量(2)密钥的集合。它由两部分构成：封装安全荷载(ESP)提供验证、数据机密性和信息完整性；验证头(AH)提供验证和信息完整性，但是不提供机密性。最开始，AH只用来保证完整性，而ESP只用来加密；验证功能是后来加到ESP中的。现在，只定义了一种密钥交换协议：网际密钥交换协议。

验证代理 Authentication Proxy 获得从验证服务下载下来的用户访问策略的进程，并且需要应用在路由器接口上。该策略用来决定用户是否可以向内或向外访问。

验证、授权、记账 Authentication、Authorization and Accounting(AAA)体系 在电脑安全中，AAA 代表验证、授权和记账协议。验证(Authentication)是用来确认请求服务的用户是否为网络服务请求的有效用户。验证是通过身份和证明的提供来完成的。证明的代表是口令、一次令牌、数字签名，以及电话号码(拨入/已拨)等。授权(Authorization)是对一个用户的明确类型服务(包括不服务)的允许，它是基于验证的，包括什么服务是用户需要的，以及当前系统的状态。授权可以基于限制性(如每天时间的限制，或者物理位置的限制，或者同一个用户多次登录的限制)。授权检测服务的种类并准予给用户。服务类型的例子包括 IP 地址过滤、地址分配、路由分配、不同服务的服务质量(QoS)、带宽控制/流量管理、到特殊端点的强制通道以及加密。记账(Accounting)是对于用户消耗网络资源的跟踪。这个信息可能被用来管理、设计、计费或者其他目的。实时记账指的是记账信息和资源的消耗是同步进行的。指记账是指把记账信息保存一段时间后再提交。记账中收集的典型信息是用户的身份，提交服务的类别，以及服务的开始和结束时间。

黑帽子 Black Hat 是描述这样一个人的术语，他使用自己的计算机系统知识，在没有授权的情况下进入一个系统和网络。

强力计算 Brute-Force Computation 这种方法使用特有的字符集，如像 A 到 Z，或者 A 到 Z 加上 0 到 9，然后，打乱计算这些字符可能组成的每个口令。它一直在计算口令直到组成的口令通过测试。这种攻击类型的缺点是要为计算花费很多时间。

构建模块 Building Blocks 路由器管理中心(RMC)里面的模块代表网络组和交换集(Transform Set)。构建模块可以被多个策略重复使用、命名以及作为整体的组成部分。在被引用时，构建模拟作为策略的一个组成部分。如果某个构建模块的定义发生了改变，那么这个变化会到报有引用这个模块的策略中，在策略中定义构建模块有助于避免每次设置时重复地定义特定的组成部分。

证书授权 Certificate Authority(CA) 在加密系统中，证书授权或证明授权是产生由其他人员使用的数字证书的实体。如比信任的第三方团体。CA 是很多公共密钥体系架构中所拥有的特性。

证书撤销列表 Certificate Revocation Lists(CRL) 在一些加密系统的运行中，如常用的公共密钥体系结构中，CRL 是已经被撤回的证书列表(更准确地说，是他们的序列号)，它不再有效，而且对于任何用户不再响应。

Cisco Easy VPN 包含两个部分。这两个部分是 Cisco Easy VPN 服务器和 Cisco Easy VPN 远程特性。这两部分一同工作来为用户提供安全、可靠和加密的 VPN 远程访问。

Cisco IOS 入侵防御系统 Cisco IOS Intrusion Prevention System (IPS) 可以监视和检测多于 700 个最常见的攻击，这些攻击使用签名来检测故障漏洞。IPS 可以对于可疑的数据包进行自动复位、丢弃和警告管理员。另外，IPS 提供了配置、禁止和执行签名的能力。

基于内容的访问控制 Contest-Based Access Control (CBAC) 向内部用户提供了对于每个应用的安全访问控制，并且对于跨越网络边界的所有流量都有效。CBAC 通过检查源和目的的地址并且跟踪每个应用的连接状态来增强安全性。

骇客 Cracker 是试图不经过授权来对网络资源带有恶意访问的个人。

数据库复制 Database Replication 数据库复制是在一个次级思科安全访问控制服务器

上依据主思科安全访问控制服务器上的用户信息重写所有已存在用户的账户以实现在次级思科安全访问控制服务器(ACS)上创建用户账户的操作。任何在次级思科安全访问控制服务器独有的用户账户将在复制中丢失。

DHCP 侦听 提供了对于使用 DHCP 信息来进行 Dos 攻击的安全防护，它通过构建和维护 DHCP 侦听绑定来表示过滤 DHCP 数据包。DHCP 侦听使用信任的和不信任的两种端口。

字典破解 Dictionary Cracking 对所有字典中的词进行计算和组合来破解可能的用户口令。这种方法对于简单的口令可以非常快速地找到。

Diffie-Hellman 算法 是一个加密系统协议，它允许两个预先彼此不知道的双方共同建立一个共享密钥来在不安全的通道上通信。这个密钥可以被后面的使用对称密钥加密的通信用来加密。

域名系统 Domain Name System (DNS) Cisco IOS 软件支持通过域名系统查找主机名。DNS 提供了在名(如 central. mydomain. com)和 IP 地址之间(如 14. 2. 9. 250)的映射关系。

动态访问控制条目 Dynamic Access Control Entries 在防火墙接口上，依据状态表中维护的信息，可以被动态的建立/删除的访问控制条目。这种访问列表条目是加在接口上用来检查流回内部网络的流量的。这些条目在拨一拨中建立临时的开口，只允许授权的会议流量进来。

动态 ARP 侦听 Dynamic ARP Inspection(DAI) 基于在 DHCP 侦听数据库中保存的有效的 MAC 地址—IP 地址绑定来判断 ARP 数据包的有效性。附加的，DAI 可以基于用户配置的 ACL 来使 ARP 数据包有效。这种方法可以使用 ARP 数据包来检查哪台主机使用静态配置 IP 地址。DAI 允许使用每端口和 VLAN 访问控制列表(VACLs)来限制对于特殊 IP 地址和特殊 MAC 地址的 ARP 数据包。

封装安全净载 Encapsulating Security Payload(ESP) IPSec 包含两个协议。一个协议就是封闭安全净载(ESP)。它用来封装数据但是不提供外部头保护。ESP 为了保证数据机密性而对净载进行加密。

可扩展验证协议 Extensible Authentication Protocol(EAP) EAP 是通用的验证机制，经常在无线网络中和点到点连接中使用。尽管 EAP 协议不仅可以在无线局域网中使用，而且还可以用在有线网中进行验证，但是在大多数情况下，它被使用在无线 LAN 网络中。最近，WPA 和 WPA2 标准正式的作为五种 EAP 官方的验证机制类型被采用。

外部威胁 External Threats 外部威胁源自公司外部的个人或组织。他们没有对计算机系统和网络访问的授权。他们通过自己的途径进入网络，主要使用的方法是通过 Internet 或拨号访问服务器。

故障恢复保护 Failover Protection 在首选单元失效或离线的情况下辅助单元接管它来使用的过程。

无故 ARP Gratuitous ARP(GARP) 一个未被请求的 ARP 应答，GARP 被攻击者用来在一个 LAN 里欺骗获得一个 IP 地址。典型的，攻击者使用这种方法在两个主机之间欺骗或者对默认网关流入和流出的所有流量使用中间人攻击。

黑客 Hacker 历史上，黑客是指计算机程序专家。但是到了最近，黑客一般是带有负面意义的，用来描述某人怀有恶意的试图获得非授权的访问网络资源。

散列消息验证码 Hashed Message Authentication Code(HMAC) 一个键入的散列消息验证码，或者简称 HMAC，是一种消息验证码的类型，使用加密系统散列功能与私有密钥共同计算出来。与任何 MAC 一样，它能够用来同时检验数据的完整性和消息的真实性。任何一个交互的加密散列功能，如 MD5 或者 SHA-1，都能用一地 HMAC 的计算；由此产生的 MAC 算法被称 HMACMD5 或 HMAC-SHA-1。HMAC 加密的力度取决于下面散列功能的加密力度和密钥的长度及质量。

基于主机的入侵 Host-Based Intrusion 典型的依靠厂商的线内或者被动技术执行的响应。被动技术是第一代技术，被叫做基于主机的入侵检测系统(HIDS)，基本上就是在攻击发生并且造成破坏后发送一些日志信息。线内技术，被称为基于主机的入侵防御系统(HIPS)，真正的用来停止攻击并且预防破坏以及蠕虫和病毒的蔓延。

基于身份识别的网络服务 Identity Based Networking Services(IBNS) 802.1x 使用的网络安全机制，自动地识别请求网络访问的用户并且路由它到一 VLAN 域，基于策略给予适当的访问特权的身份。IBNS 同样用来保护欺诈的无线接入点试图对网络的非授权访问。

内部威胁 Internal Threats) 内部威胁是当一个授权的服务器用户或者物理连接到网络的用户访问网络时发生的。根据 FBI 统计，内部访问和误用账号在报告的事件中点到 60% ~80% 。

入侵检测 Intrusion Detection 检测对于网络攻击的能力。

入侵预防 Intrusion Prevention 比入侵检测更进一步的能力。能够阻止对于网络的攻击。

中间人攻击 Man-in-the-middle Attack 要求黑客已经能够接触到通过网络的数据包。一个实例是某个工作在因特网服务提供商机构(ISP)的人能够访问到往来于 ISP 和其他网络间的数据。这种攻击通常使用网络数据包嗅探器、路由和传输协议来实现。这种攻击可能用来窃取信息，截取即进会话以获取私有网络资源的访问权限，从某个网络及其用户的流量中提取信息进行分析，拒绝提供服务，破坏发送的数据以及向网络会话中导入新的信息。

消息文摘 Message Digest(MD) 在密码学中，一个加密的散列函数具有某些特定安全属性能够作为诸如验证和消息完整性安全应用的原始信息。一个散列函数利用一个任意长度的长字串(或消息)作为输入并产生一个固定长度的字串作为输出，有时被称为消息文摘或数字指纹。

模块化策略框架 Modular Policy Framework(MPF) 能够提供细粒度理高和灵活性更好的网络策略配置。MPF 提供一个配置 PIX 安全设备的一致性和灵活的依法。一个应用 MPF 的实例是给某一个 TCP 应用程序创建一个特定的超时配置而不是针对全部 TCP 应用进行设置。

网络准入控制 Network Admission Control(NAC) 是工业界的提案，由思科系统公司发起的用于在网络架构中对那些寻求访问网络计算资源的所有设备制定强制执行的安全遵从策略，从而限制病毒和蠕虫对网络的破坏。

网络入侵检测 Network Intrusion Detection 是基于主动或被动的检测。传感器补部署在网络的入口处以保护关键的网段。这个网段中含有内部和外部的公司资源。探测器捕获并分析空过网络的流量。在典型情况下，探测器执行入侵检测分析。底层的操作系统被去除了不必要的服务，并且基本的服务是受到保护的。探测器向位于企业防火墙内部的中心控制服务器发报告。

网络时间协议 Network Time Protocol(NTP) 思科的路由器和其他主机通过网络时间协议维持它们的时钟精确同步。如果可能的话，则可以将所有的路由器都配置到 NTP 的层次中。一次性口令 one - time passwords(OTP)一个一次口令是一组口令中的一个，如果给出这一组口令中的前一个口令能验证计算出下一个口令是什么，那么可以设想某个访问者需要在给定的时间内登录和使用一台公共机构中的计算机系统。OTP 系统由用户在屏幕上提供的一次性口令组成，它授权这个访问者能够访问一天。当给定的时间过期后，访问者就没有可用的口令，并且系统的访问权限被收回。

钓鱼者 phisher 利用电子邮件或者其他手段试图欺骗他人提供敏感信息，诸如信用卡号码和口令。钓鱼者伪装成一个能够合理获得这些敏感信息的可信任团体的成员。

网络钓鱼 phishing 是一种社交工程攻击，它包括使用电子邮件或其他信息欺骗他人提供敏感信息，诸如信用卡号码和口令。钓鱼者伪装成一个表面上可以合理获得这些敏感信息的可信任团体的成员。

盗用电话线路者 phreaker 是指某个操纵电话网络使其执行一些不被允许的操作。盗用电话线路的共同目标是侵入电话网络，通常是通过付费电话，去免费拨打长途呼叫。

端口重定向 port redirection 端口重定向攻击是一种非法利用信任关系的攻击，它利用一个被侵入的主机发送本应该被丢弃的流量穿过防火墙。

端口安全 port security 可以通过给端口限制和区分工作站 MAC 地址的方法使用安全端口的限定哪些工作站能访问该端口。当指派一个安全的 MAC 地址到一个安全端口时，该端口不会转发源地址不在这组地址定义范围之内的数据包。如果限制安全地址的数量为一或指派单个的安全 MAC 地址，就确保连接在该端口的工作站获得此端口的全部带宽。

私有 VLANprivate VLAN（PVLAN） 私有 VLAN 为同一个私有 VLAN 中的端口提供二层的隔离。有三种私有 VLAN 的端口：一个混杂端口可以与私有 VLAN 内包括共用端口和隔离端口的所有端口通信。隔离端口与同一私有 VLAN 内除混杂端口外的其他端口在二层是完全隔离的。私有 VLAN 阻止除来自混杂端口外的其他所有流量进入隔离端口。来自隔离商品的流量只被转发到混杂端口中。共用端口之间能够通信并且可以和混杂端口通信。私有 VLAN 中这些接口在二层上与其他共同体中的端口或隔离端口是分离的。

远程身份验证拨入用户服务 Remote Authentication Dial0In user Service（RADIUS） 是一个针对网络接入或移动 IP 应用的 AAA 协议。它适用于本地和漫游环境中。RADIUS 是一个可替代 TACACS+的协议并且它对于管理员是很重要的。RADIUS 是由 Livingston Enterprises 公司)(现在隶属于朗讯科技公司)开发的访问服务器 AAA 协议。它是一个保护网络远程访问的分布式安全系统同时防护针对网络服务的未授权访问。

远程数据库管理系统 Remote Database Management System(RDBMS) 使管理员能够从符合开放数据库互联(ODBC)标准的数据源更新 Cisco Secure 用户数据医疗队。符合 ODBC 标准的数据源可以是第三方 RDBM 数据库。它也可以是一个中间性文件或第三方系统更新数据库。无论这个文件或数据库存在于休息，思科安全访问控制服务(ACS)都可以通过 ODBC 的连接读取这个文件或数据库。

反向路由注入 Reverse Route Injection(RRI) 确保在 Easy VPN 的服务器上给每个 VPN 客户端的内部 IP 地址创建一条静态路由。

路由器管理中心 Router Management Center(RMC) 是思科 IOS VPN 路由器上的一个 VPN 和思科 IOS 防火墙特性集的配置和部署工具。RMC 是基于 Web 页面安装在通用服务之上的应用程序。

安全散列算法 Secure Hash Algorithm(SHA) 安全散列算法族是一套相关的加密散列

函数。其中最常用的函数是 SHA-1，被广泛地用于流行的安全应用程序和协议中，包括传输层安全(TLS)、安全套接层(SSL)、良好隐私(PGP)、安全外壳(SSH)、安全多用途 Internet 邮件扩展(S/MIME)和 IP 安全性(IPSec)。SHA-1 被看做是 MD5 的后继者，MD5 是较早开发的应用广泛的散列函数。SHA 算法是由美国国家安全局设计并作为美国政府标准发布的。

安全外壳 Secure Shell(SSH) 取代 Telnet 远程管理路由器并支持很强的保密性和会话的完整性。除了连接被加密以外，它与向外的 Telnet 连接功能上也很相似。通过验证和加密，SSH 能够在不安全的网络上提供安全的通信。

安全套接层 Secure Sockets Layer(SSL) 提供端点跨越因特网的加密通信和验证。在典型的应用中，仅有服务器被验证(也就是说，它的完整性是保证的)而客户端是未验证状态的；相互验证要求在客户端部署公钥基础设施(PKI)。这些协议能够防止客户机/服务的应用程序通信过程中遭到窃听、篡改和消息伪造。

安全关联 security association(SA) 在两个对等体协商好策略后，每个对等体建立一个安全关联用来标志这个策略的安全参数，并且这些安全将应用到所有后续因特网密钥交换(IKE)协商的流量中。

安全上下文 Security Contests 您可以在一个单独的安全设备上划分多个虚拟的设备，称为安全上下文。每个上下文是一个独立的设备，它拥有自己的安全策略、接口和管理员。多个上下文类似于拥有多个单独的设备。多个上下文中支持很多我，包括路由表、防火墙特性、IPS 和管理。有些我不支持，包括 VPN 和动态路由协议。

安全设备管理器 Security Device Manager(SDM) 是一个图形用户界面工具，它采用通过国际计算机安全协会(ICSA)和思科技术支持中心(TAC)建议的安全配置方案，通过设置一些默认参数可作为配置的基本内容。

简单网络管理协议 Simple Network Management Protocol(SNMP) 是一个用来自动运程监视和管理的标准的因特网协议。SNMP 不同版本的安全特征不同。

社交工程 Social Engineering 最早的黑客行为与计算机技能毫无关系。如果一个入侵者能用计谋获得某个组织的大量的信息(诸如文档、服务器和口令的位置)，那么，这就使得攻击变得非常容易。

垃圾邮件制造者 Spammer 一个垃圾邮件的制造者是那些主动发送大量电子邮件信息的人。垃圾邮件的制造者经常利用病毒控制家用计算机公分母通过这些机器发送大批信息。

状态检测和包过滤 Stateful Inspection and Packet Filtering 一种只允许合法流量和服务通过和过滤网络流量的方法。这个过滤方法维护每个连接的完整会话状态信息。每次建立 TCP 或 UDP 向内或向外的连接时，这些信息都会记录到会话流的状态表中。

有组织威胁 Structured Threats 有组织的威胁来自那些动机非常强的技术能力很高的黑客。这些人了解系统的弱点并且能理解和开发漏洞攻击代码和脚本。

对称加密 Symmetrical Encryption 也称为密钥加密，用来给大量数据加密 。因为非对称加密很耗费 CPU 资源。在思科的 IOS 软件包括三种加密算法，数字加密标准(DES)、3 倍 DES(3DES)和高级加密标准(AES)。

增强的终端访问控制器控制系统 Terminal Access Controller Access Control System Plus (TACACS+) TACACS 是一个过程的验证协议用来与 UNIX 网络中的验证服务器通信。TACACS 允许过程访问服务器与验证服务器通信以确定用户能否访问该网络。TACACS+是

TACACS 的一个增强版本。TACACS+将用户名和口令信息转发到一个集中的安全服务器上。

透明防火墙模式(Transparent Firewall Mode)传统上，防火墙是一个可路由的设备并且作为所庇护子网中主机的默认网关。另外，透明的墙是一个二层防火墙，它的作用就像“嵌入线路中的块”，或是“不为人知的防火墙”，而且它不是一个路由器设备。这个安全设备的内外端口属于同一个纸张。因为这种防火墙没有路由功能，可以很容易地将其部署到已有的网络中；不需要 IP 重编址。

透明隧道 Transparent Tunneling 透明隧道允许 VPN 客户端和安全网关之间进行安全的传输，这两者之间经过一个具有防火墙功能的路由器，这个路由器被配置了 NAT 或 PAT。透明隧道将 ESP 封装到 UDP 分组中并且在因特网安全连接和密钥管理协议(ISAKMP)和 ESP，通过 NAT 或 PAT 设备或墙之前封装到 TCP 分组中。透明隧道最常见的应用是存在于执行 PAT 的路由器后面。

信任度非法利用 Trust Rxploitation 信任度非法利用是指在网络内部的个人利用信任关系进行的攻击行为，它比盗用本身更具技巧性。经典的例子是一个连接在一个企业边界的网络。这些网段通常含有 DNS、SMTP 和 HTTP 服务器。因为所有这些服务器都在一个网段中，其中一个系统受到威胁就会危及其他系统。因为在同一网络中的这些系统通常中相互信任的。

无级的威胁 Unstructured Threats 无组织威胁大多由一些没有经验的个人使用简单的工具，诸如 shell 脚本和破解口令的工具实施的攻击。

URL 过滤 URL Filtering 防火墙的 URL 过滤程序用来阻止特定的根据策略定义的 URL，以有效的监视和控制网络流量。

虚拟专用网 Virtual Private Network（VPN） 为远程用户通过公网提供网络连接，与他们通过私有网络的效果相同。

白帽子 White Hat 一些独立的个体，通过他们自己的技能发现系统或网络的弱点，并将这些弱点报告给系统的所有者，以便他们能够修复。

参 考 文 献

[1]Yusuf Bhaiji. 网络安全技术与解决方案. 北京：人民邮电出版社，2010.
[2]Cisco Networking Academy. CCNA 安全(第 2 版). 北京：人民邮电出版社，2013.
[3]Sean Convery. 网络安全体系结构. 北京：人民邮电出版社，2013.
[4]Saadat Malik. 网络安全原理与实践. 北京：人民邮电出版社，2008.
[5]秦柯. Cisco IPSec VPN 实战指南. 北京：人民邮电出版社，2012.
[6]石志国，薛为民，尹浩. 计算机网络安全教程(第 2 版). 北京：清华大学出版社，2011.
[7]Eric Vyncke，Christopher Paggen. 局域网交换机安全. 北京：人民邮电出版社，2010.
[8]Antoon W. Rufi. 思科网络技术学院教程网络安全(第一、二学期). 北京：人民邮电出版社，2008.
[9]尹淑玲. 交换与路由技术教程. 武汉：武汉大学出版社，2012.
[10]William Stallings. 密码编码学与网络安全——原理与实践(第 5 版). 北京：电子工业出版社，2012.
[11]陈勇勋. Linux 网络安全技术与实现(第 2 版). 北京：清华大学出版社，2012.
[12]William Stallings. 网络安全基础：应用与标准(第 4 版). 北京：清华大学出版社，2011.
[13]Todd Lammle，Carl Timm. CCSP：思科 IOS 网络安全全息教程. 北京：电子工业出版社，2003.
[14]尹少平. 网络安全基础教程与实训. 北京：北京大学出版社，2010.
[15]刘远生. 网络安全实用教程. 北京：人民邮电出版社，2011.

参考文献